A TUTORIAL OF SET THEORY

集合论基础教程

张峰　陶然　编著

清華大学出版社
北京

内容简介

本书对公理化集合理论的基础知识进行了系统介绍。全书共分为10章，包括命题逻辑、谓词逻辑、公理集合论初步、关系、重建数系、等势与优势、良序关系、序数、基数、选择公理。本书论述深入浅出、脉络清晰，强调培养读者的逻辑思维能力；本书不需要读者具有较多专门的数学知识，具备高中数学知识基础的读者也可掌握本书的绝大部分内容，只需要读者多思考即可。

本书可以作为高等院校工科相关专业本科生的集合论课程教材，也可供对集合论感兴趣的相关领域科研工作者和工程技术人员作为参考书使用。

图书在版编目(CIP)数据

集合论基础教程/张峰，陶然编著.—北京：清华大学出版社，2021.3(2023.11重印)
ISBN 978-7-302-57511-5

Ⅰ.①集… Ⅱ.①张… ②陶… Ⅲ.①集论－教材 Ⅳ.①O144

中国版本图书馆CIP数据核字(2021)第026803号

责任编辑：文　怡
封面设计：王昭红
责任校对：李建庄
责任印制：沈　露

出版发行：清华大学出版社
网　　址：https://www.tup.com.cn，https://www.wqxuetang.com
地　　址：北京清华大学学研大厦A座　　**邮　　编**：100084
社 总 机：010-83470000　　**邮　　购**：010-62786544
投稿与读者服务：010-62776969，c-service@tup.tsinghua.edu.cn
质量反馈：010-62772015，zhiliang@tup.tsinghua.edu.cn
课件下载：https://www.tup.com.cn，010-83470236
印 装 者：三河市铭诚印务有限公司
经　　销：全国新华书店
开　　本：185mm×260mm　　**印　张**：11.25　　**字　　数**：277千字
版　　次：2021年5月第1版　　**印　　次**：2023年11月第3次印刷
印　　数：2101～2600
定　　价：49.00元

产品编号：091511-01

前言

PREFACE

集合论是整个现代数学的基础，通过"集合论"课程的学习，有助于培养学生的逻辑思维能力，进而提高学生分析问题和解决问题的能力。

编者从事信号处理领域研究多年，越来越感觉到夯实集合理论数学基础对于从事原创性研究工作的重要性；并且，编者也从事集合理论的教学工作，面向全校开设了"集合论"的公选课。因而，编者在课程讲授的基础上，撰写了本书。本书主要是面对工科学生学习集合论的教材，也可供数学专业的学生参考使用。本书不需要读者具有较多专门的数学知识，具备高中数学知识基础的读者也可掌握本书的绝大部分内容，只要读者多思考即可。

本书具有如下特点：

一、本书主要面对低年级的工科学生，因而介绍的都是集合理论的初等部分。考虑到工科学生可能一开始不太习惯这种逻辑思维方式，所以本书以通俗易懂的方式进行讲解，尽可能兼顾通俗性与严谨性。

二、本书在第1、2章对形式逻辑进行了一定的介绍，编者认为后面公理集合论会用到这两章相关的知识，而且对逻辑的学习会从整体上促进对公理集合论的理解。此外，更为重要的是，逻辑是抽象性和概括性的典范，是不同学科"共通"的部分，以应用为主要目标的工科学生尤其需要加强这方面的训练。

三、本书作为一本公理化集合论教材，前后连贯、自成体系，整个逻辑链条一步步延长，对于工科背景的读者也很容易把握本书的逻辑框架，特别适合初学者的学习与掌握。

以工科为主的大学学生应该学一些纯数学方面的知识，因为仅凭工科所学的数学知识无法在科研上取得重大原创性的成果。在本书中，具有工科背景的读者会看到希尔伯特、冯·诺依曼这些在工科专业基础课教材中遇到的、然而却很少提及他们在数学领域有很深造诣的科学家。通过本书中数学知识的学习，可以培养学生追求真理的科学精神。

对于本书的使用，可以有多种方式。如果讲授朴素集合论的最基础部分，可以仅讲授本书第4章和第6章的内容；如果打算较为完整地讲授朴素集合论，可以讲授本书第4章、第5章、第6章、第10章的全部，以及第7章、第8章、第9章中不涉及公理化集合论的部分；如果打算仅讲授公理集合论中最基础部分，可以仅讲授第1章、第2章、第3章、第4章、第6章、第7章、第10章。

本书的出版得到了国家自然科学基金（No. 61421001，No. U1833203，No. 62027801）、北京市自然科学基金（No. L191004）、北京理工大学信息与电子学院教改项目的资助。

编者对责任编辑文怡的辛勤工作和大力支持深表感谢。

由于编者水平有限，书中难免会有不足之处，敬请读者批评指正。

编　者

2021 年 3 月于北京理工大学中关村校区

目录

CONTENTS

第1章 命题逻辑基础

CHAPTER 1

相对于中学数学主要关注的数、几何图形、函数等数学对象，集合这一数学对象是非常基础的，其他的数学对象都可以从集合的角度加以理解。比如，自然数集是自然数的集合，几何图形是空间中点的集合，函数是数对的集合。由于集合论中面对的已经是集合这一基础的数学对象了，因而，集合论中关于集合的一些结论的推导，将更多地依赖于逻辑的使用。因此，就有必要把我们用来进行推理的逻辑拿出来，进行系统的研究，以避免悖论的产生。在集合论的发展过程中，就曾出现过关于集合的一些悖论；其中，有些悖论在表述上是十分简单明了的，因而引起了当时数学界的震动。当然，对悖论的研究和解决，也促进了逻辑的发展。本书不打算对数学理论中涉及的逻辑进行系统专门的介绍，只对本书后面章节所涉及的逻辑知识，包括细节上的处理和整体上的理解，进行一些必要的介绍。本章介绍命题逻辑基础。

1.1 命题逻辑的基本概念

考虑如下两个推理过程：

如果 a 是自然数，则它不是奇数就是偶数；a 可以被 2 整除，当且仅当 a 是偶数；a 是自然数，且它不能被 2 整除，所以 a 是奇数。

如果学生 X 现在 201 教室上课，则该学生 X 不是 1 班的就是 3 班的；学生 X 的班主任姓张，当且仅当该学生 X 是 1 班的；学生 X 现在 201 教室上课，且该学生 X 的班主任不姓张；所以学生 X 是 3 班的。

虽然这两个推理过程一个是在数学领域，一个是在日常生活中，然而，我们还是能感觉出两个推理过程之间存在着某种“共同的”东西。而这种共同的东西，其实就是推理过程中所采用的逻辑。

事实上，在中学的数学学习过程中，我们经常会接触到证明。当然，证明往往是在某一数学领域或数学分支内进行的。证明通常是从一定的前提或假设出发，采用逻辑推理，得出某个结论。比如，在初等代数学中，可以证明：如果自然数 a 可以被 4 整除，则该自然数 a 可以被 2 整除；在平面几何中，可以证明：如果平面上的图形 X 是一个三角形，则其内角和是 $180°$。从上面的例子可以看出，以前我们往往是采用“自然语言”(natural language)去描述前提、结论以及证明过程的。自然语言的优点，当然就是其“自然性”，因为其采用的是平时日常生活中的用语。然而，自然语言却具有多义性、模糊性的特点。拿出一部字典，无论是中文的还是外文的,其中很多的字、词都具有多个含义。自然语言的这个特点,在数学这个以精确性著称的学科里,却是一个缺点。同时,由于自然语言所采用的词语具有一定的含义和内容,因而就容易把该含义和内容中相关的、看似正确的直观事实融入推理证明过程中。比如,对于"整体"和"部分"这两个词语,它们具有一定的含义,我们直觉上感觉,整体一定是大于部分的,不存在整体和部分相等的情形。基于上述的原因,引入"形式化语言"(formalized language),将自然语言的多义性、模糊性去除,将推理过程中可能引入的直觉去除,就可以将逻辑从推理过程中剥离出来。

通俗地讲,形式化语言就是符号化(symbolic)的语言,也就是将自然语言"符号化"。在数学的证明中,从前提、结论到整个证明过程本身,都是采用自然语言,以句子的方式表达出来的。因而,我们考虑将句子符号化。在打算对句子进行符号化之前,先考察数学证明中所使用句子的特点。通过观察数学证明过程所使用的句子,发现它具有如下的特点:首先,它是一个陈述句;其次,它非真即假,即可以判断真假。我们把这种可以判断真假的陈述句称为命题(proposition)。在命题逻辑中,不再对陈述句进行主语和谓语的进一步细分,因而,在命题逻辑中,命题是最小的逻辑单元。

当然,以上对于命题的定义,虽然是从数学证明中引出的,但是并不限于数学领域中,其他领域包括日常生活中,可以判断真假的陈述句也是命题。比如,一个水分子 H_2O 是由两个氢原子和一个氧原子组成,珠穆朗玛峰是世界上最高的山峰,2020 年 6 月 1 日是星期三,它们都是命题。

对于命题,我们把其真或假的结果称为真值(truth value),当然,真值只有真或假这两种情况。进一步,把真值为真(true)的命题称为真命题,把真值为假(false)的命题称为假命题。需要指出,命题的真值是以命题本身作为载体的,其是真是假的判断需要依赖于命题相关领域的知识。比如,根据一定的地理知识可知,命题"珠穆朗玛峰是世界上最高的山峰"的真值是真。我们用小写英文字母 p、q、r、s 等表示命题;用数字 1 表示真,数字 0 表示假。比如,可以用 p 表示一个水分子 H_2O 是由两个氢原子和一个氧原子组成,用 q 表示珠穆朗玛峰是世界上最高的山峰,用 r 表示 2020 年 6 月 1 日是星期三;那么,命题 p 的真值为 1,命题 q 的真值为 1,命题 r 的真值为 0。可以看出,用符号表示的命题就是将自然语言描述的命题以及其真假用符号加以替换而已。

前面所举的例子中,作为命题的陈述句都是简单句,它们不能再分解为更简单的陈述句,称这样的命题为原子命题(atomic proposition)。推理证明过程作为人类的高级智力活动,所使用的命题更多的是由简单陈述句通过连接词(connective)复合而成的复合陈述句,称这样的命题为复合命题(compound proposition)。换句话说,复合命题是由原子命题通过连接词完成复合的。比如,"如果今天是星期二,那么明天就是星期三"这个命题是由"今天是星期二""明天是星期三"这两个原子命题,以及连接词"如果……,那么……"复合而成的。复合命题作为命题,当然也有真值,复合命题的真值不仅与组成该复合命题的原子命题的真值有关,还与连接词有关。在逻辑中,我们关注的是连接词的逻辑作用,也就是其对复合命题真值的作用,因而,也将连接词称为逻辑连接词。当然,为了将推理证明过程完全形式化,逻辑连接词也用一定的符号进行表示。下面介绍命题逻辑中使用的连接词。

1. 否定连接词

对于某个命题 p，我们用符号 $\neg p$ 表示自然语言中“非 p”“不是 p”这类命题。其中，符号 $\neg$ 称为否定(negation)连接词，命题 $\neg p$ 称为命题 p 的否定式。对于 $\neg p$ 和 p 的真值关系，规定：$\neg p$ 是真的当且仅当 p 是假的。

比如，p 表示“这部手机的品牌是华为”，那么“这部手机的品牌不是华为”就可以用 $\neg p$ 表示。

将 $\neg p$ 和 p 的真值关系用表 1.1.1 表示。我们将这种用来表示命题之间真值关系的表格称为真值表(truth table)。由于命题 p 的真值只可能取 1 和 0 两种，所以 $\neg p$ 的真值表只有两行。可以看出，当 p 为真时，$\neg p$ 就为假；当 p 为假时，$\neg p$ 就为真。否定连接词 $\neg$ 所起到的作用是和我们的直觉相吻合的。

表 1.1.1 否定真值表

p	$\neg p$
1	0
0	1

2. 合取连接词

对于命题 p 和 q，我们用符号 $p \wedge q$ 表示自然语言中“p 与 q”“p 并且 q”这类命题。其中，符号 $\wedge$ 称为合取(conjunction)连接词，命题 $p \wedge q$ 称为命题 p 和 q 的合取式。对于 $p \wedge q$ 和 p、q 的真值关系，规定：$p \wedge q$ 是真的，当且仅当 p、q 同时是真的。

比如，p 表示“今天是星期天”，q 表示“今天是晴天”，那么，“今天是星期天，并且还是晴天”就可以表示为 $p \wedge q$。

表 1.1.2 合取真值表

p	q	$p \wedge q$
1	1	1
1	0	0
0	1	0
0	0	0

命题 $p \wedge q$ 和命题 p、q 的真值关系如表 1.1.2 所示。由于命题 p、q 的真值情况有 4 种，所以，命题 $p \wedge q$ 的真值表有 4 行。可以看出，只有当 p、q 同时为真时，$p \wedge q$ 才为真；其他情况下，$p \wedge q$ 均为假。需要指出的是，数理逻辑中只关注命题之间的逻辑关系，也就是只关注命题的真假。因而，命题的真假不与命题的含义、命题所暗示的内容、命题所表达的看法等因素有关。所以，自然语言中“虽然 p，但是 q”和“不但 p，而且 q”都形式化为 $p \wedge q$，虽然第一个命题表达了转折的含义，第二个命题表达了递进的含义。

3. 析取连接词

对于命题 p 和 q，我们用符号 $p \vee q$ 表示自然语言中“p 或 q”这类命题。其中，符号 $\vee$ 称为析取(disjunction)连接词，命题 $p \vee q$ 称为命题 p 和 q 的析取式。对于 $p \vee q$ 和 p、q 的真值关系，规定：$p \vee q$ 是假的，当且仅当 p、q 同时是假的。换句话说，命题 p、q 中，至少有一个命题是真时，$p \vee q$ 也是真的。

命题 $p \vee q$ 和命题 p、q 的真值关系如表 1.1.3 所示。从表中可以看出，只有当 p、q 同时为假时，$p \vee q$ 才为假；其他情况下，$p \vee q$ 均为真。

表 1.1.3 析取真值表

p	q	$p \vee q$
1	1	1
1	0	1
0	1	1
0	0	0

需要指出的是，数理逻辑中析取连接词 $\vee$ 所表达的“或”的逻辑意义，是“可兼或”“包含或”，也就是说，$p \vee q$ 表达了“或 p 为真，或 q 为真，或两者皆为真”，这是不存在模糊的。而自然语言中“或”具有多义性，有时所表达的是“可兼或”“包含或”，有时所表达的是“不可兼或”“不包含或”。举例说明一下。自然语言中，“明天是晴天或者明天的气温高于 18℃”表达的就是一个“可兼或”“包含或”，因为“明天是晴天”和“明天的气温高于 18℃”可以都为真；“李明

正在打乒乓球或者正在打篮球”表达的是一个“不可兼或”，因为“李明正在打乒乓球”和“李明正在打篮球”不可能出现均为真的情况。数理逻辑中所采用的“或”是“可兼或”“包含或”，因而，在证明 $p \vee q$ 为真时，只需要证明 p、q 中有一个为真即可。

4. 蕴含连接词

对于命题 p 和 q，我们用符号 $p \to q$ 表示自然语言中“如果 p，则 q”“因为 p，所以 q”这类命题。其中，符号→称为蕴含(implication)连接词，命题 $p \to q$ 称为命题 p 和 q 的蕴含式，并且称 p 为蕴含式的前件(antecedent)，q 为蕴含式的后件(descendent，consequent)。对于 $p \to q$ 和 p、q 的真值关系，规定：$p \to q$ 是假的，当且仅当 p 是真的，同时 q 是假的。蕴含式有时也称为条件式。

比如，p 表示“李明是高中生”，q 表示“李明学过立体几何”，那么，“如果李明是高中生，那么他一定学过立体几何”就可以表示为 $p \to q$。

表 1.1.4 蕴含真值表

p	q	$p \to q$
1	1	1
1	0	0
0	1	1
0	0	1

命题 $p \to q$ 和命题 p、q 的真值关系如表 1.1.4 所示。可以看出，只有当 p 是真的，同时 q 是假的时，$p \to q$ 才为假；其他情况下，$p \to q$ 均为真。

相对于前述几种逻辑连接词，蕴含连接词的逻辑直观性不是那么强。产生的原因是，在蕴含连接词的逻辑规定中，当 p 为假时，无论 q 是真是假，蕴含式 $p \to q$ 总是为真。事实上，蕴含式 $p \to q$ 重在强调 p 是 q 的充分条件，或者等价地，q 是 p 的必要条件；当 p 为假时，并没有破坏 p 是 q 的充分条件这一逻辑关系。在日常生活中，有时也会使用这种前件为假的蕴含关系，尽管没有意识到这种用法。比如，李明不喜欢踢足球，他的一个朋友谈起此事，可能会夸张地说：“如果李明喜欢踢足球，那么太阳就从西边出来了”。此外，前面曾谈到过，数理逻辑只关注命题之间的逻辑关系，所以，蕴含式的前件和后件可以在含义上没有任何关系，比如，“如果明天是星期三，那么李明喜欢踢足球”。

5. 等价连接词

对于命题 p 和 q，我们用符号 $p \leftrightarrow q$ 表示自然语言中“p 当且仅当 q”“p 等价于 q”这类命题。其中，符号↔称为等价(equivalence)连接词，命题 $p \leftrightarrow q$ 称为命题 p 和 q 的等价式。对于 $p \leftrightarrow q$ 和 p、q 的真值关系，规定：$p \leftrightarrow q$ 是真的，当且仅当 p、q 同时是真的或者同时是假的。等价式有时也称为双向条件式或双向蕴含式。

比如，p 表示“x 是偶数”，q 表示“x 可以被 2 整除”，那么，“x 是偶数当且仅当 x 可以被 2 整除”就可以表示为 $p \leftrightarrow q$。

命题 $p \leftrightarrow q$ 和命题 p、q 的真值关系如表 1.1.5 所示。可以看出，当 p、q 具有相同的真值时，$p \leftrightarrow q$ 为真；当 p、q 具有不同的真值时，$p \leftrightarrow q$ 为假。

表 1.1.5 等价真值表

p	q	$p \leftrightarrow q$
1	1	1
1	0	0
0	1	0
0	0	1

等价式 $p \leftrightarrow q$ 在逻辑上表达的是命题 p、q 互为充分必要条件，换句话说，等价式 $p \leftrightarrow q$ 在逻辑上与“$p \to q$ 并且 $q \to p$”是一样的，等价连接符采用双向箭头、蕴含连接符采用单向箭头也暗示了这种关系。因而，可以将 $p \leftrightarrow q$ 看作 $(p \to q) \wedge (q \to p)$ 的简写。虽然 $(p \to q) \wedge (q \to p)$ 也表达了命题 p、q 是等价的逻辑含义，但是由于等价关系太重要了，在数学证明过程中经常用到，所以引入 $p \leftrightarrow q$，以将等价关系直接给出。

通过上述关于连接词的定义，我们可以把自然语言中诸如“如果明天会下雨，那么李明的年龄是 20 岁”“这个教室里有 100 个座位，当且仅当明天是星期一”的命题，用蕴含式 $p \to q$ 和等价式 $r \leftrightarrow s$ 分别表示，其中，p 表示：明天会下雨；q 表示：李明的年龄是 20 岁；r 表示：这个教室里有 100 个座位；s 表示：明天是星期一。在上面这些例子中，蕴含式 $p \to q$ 和等价式 $r \leftrightarrow s$ 是与自然语言表述的复合命题一一对应的。这是由于符号 p、q、r、s 与自然语言表述的原子命题是一一对应的原因，符号 p、q、r、s 仅仅是上述几个原子命题的“替代者”或“标签”而已。从这个一一对应的角度看，符号 p、q、r、s 所起到的作用相当于代数中的“常量”。通过观察发现，命题形式化之后，核心是诸如 $p \to q$、$r \leftrightarrow s$ 这样的逻辑样式，这与符号 p、q、r、s 所对应哪个特别的命题、具有哪些特殊含义没有关系；不同的命题，只要具有相同的逻辑关系，就可以表示成相同的逻辑样式。

为了研究推理中的共同规律——逻辑，我们希望去除符号 p、q、r、s 与自然语言所表述命题的一一对应，使得符号 p、q、r、s 可以表示自然语言所表述的任意一个命题。通过这样一个抽象化的过程，我们就可以专注于对命题中逻辑的讨论，不再关注于命题的具体自然语义了，这样就可以把所得到的逻辑结果应用在任何一个具体的命题推理中。去除了与命题一一对应的符号 p、q、r、s，已经相当于代数中的“变量”了。其实，在前面介绍连接词时，所用来表示真值关系的表格已经隐含了这种看法。比如，在表示合取式 $p \wedge q$ 与原子命题 p、q 的真值关系时，p、q 的真值可以分别取 1 或者 0，也就是说 p、q 可以不再对应某个具体命题。所以，将符号 p、q、r、s 看作任意的一个命题，就像用符号 n 表示某个自然数一样，不会带给我们任何不适应的地方。我们把这种可以表示任意原子命题的符号称为命题变元(propositional variable)。按照习惯，我们还是采用英文小写字母 p、q、r、s 等表示命题变元。

由于命题变元是命题逻辑中的最基础对象，那么，就可以将连接命题变元的逻辑连接词看作逻辑运算符。进而，通过连接词将命题变元组合而成的形式化复合命题就可以看成一种“运算表达式”或“运算公式”。这类似于代数学中，如果令 x、y 表示取自整数集 $\mathbb{Z}$ 的变量，那么 $-x$、$x+y$、$x\times y$ 等就表示关于变量 x、y 的运算表达式或运算公式。因而，诸如 $p \wedge q$、$p \vee q$、$p \to q$ 的符号，就可以看作关于命题变元 p、q 的“运算表达式”或“运算公式”。沿着这个思路，连接词不仅可以连接命题变元 p、q、r、s，还应该可以连接诸如 $p \wedge q$、$p \vee q$、$p \to q$ 这样的符号。这是因为连接词所连接的命题不仅可以是原子命题，还可以是复合命题；而命题变元 p、q、r、s 是从原子命题抽象出来的，$p \wedge q$、$p \vee q$、$p \to q$ 是从复合命题抽象出来的。基于上述分析，我们引入“命题公式”(proposition formula)的概念。

【定义 1.1.1】 命题公式是关于命题变元和连接词的符号表示，可以通过使用如下两条规则来构成：

(1) 任意的命题变元是命题公式，称为原子命题公式；

(2) 如果符号 A、B 表示命题公式，则 $(\neg A)$、$(A \wedge B)$、$(A \vee B)$、$(A \to B)$、$(A \leftrightarrow B)$ 也是命题公式。

需要指出的是，命题公式的这种定义方法是一种“归纳定义法”，其中，规则(1)相当于定义的起始，类似于 $n=0$；规则(2)相当于假设当定义中的第 n 步已定义时，第 $n+1$ 步的定义。然而，在利用规则(2)时，只能应用有限次，因为逻辑是服务于推理证明用的，而推理证明过程再长，也只能是有限的长度。此外，在定义命题公式时，出现了圆括号()和符号 A、

B,其中,圆括号是在连接词出现较多时,避免产生运算顺序混乱而使用的;而符号 A、B 不同于 $p\wedge q$、$p\vee q$、$p\rightarrow q$ 等形式化命题中所采用的符号,它们属于不同层次语言的符号。命题公式 $p\wedge q$、$p\vee q$、$p\rightarrow q$ 中所使用的符号是自然语言形式化过程中所采用的符号;对于形式化方法的描述,当然是用自然语言了,比如读者现在正在看的这段文字就是自然语言。由于形式化方法是我们的讨论对象,所以 $p\wedge q$、$p\vee q$、$p\rightarrow q$ 所使用的符号就称为对象语言符号,而描述所讨论对象的语言中所使用的符号,比如 A、B,就称为元语言符号。元语言符号 A、B 是为了指代对象语言中的命题公式。对于对象语言(object language)和元语言(metalanguage),考虑如下两个例子:当我们利用中文学习英文时,英文是对象语言,中文作为讲解、描述的语言是元语言;当我们学习文言文时,文言文中所使用的文言是对象语言,讲解文言文所使用的白话语言就是元语言。通俗地讲,对象语言就是我们所关注对象本身所使用的语言,元语言是在对对象语言进行讨论研究时,用来描述对象语言的语言。

有了前面的命题公式构成规则,现在就可以构造出各种足够复杂的命题公式了。对于命题公式 A,我们想知道当 A 中所含命题变元取各种不同的真值时,命题公式 A 的取真值情况。这有些类似于根据算术表达式 $(x+y)-(x\times y)$,希望得到当 $x=3$、$y=2$ 时表达式的值。由于命题变元只能取值为 1 和 0 这两种,所以,对于命题公式的真值随命题变元取值的变化情况,是可以逐一列出来的。我们采用之前在引入逻辑连接词时所采用的真值表来列出命题公式的真值情况。下面举例说明。

【例 1.1.1】 构建命题公式 $((p\vee q)\rightarrow(\neg p))$ 的真值表。

解:此命题公式包含 p、q 两个命题变元,作为变元,为了更加方便地看出命题公式的真值随命题变元的真值变化规律,不再单独将 p、q 的取值列开,而是将它们放在表格的第一列。p、q 的所有真值情况为 11、10、01、00 这 4 种,所以真值表共有 4 行。然后按照公式中出现的括号位置,根据前面介绍连接词 $\vee$ 和 $\neg$ 时的真值表,在表格的第二列和第三列完成 $(p\vee q)$ 和 $(\neg p)$ 的真值,最后一列根据连接词 $\rightarrow$ 的真值表,完成 $((p\vee q)\rightarrow(\neg p))$ 的真值。最后得到的真值表如表 1.1.6 所示。

表 1.1.6 例 1.1.1 的真值表

p q	$(p\vee q)$	$(\neg p)$	$((p\vee q)\rightarrow(\neg p))$
1 1	1	0	0
1 0	1	0	0
0 1	1	1	1
0 0	0	1	1

■

在上面这道例题的求解过程中,对于公式中的命题变元 p、q,真值表第一列的每一行都给出了 p、q 取真值的一个组合。由于命题变元起到逻辑自变量的作用,它的取值是变化的,可能取 1,也可能取 0。命题变元的取值是我们直接赋予的,称为命题变元的"赋值"(assignment of truth values)。对命题公式中所有命题变元的赋值,称为命题公式的赋值。当然,也可以通过给命题变元 p、q 一种"解释"(interpretation),即将 p、q 分别解释为某个命题,来间接地完成命题变元的赋值。比如,可以把 p 解释为"12 班的同学这学期的高等数学考试都及格了",把 q 解释为"这周五是晴天",然后通过运用相关领域内的知识,则会得到

p、q 的一组赋值。在例题中，当 p、q 分别赋值为 11 和 10 时，命题公式的真值是 0，称 p、q 的这两组赋值为命题公式的成假赋值；当 p、q 分别赋值为 01 和 00 时，命题公式的真值是 1，称 p、q 的这两组赋值为命题公式的成真赋值。

通过上面的例题，我们还发现，例题中的命题公式有 2 个命题变元，所以命题变元只有 $2^2=4$ 组可能的赋值，也就是真值表只有 4 行，每一行对应一组命题变元的赋值；而对于命题变元的每一组赋值，命题公式也仅可能取 1 或者 0 这两种可能，因而，命题公式在 4 组命题变元赋值下的总取值可能是 $2^4=16$ 种，也就是真值表的最后一列的所有可能取值共 16 种。换句话说，对于有 2 个命题变元的命题公式，只能得到 16 种不同的真值表。然而，利用 p、q 这两个命题变元，通过多次使用逻辑连接词，可能得到理论上无限多种不同形式的命题公式。比如，可以得到命题公式 $((\neg p)\rightarrow(p\vee q))$、$((\neg p)\rightarrow q)$、$(p\rightarrow(\neg q))$，等等。因而，必然有很多命题公式具有一样的真值表，尽管这些命题公式的形式不同。下面举例说明。

【例 1.1.2】 构建命题公式 $(\neg((p\vee q)\wedge p))$ 的真值表。

解：采用和例 1.1.1 类似的步骤，所得到的真值表如表 1.1.7 所示。

表 1.1.7　例 1.1.2 的真值表

p	q	$(p\vee q)$	$((p\vee q)\wedge p)$	$(\neg((p\vee q)\wedge p))$
1	1	1	1	0
1	0	1	1	0
0	1	1	0	1
0	0	0	0	1

■

对比例 1.1.1 和例 1.1.2 的真值表最后一列可知，这两个形式不同的命题公式，它们真值表的最后一列完全相同，也就是说这两个命题公式具有相同的真值表。

通过对命题公式的分析，除了发现不同形式的命题公式可以具有相同的真值表这一现象，我们还对两种具有特殊真值表的命题公式十分感兴趣。两种特殊的真值表是指命题公式的真值表的最后一列全为 1 或者全为 0。之所以会对这两种真值表感兴趣，是因为命题公式是自然语言所描述的复合命题的形式化抽象，如果一个命题公式的真值表最后一列全为 1，表明无论对该命题公式做何种解释，该命题公式总是真的。由于对命题公式的解释是通过对命题公式所含命题变元进行解释，并利用连接词的逻辑含义来完成的，也就是说，无论对该形式化的命题解释为何种自然语言描述的命题，该复合命题在逻辑意义上总是真的。与之相对应的另一种情况是，如果一个命题公式的真值表最后一列全为 0，表明无论对该命题公式做何种解释，该命题公式总是假的。由于这两种命题公式太重要了，我们专门对它们加以定义。

【定义 1.1.2】 如果命题公式在其所包含的命题变元各种赋值下，其真值总是为 1，则称该命题公式为重言式（tautology）；如果命题公式在其所包含的命题变元各种赋值下，其真值总是为 0，则称该命题公式为矛盾式（contradiction）。

根据定义，重言式和矛盾式互为否定式，所以我们重点关注重言式。重言式中“重言”的意思是说，无论重言式中的命题变元赋值为 1 或是 0，重言式的真值总是 1，因而，对重言式进行不同赋值，从重言式的真值结果来看，都相当于“重复再说一遍”而已，也就是说，重言式作为特殊的命题公式，其真值只是与该命题公式的样式有关，与赋值或解释无关，而这正契合数理逻辑的初衷——形式化。重言式是命题逻辑的核心和关键。

【例 1.1.3】 构建命题公式$((p\wedge q)\rightarrow p)$的真值表。

解：采用和例 1.1.1 类似的步骤，所得到的真值表如表 1.1.8 所示。

表 1.1.8 例 1.1.3 的真值表

p q	$(p\wedge q)$	$((p\wedge q)\rightarrow p)$
1 1	1	1
1 0	0	1
0 1	0	1
0 0	0	1

■

从例 1.1.3 可以看出，命题公式$((p\wedge q)\rightarrow p)$就是一个重言式。由于重言式和矛盾式的真值表最后一列互为否定，所以，根据例 1.1.3 可以得到$(\neg((p\wedge q)\rightarrow p))$是一个矛盾式。显然，命题公式并不只有重言式和矛盾式两类，因为真值表的最后一列除了全为 1 和全为 0 这两种情况之外，更多的是既含有 1 又含有 0 的情况。前面的例子都是对含有 p、q 两个命题变元的命题公式进行讨论的，对于多于两个命题变元的命题公式，结论是一样的。

在前面的例子中，命题公式中的括号使用有些多，为了减少括号的使用数量，使得命题公式看起来更加简单明了，我们做一些规定。首先，公式最外层的括号可以去除，比如命题公式$((p\wedge q)\rightarrow p)$，可以写作$(p\wedge q)\rightarrow p$；其次，规定连接词的优先级从高到低依次为$\neg$、$\wedge$、$\vee$、$\rightarrow$、$\leftrightarrow$，这样的话，命题公式$(((\neg p)\wedge q)\rightarrow r)$就可以写作$\neg p\wedge q\rightarrow r$。

需要特别指出的是，我们采用了“演算”的方法去讨论命题逻辑。比如，命题变元可以类比为变量，命题连接符可以类比为运算符，命题公式可以类比为表达式，因此，可以将命题逻辑称为“命题演算”(propositional calculus)。然而，命题演算和代数演算还是有区别的。命题变元是和命题相联系的，其所取的真值是命题的判断结果，而非命题本身。两个命题公式 A、B 具有相同的真值表，只是说明它们之间在逻辑意义上是等价的，而非它们本身是完全相同的，所以，对于具有相同真值表的命题公式 A、B，我们不会写成 $A=B$；我们用 $A=B$ 是表示命题公式 A、B 是同一个命题公式。本书中，凡是采用不同符号表示的命题公式。比如，A、B，默认它们是不相同的。

1.2 命题逻辑中的重言等价式

在 1.1 节曾谈到，对于含若干命题变元的命题公式而言，把它们用元语言符号记为 A、B、C 等。对于命题公式，会出现如下两种现象：①会有一些命题公式具有相同的真值表，比如，A、B 具有相同的真值表；②会有一些命题公式是重言式或者矛盾式，当然，如果命题公式 A 为重言式，则$\neg A$ 一定是矛盾式，反之亦然。现在将这两种现象结合在一起考虑，如果 A、B 具有相同的真值表，那么 A、B 通过等价连接词$\leftrightarrow$组合而成的命题公式 $A\leftrightarrow B$ 就一定是重言式。这是因为，对于命题公式 $A\leftrightarrow B$ 所含命题变元的任意赋值，由于已知命题公式 A、B 具有相同的真值，再根据等价连接词$\leftrightarrow$的逻辑定义，命题公式 $A\leftrightarrow B$ 的真值就会取值为 1。

我们对 A、B 的等价式 $A\leftrightarrow B$ 为重言式的情况特别感兴趣。因为，它们代表了 A、B 互为充分必要条件这种情况，而这是在数学证明中经常会遇到的论述。现在我们把 $A\leftrightarrow B$ 为重言式的情况单独拿出来加以定义。

【定义 1.2.1】 对于命题公式 A、B，如果命题公式 $A\leftrightarrow B$ 为重言式，则称 A 是重言等价于 B 的，或 A、B 是重言等价的，记为 $A\Leftrightarrow B$。

定义中所使用符号⇔是元语言符号，它在元语言中说明“重言等价于”的意思。有时，我们也把 $A\Leftrightarrow B$ 看作一个“式子”，称为重言等价式。

对于给定的两个命题公式 A、B，判断它们是否满足 $A\Leftrightarrow B$ 的直接方法是做出它们的真值表，根据真值表进行判断。

【例 1.2.1】 验证$(p\rightarrow q)\Leftrightarrow(\neg p\vee q)$。

解：将命题公式 $p\rightarrow q$ 和 $\neg p\vee q$ 的真值表列在一张表中，如表 1.2.1 所示。

表 1.2.1　例 1.2.1 的真值表

p	q	$p\rightarrow q$	$\neg p$	$\neg p\vee q$
1	1	1	0	1
1	0	0	0	0
0	1	1	1	1
0	0	1	1	1

从该表格中可以看出，对于命题变元 p、q 的各种赋值，命题公式 $p\rightarrow q$ 和 $\neg p\vee q$ 均具有相同的真值，所以它们是重言等价的，即$(p\rightarrow q)\Leftrightarrow(\neg p\vee q)$。

■

在上面的这道例题中，命题变元只有两个，列出它们的真值表比较简单，当命题变元比较多时，通过真值表的方法去判断两个命题公式是否是重言等价的就比较复杂了。下面分析重言等价式的一些性质，以期望可以找到方便地判断两个命题公式是重言等价的方法。

【命题 1.2.1】 对于命题公式 A、B、C，如果 $A\Leftrightarrow B$，并且 $B\Leftrightarrow C$，则有 $A\Leftrightarrow C$。

证明：将 A、B、C 的真值表列在一起，对于命题公式 A、B、C 所含的命题变元赋予任意真值，由于 $A\Leftrightarrow B$，并且 $B\Leftrightarrow C$，那么，A 和 B 具有相同的真值，B 和 C 也具有相同的真值，因而，A 和 C 也就具有相同的真值，所以，$A\Leftrightarrow C$。

■

命题 1.2.1 说明了重言等价关系具有传递性。

【命题 1.2.2】 对于命题公式 A、B，p 是 A、B 中的某个命题变元，已知 $A\Leftrightarrow B$；对于任意的命题公式 C，如果将 A、B 中出现的 p 都替换为 C，将 A、B 经过替换之后的命题公式记为 $A^{\#}$、$B^{\#}$；则有 $A^{\#}\Leftrightarrow B^{\#}$。

证明：根据 $A\Leftrightarrow B$，有命题公式 $A\leftrightarrow B$ 是重言式。命题公式 $A^{\#}\leftrightarrow B^{\#}$ 与命题公式 $A\leftrightarrow B$ 的差别，仅仅在于将 $A\leftrightarrow B$ 中的 p 替换为了 C。因而，对于 $A^{\#}\leftrightarrow B^{\#}$ 中所有命题变元的任意某种赋值，当 $A^{\#}\leftrightarrow B^{\#}$ 所含 C 的真值和 $A\leftrightarrow B$ 中的 p 真值相同时，$A^{\#}\leftrightarrow B^{\#}$ 的真值就和 $A\leftrightarrow B$ 的真值相同。而由于 $A\leftrightarrow B$ 的真值在其所有命题变元的各种赋值下均为 1，因而，$A^{\#}\leftrightarrow B^{\#}$ 的真值在其所有命题变元的任意赋值下也为 1，即 $A^{\#}\leftrightarrow B^{\#}$ 为重言式。命题得证。

■

命题 1.2.2 是对 $A\Leftrightarrow B$ 中一个命题变元进行替换得到的结果；对于 $A\Leftrightarrow B$ 中多个命题变元，直到所有命题变元均进行替换为任意公式的情形，结论还是成立的。事实上，从命题

1.2.2 的证明过程可以发现，如果命题公式 A 是重言式，则将 A 中所有命题变元替换为任意命题公式后，所得到的命题公式还是重言式，这是重言式的基本性质。

【命题 1.2.3】 对于命题公式 A、B、C，已知命题公式 C 含有命题公式 A，且 $A \Leftrightarrow B$，如果将 C 中出现的 A 都替换为 B，将替换之后的命题公式记为 $C^{\#}$，则有 $C \Leftrightarrow C^{\#}$。

证明：对于 $C \leftrightarrow C^{\#}$ 中所有命题变元的任意某种赋值，命题公式 C 与命题公式 $C^{\#}$ 的差别，仅仅在于将 C 中的 A 替换为了 B。由于 $A \Leftrightarrow B$，则在命题变元的任意赋值下，A 和 B 均具有相同的真值，因而，命题公式 C 与命题公式 $C^{\#}$ 也具有相同的真值，即 $C \leftrightarrow C^{\#}$ 为重言式。命题得证。

■

命题 1.2.2 和命题 1.2.3 说明，对于重言等价式，一方面，重言等价式作为重言式的一种，其所包含的命题变元可以由任意的命题公式进行替换，替换之后的命题公式还是重言等价式；另一方面，重言等价式也可以替换任意命题公式中所含的命题公式，替换之后的命题公式与替换之前的命题公式是重言等价的。

利用上述关于重言等价式的 3 条性质，我们可以从一些较为简单基础的重言等价式出发，构造或证明一些较为复杂的重言等价式。比如，设 p、q、r 为命题变元，通过真值表，可以验证简单的重言等价式：$(p \vee q) \Leftrightarrow (q \vee p)$ 和 $(p \vee q) \Leftrightarrow (\neg p \to q)$，则根据命题 1.2.1，可以得到 $(q \vee p) \Leftrightarrow (\neg p \to q)$；对于任意的命题公式 A、B，利用命题 1.2.2，用 A、B 分别替换 $(p \vee q) \Leftrightarrow (\neg p \to q)$ 中的 p、q，可以得到 $(A \vee B) \Leftrightarrow (\neg A \to B)$；对于任意的命题公式 A，比如，A 为命题公式 $p \vee q \to r$，则利用命题 1.2.3 和 $(p \vee q) \Leftrightarrow (\neg p \to q)$，将 A 中的 $(p \vee q)$ 替换为 $(\neg p \to q)$，则可以得到 $p \vee q \to r \Leftrightarrow (\neg p \to q) \to r$。下面列出一些常见的基础重言等价式。其中，表 1.2.2 和表 1.2.3 分别是涉及连接词 $\neg$、$\wedge$、$\vee$ 和连接词 $\to$、$\leftrightarrow$ 的常用基础重言等价式，把这些基础的重言等价式分开列出是为了方便记忆。

表 1.2.2 常用重言等价式(1)

1. 幂等律	$p \wedge p \Leftrightarrow p$, $p \vee p \Leftrightarrow p$
2. 交换律	$p \wedge q \Leftrightarrow q \wedge p$, $p \vee q \Leftrightarrow q \vee p$
3. 结合律	$(p \wedge q) \wedge r \Leftrightarrow p \wedge (q \wedge r)$, $(p \vee q) \vee r \Leftrightarrow p \vee (q \vee r)$
4. 分配律	$p \wedge (q \vee r) \Leftrightarrow (p \wedge q) \vee (p \wedge r)$, $p \vee (q \wedge r) \Leftrightarrow (p \vee q) \wedge (p \vee r)$
5. 双重否定律	$\neg(\neg p) \Leftrightarrow p$
6. 德-摩根律	$\neg(p \wedge q) \Leftrightarrow \neg p \vee \neg q$, $\neg(p \vee q) \Leftrightarrow \neg p \wedge \neg q$
7. 同一律	$p \wedge 1 \Leftrightarrow p$, $p \vee 0 \Leftrightarrow p$
8. 支配律	$p \wedge 0 \Leftrightarrow 0$, $p \vee 1 \Leftrightarrow 1$

表 1.2.3 常用重言等价式(2)

1	$p \to q \Leftrightarrow \neg p \vee q$
2	$p \to q \Leftrightarrow \neg q \to \neg p$
3	$p \leftrightarrow q \Leftrightarrow q \leftrightarrow p$
4	$p \leftrightarrow q \Leftrightarrow (p \to q) \wedge (q \to p)$
5	$p \leftrightarrow q \Leftrightarrow \neg p \leftrightarrow \neg q$
6	$p \leftrightarrow q \Leftrightarrow (p \wedge q) \vee (\neg p \wedge \neg q)$

需要特别指出的是，在表中出现了恒为真和恒为假的命题公式"1"和"0"，事实上，符号1和0只是用来表示命题真与假的两个真值，符号1和0作为命题逻辑的真值，是不会出现在命题公式中的，表中所采用的1和0是元语言符号，表示命题公式是重言式和矛盾式，可以将符号1和0理解为命题公式$\neg p \vee p$和$\neg p \wedge p$。

【例 1.2.2】 验证$\neg(\neg p \vee q) \vee r$与$(p \to q) \to r$是重言等价的。

解：根据表1.2.3第1条的重言等价式，应用命题1.2.3，可以得到

$$\neg(\neg p \vee q) \vee r \Leftrightarrow \neg(p \to q) \vee r$$

还是根据表1.2.3第1条的重言等价式，但是这次应用的是命题1.2.2，将$p \to q$和r代替表1.2.3第1条的等值式中的p和q，得到

$$\neg(p \to q) \vee r \Leftrightarrow (p \to q) \to r$$

再由命题1.2.1的传递性，有

$$\neg(\neg p \vee q) \vee r \Leftrightarrow (p \to q) \to r$$

■

从上面这道例题可以看出，在进行重言等价关系证明时，命题1.2.2和命题1.2.3很有用。对于同一个重言等价式，利用命题1.2.2和命题1.2.3是不同的，一个是将其他命题公式代入该重言等价式中，一个是将该重言等价式代入其他命题公式中。对表中基本的重言等价式熟记之后，在使用命题1.2.2和命题1.2.3时就会非常熟练自如。下面的例题中，不再标注使用哪条性质，只说明使用的是表中的哪个重言等价式。

【例 1.2.3】 验证$(p \to q) \vee (p \to r)$与$p \to (q \vee r)$是重言等价的。

解：根据表1.2.3第1条的重言等价式，可以得到

$$p \to r \Leftrightarrow \neg p \vee r$$

利用该重言等价式和表1.2.3第1条的重言等价式，可以得到

$$(p \to q) \vee (p \to r) \Leftrightarrow (\neg p \vee q) \vee (\neg p \vee r)$$

根据表1.2.2第2条的重言等价式(交换律)，可以得到

$$(\neg p \vee q) \vee (\neg p \vee r) \Leftrightarrow (q \vee \neg p) \vee (\neg p \vee r)$$

根据表1.2.2第3条的重言等价式(结合律)，可以得到

$$(q \vee \neg p) \vee (\neg p \vee r) \Leftrightarrow q \vee (\neg p \vee (\neg p \vee r)) \Leftrightarrow q \vee (\neg p \vee \neg p \vee r)$$

根据表1.2.2第1条的重言等价式(幂等律)，可以得到

$$q \vee (\neg p \vee \neg p \vee r) \Leftrightarrow q \vee (\neg p \vee r)$$

根据表1.2.2第2条和第3条的交换律和结合律，可以得到

$$q \vee (\neg p \vee r) \Leftrightarrow (q \vee \neg p) \vee r \Leftrightarrow (\neg p \vee q) \vee r \Leftrightarrow \neg p \vee (q \vee r)$$

根据表1.2.3第1条的重言等价式，可以得到

$$\neg p \vee (q \vee r) \Leftrightarrow p \to (q \vee r)$$

最后利用重言等价关系的传递性，可得

$$(p \to q) \vee (p \to r) \Leftrightarrow p \to (q \vee r)$$

■

从上面的例题可以看出，利用表中的基础重言等价式和重言等价式的3条性质，可以方便地得到更多复杂的重言等价式。利用基础的重言等价式得到复杂重言等价式的过程有时也称为"重言等价演算"。

1.3 命题逻辑中的推理和重言蕴含式

在数学命题的证明过程中，需要用到推理(inference)。所谓推理，简单地说，就是从前提(premise)得出结论(conclusion)。当然，前提可以不止一个；而结论只有一个。推理可能是有效的或正确的，也可能是无效的或不正确的。例如，前提："李明如果数学考试得分在90分以上，那么李明的物理考试得分也在90分以上""李明的数学考试得分在90分以上"，结论："李明的物理考试得分在90分以上"。对于这个例子，从命题本身的含义上来说，认为这个推理是有效的；因为在前提为真时，结论必为真。采用前面所介绍的形式化思路，把上述的推理形式化。令 p 表示"李明的数学考试得分在90分以上"，q 表示"李明的物理考试得分在90分以上"。则前提形式化为 $p\to q,p$；结论形式化为 q。前提为真，也就是 $p\to q$ 和 p 均为真，进而有，所有前提 $(p\to q)\wedge p$ 为真；结论为真，也就是 q 为真。我们再进一步抽象，将 p、q 视为命题变元；此时，当作为所有前提的命题公式 $(p\to q)\wedge p$ 为真时，根据合取连接词的定义，有 p 为真，且 $p\to q$ 为真，再结合蕴含连接词的定义，可得 q 也为真，而 q 正是作为结论的命题公式。这说明，无论对命题变元 p、q 做怎样的赋值或解释，当所有前提 $(p\to q)\wedge p$ 的真值为1时，结论 q 必为1。换句话说，采用自然语言描述的关于命题推理有效性的成立，本质上是形式化之后的逻辑必然结果，与命题的具体含义没有关系。当然，将 p、q 视为命题变元，就会存在 p、q 的某种赋值使得前提 $(p\to q)\wedge p$ 为假的情形。对于这种情形，类似于前面介绍蕴含连接词时的说明，我们说一个推理是有效的，是强调：当前提为真时，结论必为真。当前提为假时，并没有破坏前提为真时可以得到结论必为真的这种蕴含关系。所以，当前提为假时，无论结论是真是假，都认为推理也是有效的。所以，我们可以采用前提和结论的蕴含式来表示从前提到结论的推理的有效性。在前面的例子中，前提和结论的蕴含式为 $((p\to q)\wedge p)\to q$，可以验证，该蕴含式是一个重言式。这个重言蕴含式保证了当前提为真时，结论必为真，而这是推理具有有效性的核心。我们把这个核心抽取出来，得到命题逻辑中推理的有效性定义。

【定义 1.3.1】 设 $A_1,A_2,\cdots,A_n$，以及 B 是命题公式，称从前提 $A_1,A_2,\cdots,A_n$ 到结论 B 的推理是有效的(valid)，如果 $A_1\wedge A_2\wedge\cdots\wedge A_n\to B$ 是重言式。

从上面的这个定义可以看出，前提 $A_1,A_2,\cdots,A_n$ 到结论 B 的推理的有效性，是由蕴含式 $A_1\wedge A_2\wedge\cdots\wedge A_n\to B$ 是重言式来保证的。如果将 $A_1\wedge A_2\wedge\cdots\wedge A_n$ 记为 A，A 代表了所有前提，则推理的有效性由蕴含式 $A\to B$ 是重言式来保证。这次又出现了重言式，与上一小节里的等价重言式不同，这里是蕴含重言式。在上一小节曾谈到，等价式 $A\leftrightarrow B$ 是重言式代表了 A、B 互为充分必要条件；而蕴含式 $A\to B$ 是重言式则代表了 A 是 B 的充分条件，这正是从前提 A 到结论 B 的推理有效性的保证。由于蕴含式 $A\to B$ 是重言式，它在推理中十分重要，我们把它拿出来加以定义。

【定义 1.3.2】 对于命题公式 A、B，如果蕴含式 $A\to B$ 为重言式，则称 A 是重言蕴含 B 的，记为 $A\Rightarrow B$。

与上一节中的元语言符号 $\Leftrightarrow$ 一样，$\Rightarrow$ 是元语言中说明"重言蕴含于"的意思；而且我们

也把 $A \Rightarrow B$ 看作一个"式子",称为重言蕴含式。

根据定义 1.3.2 中的写法,可以将前提 $A_1, A_2, \cdots, A_n$ 到结论 B 的推理的有效性,写成 $A_1 \wedge A_2 \wedge \cdots \wedge A_n \Rightarrow B$。

从定义 1.3.1 可以看出,判断推理是否有效,可以归结为判断蕴含式 $A \rightarrow B$ 是否是重言式。最直接的方法就是做出命题公式 A、B 的真值表,根据真值表进行判断。

【例 1.3.1】 验证 $p \wedge q \Rightarrow p \vee q$。

解:将命题公式 $p \wedge q$ 和 $p \vee q$ 的真值表列在一张表中,并将命题公式 $p \wedge q \rightarrow p \vee q$ 的真值也在表中列出,如表 1.3.1 所示。

表 1.3.1　例 1.3.1 的真值表

p	q	$p \wedge q$	$p \vee q$	$p \wedge q \rightarrow p \vee q$
1	1	1	1	1
1	0	0	1	1
0	1	0	1	1
0	0	0	1	1

从该表中可以看出,对于命题变元 p、q 的各种赋值,$p \wedge q \rightarrow p \vee q$ 的真值均为 1,所以有 $p \wedge q \Rightarrow p \vee q$。

■

采用由真值表虽然可以完成 $A \rightarrow B$ 是否是重言式的判断,然而,当 A、B 所含命题变元较多时,真值表会很冗长。注意到,判断蕴含式 $A \rightarrow B$ 是否重言,相当于判断 $A \rightarrow B$ 与 1 是否等价,也就是判断等价式 $(A \rightarrow B) \leftrightarrow 1$ 是否重言,因而,就可以借助于上一节中的重言等价演算的方法进行判断了。

【例 1.3.2】 采用重言等价演算的方法,验证 $p \wedge q \Rightarrow p \vee q$。

解:采用表 1.2.3 中第 1 条的重言等价式,以及表 1.2.2 中的德-摩根律、结合律、交换律,可以得到如下重言等价演算步骤。

$$
\begin{aligned}
& p \wedge q \rightarrow p \vee q \\
\Leftrightarrow & \neg (p \wedge q) \vee (p \vee q) \\
\Leftrightarrow & (\neg p \vee \neg q) \vee (p \vee q) \\
\Leftrightarrow & (\neg p \vee p) \vee (\neg q \vee q) \\
\Leftrightarrow & 1 \vee 1 \\
\Leftrightarrow & 1
\end{aligned}
$$

可以看出,$p \wedge q \rightarrow p \vee q$ 是重言式,所以有 $p \wedge q \Rightarrow p \vee q$。

■

下面我们考虑不将蕴含式 $A \rightarrow B$ 是否是重言式的判断转化为等价式 $(A \rightarrow B) \leftrightarrow 1$ 是否是重言式的判断,而是类似于上一节中建立基础重言等价式,也建立基础重言蕴含式,然后直接从这些基础重言蕴含式出发,以导出或者证明较为复杂的重言蕴含式。表 1.3.2 给出了常用的基础重言蕴含式。

表 1.3.2 常用的基础重言蕴含式

1. 合取律	$(p)\land(q)\Rightarrow p\land q$
2. 附加律	$p\Rightarrow p\lor q$
3. 简化律	$p\land q\Rightarrow p$
4. 假言推理	$(p\to q)\land p\Rightarrow q$
5. 假言推理拒取式	$(p\to q)\land\neg q\Rightarrow\neg p$
6. 析取三段论	$(p\lor q)\land\neg p\Rightarrow q$
7. 假言三段论	$(p\to q)\land(q\to r)\Rightarrow p\to r$
8. 等价三段论	$(p\leftrightarrow q)\land(q\leftrightarrow r)\Rightarrow p\leftrightarrow r$

与重言等价式一样，对于重言蕴含式，它也具有传递性。

【命题 1.3.1】 对于命题公式 A、B、C，如果 $A\Rightarrow B$，并且 $B\Rightarrow C$，则有 $A\Rightarrow C$。

证明：将 A、B、C 的真值表列在一起，对于命题公式 A、B、C 所含的命题变元赋予任意真值，由于 $A\Rightarrow B$，则有，当 A 的真值为 1 时，B 的真值必为 1；由于又有 $B\Rightarrow C$，那么，当 B 的真值为 1 时，C 的真值也必为 1，因而，当 A 的真值为 1 时，C 的真值也必为 1。所以，蕴含式 $A\to C$ 为重言式，即 $A\Rightarrow C$。

■

此外，如果 $A\Rightarrow B$，即 $A\to B$ 为重言式，由于重言式具有将重言式所含命题变元替换成任意命题公式后所得到的命题公式还是重言式的性质，那么，重言式 $A\to B$ 中命题变元替换为任意命题公式后，所得到的命题公式还是重言式。我们将这条性质列出。

【命题 1.3.2】 对于命题公式 A、B，p 是 A、B 中的某个命题变元，已知 $A\Rightarrow B$；对于任意的命题公式 C，如果将 A、B 中出现的 p 都替换为 C，记 A、B 经过替换之后的命题公式为 $A^{\#}$、$B^{\#}$；则有 $A^{\#}\Rightarrow B^{\#}$。

命题 1.2.2 与命题 1.3.2 来源于重言式本身的特点，由于它们是重言式基本性质的表现，而且看起来也是十分直观的，所以本书后面不再另外提及。

有了上述重言蕴含式的性质，以及基础的重言蕴含式，就可以更加方便地导出或者证明较为复杂的重言蕴含式了。

【例 1.3.3】 采用基础的重言蕴含式，验证 $p\land q\Rightarrow p\lor q$。

解：采用表 1.3.2 中的简化律和附加律，我们可以得到如下步骤。

$$
\begin{aligned}
&p\land q\\
&\Rightarrow p\\
&\Rightarrow p\lor q
\end{aligned}
$$

然后利用重言蕴含的传递性即得证。

■

对比重言等价式和重言蕴含式，由于等价连接词↔可以看作双向的蕴含连接词→，所以，当等价式 $A\leftrightarrow B$ 是重言式时，那么，蕴含式 $A\to B$ 也一定是重言式。事实上，当 $A\leftrightarrow B$ 是重言式时，A、B 的真值为 11 或者 00，根据蕴含连接词的定义，$A\to B$ 的真值一定为 1。也就是说，如果 $A\Leftrightarrow B$，则一定有 $A\Rightarrow B$，且 $B\Rightarrow A$。所以从这个角度看，可以从每一个重言等价式中得到两个重言蕴含式。

1.4 命题逻辑中的形式系统

1.3 节中给出了命题逻辑中推理有效性的定义，并引入基础的重言蕴含式，以方便验证或证明推理的有效性。由于采用的是形式化的方法，相较于以前所采用的自然语言描述的推理，已经把推理过程抽象化了。现在对推理过程做进一步的抽象，将命题逻辑中所有的推理证明作为我们的研究对象。我们将形式化推理证明的所有构成要素放在一起，形成一个形式系统，让推理和证明在形式系统(formal system)内完成。这样，除了可以使证明更加地严谨，更为重要的是，可以对形式系统本身进行整体上的研究，以获得关于推理证明的一般性、整体性结果。

【定义 1.4.1】 命题逻辑的形式系统 L 由如下 4 部分组成：①符号表集合 L_{A}；②命题公式集合 L_{F}；③公理(axiom)集合 L_{AX}；④推理规则(rules of inference)集合 L_{R}。

在命题逻辑形式系统 L 的定义中，符号表集合 L_{A} 是一些用来形成命题公式的符号；命题公式集合 L_{F} 是根据 L_{A} 中给定的符号形成的所有命题公式；对于公理集合 L_{AX}，其是由 L_{F} 中选择出的一些命题公式所构成的集合，其中的每一个命题公式被认为是一个公理，当然，L_{AX} 可以为空集；对于推理规则集合 L_{R}，其是从 L_{F} 中选择出的一些重言蕴含式中得到的。

定义 1.4.1 给出了命题逻辑形式系统的一般性框架。下面给出两个具体的命题逻辑形式系统。

【定义 1.4.2】 命题逻辑形式系统 L_1 的 4 个组成部分如下：

1. 符号表集合 L_{A}

(1) 命题变元符号：$p,q,r,s,\cdots$；

(2) 逻辑连接词符号：$\neg,\wedge,\vee,\rightarrow,\leftrightarrow$；

(3) 左括号和右括号：(,)。

2. 命题公式集合 L_{F}

命题公式由 L_{A} 中的符号根据 1.1 节中的命题公式形成规则完成。

3. 公理集合 L_{AX}

空集，即无公理。

4. 推理规则集合 L_{R}

(1) 表 1.3.2 中每一条重言蕴含式都代表了一条推理规则。比如，设 A、B 为命题公式，对于假言推理 $(p\rightarrow q)\wedge p\Rightarrow q$，其对应的规则是，从 $A\rightarrow B$ 和 A，可以得到 B 是有效的结论；对于附加律 $p\Rightarrow p\vee q$，其对应的规则是，从 A 可以得到 $A\vee B$ 是有效的结论。

(2) 对于命题公式 A、B，如果 $A\Leftrightarrow B$，则从 A 可以得到 B 是有效的结论。

需要指出的是，对于上述推理规则集的第(2)条，引入它的原因在于，每一个重言等价式相当于两个重言蕴含式。

在形式系统 L_1 已经给出的基础上，现在可以给出何为 L_1 中推理的证明。

【定义 1.4.3】 设 Γ 是 L_1 中若干命题公式构成的集合，B 是 L_1 中某一个命题公式，我们称命题公式序列 $A_1,A_2,\cdots,A_n$(n 为自然数)，是从 Γ 到 B 推理的一个证明，其中 B 就是 A_n，且对任意的 k，$1\leqslant k\leqslant n$，满足如下条件之一：①A_k 是 Γ 中的某一个命题公式；②A_k 是

由 A_l 或 A_l 与 A_m，利用 L_R 中的推理规则得出的结论，其中，$l<k$ 且 $m<k$。

显然，Γ 是推理前提的集合，B 是推理的结论，如果存在从 Γ 到 B 的一个证明，则从 Γ 到 B 的推理是有效的。

【例 1.4.1】 在形式系统 L_1 中，Γ 是由 $p\rightarrow(q\vee r)$、$q\leftrightarrow s$、$p\wedge\neg s$ 构成的集合，B 为命题公式 r。构造从 Γ 到 B 的一个证明。

解：证明如下：

(1) $p\wedge\neg s$	Γ 中的命题公式
(2) p	对(1)应用简化律规则得出
(3) $\neg s$	对(1)应用简化律规则得出
(4) $p\rightarrow(q\vee r)$	Γ 中的命题公式
(5) $q\vee r$	对(2)和(4)应用假言推理规则得出
(6) $q\leftrightarrow s$	Γ 中的命题公式
(7) $(q\rightarrow s)\wedge(s\rightarrow q)$	对(6)应用重言等价规则得出
(8) $q\rightarrow s$	对(7)应用简化律规则得出
(9) $\neg q$	对(3)和(8)应用假言推理拒取式规则得出
(10) r	对(5)和(9)应用析取三段论规则得出

■

如果在例 1.4.1 中，令 p 表示命题“a 是一个自然数”，q 表示命题“a 是一个偶数”，r 表示命题“a 是一个奇数”，s 表示命题“a 可以被 2 整除”，则例 1.4.1 就给出了 1.1 节里刚开始给出的第一个推理的有效证明。如果令 p 表示命题“学生 X 现在 201 教室上课”，q 表示命题“学生 X 是 1 班的”，r 表示命题“学生 X 是 3 班的”，s 表示命题“学生 X 的班主任姓张”，则例 1.4.1 就给出了 1.1 节刚开始给出的第二个推理的有效证明。

再次强调一下，存在从 Γ 到 B 的一个证明，或者从 Γ 到 B 的推理是有效的，只是说明“当 Γ 中的命题公式皆为真时，则 B 必为真”，这与“B 必为真”是不同的。

例 1.4.1 给出了在推理是有效性的前提下，从 Γ 到 B 的证明的一个例子，从这个例子中可以看出，对于不同的 Γ、B，从 Γ 到 B 证明也不同。我们希望能找到从 Γ 到 B 证明的一般性思路与方法，使得根据此思路与方法，对于任意的 Γ、B，都可以得到从 Γ 到 B 的证明。如果可以找到此思路和方法，就可以让机器按照此思路和方法进行程序化的证明，这将是非常有意义的。

现在再对形式系统 L_1 中的 Γ、B 进行细致分析。已知从 Γ 到 B 的推理是有效的，现在希望找到从 Γ 到 B 的一个证明。由于 Γ 是推理的前提，它是一个命题公式的集合，令 Γ 由 $P_1,P_2,\cdots,P_m$ 组成。这里为了与证明步骤中所使用的命题公式符号 $A_1,A_2,\cdots,A_n$ 区分开，采用符号 $P_1,P_2,\cdots,P_m$ 表示。由于有 m 个前提 $P_1,P_2,\cdots,P_m$ 与有 1 个前提 $P_1\wedge P_2\wedge\cdots\wedge P_m$ 是一回事，所以，我们将 $P_1\wedge P_2\wedge\cdots\wedge P_m$ 用符号 P 表示。因此，从 Γ 到 B 的证明，也就是从前提 P 到结论 B 的证明。命题公式 P 作为前提，可以直接写为证明的第 1 步；如果证明的第 2 步是 $P\rightarrow B$，那么对第 1 步和第 2 步应用假言推理规则，就可以得到结论 B 了。所以，证明的关键就是 $P\rightarrow B$ 如何得出。由于已知从 Γ 到 B 的推理是有效的，因而，命题公式 $P\rightarrow B$ 是一个重言式。由于重言式在逻辑上是永远为真的，它不需要任何前提，都是成立的，因而我们就想，能否可以选择几条简单的重言式作为逻辑上的出发点，即逻辑上的公理，然后从公理出发，应用一定的推理规则，得到结论为命题公式 $P\to B$ 的一个证明。由于公理是重言式，应用推理规则保证了证明的每一步，以及结论 $P\to B$ 都是重言式。所以，结论 $P\to B$ 相当于我们以前所学过数学中的“定理”，因为它是从公理通过证明得出的结论。这样，在从 Γ 到 B 的证明的第 2 步直接写出 $P\to B$，相当于直接应用定理，也就是合理的了。以例 1.4.1 对上述分析进行说明，在该例题中，Γ 是由 $p\to(q\vee r)$、$q\leftrightarrow s$、$p\wedge\neg s$ 构成，令命题公式 P 为 $(p\to(q\vee r))\wedge(q\leftrightarrow s)\wedge(p\wedge\neg s)$，结论 B 为 r。如果通过从逻辑上的公理出发，证明了“定理”：$(p\to(q\vee r))\wedge(q\leftrightarrow s)\wedge(p\wedge\neg s)\to r$，那么，从 Γ 到 B 的证明可以采用如下步骤：

(1) $(p\to(q\vee r))\wedge(q\leftrightarrow s)\wedge(p\wedge\neg s)$　　作为前提的命题公式

(2) $(p\to(q\vee r))\wedge(q\leftrightarrow s)\wedge(p\wedge\neg s)\to r$　　对(1)应用“定理”得出

(3) r　　对(1)和(2)应用假言推理规则得出

对于“定理”$P\to B$ 的证明，我们还是借助于形式系统的概念。由于重言式 $P\to B$ 中的 P 与 B 都是任意的命题公式，所以在选择逻辑公理时，除了应该选择尽可能少并且简单的重言式作为公理外，还需要保证对于所有的“定理”，都可以从公理出发得到其证明。下面引入第二个命题逻辑形式系统。

【定义 1.4.4】 命题逻辑形式系统 L_2，它的 4 个组成部分如下：

1. 符号表集合 L_A

(1) 命题变元符号：$p,q,r,s,\cdots$

(2) 逻辑连接词符号：$\neg,\to$

(3) 左括号和右括号：(,)

2. 命题公式集合 L_F

命题公式通过使用如下两条规则构成：

(1) 任意的命题变元是命题公式；

(2) 如果符号 A、B 表示命题公式，则 $(\neg A)$，$(A\to B)$ 是命题公式。

3. 公理集合 L_{AX}

以下 3 个命题公式为公理：

(1) $p\to(q\to p)$；

(2) $(p\to(q\to r))\to((p\to q)\to(p\to r))$；

(3) $(\neg p\to\neg q)\to(q\to p)$。

4. 推理规则集合 L_R

假言推理规则。

在 L_2 的符号表集合 L_A 中，连接词符号仅有否定连接词和蕴含连接词这两个连接词，因而，L_F 中的公式形成规则是前面所使用的公式形成规则的“简化版”。连接词符号仅使用 $\neg$、$\to$ 这两个连接词是基于如下两方面的考虑：①任何使用其他 3 个连接词的命题公式都可以与仅使用 $\neg$、$\to$ 的命题公式重言等价。这是因为，根据表 1.2.2，$p\to q\Leftrightarrow\neg p\vee q$，因而有 $\neg p\to q\Leftrightarrow p\vee q$；根据 $\neg(\neg p\vee\neg q)\Leftrightarrow p\wedge q$，可以得到 $\neg(p\to\neg q)\Leftrightarrow p\wedge q$；至于 $p\leftrightarrow q$，由于其重言等价于 $(p\to q)\wedge(q\to p)$，因而其也重言等价于仅使用 $\neg$、$\to$ 的命题公式。②由于仅使用 $\neg$、$\to$ 这两个连接词，进而在公理集和推理规则集的选择上，也就仅需要考虑和这两个连接词相关的重言等价式和重言蕴含式了，这将使得公理集合推理规则集尽可能少，这和我们建立形式系统 L_2 的初衷是一致的。在公理集合 L_{AX} 中，3 个命题公式当然是仅使用连接词¬、→的命题公式了，而且容易验证，这 3 个命题公式还是重言式，由于公理是作为我们进行逻辑推导的出发点，所以根据公理应用推理规则得到的命题公式也应该是重言式。此外，根据命题 1.2.2，将公理中的命题变元符号 p、q、r 分别换成任意的命题公式 A，B，C，也都是公理。在推理规则集 L_R 中，仅仅有假言推理这一条推理规则，这条规则是逻辑推理中最具代表性的规则。

从前面对例 1.4.1 的分析可知，在形式系统 L_2 中，从公理出发进行推导证明所得到的结论被认为是"定理"，其整个证明过程是对定理的证明过程。

【定义 1.4.5】 在形式系统 L_2 中，称命题公式序列 $A_1,A_2,\cdots,A_n$，n 为自然数，是 L_2 中的一个证明(proof)，如果对任意的 k，$1\leqslant k\leqslant n$，满足如下条件之一：①A_k 是 L_{AX} 中的某一个公理；②A_k 是 A_l 与 A_m 利用假言推理规则得出的结论，其中，$l<k$ 且 $m<k$。将这个证明 $A_1,A_2,\cdots,A_n$ 的最后一步命题公式 A_n 称为 L_2 中的定理(theorem)，该证明也称为定理 A_n 在 L_2 中的证明。

从对 L_2 中的定理和证明的上述定义可以看出，L_2 中的证明实质上就是从公理集到定理的推理的证明。L_2 中的公理当然也是定理，因为其证明依据定义，一步即可得出。此外，如果 $A_1,A_2,\cdots,A_n$ 是 L_2 中的证明，不仅 A_n 是定理，任意的 A_k，$k<n$ 也都是定理，因为 $A_1,A_2,\cdots,A_k$ 依照定义，也都是 L_2 中的证明。

我们也可以在 L_2 中引入"从集合 Γ 的证明"(proof from Γ)。

【定义 1.4.6】 令 Γ 为 L_2 中若干命题公式的集合，称命题公式序列 $A_1,A_2,\cdots,A_n$，n 为自然数，是 L_2 中从集合 Γ 的证明，如果对任意的 k，$1\leqslant k\leqslant n$，满足如下条件之一：①A_k 是 L_{AX} 中的某一个公理；②A_k 是 Γ 中的某一个命题公式；③A_k 是 A_l 与 A_m 利用假言推理规则得出的结论，其中，$l<k$ 且 $m<k$。将这个命题公式序列 $A_1,A_2,\cdots,A_n$ 的最后一步命题公式 A_n 称为 L_2 中 Γ 的结论或称 A_n 在 L_2 中从 Γ 可证，并进一步称 $A_1,A_2,\cdots,A_n$ 是从集合 Γ 到 A_n 的证明。

从上述定义可以看出，L_2 中从集合 Γ 的证明无非就是把集合 Γ 中的命题公式也暂时看作公理进行推理证明罢了。当 Γ 为空集时，L_2 中从集合 Γ 的证明就是 L_2 中的证明。

此外，对于定理 A 的一个证明 $A_1,A_2,\cdots,A$，如果直接从证明的第 $k+1$ 步 A_{k+1} 往后看，令 $A_1,A_2,\cdots,A_k$ 中不是公理的命题公式之集合为 Γ，则将 Γ 中的命题公式按照顺序放在 $A_{k+1},A_{k+2},\cdots,A$ 的前面，这样所形成的命题公式序列可以看作从 Γ 到 A 的证明。沿着这个思路，如果 A 在 L_2 中从 Γ 可证，而在试图证明定理 A 的过程中，出现了 Γ 中的命题公式，则可以直接根据"A 在 L_2 中从 Γ 可证"得出定理 A。也就是说，如果 Γ 中的命题公式均是 L_2 中的定理，命题公式 A 在 L_2 中从 Γ 可证，则 A 为 L_2 中的定理。

对于 L_2 中的一个从集合 Γ 的证明，我们有如下性质。

【命题 1.4.1】 设 A、B 为 L_2 中两个命题公式，Γ 是 L_2 中若干命题公式的集合，如果命题公式 $A\to B$ 在 L_2 中从 Γ 可证，则 B 在 L_2 中从 $\Gamma\cup\{A\}$ 可证。

证明：由于命题公式 $A\to B$ 在 L_2 中从 Γ 可证，所以，存在从 Γ 到 $A\to B$ 的证明，设该证明为 l 步的证明，记为 $A_1,A_2,\cdots,A_l$，其中 A_l 为 $A\to B$。现在考虑构造一个从 $\Gamma\cup\{A\}$ 到 B 的证明，其中前 l 步为 $A_1,A_2,\cdots,A_l$，第 $l+1$ 步为 A，由于 A_l 为 $A\to B$，对第 l 步的 $A\to B$ 和 $l+1$ 步的 A，应用假言推理规则得出第 $l+2$ 步为 B。

■

注意到证明步骤只能是有限步，所以，如果 Γ 含有无限的集合，则命题公式 B 在 L_2 中从 Γ 可证，当且仅当存在 Γ 的有限子集 Γ_1，满足 B 在 L_2 中从 Γ_1 可证。假设 Γ_1 含有 m 个命题公式，即 $\Gamma_1=\{B_1,B_2,\cdots,B_m\}$，则利用命题 1.4.1，为了证明 B 在 L_2 中从 Γ_1 可证，只需证明 $B_1\to B$ 在 L_2 中从 $\{B_2,B_3,\cdots,B_m\}$ 可证，而这又只需证明 $B_2\to(B_1\to B)$ 在 L_2 中从 $\{B_3,B_4,\cdots,B_m\}$ 可证。以此类推，经过 m 次这样的过程之后，我们只需要证明 $B_m\to(B_{m-1}\to B_{m-2}\to,\cdots,\to(B_1\to B)\cdots)$ 为 L_2 中定理即可。可以看出，对于任意的命题公式集合 Γ，命题公式 B 在 L_2 中从 Γ 是否可证，都可以转化为与 B 和 Γ 决定的命题公式是否为 L_2 中的某个定理，所以，在 L_2 中引入“从集合 Γ 的证明”，从整体上对 L_2 中证明的研究并没有太大意义。在 L_2 中引入“从集合 Γ 的证明”的主要作用在于命题 1.4.1 的逆命题也是成立的，而其逆命题可以用于对 L_2 中定理证明的简化。

【命题 1.4.2】 设 A、B 为 L_2 中两个命题公式，Γ 是 L_2 中若干命题公式的集合，如果 B 在 L_2 中从 $\Gamma\cup\{A\}$ 可证，则 $A\to B$ 在 L_2 中从 Γ 可证。

命题 1.4.2 的证明不给出。下面我们给出命题 1.4.2 在定理证明简化方面的一个例子。

【例 1.4.2】 证明：$\neg q\to(q\to p)$ 在 L_2 中为一个定理。

证明：令 $\Gamma=\{\neg q\}$，如果能够证明 $q\to p$ 在 L_2 中从 Γ 可证，则根据命题 1.4.2，就可以得到 $\neg q\to(q\to p)$ 在 L_2 中从空集可证，也就是说 $\neg q\to(q\to p)$ 在 L_2 中为一个定理。从 Γ 到 $q\to p$ 的证明如下：

(1) $\neg q\to(\neg p\to\neg q)$	应用公理(1)得出*
(2) $\neg q$	由 Γ 的构成得出
(3) $\neg p\to\neg q$	对(1)和(2)应用假言推理规则得出
(4) $q\to p$	应用公理(3)得出

■

如果不利用命题 1.4.2，直接对 $\neg q\to(q\to p)$ 在 L_2 中进行证明，将会是如下过程：

(1) $(\neg p\to\neg q)\to(q\to p)$	应用公理(3)
(2) $((\neg p\to\neg q)\to(q\to p))\to(\neg q\to((\neg p\to\neg q)\to(q\to p)))$	应用公理(1)
(3) $\neg q\to((\neg p\to\neg q)\to(q\to p))$	对(1)和(2)应用假言推理规则
(4) $(\neg q\to((\neg p\to\neg q)\to(q\to p)))\to((\neg q\to(\neg p\to\neg q))\to(\neg q\to(q\to p)))$	应用公理(2)
(5) $(\neg q\to(\neg p\to\neg q))\to(\neg q\to(q\to p))$	对(3)和(4)应用假言推理规则
(6) $\neg q\to(\neg p\to\neg q)$	应用公理(1)
(7) $\neg q\to(q\to p)$	对(5)和(6)应用假言推理规则

从这个例子可以看出，对复杂的定理直接进行证明，过程烦琐，适合计算机去完成。

在例 1.4.2 中存在着“两个证明”，一个证明是系统 L_2 之内“定理的证明”，另一个是证明是例题本身的证明，即证明 $\neg q\to(q\to p)$ 在 L_2 中为一个定理。对于第二个证明，其当然不是系统 L_2 之内的证明，而是关于系统 L_2 本身的命题的证明，这种对系统 L_2 本身的命题是在系统之外而非系统之内使用元语言表述的命题。在形式系统内部对某一个命题公式的

---

* 即定义 1.4.4 中，命题逻辑形式系统 L_2 的公理集合 L_{AX} 中的三条公理。

证明，对应于我们传统地在某个数学领域中对一个命题的证明；而在形式系统之外，以形式系统为对象，关于形式系统整体上的某一个命题的证明是一种更高层次上的证明。采用形式系统，使人们不再局限于传统数学内部，而是可以在更高的层次审视传统数学，形成关于“数学的数学”理论，称为元数学(metamathematics)理论。比如，命题1.4.1与命题1.4.2当然不是形式系统L_2之内的命题，它们是使用元语言描述的关于形式系统L_2本身的命题，是元命题(metaproposition)。元语言是采用自然语言描述的，其中所用到文字、符号是按照通常自然语义进行理解的。

从前面对命题1.4.1的分析可知，在L_2中能从公理集中证明出什么，或者等价地说，L_2中的定理是由哪些命题公式组成的，是一个核心的问题。关于这个问题，我们有如下的性质。

【命题1.4.3】 形式系统L_2中的每一个定理都是重言式。

证明：设命题公式A为L_2中的一个定理，依照L_2中定理的定义，存在序列A_1，A_2，…，A_n，n为自然数，为命题公式A在L_2中的一个证明。由于该证明中的命题序列数n是一个自然数，我们考虑对数n运用第二数学归纳法进行证明。

对于定理A，当其证明中的命题序列数$n=1$时，也就是说证明只有$A_1=A$时，那么，A一定是L_2中的公理，由于公理中的命题公式都是重言式，所以当$n=1$时，定理A是重言式。

现在做归纳假设：对于定理A，当其证明中的命题序列数$n<m$时，其为重言式。现在我们需要证明，对于定理A，当证明中的命题序列数$n=m$时，A还是一个重言式。对于定理A的证明，其最后一步A_n为A，其要么是来自公理得出，要么是运用假言推理规则得出。如果A来自公理，自然也就是重言式了；如果A来自假言推理规则，则其前两步A_{n-1}和A_{n-2}必然是$B\to A$和B的。注意，定理A证明中的序列A_1，A_2，…，A_{n-1}也都是定理，所以$B\to A$和B也都是定理。由于$B\to A$和B的证明序列数为$n-1$和$n-2$，依照归纳假设，它们也都是重言式。因此，对于这两个重言式$B\to A$和B，运用假言推理规则所得到的定理A也一定就是重言式了。

根据第二数学归纳法，就可以得出对于证明中的命题序列数为任意自然数n的定理A，其还是重言式。

■

【命题1.4.4】 形式系统L_2中每一个重言式都是定理。

此性质的证明不给出。

根据命题1.4.3和命题1.4.4，形式系统L_2中的命题公式A为定理，当且仅当A为L_2中的重言式。也就是说，所有能在形式系统L_2中证明出的公式，恰恰就是那些逻辑上永远为真的重言式。

当形式系统L_1和L_2的字符表集合中具有相同的命题变元符号时，L_1中的任意命题公式都有L_2中命题公式与之重言等价。因而，如果在L_1中，从Γ到B的推理是有效的，也就是说命题公式$P\to B$是一个重言式，那么重言式$P\to B$在L_2中与之重言等价的命题公式也一定还是重言式，因而就为L_2中的定理。因此，L_2中定理及其证明，将L_1中的推理及其证明也解决了。

通过构建形式系统，可以不再拘泥于某一个具体的证明过程，进而跳出传统证明之外，从整体上把握推理证明的范围。不过，在形式系统L_2中，除了矛盾式，确实还有一些证明不出来的命题公式，比如，$p \to q$，$p \wedge q$。能否通过在公理集中添加一些命题公式，使得能够证明的命题公式更多？直觉上，当公理集 L_{AX} 中公理越多，能够证明出来的命题公式越多。此外，这其中还涉及添加哪些作为公理，能添加到何种程度。为了对这些问题进行回答，引入如下概念。

【定义 1.4.7】 在 L_2 的基础上，通过在其公理集 L_{AX} 中增加一些命题公式作为公理，其他部分不变，这样所得到的形式系统 $\widetilde{L}_2$ 称为 L_2 的扩张(extension)。

根据定义 1.4.7，显然，L_2 中的定理一定还会是 $\widetilde{L}_2$ 中的定理。

【定义 1.4.8】 L_2 的扩张 $\widetilde{L}_2$ 称为是无矛盾的，如果对于任意的命题公式 A，不存在 A 和 $\neg A$ 都是 $\widetilde{L}_2$ 的定理。

形式系统的无矛盾性有时也称为一致性(consistent)。悖论的产生就是由于我们可以证明出某个命题及其反命题。根据定义 1.4.8，如果一个形式系统是无矛盾的，自然地，该形式系统内就不会出现悖论。

【定义 1.4.9】 L_2 的扩张 $\widetilde{L}_2$ 称为是完备的(complete)，如果对于任意的命题公式 A，满足 A 或者 $\neg A$ 是 $\widetilde{L}_2$ 的定理。

根据定义 1.4.9，如果一个形式系统是完备的，那么就不存在某个命题及其反命题都不可证的情况。通俗地讲，在该形式系统内能够证明的命题公式达到了"最多"。当然，L_2 是不完备的。比如，对于任意的命题公式 p 和 $\neg p$，它们都不是 L_2 中的定理。

在上述定义的基础上，我们有如下性质。

【命题 1.4.5】 如果 $\widetilde{L}_2$ 相对于 L_2 有新的定理，即该定理是 $\widetilde{L}_2$ 的定理但不是 L_2 的定理，则 $\widetilde{L}_2$ 的公理集中一定添加了不是 L_2 中定理的命题公式；反之亦然。

证明：首先我们证明，如果 $\widetilde{L}_2$ 相对于 L_2 有新的定理 A，则 $\widetilde{L}_2$ 的公理集中一定添加了不是 L_2 中定理的命题公式。采用反证法。假设 $\widetilde{L}_2$ 的公理集中添加的都是 L_2 中的定理。设定理 A 在 $\widetilde{L}_2$ 的证明为 $A_1, A_2, \cdots, A_n$，则对于证明序列中的任意的 A_k，它要么是 $\widetilde{L}_2$ 中的公理，要么是根据 A_k 之前的 A_l 与 A_m 利用假言推理规则得出的。下面我们证明定理 A 一定也是 L_2 的定理，这只需要根据证明 $A_1, A_2, \cdots, A_n$ 得到 A 在 L_2 中的证明即可。如果 A_k 是 $\widetilde{L}_2$ 中的公理，则其或者是 L_2 的公理，或者是新添加的公理；如果 A_k 是 L_2 的公理，A_k 不做任何改变；如果 A_k 是新添加的公理，由于假设其是 L_2 中的定理，即其是可证的，那么，将 A_k 换成 L_2 的证明放入序列 $A_1, A_2, \cdots, A_n$ 中。如果 A_k 是由 A_l 与 A_m 利用假言推理规则得出的，那么对于 A_l 与 A_m，也存在要么是 $\widetilde{L}_2$ 中的公理，要么是根据它们之前命题公式利用假言推理规则得出的情况。对于它们是 $\widetilde{L}_2$ 中公理的情况，采用上面的处理方法；对于它们是利用假言推理规则得出的情况，重复这种"溯源的"步骤，通过有限次这样的过程，总可以将序列 $A_1, A_2, \cdots, A_n$ 换成是 L_2 中证明的序列。所以，A 也是 L_2 的定理，矛盾。因而，$\widetilde{L}_2$ 的公理集中一定添加了不是 L_2 中定理的命题公式。

反之，如果 $\widetilde{L}_2$ 的公理集中添加了不是 L_2 中定理的命题公式，由于公理是证明过程为一步的定理，所以，所添加的不是 L_2 中定理的命题公式，就是 $\widetilde{L}_2$ 的定理，且其不是 L_2 中定理。

综上所述，命题得证。

■

从命题 1.4.5 可以看出，当向 L_2 中添加非公理的重言式作为新的公理时，L_2 中的定理没有改变。从这个角度看，L_2 中的重言式是一个相对闭合的整体。此外，把 L_2 的定理加入 L_2 公理中，对于形式系统 L_2 而言没有实质性的改变，所以，L_2 本身也可以看作 L_2 的扩张。

我们知道，L_2 中的定理就是 L_2 中所有的重言式，矛盾式当然不是 L_2 中的定理，而重言式的反命题是矛盾式，所以，L_2 肯定是无矛盾的。一般地，对于 L_2 的扩张 $\widetilde{L}_2$，我们有如下性质。

【命题 1.4.6】 对于 L_2 的扩张 $\widetilde{L}_2$，其是无矛盾的，当且仅当存在一个命题公式不是 $\widetilde{L}_2$ 的定理。

证明：根据定义 1.4.8，如果 $\widetilde{L}_2$ 是无矛盾的，对于任意的命题公式 A，A 和 $\neg A$ 就有一个不是 $\widetilde{L}_2$ 的定理。

反之，我们证明，如果存在一个命题公式不是 $\widetilde{L}_2$ 的定理，$\widetilde{L}_2$ 一定是无矛盾的。采用反证法。假设 $\widetilde{L}_2$ 不是无矛盾的，即存在命题公式 A，有 A 和 $\neg A$ 都是 $\widetilde{L}_2$ 的定理。记 B 为任意的命题公式。根据例 1.4.2，$\neg q \rightarrow (q \rightarrow p)$ 在 L_2 中为一个定理。利用重言式所有命题变元替换为任意命题公式后还是重言式的性质，对于命题公式 A、B，有 $\neg A \rightarrow (A \rightarrow B)$ 也是 L_2 中的定理，自然它也是 $\widetilde{L}_2$ 的定理。那么存在 $\widetilde{L}_2$ 的一个证明，其最后一步是 $\neg A \rightarrow (A \rightarrow B)$。同样地，由于 A 和 $\neg A$ 都是 $\widetilde{L}_2$ 的定理，它们也都存在证明，其证明的最后一步是 A 和 $\neg A$。现在把 A 和 $\neg A$ 的证明加入到 $\neg A \rightarrow (A \rightarrow B)$ 的证明之后，然后对 $\neg A$ 和 $\neg A \rightarrow (A \rightarrow B)$ 利用假言推理规则可得 $A \rightarrow B$，再对 A 和 $A \rightarrow B$ 利用假言推理规则可得 B。由 B 的任意性可知，$\widetilde{L}_2$ 中任意一个命题公式都是 $\widetilde{L}_2$ 的定理，矛盾。所以 $\widetilde{L}_2$ 一定是无矛盾的。

综上所述，命题得证。

■

从命题 1.4.6 的证明可以看出，如果一个命题形式系统不是无矛盾的，那么其中的任意一个命题公式都是定理。而一个命题形式系统中所有命题公式都是定理，那么该形式系统的理论意义就相当于所有命题公式都不是定理的形式系统，这种情况下的研究意义不大。

我们已经知道了 L_2 是无矛盾的，且是不完备的。现在我们希望进一步通过对 L_2 进行扩张，使得扩张后的形式系统达到无矛盾且还完备。由于 L_2 中的定理都是重言式，所以根据命题 1.4.5，应该从非重言式中选取一些作为新的公理；而根据命题 1.4.6 的证明，还不能从矛盾式中选，否则所得到的扩张后的系统就不满足无矛盾的了。基于上述分析，应该从 L_2 中非重言式、非矛盾式中选取。我们知道，如果命题公式 A 既非重言式亦非矛盾式，则 $\neg A$ 也是既非重言式亦非矛盾式，我们就从 A 和 $\neg A$ 选择出其中一个作为新的公理。下面的性质保证了这种扩张方法不会破坏形式系统的无矛盾性。

【命题 1.4.7】 对于 L_2 的无矛盾扩张 $\widetilde{L}_2$，如果 A 不是 $\widetilde{L}_2$ 的定理，则将 $\neg A$ 作为新的

公理加入$\widetilde{L}_2$之后，所得到的新的扩张$\widetilde{\widetilde{L}}_2$还是无矛盾的。

证明：采用反证法。假设$\widetilde{\widetilde{L}}_2$不是无矛盾的，则根据命题1.4.6的证明可知，$\widetilde{\widetilde{L}}_2$中的任意一个命题公式都是定理，即$A$是$\widetilde{\widetilde{L}}_2$的定理。设$\widetilde{L}_2$比$L_2$所增加的公理之集合记为$\Gamma$，则$\widetilde{\widetilde{L}}_2$比$L_2$所增加的公理之集合为$\Gamma\cup\{\neg A\}$。$A$是$\widetilde{\widetilde{L}}_2$的定理，也就是说$A$在$L_2$中从$\Gamma\cup\{\neg A\}$可证，进而根据命题1.4.2可知，$\neg A\to A$在$L_2$中从$\Gamma$可证，这说明$\neg A\to A$是$\widetilde{L}_2$的定理。而对于命题公式$(\neg A\to A)\to A$而言，当第二个蕴含连接词后面的$A$的真值为0时，$(\neg A\to A)$的真值为0，所以$(\neg A\to A)\to A$为重言式，即其是$L_2$中的定理，自然也是$\widetilde{L}_2$的定理。那么，对$\widetilde{L}_2$的定理$\neg A\to A$和$(\neg A\to A)\to A$应用假言推理规则，可得$A$是$\widetilde{L}_2$的定理，这与题设矛盾。所以$\widetilde{\widetilde{L}}_2$是无矛盾的。命题得证。

■

注意：命题1.4.7只谈到了把$\neg A$加入公理集，是因为考虑到A不是定理时，可能A是矛盾式，所以把重言式$\neg A$加入公理，不影响形式系统的无矛盾性。而当考虑是从非矛盾式、非重言式中选取命题公式作为新的公理时，加入A和$\neg A$都可以，因为A和$\neg A$都不是定理。

当然，按照上述加入新的公理的方法，随着新加入的公理的增加，在保证形式系统无矛盾性的同时，可以证明的定理会逐渐增加，能够加入公理集的命题公式也会越来越少。理论上会存在一个理想情况，那就是在保证形式系统无矛盾性的同时，没有可以加入公理集的命题公式了；也就是说，对于每一对命题公式A和$\neg A$，它们之中有一个是定理，因而此时的形式系统就是无矛盾、完备的。然而，由于命题公式无限多，所以命题形式系统在保证无矛盾性的同时，无法达到完备性，无矛盾且完备的命题形式系统仅认为是一种理想的结果。此外，从命题1.4.1到命题1.4.7，都是用元语言在形式系统外部对整个形式系统进行描述，包括无矛盾性和完备性。也就是说，在形式系统内部是无法证明形式系统本身的无矛盾性和完备性的。

此外，我们需要十分清楚的是，L_2中的公理和定理是“逻辑意义上”的公理和定理。当对L_2进行扩张时，所添加的非重言、非矛盾的命题公式，比如p，当然不是逻辑意义上的永远为真的命题公式，它们可以类比于传统数学领域中所选择的那些“显然是事实”的“数学意义上”的公理。当然，命题逻辑形式系统是下一章中谓词逻辑形式系统的基础。谓词逻辑由于其逻辑表达更为精细，可以对传统数学领域进行整体上的逻辑研究。

习题

1. 作出下面命题公式的真值表。

(1) $(p\to q)\leftrightarrow(\neg q\to\neg p)$；

(2) $(p\wedge q)\to(p\vee q)$；

(3) $(p\to q)\to(q\to p)$；

(4) $(p\to q)\to p$；

(5) $q\to(q\to p)$；

(6) $(p\to q)\wedge(\neg p\to q)$；

(7) $(p\leftrightarrow q)\to(\neg q\leftrightarrow\neg p)$。

2. 证明下面的命题公式是重言等价的。

(1) $(p\to q)\wedge(p\to r)$与$p\to(q\wedge r)$;

(2) $(p\to r)\wedge(q\to r)$与$(p\vee q)\to r$;

(3) $\neg p\vee q\to r$与$p\wedge\neg q\vee r$。

3. 在形式系统L_1中,前提为$p\to(q\to r)$与q,结论为$p\to r$。构造一个从前提到结论的证明。

4. 通过真值表的方法,证明下面的命题公式是重言等价的。

(1) $p\vee(q\wedge r)$与$(p\vee q)\wedge(p\vee r)$;

(2) $p\wedge(q\vee r)$与$(p\wedge q)\vee(p\wedge r)$;

(3) $p\vee(q\wedge p)$与p;

(4) $p\wedge(q\vee p)$与p。

5. 证明下面的命题公式是重言等价的。

(1) $((p\to q)\wedge(p\to q))\to r$与$(p\to q)\to r$;

(2) $\neg(\neg(p\to q)\vee q)\vee r$与$((p\to q)\to q)\to r$。

6. 通过真值表的方法,证明如下重言蕴涵式。

(1) $(p\vee q)\wedge((p\vee q)\to q)\Rightarrow q$;

(2) $((p\to q)\wedge(q\to(p\wedge r)))\Rightarrow(p\to(p\wedge r))$;

(3) $(\neg p\wedge((q\to r)\vee p))\Rightarrow(q\to r)$;

(4) $(p\leftrightarrow(q\to r))\Rightarrow(p\wedge(q\to r))\vee(\neg p\wedge\neg(q\to r))$。

7. 采用重言等价演算的方法,证明如下重言蕴涵式。

(1) $(p\to(q\vee p))\wedge(p\to(r\to p))\Rightarrow p\to((q\vee p)\wedge(r\to p))$;

(2) $(p\to(q\wedge p))\wedge((p\vee r)\to(q\wedge p))\Rightarrow(p\vee r)\to(q\wedge p)$;

(3) $\neg(p\vee r)\to(q\to r)\Rightarrow q\to(p\vee r)$;

(4) $((p\vee r)\vee(q\to r))\wedge\neg(p\vee r)\Rightarrow(q\to r)$。

8. 在形式系统L_2中,证明$(p\vee q)\to(p\vee q)$是其一个定理。

9. 在形式系统L_2中,给出$(p\to(p\to q))\to(p\to q)$的一个证明。

10. 证明:对于形式系统L_2的无矛盾扩张$\widetilde{L}_2$,如果命题公式A为一个矛盾式,则A一定不是$\widetilde{L}_2$的定理。

第 2 章 谓词逻辑基础

CHAPTER 2

在第 1 章命题逻辑中，推理证明是以命题的形式为载体的，也就是说，最小的逻辑单元为原子命题。我们也看到了，命题逻辑确实可以完成一些推理证明的形式化表示，但是，也有一些推理证明中所涉及的逻辑不能仅仅由命题逻辑进行恰当的表示。比如，从自然语言所描述的命题“李明参加的所有课程考试的得分在 90 分以上”和“李明参加了数学课程的考试”中，可以得出“李明参加的数学课程考试的得分在 90 分以上”的结论。然而，如果用命题逻辑对上述推理进行形式化表示，就会有 $p \wedge q \rightarrow r$ 这样的形式，其中，p，q，r 分别表示上述 3 个命题。显然，命题公式 $p \wedge q \rightarrow r$ 不是命题逻辑中的重言式，所以，推理的形式 $p \wedge q \Rightarrow r$ 并不是有效的。仔细分析上面的命题，我们发现，它们所表达的逻辑并不是在句子与句子之间完全体现，而是涉及了句子的“内部”：数学课程考试是所有课程考试中的一门。因此，我们需要深入句子内部，建立部分与整体的数量关系，才能准确地表达出其中的逻辑本质。为此，在命题逻辑的基础上，本章引入谓词逻辑(predicate logic)。

2.1 谓词逻辑的基本概念

观察表示命题的陈述句发现，陈述句实质上是对某个对象具有某种性质的一种断言。我们把表示对象的部分称为个体词(subject)，把表示对象性质的部分称为谓词(predicate)，因此，在谓词逻辑中，将表示命题的陈述句拆分为个体词部分和谓词部分。比如，“明天是晴天”可以形式化表示为 $F(a)$，其中，a 为表示对象“明天”的个体词，F 为表示对象性质“……是晴天”的谓词；“6 是偶数”可以形式化表示为 $G(b)$，其中，b 为表示对象“6”的个体词，G 为表示对象性质“……是偶数”的谓词。对于含有多个对象的命题，也有类似的结果，此时，谓词所表示的性质是描述多个对象之间一种关系的性质。比如，“今天的平均气温比明天的平均气温高”可以形式化为 $H(a,b)$，其中，a 和 b 分别表示对象“今天”和“明天”，H 表示对象之间的关系是“……的平均气温比……的平均气温高”；“7 和 10 模 3 同余”可以形式化为 $M(c,d)$，其中，c 和 d 分别表示对象“7”和“10”，M 表示对象之间的关系是“……与……模 3 同余”。

通过个体词和谓词，我们进入了命题的内部，此时，有些命题就会出现谓词对个体词在数量上的作用。比如，命题“所有正在听课的学生都是 10 班的”，其中谓词为“……是 10 班的”，可以用 F 表示，而个体词“正在听课的学生”前面的“所有”这个词表示了谓词对个体词在全体数量上的作用，因而，需要引入量词(quantifier)来表示这种数量上的关系。在谓词逻辑中,量词只有两个,一个是表示自然语言中"所有的""任意的""每一个"等概念的全称量词(universal quantifier);另一个是表示自然语言中"存在的""有一个"等概念的存在量词(existential quantifier)。全称量词用符号∀表示,是英文中 Any 第一个字母的反写;存在量词用符号∃表示,是英文中 Exist 第一个字母的反写。通过使用量词,命题"所有正在听课的学生都是10班的"可以符号化为$\forall xF(x)$,其中,符号x是个体词,这是不同于之前"明天""6"这样表示具体对象的个体词。当个体词x不表示具体的某个对象,而是作为变元使用的,称为个体词变元;之前表示具体对象的个体词是作为常元使用的,称为个体词常元。既然个体词x是作为一种变元使用的,所以,就有这个变元所取自的范围,称为论域(domain of discourse)或简称域(domain)。在上面这个例子中,个体词变元x的论域是"正在听课的学生之全体"。当论域改变时,带有全称量词的形式化表示所代表的命题含义也会改变。比如,对于上面这个例子,当个体词变元x的论域变为"全校学生",则$\forall xF(x)$表示"全校所有学生都是10班的",这显然不是原来命题的含义。为了表示原来命题的含义,引入谓词G表示"……正在听课",则命题"所有正在听课的学生都是10班的"可以理解为:"对于学校的任意一个学生x,如果x正在听课,则x是10班的",因而,可以形式化为$\forall x(G(x)\rightarrow F(x))$。对于$\forall xF(x)$的真值,如果对于论域中的任意一个$x$,$F(x)$都为真的,则$\forall xF(x)$才为真。

对于存在量词∃,其用来表示谓词对个体词在部分数量上的作用。所以,当我们需要表达论域中一些对象或者至少一个对象具有某性质时,需要利用存在量词∃。比如,命题"正在听课的学生中,有些是10班的",若论域是"正在听课的学生之全体",则命题可以形式化为$\exists xF(x)$,其中谓词F表示"……是10班的";当论域变为"全校学生"时,原命题可以理解为"存在学校的一个学生x,其正在听课且其还是10班的",因而命题形式化为$\exists x(G(x)\land F(x))$,其中谓词$G$表示"……正在听课"。对于$\exists xF(x)$的真值,如果论域中有一个$x$使得$F(x)$为真,则$\exists xF(x)$就为真。

需要特别指出的是,在使用量词时,全称量词后面经常跟着蕴含式,存在量词后面经常跟着合取式,这是量词使用的两种基本模式。这是因为,我们在使用全称量词时,经常是为了表达"对于任意的对象x,如果其具有性质F,则也就具有性质G"的含义;而我们在使用存在量词时,经常是为了表达"存在一个对象x,其具有性质F,同时也具有性质G"的含义。还是以谓词F表示"……是10班的",谓词G表示"……正在听课"为例,若论域为"全校学生",则$\forall x(G(x)\land F(x))$表示的含义是"全校所有学生正在听课且都是10班的",$\exists x(G(x)\rightarrow F(x))$表示的含义是"全校存在这么一个学生,如果其正在听课,则其一定是10班的"。这两个形式化表示的含义显然与命题"所有正在听课的学生都是10班的"和命题"正在听课的学生中,有些是10班的"不相吻合。

以上都是以生活中的例子进行说明的。事实上,在数学中,使用谓词逻辑很普遍,因为数理逻辑本来就是研究数学理论中的逻辑的。比如,设论域为实数域,命题"对于任意的$x\neq 0$,有$x^2\neq 0$",可以形式化为$\forall x(F(x)\rightarrow G(x))$,其中$F(x)$表示"$x\neq 0$",$G(x)$表示"$x^2\neq 0$"。注意,如果引入函数词(function)$f$,使得$f(x)$表示$x^2$,则上述命题可以形式化为$\forall x(F(x)\rightarrow F(f(x)))$。可以看出,函数词可以看作一类特殊的谓词,但是由于函数在数学中太常见了,所以有时也把它单独拿出加以形式化。此外,在数学中,经常会遇到看起来是"半形式化"的自然语言表示,比如上述的命题在数学中,经常会表示为$\forall x\neq 0(x^2\neq$

0)。这是由于数学本来就是使用逻辑最多的地方,其很多符号用法与数理逻辑中的用法是一样的。与谓词一样,函数词也可以作用于不止一个对象上。

与在命题逻辑中一样,为了使得采用谓词逻辑后所得到的结果反映逻辑本质,进而可以将这种抽象出来的逻辑结果应用于不同的自然语义中,需要把谓词逻辑所使用的符号中含有的"非逻辑的自然语言含义"去除。在命题逻辑中,通过把符号 p、q、r 看作命题变元,我们完成了这样的处理。谓词逻辑是以命题逻辑为基础的,是对命题内部的进一步展开,用来连接命题所使用的连接词以及括号在谓词逻辑中当然也会用到,这部分是表示逻辑时所使用的,不需要处理。谓词逻辑中的全称量词和存在量词是表示"任意""存在"这种逻辑含义的,也不需要处理。谓词逻辑中的个体词常元和个体词变元是表示论域中确定的对象和不确定的对象,论域虽然不出现在形式化的表示中,但是它决定了个体词的范围,所以不应该将其赋予特定的自然语义,进而个体词常元也应该是可以变化的,然而,它的这种变化不同于个体词变元的变化,因为当论域固定之后,个体词常元是该论域中特定的某个对象,而个体词变元依然还是不确定的对象,也恰恰是个体词变元的这种不确定性,才可以与量词一起表现出一定的逻辑关系。对于谓词逻辑中的谓词和函数词,它们所涉及的自然语言含义显然是非逻辑的,所以应该将它们看作变元。

综上分析可知,谓词逻辑中的谓词、函数词、个体词常元以及个体词常元所来自的论域,应该看作可以变化的,不应该具有特定的自然语言含义,当把它们对应一种特定的自然语言环境时,也就完成了对谓词逻辑形式化表示的一种相应的"解释"。

下面我们在谓词逻辑中引入公式的概念,由于谓词逻辑中的公式涉及"项"(term)的概念,所以先给出项的定义。

【定义 2.1.1】 谓词逻辑中的项的定义如下:

(1) 个体词变元和个体词常元是项;

(2) 对于任意的 n 元函数词 f,若 $t_1,t_2,\cdots,t_n$ 是项,则 $f(t_1,t_2,\cdots,t_n)$也是项;

(3) 所有的项都是有限次地应用上述(1)、(2)得到的。

通俗地讲,项就是谓词逻辑中的对象,只是现在的对象除了是直接表示对象的个体词变元和个体词常元外,还可以是经过函数词"作用过"的对象。

有了项的概念,就可以引入谓词逻辑中公式的基本模块——原子谓词公式的概念:称 $F(t_1,t_2,\cdots,t_n)$是原子谓词公式,如果 F 是任意的 n 元谓词,$t_1,t_2,\cdots,t_n$ 是任意的 n 个项。可以看出,原子谓词公式具备了成为命题的最基本要素:"对象"——项、"具有……性质"——谓词。下面给出谓词公式的定义。

【定义 2.1.2】 谓词逻辑中公式的定义如下:

(1) 原子谓词公式是谓词公式;

(2) 如果 A、B 是谓词公式,则$(\neg A)$,$(A\wedge B)$,$(A\vee B)$,$(A\rightarrow B)$,$(A\leftrightarrow B)$也都是谓词公式;

(3) 若 A 是谓词公式,x 是个体词变元,则$(\forall x)A$ 和$(\exists x)A$ 也是谓词公式;

(4) 所有的谓词公式都是有限次地应用上述(1)、(2)、(3)得到的。

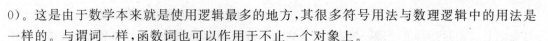

与命题逻辑中定义命题公式中所采用符号一样,符号 A、B 是元语言符号,用来表示任意的谓词公式。可以看出,谓词公式是以原子谓词公式为基本的构成模块,也具备了成为命题的最基本要素。换句话说,谓词逻辑中的公式就是那些在样式上可以成为命题的表示,相

当于命题逻辑中的命题变元。因而，定义中(2)里面才有了可以用连接词连接它们。此外，与命题公式中对括号的处理一样，谓词公式也常在不引起歧义的情况下，省略掉一些括号。比如，本节一开始引入量词的地方，将$(\forall x)A$和$(\exists x)A$简写为$\forall xA$和$\exists xA$。

对于公式$(\forall x)A$和$(\exists x)A$，$(\forall x)$和$(\exists x)$中的个体词变元x称为指导变元，A称为相应量词的作用范围(scope)。当然，量词一定是和指导变元一起使用的，所以也称为$(\forall x)$和$(\exists x)$的作用范围。在$(\forall x)$和$(\exists x)$的作用范围A内，所出现的个体词变元x称为是受约束的(bound)，因为量词通过指导变元x作用在这个个体词x之上，形成了一定的约束。当然，在$\forall xA$和$\exists xA$中，A中不一定非得有个体词x，比如$\forall xF(y)$也是公式，其中F为一元谓词。当然，此时$\forall xF(y)$中的$(\forall x)$不起作用。此外，当谓词公式中出现对同一个体词变元进行多次约束的情况，只需要考虑最靠近谓词的量词，比如$\exists x\forall xF(x,y)$相当于$\forall xF(x,y)$。不受约束的个体词变元称为是自由的(free)。比如，设F和G都是二元谓词，对于谓词公式$\forall xF(x,y)$，$\forall x$的作用范围是$F(x,y)$，其中x是受约束的，y是自由的；$\forall xF(x,y)\to\exists yG(x,y)$中，$\forall x$的作用范围是$F(x,y)$，其中$x$是受约束的，$y$是自由的，$\exists y$的作用范围是$G(x,y)$，其中$y$是受约束的，$x$是自由的；$\forall x(F(x,y)\to\exists yG(x,y))$中，$\forall x$的作用范围是$F(x,y)\to\exists yG(x,y)$，其中$F(x,y)$和$G(x,y)$里的$x$都是受约束的，$F(x,y)$里的$y$是自由的，$G(x,y)$里的$y$是受约束的，因为$G(x,y)$是$\exists y$的作用范围；$\forall x\exists y(F(x,y)\to G(x,y))$中，$\forall x$的作用范围是$\exists y(F(x,y)\to G(x,y))$，其中$x$都是受约束的，$\exists y$的作用范围是$F(x,y)\to G(x,y)$，其中$y$也都是受约束的。

在上面的举例中，出现了含有量词嵌套(nested quantifier)的谓词公式，比如$\forall x\exists y(F(x,y)\to G(x,y))$，它可以理解为$\forall xA(x)$，其中，用元语言符号$A(x)$表示谓词公式$\exists y(F(x,y)\to G(x,y))$。注意，$A(x)$并不是原子谓词公式，因为$A$并不是谓词，采用$A(x)$这种表示法只是为了说明$A(x)$所代表的谓词公式中个体词变元$x$是自由的而已。类似地，也可以用$A(x,y)$表示含有自由的个体词变元$x,y$的谓词公式。在定义谓词公式时，我们采用元语言符号$A$表示任意的谓词公式；当使用元语言符号$A(x)$时，是为了突出谓词公式$A$中含有个体词变元$x$，以表示现在对$x$感兴趣，$x$可以是自由的，也可以是受约束的；然而，使用$A(x)$经常是表示$x$是自由的情况；当然，有时会更进一步，使用$A(x)$表示$A$中含有唯一自由的个体词变元$x$，就如这里采用符号$A(x)$表示谓词公式$\exists y(F(x,y)\to G(x,y))$那样。对于嵌套使用量词的谓词公式，量词之间的顺序不一定可以改变。比如，若$F(x,y)$表示"x和y之和等于0"，论域为整数集，则$\forall x\exists yF(x,y)$表示"对于任意的整数x，存在整数y，满足x和y之和等于0"，根据初等数学知识，这个命题为真；$\exists y\forall xF(x,y)$表示"存在整数y，对于任意的整数x，满足x和y之和等于0"，根据初等数学知识，这个命题为假。

在谓词公式中，量词之后紧挨着的指导变元是和量词作用范围中受约束的个体词变元共同完成一定的逻辑表达。比如，$\forall xF(x)$就是$\forall x$中的指导变元x与$F(x)$中受约束的个体词变元x一起表达了论域中任意的对象x具有性质F。前面已提到过，对于类似$\forall xF(y)$这样的谓词公式，由于$\forall x$对$F(y)$不会发生作用，$\forall x$完全是多余的，可以去除，所以一般不考虑这种情况。也就是说，通常认为谓词公式中，指导变元和受约束的个体词变元是成对出现的。如果把它们一同换成其他个体词变元符号，只要该符号不与谓词公式中的其他个体词变元符号一样，整个谓词公式所表达的逻辑含义是没有改变的。比如，谓词公式 $\forall xF(x,y)$ 与 $\forall zF(z,y)$ 表达一样的逻辑含义，因为 $\forall xF(x,y)$ 表示“对于论域中的任意对象 x，x 和 y 具有关系 F”，而 $\forall zF(z,y)$ 表示“对于论域中的任意对象 z，z 和 y 具有关系 F”。对于谓词公式中自由的个体词变元，也可以将其换成谓词公式中不曾使用的个体词变元符号，而不会改变谓词公式的逻辑含义。比如，$\exists yG(x,y)$ 与 $\exists yG(z,y)$ 表达一样的逻辑含义。

谓词逻辑是在命题逻辑的基础上进一步深入命题内部得到的，其也是为了分析命题中的逻辑。自然地，类似于关注命题公式的真值，我们也会关注谓词公式的真值。在命题公式中，通过对命题变元“赋值”或者“解释”，就可以得到命题公式的真值。对于谓词公式，由于其起源于对命题组成成分的进一步细分，而命题的组成部分不存在真值的概念，自然也就不存在对谓词公式中的诸如谓词、函数词赋予真值这种说法了。为了获得谓词公式的真值，需要对谓词公式中非逻辑含义的符号进行“解释”，即获得一定的自然语义，才有可能成为命题，进而才可能存在真值。也就是说，解释就是把谓词公式符号中所去除的“非逻辑的自然语言含义”再给加上，而这只需要对谓词、函数词、个体词常元以及个体词常元所来自的论域，赋予指定的语义即可。

【例 2.1.1】 判断谓词公式 $\forall y\exists xF(f(g(x),y),a)$ 在两种不同解释下的真值。在第 1 个解释中，指定：论域为整数集；函数词 $g(x)$ 为 $x/2$，$f(x,y)$ 为 $x+y$，谓词 $F(x,y)$ 为 $x=y$；个体词常元 a 为 0。在第 2 个解释中，指定：论域为有理数集；函数词 $g(x)$ 为 x^2，$f(x,y)$ 为 $x\cdot y$，谓词 $F(x,y)$ 为 $x=y$；个体词常元 a 为 1。

解：对于谓词公式的真值，只需要将解释下的具体指定含义逐个代入谓词公式中，将其“翻译”为自然语言后，利用具体领域的知识进行判断即可。

对于第 1 个解释，将其代入谓词公式，得到如下含义：

对于任意的整数 y，存在整数 x，有 $x/2+y=0$。根据初等算术知识，这个命题的真值为真。

对于第 2 个解释，将其代入谓词公式，得到如下含义：

对于任意的有理数 y，存在有理数 x，有 $x^2\cdot y=1$。根据初等算术知识，这个命题的真值为假。

■

从上面这个例题可以看出，当给谓词公式一个解释后，谓词公式才具有了一定的自然语言含义，进而才可能去判断谓词公式的真值。同时，也可以看出，当给谓词公式以不同的解释后，谓词公式可能具有不同的真值；这是与我们在命题公式中碰到的真值情况是一样的，当对命题公式中的命题变元赋予不同的真值后，命题公式就可能具有不同的真值。当在某个具体学科领域采用谓词逻辑进行形式化处理时，我们心里会依据该学科领域的知识，默认一个解释；然而，我们需要明白，从该学科领域中得到的形式化结果可能会在另一个学科领域中具有完全不同的含义。

在公式真值的判断上，谓词逻辑有一个与命题逻辑非常不同的地方，那就是谓词公式存在这样的情况：当给予该谓词公式一个解释后，该谓词公式没有真值。这也就是说，给定一个解释后，并不是每一个谓词公式都会具有真值，而且这种情况还非常常见。比如，我们采用例 2.1.1 中第 1 个解释，则谓词公式 $F(x,y)$ 表示“$x=y$”，没有真值；$\forall yF(f(x,y),a)$ 表示“对于任意的整数 y，有 $x+y=0$”，没有真值；$F(x,y)\rightarrow F(x,0)$ 表示“如果 $x=y$，则

有 $x=0$”，没有真值；$F(x,g(y))\wedge F(g(x),y)$表示“$x=y/2$，并且 $x/2=y$”，没有真值。

给定一个解释，谓词公式会存在没有真值的情形，这是我们不希望发生的。通过观察上面那些没有真值的谓词公式，我们发现那些公式在解释下，由于还具有未约束的个体词变元，比如 x，y，才会导致在自然语义下还是没有办法确定真值，这就好比陈述句“x 是一个偶数”，这个陈述句由于有变元 x，所以就无法判断真值，当然也就不是命题了。当对谓词公式中所有自由的个体词变元，通过增加相应的量词和指导变元进行约束后，任意给定一个解释，谓词公式在此解释下就可以确定真值了。比如，当采用例 2.1.1 中第一个解释时，谓词公式 $F(x,y)$表示“$x=y$”，没有真值，而谓词公式 $\forall x\exists yF(x,y)$表示“对于任意的自然数 x，存在自然数 y，有 $x=y$”，这当然是一个真命题。由于这种所有个体词变元都是受约束的谓词公式的重要性，我们专门给它们一个名称。

【定义 2.1.3】 对于谓词公式 A，如果它没有自由的个体词变元，则称它为封闭的(closed)。

在该定义下，上面的分析说明，对于封闭的谓词公式，任意给其一个解释，其必有真值。事实上，本节在一开始为了引入谓词逻辑的概念，是采用那些可以形式化为封闭的谓词公式的命题作为例子的。然而这并不是说，所有的命题形式化之后都会表示为封闭的谓词公式。比如，对于论域是全体素数之集合，“x 和 y 是互质的”就是一个真值为 1 的命题，它形式化为 $F(x,y)$，其中，谓词 F 表示“……和……是互质的”，这就不是一个封闭的谓词公式。仔细分析一下这个例子，之所以会得出非封闭的谓词公式 $F(x,y)$在解释下的真值为 1，是因为我们在该解释下得出“无论 x 和 y 取何对象，都会具有性质 F”的结论。因此，对于非封闭的谓词公式，当给定一个解释后，可以对其含有的所有自由的个体词变元，分配论域中任意的对象，此时个体词变元的每一种对象分配都相当于给变元赋予一个对象，此时谓词公式中已没有了个体词变元，因此该谓词公式在每一种对象分配下都一定会有一个真值。如果对于每一种对象分配都有谓词公式的真值为 1，则称该谓词公式在此解释下的真值为 1；如果对于每一种对象分配都有谓词公式的真值为 0，则称该谓词公式在此解释下的真值为 0；如果对于每一种对象分配，谓词公式的真值有时为 1，有时为 0，则称该谓词公式在此解释下无真值。

在给定一个解释后，再对谓词公式中的个体词变元分配论域中对象，使得此时的谓词公式必有真值，在仅涉及连接词而不包含量词时，是和命题逻辑中的判断真值方法一样。比如，对于谓词公式 $F(x,y)\rightarrow G(z)$，当对 x、y、z 分配对象(x_1,y_1,z_1)后，根据 $F(x_1,y_1)$和 $G(z_1)$的真值，再结合蕴含连接词的定义，即可得到整个谓词公式的真值。而对于含有量词的谓词公式，需要根据量词的逻辑含义来确定。对于 $\forall xF(x,y,z)$的真值判断，这里以含有 3 个个体词变元的谓词 F 为例进行说明。当对 x、y、z 分配对象(x_1,y_1,z_1)后，如果(x_1,y_1,z_1)使得 $\forall xF(x,y,z)$的真值为 1，根据全称量词的逻辑含义，应该是在 y_1，z_1 不变的情况下，对于“任意的”(x_2,y_1,z_1)都成立，这里的“任意的”是指 x_2 可以是论域中的任意对象，包括 x_1 在内，即 $F(x_2,y_1,z_1)$的真值为 1，对于任意的 x_2 均成立。这是因为，$\forall x$ 已经对 $F(x,y,z)$中的 x 产生了“全称的”逻辑作用，x 可以在论域中取任意对象，这相当于将 $\forall xF(x,y,z)$看作 $A(y,z)$，只有 y，z 两个自由的个体词变元。所以，$\forall xF(x,y,z)$如果在(x_1,y_1,z_1)下的真值为 1，也就是在$(\cdot,y_1,z_1)$下的真值为 1，这里将 x_1 的位置空出，以表示其任意性。对于 $\exists xF(x,y,z)$的真值判断，后面会给出 $\exists xF(x,y,z)$可以转化为关于全称量词的等价形式，所以，可以根据上述关于含有全称量词的真值判断方法得到含有存在量词的真值判断方法。即当对 x、y、z 分配对象(x_1,y_1,z_1)后，如果(x_1,y_1,z_1)使得$\exists xF(x,y,z)$的真值为 1，则应该在 y_1，z_1 不变的情况下，“存在”(x_2,y_1,z_1)使得 $F(x,y,z)$为真，这里的“存在”是指存在论域中的某对象 x_2，使得 $F(x_2,y_1,z_1)$的真值为 1。对于嵌套量词的情况，依次进行真值判断即可。

特别需要强调的是，对于非封闭的谓词公式，它在有些解释下可能不会有真值，在有些解释下可能又会有真值，即非封闭的谓词公式只是不具有任给一个解释都会有真值的特点。比如，对于谓词公式 $F(x)$，若给定解释中的论域为自然数集，谓词 F 表示“……可以被 2 整除”，那么谓词公式 $F(x)$在该解释下是没有真值的；若给定解释中的论域为全体偶数集，谓词 F 依然表示“……可以被 2 整除”，那么谓词公式 $F(x)$在该解释下是有真值的，其真值为真。这是因为个体词变元是论域中的对象，因而“任意的”个体词变元都会具有论域本身所自带的一种性质，而谓词所要表示的性质恰好与解释中论域本身所自带的性质相吻合时，该谓词公式实质上已经具有了“全称量词——任意的含义”，所以，即使该谓词公式带有自由的个体词变元，该谓词公式在解释下依然可以判断真值，且其真值为真。沿着这个思路，既然可以没有量词约束而仅靠论域本身所带有的性质，使得带有个体词变元的谓词公式在一个解释下具有为真的真值。也就是说，对于含有自由的个体词变元 x 的谓词公式 $A(x)$，如果其在一个解释下的真值为真，则对该谓词公式加上 $\forall x$ 之后，$\forall xA(x)$的真值也一定为真；反之，如果$\forall xA(x)$在一个解释下的真值为真，也就是说对于论域中任意的对象 x，都会具有使得 $A(x)$为真的性质，因而 $A(x)$在该解释下也会为真。所以，在一个解释下，$A(x)$为真当且仅当$\forall xA(x)$为真。当然，对于闭合的谓词公式 A，由于其在任意的解释下都有真值，所以在任意一个解释下显然也有：A 为真当且仅当$\forall xA$ 为真。

在命题逻辑里，我们定义了重言式，并对其重要性有了认识。类似地，在谓词逻辑里，对于那些在任何解释下都具有真值，且真值还都为 1 的谓词公式，我们定义其为永真式。

【定义 2.1.4】 如果谓词公式 A 在各种解释下的真值总是为 1，则称该谓词公式为永真式；如果谓词公式 A 在各种解释下的真值总是为 0，则称该谓词公式为矛盾式。

在命题逻辑中，判断一个命题公式是否是重言式，至少可以使用真值表的方法进行判别，此方法虽然机械，但是总是可以得到命题公式的真值情况，至于方法机械，可以交给计算机完成。而在谓词逻辑中，可能存在的解释是与一定的自然语义相关的，因而，对于谓词公式是否是永真式的判断，没有可行的方法。然而，对于有些谓词公式，它可以看作从命题公式中的重言式得到的，这类公式是可以判断的。设 A_0 是含有 n 个命题变元 $p_1,p_2,\cdots,p_n$ 的命题公式，当用 n 个谓词公式 $A_1,A_2,\cdots,A_n$ 分别代替 A_0 中的 n 个命题变元后，所得到的谓词公式 A 称为 A_0 的一个代换实例(substitution instance)。比如，$\forall y\exists xF(x,y)\wedge\forall xG(x)$，$F(x)\wedge(\exists xG(x)\rightarrow F(x))$都可以看作命题公式 $p\wedge q$ 的代换实例。如果一个谓词公式是命题公式中重言式的代换实例，则称此谓词公式为谓词逻辑中的重言式。可以看出，之所以在谓词逻辑中没有称永真式为重言式，是为了给谓词逻辑中的重言式预留的，因为谓词逻辑中的重言式可以看作从命题逻辑里的重言式直接得到的。命题逻辑中的重言式太重要了，它是一种基本的永远为真的逻辑样式，而谓词逻辑是对命题逻辑中的命题进一步细化。直觉上，谓词逻辑中的重言式应该是永真式，事实确实是这样的。比如，$\forall y\exists xF(x,y)\leftrightarrow\forall y\exists xF(x,y)$是 $p\leftrightarrow p$ 的代换实例，所以其是重言式。或许细心的读者有这样的疑问，上个重言式中，是用封闭的谓词公式$\forall y \exists x F(x,y)$去代替命题公式$p \leftrightarrow p$中的命题变元$p$的，由于$\forall y \exists x F(x,y)$在任何解释下都具有真值，所以它去代替命题变元$p$是可以理解的，然而，若是用非封闭的谓词公式去代替$p \leftrightarrow p$中的命题变元$p$，比如，用$F(x,y)$去代替命题变元$p$为何得到的还是永真式？对于含有个体词变元的$F(x,y)$，给定一个解释，确实可能其不存在真值，然而，当把其代入$p \leftrightarrow p$中，无论解释是何种解释，$F(x,y) \leftrightarrow F(x,y)$都表示"$x,y$具有关系$F$当且仅当$x,y$具有关系$F$"，这显然是有真值的，且真值为1。对于$F(x,y) \leftrightarrow F(x,y)$，在给定任意一个解释的情况下，它表示对于论域中的任意x、y，关于$F(x,y) \leftrightarrow F(x,y)$整体的一种判断，此时可以对$x$、$y$分配论域中的任意对象$x_1$、$y_1$，此时，$F(x_1,y_1)$必有真假，因而，就可以利用$p \leftrightarrow p$的重言式特点，得到对于论域中的任意对象$x_1$、$y_1$，$F(x_1,y_1) \leftrightarrow F(x_1,y_1)$均为真的判断了。可以看出，正是由于谓词公式中的重言式A是从命题逻辑中的重言式A_0得到的，保持了命题逻辑中重言式A_0的样式，使得当用来代替的谓词公式$A_1,A_2,\cdots,A_n$即使含有自由的个体词变元，对于任意的一种解释，当对个体词变元取论域中任意对象时，用来代替的谓词公式$A_1,A_2,\cdots,A_n$所产生的真值在命题逻辑重言式A_0的样式中，都不会影响代替之后所得到的谓词公式A的真值为真的结果。当然，谓词逻辑中的永真式除了包括所有的重言式之外，还有非重言式的谓词公式。比如，$\forall x F(x,y) \rightarrow \exists x F(x,y)$就是一个永真式。

2.2 谓词逻辑中的永真等价式

类似于命题逻辑中对重言等价式特别感兴趣，在谓词逻辑中，我们对两个谓词公式A和B构成的等价式$A \leftrightarrow B$为永真式的情况特别感兴趣。现在引入如下定义。

【定义 2.2.1】 对于谓词公式A、B，如果谓词公式$A \leftrightarrow B$为永真式，则称A是永真等价于B的，或A、B是永真等价的，记为$A \Leftrightarrow B$。

就如2.1节中曾提到的，谓词公式$A \leftrightarrow B$在任意解释下的真值为1，并不是说谓词公式A、B在任意解释下具有相同的真值，因为可能A、B在某些解释下就不具有的真值。如果A、B在任意解释下都具有真值，则容易得到：$A \leftrightarrow B$为永真式，当且仅当在任意解释下，A、B都具有相同的真值。这个结论和命题逻辑的重言等价式的结论一样，这一点也不奇怪，因为如果A、B在任意解释下都具有真值，包括A、B为封闭的谓词公式，就可以将A、B看作命题变元，对A、B的"解释"就相当于对A、B的"赋值"。若A、B不满足在任意解释下都具有真值，则根据$A \leftrightarrow B$为永真式，只能得到：如果A在解释I下有真值，则B在解释I下也有真值，且具有相同的真值。注意，此时根据"如果A在解释I下有真值，则B在解释I下也有真值，且具有相同的真值"，得不到$A \leftrightarrow B$为永真式的结论。

在谓词逻辑中，由于不能采用真值表的方法去判断$A \leftrightarrow B$是否为永真式，所以我们依然先找出一些基本的永真等价式，然后在此基础上依据一定的性质，进行所谓的"永真等价演算"得到。

对于基本的永真等价式，由于谓词逻辑中的重言式是命题逻辑中重言式的代换实例，且谓词逻辑中的重言式一定是永真式，所以，谓词逻辑中的重言等价式当然也就是永真等价式了。谓词逻辑中的重言等价式是永真等价式中最重要的一类。比如，根据命题逻辑中的重言等价式$p \rightarrow q \Leftrightarrow \neg p \vee q$，下面的谓词公式也都是重言等价式：

$$F(x,y)\rightarrow G(x,y)\Leftrightarrow\neg F(x,y)\vee G(x,y)$$

$$\exists xG(x)\rightarrow\forall yF(y)\Leftrightarrow\neg\exists xG(x)\vee\forall yF(y)$$

由于在谓词逻辑中引入了量词，基本的永真等价式也包括了一些关于量词与连接词之间相互作用的谓词公式。首先是关于量词与否定连接词一起构成的永真等价式：

$$\exists xA\Leftrightarrow\neg(\forall x(\neg A))\tag{2.2.1}$$

式中，A 代表任意的谓词公式。虽然 A 不是谓词，我们还是可以将其理解为"……具有性质 A"。那么，任意给定一个解释，上式左边是说"存在论域中对象 x，使得性质 A 是满足的"，上式的右边是说"'对于论域中的任意对象 x，性质 A 都不满足'这种说法是不正确的"。可以看出，无论 A 中是否含有 x，上式的两边表达的是同一个逻辑含义。当然，对于上式的特例，令 A 取含有一个自由的个体词变元 x 的 $A(x)$，则上式两边的逻辑含义会更加明确。通过式(2.2.1)，我们可以将存在量词表示的 $\exists x$ 换成 $\neg\forall x\neg$，使得逻辑意义上等价。

对于量词与其他连接词一起构成的永真等价式，令 $A(x)$ 表示含有自由的个体词变元 x 的谓词公式，B 表示不含有 x 的谓词公式，则对于全称量词有

$$\forall x(A(x)\vee B)\Leftrightarrow\forall xA(x)\vee B$$

$$\forall x(A(x)\wedge B)\Leftrightarrow\forall xA(x)\wedge B$$

$$\forall x(A(x)\rightarrow B)\Leftrightarrow\exists xA(x)\rightarrow B$$

$$\forall x(B\rightarrow A(x))\Leftrightarrow B\rightarrow\forall xA(x)$$

对于以上 4 个永真等价式，这里只给出第 1 个的证明，其他 3 个类似。假设 B 含有 2 个自由的个体词变元 y、z，对于 B 含有 n 个自由的个体词变元的情况，类似可证。给定任意的一个解释 I，对所有个体词变元 x、y、z 分配论域中的对象，设(x_1,y_1,z_1)是任意的一次对象分配。如果 $\forall x(A(x)\vee B)$在这次的对象分配下真值为 1，由于全称量词作用于个体词变元 x，那么对于其他的对象分配(x_2,y_1,z_1)，则 $A(x)\vee B$ 的真值还是为 1，其中 x_2 可取论域中的任意对象，包括 x_1 在内。根据析取连接词的定义，如果 B 在其所涉及的个体词变元的对象分配 y_1、z_1 下其真值为 0，那么对于任意的论域中对象 x_2，均有 $A(x)$的真值为 1，也就是 $\forall xA(x)$的真值为 1；如果 B 在其所涉及的个体词变元的对象分配 y_1、z_1 下其真值为 1，那么 $A(x)$的真值可为 0 或 1。不管以上哪种情况，都会有 $\forall xA(x)\vee B$ 的真值为 1，即如果 $\forall x(A(x)\vee B)$的真值为 1，就有 $\forall xA(x)\vee B$ 的真值也为 1；反之，如果 $\forall x(A(x)\vee B)$在这次对象分配(x_1,y_1,z_1)下的真值为 0，根据全称量词的逻辑含义，那就意味着至少存在一组对象分配使得 $A(x)\vee B$ 的真值为 0，设其为(x_2,y_1,z_1)。根据析取连接词的逻辑含义，有 $A(x)$在对象分配 x_2 下和 B 在对象分配 y_1、z_1 下的真值也都为 0，进一步得到 $\forall xA(x)$的真值为 0，所以 $\forall xA(x)\vee B$ 的真值在对象分配(x_1,y_1,z_1)下也为 0。也就是说如果 $\forall x(A(x)\vee B)$的真值为 0，就有 $\forall xA(x)\vee B$ 的真值也为 0。综上可见，$\forall x(A(x)\vee B)$与 $\forall xA(x)\vee B$ 的真值同真假，所以 $\forall x(A(x)\vee B)\leftrightarrow\forall xA(x)\vee B$ 的真值不论哪种情况都为 1，再由解释 I 的任意性可得结论成立。

对于存在量词有

$$\exists x(A(x)\vee B)\Leftrightarrow\exists xA(x)\vee B$$

$$\exists x(A(x)\wedge B)\Leftrightarrow\exists xA(x)\wedge B$$

$$\exists x(A(x)\rightarrow B)\Leftrightarrow\forall xA(x)\rightarrow B$$

$$\exists x(B\rightarrow A(x))\Leftrightarrow B\rightarrow\exists xA(x)$$

如果 B 也是含有自由的个体词变元 x 的谓词公式，即 B 为 $B(x)$，则有

$$\forall x(A(x) \wedge B(x)) \Leftrightarrow \forall xA(x) \wedge \forall xB(x)$$

$$\exists x(A(x) \vee B(x)) \Leftrightarrow \exists xA(x) \vee \exists xB(x)$$

类似于命题逻辑中重言等价式的一些性质，我们也介绍谓词逻辑中永真等价式的一些性质。

【命题 2.2.1】 对于谓词公式 A、B、C，如果 $A \Leftrightarrow B$，并且 $B \Leftrightarrow C$，则有 $A \Leftrightarrow C$。

证明：如果 A、B、C 都为封闭的谓词公式，则对于任意的一个解释，A、B、C 均有真值，因而，可以将它们看作命题变元，因而利用命题 1.2.1 的结果直接可得。如果 A、B、C 中至少一个不是封闭的谓词公式，不失一般性，假设它们均具有自由的个体词变元。对于任意的一个解释 I，下面我们考察 $A \leftrightarrow C$ 的真值情况。在解释 I 下，对 A、B、C 中自由的个体词变元均分配对象，则此时 A、B、C 均具有真值。由于 $A \Leftrightarrow B$ 并且 $B \Leftrightarrow C$，也就是说，对于解释 I 下每一种对象分配，A 为真当且仅当 B 为真，B 为真当且仅当 C 为真，因而 A 为真当且仅当 C 为真，即 A 与 C 具有相同的真值，因而，对于解释 I 下的每一种对象分配，$A \leftrightarrow C$ 都为真。由解释 I 的任意性知，命题得证。

■

命题 2.2.1 说明了永真等价关系也具有传递性。从这个性质的证明中可以看出，封闭的谓词公式具有重要的作用，可以看作命题变元，利用命题逻辑中的结果直接对其处理；而对于非封闭的命题公式，再采用解释下进行对象分配的方法，讨论谓词公式的真值。

【命题 2.2.2】 对于谓词公式 A、B、C，已知谓词公式 C 含有谓词公式 A，且 $A \Leftrightarrow B$。如果将 C 中出现的 A 都替换为 B，将经过替换之后的谓词公式记为 $C^{\#}$，则有 $C \Leftrightarrow C^{\#}$。

证明：如果 A、B 均为封闭的谓词公式，可以将它们看作命题变元，利用命题 1.2.3 的结果直接可得。如果 A、B 中至少有一个不是封闭的谓词公式，不失一般性，我们假设它们均具有自由的个体词变元。对于任意的一个解释 I，对 A、B 中自由的个体词变元均分配对象，则此时 A、B、C、$C^{\#}$ 均具有真值。由于 $A \Leftrightarrow B$，也就是说，对于解释 I 下每一种对象分配，A 为真当且仅当 B 为真。注意到，谓词公式 C 与 $C^{\#}$ 的差别，仅仅在于将 C 中的 A 替换为了 B，其他部分不变，因而，谓词公式 C 对于解释 I 下的所有对象分配，其为真当且仅当 $C^{\#}$ 为真。也就是说，对于解释 I 下的每一种对象分配，C 与 $C^{\#}$ 均具有相同的真值，因而，$C \leftrightarrow C^{\#}$ 对于解释 I 下的每一种对象分配，真值均为 1。由解释 I 的任意性知，命题得证。

■

有了上述的性质和基本的永真等价式，就可以进行“永真等价演算”了。比如，在式(2.2.1)中，取 A 为 $\neg A$，以及将式(2.2.1)代入 $\neg A$ 中，可以分别得到

$$\exists x(\neg A) \Leftrightarrow \neg \forall xA$$

$$\neg \exists xA \Leftrightarrow \forall x(\neg A)$$

这两个公式比式(2.2.1)在逻辑上更容易理解，其中第 1 个公式表达了：“存在对象 x，使得性质 A 不满足”在逻辑上等价于“不是所有对象 x，都会使得性质 A 满足”；第 2 个公式表达了：“不存在对象 x，使得性质 A 满足”在逻辑上等价于“对于所有对象 x，都会使得性质 A 不满足”。

【例 2.2.1】 证明如下永真等价式：

(1) $\forall xF(x)\vee\forall xG(x)\Leftrightarrow\forall x\forall y(F(x)\vee G(y))$

(2) $\forall x(F(x)\to G(x))\Leftrightarrow\neg\exists x(F(x)\wedge\neg G(x))$

解：对于(1)，应用全称量词与析取连接词的基本永真等价式，并利用命题 2.2.1 和命题 2.2.2，有

$$\begin{aligned}&\forall xF(x)\vee\forall xG(x)\\ \Leftrightarrow&\forall xF(x)\vee\forall yG(y)\\ \Leftrightarrow&\forall x(F(x)\vee\forall yG(y))\\ \Leftrightarrow&\forall x\forall y(F(x)\vee G(y))\end{aligned}$$

对于(2)，应用全称量词与否定连接词的基本永真等价式，并利用命题 2.2.1 和命题 2.2.2，有

$$\begin{aligned}&\forall x(F(x)\to G(x))\\ \Leftrightarrow&\forall x(\neg F(x)\vee G(x))\\ \Leftrightarrow&\forall x\neg(F(x)\wedge\neg G(x))\\ \Leftrightarrow&\neg\exists x(F(x)\wedge\neg G(x))\end{aligned}$$

■

2.3 谓词逻辑中的推理和永真蕴含式

对于谓词逻辑中的推理，无非是将命题逻辑中用来表示前提的命题公式 $A_1,A_2,\cdots,A_n$ 和用来表示结论的命题公式 B 都换成谓词公式表示而已。类似地，称从前提 $A_1,A_2,\cdots,A_n$ 到结论 B 的推理是有效的，如果 $A_1\wedge A_2\wedge\cdots\wedge A_n\to B$ 是永真式。如果将 $A_1\wedge A_2\wedge\cdots\wedge A_n$ 记为 A，则推理的有效性由蕴含式 $A\to B$ 是永真式来保证。

【定义 2.3.1】 对于谓词公式 A、B，如果蕴含式 $A\to B$ 为永真式，则称 A 是永真蕴含 B 的，记为 $A\Rightarrow B$。

根据定义，把 $A\Rightarrow B$ 称为永真蕴含式，同时，可以将前提 $A_1,A_2,\cdots,A_n$ 到结论 B 的推理的有效性，写成 $A_1\wedge A_2\wedge\cdots\wedge A_n\Rightarrow B$。

与永真等价式类似，如果 A、B 在任意解释下都具有真值，则容易得到：$A\to B$ 为永真式，当且仅当在任意解释下，A 为真蕴含 B 也为真。这个结论和命题逻辑的重言蕴含式的结论一样，因为此时可以将 A、B 看作命题变元，对 A、B 的“解释”就相当于对 A、B 的“赋值”。若 A、B 不满足在任意解释下都具有真值，则根据 $A\to B$ 为永真式，只能得到：如果 A 在解释 I 下有真值且真值为 1 时，则 B 在解释 I 下也有真值且真值为 1。注意，此时我们根据“如果 A 在解释 I 下有真值且真值为 1 时，则 B 在解释 I 下也有真值且真值为 1”，是得不到 $A\to B$ 为永真式的结论的。

由于谓词逻辑的复杂性，对于谓词逻辑中永真蕴含式的判断，也不能采用真值表的方法了。一般地，在谓词逻辑中判断一个谓词公式是否是永真式，前面已经举了几个例子，可以看出，判断过程是复杂的。对于永真蕴含式，其主要是用来作为后面的谓词形式系统中的推理规则使用的。下面介绍一些永真蕴含式，我们可以从中选择一些基本的永真蕴含式作为推理规则使用。

2.2 节曾提到，命题逻辑中重言式的代换实例，即谓词逻辑中的重言式一定是永真式，因而，命题逻辑中的重言蕴含式作为重言式的一种，其代换实例也是谓词逻辑中的永真式，且还是永真蕴含式。比如，$F(x,y)\wedge G(y)\Rightarrow F(x,y)$。

注意到 $A\leftrightarrow B$ 为永真式，相当于 $A\rightarrow B$ 为永真式并且 $B\rightarrow A$ 也为永真式，所以上一节中的每一个永真等价式包含了两个永真蕴含式，这些也可以作为基本的永真蕴含式。此外，还有关于全称量词的如下重要永真蕴含式：对于任意的谓词公式 A，有

$$\forall xA\Rightarrow A \tag{2.3.1}$$

下面给出式(2.3.1)的合理性证明。对于任意的一个解释 I，对 A 中所含的个体词变元在论域里进行对象分配，设(x_1,y_1,z_1)是任意的一次对象分配，如果此次对象分配使得 $\forall xA$ 为真，则对于任意的对象分配(x_2,y_1,z_1)，其中 x_2 可取论域中的任意对象，包括 x_1 在内，也都会有 A 的真值为 1，因而，在对象分配为(x_1,y_1,z_1)下，A 的真值为 1，所以，在解释 I 下，对于任意的对象分配，总有 $\forall xA\rightarrow A$ 的真值为 1，再由解释的任意性可知，$\forall xA\Rightarrow A$。

举个关于式(2.3.1)的例子。比如，$\forall xA\rightarrow A$ 为 $\forall xF(x,y)\rightarrow F(x,y)$，取解释中的论域为实数集，$F(x,y)$表示 $x>y$，则，虽然 $\forall xF(x,y)$ 和 $F(x,y)$ 在该解释下没有真值，但是 $\forall xF(x,y)\rightarrow F(x,y)$ 却是真值为 1。

对于式(2.3.1)，还可以进一步扩展为

$$\forall xA(x)\Rightarrow A(t) \tag{2.3.2}$$

式中，$A(x)$表示包含自由的个体词变元 x 的谓词公式，$A(t)$表示将 $A(x)$中自由的个体词变元 x 都替换为项 t 之后的谓词公式，且要求项 t 中的个体词变元不能包含 $A(x)$中受约束的个体词变元。比如，对于 $A(x)$为 $F(x,y)$，则 $A(t)$可以为 $F(g(z),y)$；对于 $A(x)$为 $\exists yF(x,y)$，则 $A(t)$可以为 $\exists yF(g(z),y)$，但不可以是 $\exists yF(h(y,z),y)$。公式中的 $A(x)$是为了突出表示个体词变元 x 是自由的，项 t 要替换它，并不是说只包含个体词变元 x。特别地，由式(2.3.2)可以得到 $\forall xA(x)\Rightarrow A(x)$，这与式(2.3.1)是一致的。

下面对式(2.3.2)的合理性进行证明。对于任意的一个解释 I，对 $\forall xA(x)\rightarrow A(t)$ 中所含的个体词变元在论域中进行对象分配，我们以谓词公式包含 3 个个体词变元 x、y、z 且 y、z 是 t 中的个体词变元的情况为例进行说明。设(x_1,y_1,z_1)是任意的一次对象分配，如果此次对象分配使得 $\forall xA(x)$为真，则(x_2,y_1,z_1)一定使得 $A(x)$为真，其中 x_2 为论域中任意的对象，包括 x_1 在内。由于 t 是一个项，它一定是论域中的某个对象，而且它只是替换了 $A(x)$中的 x，且 t 中的个体词变元在 $A(t)$中还是自由的，不与任何一个量词发生作用。所以，可以将 t 视为 x。由于(x_2,y_1,z_1)使得 $A(x)$为 1，其中 x_2 为论域中任意的对象，因而，若记 $t_{y,z}$ 为由(y_1,z_1)得到的项 t 所分配的对象，则$(t_{y,z},y_1,z_1)$一定会使得仅通过把 $A(x)$中的 x 替换为 t 之后所形成的 $A(t)$的真值为 1。所以，解释 I 的任意对象分配都会使得 $\forall xA(x)\rightarrow A(t)$的真值为 1。再结合解释的任意性可知结论成立。

对于永真蕴含式，它也具有传递性，由于其证明类似于永真等价式的传递性，这里就不给出证明了，而是直接列出该性质。

【命题 2.3.1】 对于谓词公式 A、B、C，如果 $A\Rightarrow B$，并且 $B\Rightarrow C$，则有 $A\Rightarrow C$。

需要指出，推理规则通常是采用永真蕴含式得到的。然而，在谓词逻辑中，有些推理规则并不是从永真蕴含式得到。这是由于谓词逻辑的复杂性，使得存在这样的情况：对于谓词公式 A、B 而言，蕴含式 $A\rightarrow B$ 并不是永真式，甚至其在某些解释下连真值都不存在。但

是，却可能在某些解释下 A 的真值为真，蕴含着同一解释下 B 的真值也为真的情况。对于这种情况，我们也会将其列为推理规则。这是由于在推理证明时，每一步都是一个公式，而且都是从前提出发应用推理规则得到的，在假设前提为真的情况下，每一步的公式都认为是真的。所以采用上述情况作为推理规则也是合适的。比如，前面已得到：在任意一个解释下，A 为真当且仅当 $\forall xA$ 为真。所以，如果证明的某一步得到了 A，则说下一步是 $\forall xA$ 也是合理的。注意，蕴含式 $A\rightarrow\forall xA$ 并不是永真式，虽然 $\forall xA\rightarrow A$ 是永真式。比如，我们让 $A\rightarrow\forall xA$ 为 $F(x,y)\rightarrow\forall xF(x,y)$，取解释中的论域为实数集，$F(x,y)$ 表示 $x>y$，显然，在该解释下 $F(x,y)\rightarrow\forall xF(x,y)$ 没有真值。

类似地，对于涉及存在量词的谓词公式，如果在某个解释 I 下，$\exists xA$ 的真值为 1。根据式(2.2.1)，$\exists xA\Leftrightarrow\neg(\forall x(\neg A))$，因而，在解释 I 下，$\neg(\forall x(\neg A))$ 的真值也为 1，也就是 $\forall x(\neg A)$ 的真值为 0。我们还是以谓词公式包含 3 个个体词变元 x,y,z 为例进行说明。根据全称量词的逻辑含义，对于解释 I 下任意对象分配 (x_1,y_1,z_1)，都会存在对象分配 x_2、y_1、z_1，使得 $\neg A$ 的真值为 0，否则 $\forall x(\neg A)$ 的真值就是 1 了。进而，对于解释 I 下任意对象分配 (x_1,y_1,z_1)，都会存在对象分配 (x_2,y_1,z_1)，使得 A 的真值为 1。也就是说，对于任意的论域中的对象 y_1、z_1，都存在论域中的对象分配 (x_2,y_1,z_1)，使得 A 的真值为 1。即如果 A 含有自由的个体词变元 x，将 A 记为 $A(x)$，则只要将变元 x 分配对象 x_2，则 $A(x_2)$ 在任意的关于 y_1、z_1 对象分配下，其真值都为 1，所以 $A(x_2)$ 在解释 I 下的真值为 1。即若证明的某一步得到了 $\exists xA(x)$，则下一步写为 $A(x_2)$ 且其他变元换成常元 y_1、z_1，也是合理的。

2.4 谓词逻辑中的形式系统

与命题逻辑一样，谓词逻辑形式系统 K 也由 4 部分组成：①符号表集合 K_A；②命题公式集合 K_F；③公理集合 K_{AX}；④推理规则集合 K_R。谓词逻辑是以命题逻辑为基础的，谓词逻辑形式系统在框架上与命题逻辑是一样的。

在命题逻辑中我们给出了两种形式系统，并且了解了命题逻辑形式系统 L_2 比 L_1 更具一般性，因为 L_1 中有效的推理都可以转化为 L_2 中的定理。为了体现一致性，我们在这里也会介绍两个谓词逻辑形式系统 K_1 和 K_2，同样地，K_2 比 K_1 更具一般性。

【定义 2.4.1】 命题逻辑形式系统 K_1 的 4 个组成部分如下：

1. 符号表集合 K_A

(1) 个体词常元符号：$a,b,c,\cdots$；

(2) 个体词变元符号：$x,y,z,\cdots$；

(3) 谓词符号：$F,G,H,\cdots$；

(4) 函数词符号：$f,g,h,\cdots$；

(5) 逻辑连接词符号：$\neg,\wedge,\vee,\rightarrow,\leftrightarrow$；

(6) 量词符号：$\forall,\exists$；

(7) 左括号和右括号：(,)。

2. 命题公式集合 K_F

命题公式由 K_A 中的符号根据 2.1 节中的谓词公式形成规则完成。

3. 公理集合 K_{AX}

空集，即无公理。

4. 推理规则集合 K_R

(1) L_1 中推理规则的代换实例都是 K_1 中的推理规则，即将 L_1 中推理规则所依赖的重言蕴含式中的命题变元换成谓词公式后，再转换为相应的推理规则即可。

(2) 关于量词的推理规则，包括：①根据 $\forall xA(x)$，可以得到 $A(t)$；②根据 A，可以得到 $\forall xA$；③根据 $\exists xA(x)$，可以得到 $A(x_1)$；④根据 $A(x_1)$，可以得到 $\exists xA(x)$。其中，A 表示任意的谓词公式，$A(x)$ 表示含有个体词变元 x 的 A，$A(t)$ 表示将 $A(x)$ 中的个体词变元 x 换成项 t，且项 t 中的个体词变元不会是 $A(x)$ 中受约束的个体词变元，$A(x_1)$ 表示将个体词变元 x 换成论域中的某个使得 $A(x)$ 为真的对象 x_1。

对于关于量词推理规则的前 3 个，前面几节已经介绍过了。对于第 4 个，也很容易得出其合理性。以谓词公式包含 3 个个体词变元 x、y、z 为例进行说明。对于解释 I，如果 $A(x_1)$ 为真，则表示在解释 I 下任意的对象分配 (x_1, y_1, z_1) 都会使得 $A(x)$ 为真，因而 $\exists xA(x)$ 在解释 I 下任意的对象分配也都为真，所以 $\exists xA(x)$ 解释 I 下为真。

K_1 中推理的证明与 L_1 中推理的证明是类似的，只需在 L_1 中推理的证明定义中将其中的命题公式换成谓词公式。

【定义 2.4.2】 设 Γ 是 K_1 中若干谓词公式构成的集合，B 是 K_1 中某一个谓词公式，我们称谓词公式序列 $A_1, A_2, \cdots, A_n$，n 为自然数，是从 Γ 到 B 推理的一个证明，其中 B 就是 A_n，且对任意的 k，$1 \leqslant k \leqslant n$，满足如下条件之一：①$A_k$ 是 Γ 中的某一个谓词公式；②A_k 是由 A_l 或 A_l 与 A_m，利用 K_R 中的推理规则得出的结论，其中，$l < k$ 且 $m < k$。如果存在从 Γ 到 B 的一个证明，则从 Γ 到 B 的推理是有效的。

【例 2.4.1】 在形式系统 K_1 中，Γ 是由 $\forall x(F(x) \to G(x))$ 与 $F(a)$ 构成的集合，B 为命题公式 $G(a)$。构造从 Γ 到 B 的一个证明。

证明：

(1) $\forall x(F(x) \to G(x))$	Γ 中的谓词公式
(2) $F(a) \to G(a)$	对(1)应用关于量词推理规则中的①得出
(3) $F(a)$	Γ 中的谓词公式
(4) $G(a)$	对(3)和(4)应用假言推理规则得出

■

如果我们在例 2.4.1 中给定一个解释，其中，论域为所有课程之集合，谓词 F 表示“李明参加了……课程考试”，G 表示“李明参加的……课程考试的得分在 90 分以上”，个体词常元 a 表示“数学”，则例 2.4.1 就给出了本章刚开始给出的第一个推理的有效证明。

根据命题逻辑中形式系统 L_1 与 L_2 之间的关系，我们也联想到建立谓词形式系统 K_2，以将 K_1 中的有效推理转化为 K_2 中的定理。这个思路是没有问题的，下面也是这么做的。只是需要注意，在 K_1 中没有公理，推理是从前提 Γ 到结论 B，由于推理规则中关于量词的那 4 个规则中，有的并不是从永真蕴含式得出的，比如②中对应的谓词公式 $A \to \forall xA$ 并不是永真式，从这个角度看，如果令 Γ 由 $P_1, P_2, \cdots, P_m$ 组成，且用符号 P 表示 $P_1 \land P_2 \land \cdots \land P_m$，则在 K_1 中从前提 Γ 到结论 B 的证明有效，不代表 $P \to B$ 就是永真蕴含式了。然而，在 K_1 中，我们的推理都是来自自然语言环境的，前提 Γ 和结论 B 都是那些在任意解释下都具有真值的谓词公式，包括封闭的谓词公式，就如例 2.4.1 所示的那样，此时，$A\to\forall xA$ 就是重言永真式了，进而 $P\to B$ 一定是永真蕴含式了。所以，在形式系统 K_2 中，我们构想，通过选择尽可能少，并且简单的永真式作为公理外，还需要保证对于所有的“定理”，我们都可以从公理出发得到其证明。下面引入谓词逻辑形式系统 K_2。

【定义 2.4.3】 谓词逻辑形式系统 K_2，它的 4 个组成部分如下：

1. 符号表集合 K_A

(1) 个体词常元符号：$a,b,c,\cdots$；

(2) 个体词变元符号：$x,y,z,\cdots$；

(3) 谓词符号：$F,G,H,\cdots$；

(4) 函数词符号：$f,g,h,\cdots$；

(5) 逻辑连接词符号：$\neg,\to$；

(6) 量词符号：$\forall$；

(7) 左括号和右括号：(,)。

2. 谓词公式集合 K_F

项的定义和原子谓词公式的定义同前面所述。只是这里的谓词公式把定义 2.1.2 中的(2)和(3)换成仅涉及连接词 ¬、→ 和全称量词 ∀ 的公式，即如果 A、B 是谓词公式，则 $(\neg A)$、$(A\to B)$、$(\forall x)A$ 也是谓词公式。

3. 公理集合 K_{AX}

以下 L_2 中 3 个命题公式以及关于量词的 3 个谓词公式为公理：

(1) $A\to(B\to A)$；

(2) $(A\to(B\to C))\to((A\to B)\to(A\to C))$；

(3) $(\neg A\to\neg B)\to(B\to A)$；

(4) $\forall xA\to A$，其中个体词变元 x 在 A 中不是自由的；

(5) $\forall xA(x)\to A(t)$，其中 $A(x)$ 包含自由的个体词变元 x，$A(t)$ 表示将 $A(x)$ 中 x 都替换为项 t 之后的谓词公式，且要求项 t 中的个体词变元不能包含 $A(x)$ 中受约束的个体词变元；

(6) $(\forall x(A\to B))\to(A\to\forall xB)$，其中 A 中不包含自由的个体词变元 x。

4. 推理规则集合 K_R

(1) 假言推理规则，即从 A 和 $A\to B$ 可以得到 B，其中 A 和 B 为任意的谓词公式；

(2) 推广规则，即从 A 可以得到 $\forall xA$，其中 A 为任意的谓词公式，x 为任意的个体词变元。

类似于 L_2，在 K_2 的符号表集合 K_A 中，连接词符号仅有否定连接词和蕴含连接词这两个连接词，量词仅有全称量词 ∀。关于仅使用连接词符号 ¬、→，L_2 中已有说明，对于仅使用全称量词 ∀，是考虑到关于存在量词的谓词公式 $\exists xA$ 可以换成用全称量词表示的情况 $\neg(\forall x(\neg A))$。在公理集和推理规则集的选择上，相较于 L_2，形式系统 K_2 在保留 L_2 中公理和推理规则的同时，增加了与全称量词相关的公理和推理规则。

在公理集合 K_{AX} 中，公理(4)和(5)已经在 2.3 节中说明了它们是永真蕴含式了，公理(4)和(5)分别对个体词变元 x 在 A 中不是自由的和是自由的进行分类表示，所以它们看起来有点像；公理(6)则是来源于 2.2 节中关于任意量词的永真等价式，因为一个永真等价式相当于两个方向的永真蕴含式。至于公理(1)～(3)，则是重言蕴含式。所以，公理集中的公理都是永真式。

至于新增加的推理规则——推广规则，其就是 K_1 中推理规则里关于量词的②，它并不是来源于永真蕴含式的，前面已经说明过了。

类似于 L_2，我们也在形式系统 K_2 中，定义诸如"证明""定理""从集合 Γ 的证明""Γ 的结论"。

【定义 2.4.4】 在 K_2 中，称谓词公式序列 $A_1, A_2, \cdots, A_n$(n 为自然数)是 K_2 中的一个证明，如果对任意的 k，$1 \leqslant k \leqslant n$，满足如下条件之一：①$A_k$ 是 K_{AX} 中的某一个公理；②A_k 是 A_l 与 A_m 利用假言推理规则或推广规则得出的结论，其中，$l<k$ 且 $m<k$。将这个证明 $A_1, A_2, \cdots, A_n$ 的最后一步谓词公式 A_n 称为 K_2 中的定理，该证明也称为定理 A_n 在 K_2 中的证明。

【定义 2.4.5】 令 Γ 为 K_2 中若干谓词公式的集合，称谓词公式序列 $A_1, A_2, \cdots, A_n$(n 为自然数)是 K_2 中从集合 Γ 的证明，如果对任意的 k，$1 \leqslant k \leqslant n$，满足如下条件之一：①$A_k$ 是 K_{AX} 中的某一个公理；②A_k 是 Γ 中的某一个谓词公式；③A_k 是 A_l 与 A_m 利用假言推理规则或推广规则得出的结论，其中，$l<k$ 且 $m<k$。将这个谓词公式序列 $A_1, A_2, \cdots, A_n$ 的最后一步谓词公式 A_n 称为 K_2 中 Γ 的结论或称 A_n 在 K_2 中从 Γ 可证，并进一步称 A_1，$A_2, \cdots, A_n$ 是从集合 Γ 到 A_n 的证明。

关于谓词形式系统 K_2，我们猜想，它应该与 L_2 类似，也具有这样的性质：K_2 中的定理都是永真式，而且 K_2 中永真式也都是定理。这也是我们建立 K_2 的初衷，即将 K_1 中的有效推理转化为 K_2 中的定理。在给出这个结论之前，先给出 K_2 中关于从集合 Γ 可证的几个性质。

【命题 2.4.1】 设 A、B 为 K_2 中两个谓词公式，Γ 是 K_2 中若干谓词公式的集合，如果谓词公式 $A \to B$ 在 K_2 中从 Γ 可证，则 B 在 K_2 中从 $\Gamma \cup \{A\}$ 可证。

此性质的证明与 L_2 中命题 1.4.1 的证明完全一样。

■

【命题 2.4.2】 设 A、B 为 K_2 中两个谓词公式，Γ 是 K_2 中若干谓词公式的集合，如果 B 在 K_2 中从 $\Gamma \cup \{A\}$ 可证，并且从 $\Gamma \cup \{A\}$ 到 B 的证明过程中，并没有对 A 中自由的个体词变元使用推广规则，则 $A \to B$ 在 K_2 中从 Γ 可证。

命题 2.4.2 的证明不给出，这里对命题 2.4.2 说明一下。相较于命题 1.4.2，命题 2.4.2 在应用时增加了不能对 A 中自由的个体词变元使用推广规则的约束。确实，推广规则是从非永真蕴含式得到的，即 $A \to \forall x A$ 并非永真式，它只是说明当 A 在解释 I 下有真值且真值为 1 时，$\forall x A$ 在解释 I 下也有真值且真值为 1。当然，当 A 是闭合的谓词公式时，$A \to \forall x A$ 就是永真蕴含式了，此时，在应用命题 2.4.2 就不存在那个约束了。

【例 2.4.2】 对于谓词公式 A、B、C，证明：$A \to C$ 在 K_2 中从 $\{A \to B, B \to C\}$ 可证。

证明：将 $\{A \to B, B \to C\}$ 视为 Γ，则当我们证明了 C 从 $\Gamma \cup \{A\}$ 可证，并且从 $\Gamma \cup \{A\}$ 到 C 的证明过程中，并没有对 A 中自由的个体词变元使用推广规则，则根据命题 2.4.2，$A \to C$ 在 K_2 中从 Γ 可证。下面在 K_2 中证明 C 从 $\Gamma \cup \{A\}$ 可证。

(1) $A \to B$　　　　由 $\Gamma \cup \{A\}$ 的构成得出

(2) A　　　　由 $\Gamma \cup \{A\}$ 的构成得出

(3) B 对(1)和(2)应用假言推理规则得出

(4) $B\to C$ 由 $\Gamma\cup\{A\}$ 的构成得出

(5) C 对(3)和(4)应用假言推理规则得出

可见,C 从 $\Gamma\cup\{A\}$ 可证,并且在证明过程中并没有用到推广规则,所以 $A\to C$ 从 Γ 可证。命题得证。

■

从例 2.4.2 中,我们又一次看到了两种层次的证明:一个是例题的证明,是关于形式系统 K_2 的证明;另一个是例题在证明过程中所提到的在形式系统 K_2 内部的证明。

另外,可以看出,例 2.4.2 的结论就是 L_1 和 K_1 中由假言三段论,即重言蕴含式 $(A\to B)\wedge(B\to C)\Rightarrow(A\to C)$ 所得到的推理规则。

我们知道,公理(6)的永真蕴含式是来源于 2.2 节中关于任意量词的永真等价式的一个方向,现在我们来应用命题 2.4.2 证明另一个方向的蕴含式是 K_2 中的一个定理,进而也是永真蕴含式。

【例 2.4.3】 证明:公理(6)蕴含式的反向 $(A\to\forall xB)\to(\forall x(A\to B))$,其中 A 不包含自由的个体词变元 x,是 K_2 中的定理。

证明:将 $A\to\forall xB$ 视为 Γ,下面证明 $\forall x(A\to B)$ 在 K_2 中从 Γ 可证。

(1) $A\to\forall xB$ 由 Γ 的构成得出

(2) $\forall xB\to B$ 根据 x 是否在 B 中自由,应用公理(4)或公理(5)得出

(3) $A\to B$ 对(1)和(2)应用例 2.4.2 中结果的代入实例得出

(4) $\forall x(A\to B)$ 对(3)应该推广规则得出

因此,$\forall x(A\to B)$ 在 K_2 中从 Γ 可证。在证明中,虽然应用了推广规则,然而,由于 A 不包含自由的个体词变元 x,所以依然可以应用命题 2.4.2,得出 $(A\to\forall xB)\to(\forall x(A\to B))$ 从空集可证,即其是 K_2 中的定理。

■

以下两个命题是关于谓词形式系统 K_2 最重要的性质:

【命题 2.4.3】 谓词形式系统 K_2 中的每一个定理都是永真式。

证明:设命题公式 A 为 K_2 中的一个定理,因而存在 A 在 K_2 中的一个证明:A_1,A_2,…,A_n,n 为自然数。我们还是考虑对自然数 n 运用第二数学归纳法进行证明。

对于定理 A,当其证明中的命题序列数 $n=1$ 时,那么,A 一定是 K_2 中的公理,由于公理中都是永真式,所以当 $n=1$ 时,定理 A 是永真式。

现在做归纳假设:对于定理 A,当其证明中的命题序列数 $n<m$ 时,其为永真式。现在需要证明,对于定理 A,当证明中的命题序列数 $n=m$ 时,A 还是一个永真式。对于定理 A 的证明,其最后一步 A_n 为 A,其得出要么是来自公理,要么是运用假言推理规则和推广规则得出的。如果 A 来自公理,自然也就是永真式了;如果 A 来自假言推理规则,则其前两步 A_{n-1} 和 A_{n-2} 必然是 $B\to A$ 和 B 的。注意,定理 A 证明中的序列 A_1,A_2,…,A_{n-1} 也都是定理,所以 $B\to A$ 和 B 也都是定理。由于 $B\to A$ 和 B 的证明序列数为 $n-1$ 和 $n-2$,依照归纳假设,它们也都是永真式。也就是说,对于任意的解释 I,$B\to A$ 和 B 均为真,而 $(B\wedge(B\to A))\to A$ 是重言蕴含式,即对于任意的解释 I,$(B\wedge(B\to A))\to A$ 必为真,所以可得对于任意的解释 I,A 也为真,即 A 是永真式。如果 A 来源于推广规则,设前一步为 C,根据

假设其是永真式，则 A 就是 $\forall xC$。对于 C 和 $\forall xC$，我们知道，C 在解释 I 下为真，当且仅当 $\forall xC$ 在解释 I 为真。现在 C 为永真式，即 C 在任意解释 I 下均为真，则 $\forall xC$ 在任意解释 I 下也均为真，因而，$\forall xC$ 是永真式。综上所述，无论证明 A 的过程中出现的是哪一种情况，都会有 A 为永真式。

根据第二数学归纳法，就可以得出对于证明中的命题序列数为任意自然数 n 的定理 A，其还是重言式。命题得证。

■

【命题 2.4.4】 形式系统 K_2 中每一个永真式都是定理。

此性质的证明不给出。

根据命题 2.4.3 和命题 2.4.4，形式系统 K_2 中的谓词公式 A 为定理，当且仅当 A 为 K_2 中的永真式。也就是说，所有能在形式系统 K_2 中证明出的公式，恰恰就是那些永远为真的永真式。

类似于形式系统 L_1 和 L_2 的关系，在 K_1 中的推理有效都可以转化为一个永真蕴含式，因而也就对应于 K_2 的某个定理。所以 K_2 的定理也就是 K_1 中所有可能的有效推理了。

为了对形式系统 K_2 整体上有更加深入的了解，引入如下定义。

【定义 2.4.6】 在 K_2 的基础之上，通过在其公理集 L_{AX} 中增加一些谓词公式作为公理，其他部分不变，这样得到的形式系统 $\widetilde{K}_2$ 称为 K_2 的扩张。

根据定义 2.4.6，显然，K_2 中的定理一定还会是 $\widetilde{K}_2$ 中的定理。类似于命题 1.4.5，有如下性质。

【命题 2.4.5】 如果 $\widetilde{K}_2$ 相对于 K_2 有新的定理，即该定理是 $\widetilde{K}_2$ 的定理但不是 K_2 的定理，则 $\widetilde{K}_2$ 的公理集中一定添加了不是 K_2 中定理的命题公式；反之亦然。

该性质的证明方法类似于命题 1.4.5 的证明。

把 K_2 的定理加入 K_2 公理中，对于形式系统 K_2 而言没有实质性的改变，所以，K_2 本身也可以看作 K_2 的扩张。

【定义 2.4.7】 K_2 的扩张 $\widetilde{K}_2$ 称为是无矛盾的，如果对于任意的谓词公式 A，不存在 A 和 $\neg A$ 都是 $\widetilde{K}_2$ 的定理。

形式系统 K_2 是无矛盾的，因为如果 K_2 是有矛盾的，则存在 A 和 $\neg A$ 都是 $\widetilde{K}_2$ 的定理，根据命题 2.4.4，A 和 $\neg A$ 都是永真式，也就是说，对于任意的解释 I，A 和 $\neg A$ 都为真，而这是不可能的。

【定义 2.4.8】 K_2 的扩张 $\widetilde{K}_2$ 称为是完备的(complete)，如果对于任意封闭的谓词公式 A，满足 A 或者 $\neg A$ 是 $\widetilde{K}_2$ 的定理。

形式系统 K_2 是不完备的。比如，谓词公式 $\forall xF(x)$ 及其否定式 $\neg\forall xF(x)$，它们都不是永真式，因而也就不是 K_2 中的定理。需要注意的是，不同于命题形式系统 L_2，K_2 中完备性是对封闭的谓词公式而言的，因为在 K_2 中，封闭的谓词公式在任何解释下都会有真值，而非封闭的谓词公式，其真值可能依赖于具体的解释。

【命题 2.4.6】 对于 K_2 的无矛盾扩张 $\widetilde{K}_2$，如果 A 不是 $\widetilde{K}_2$ 的定理，且 A 是封闭的谓词公式；则将 $\neg A$ 作为新的公理加入 $\widetilde{K}_2$ 之后，所得到的新的扩张 $\widetilde{\widetilde{K}}_2$ 还是无矛盾的。

证明：采用反证法。假设 $\widetilde{\widetilde{K}}_2$ 不是无矛盾的，则存在谓词公式 B，有 B 和 $\neg B$ 都是 $\widetilde{\widetilde{K}}_2$ 中的定理，采用命题 1.4.6 证明中的方法，可以得到：$\widetilde{\widetilde{K}}_2$ 中的任意一个谓词公式都是定理，即 A 也是 $\widetilde{\widetilde{K}}_2$ 的定理。设 $\widetilde{K}_2$ 比 K_2 所增加的公理之集合记为 Γ，则 $\widetilde{\widetilde{K}}_2$ 比 K_2 所增加的公理之集合则为 $\Gamma\cup\{\neg A\}$。A 是 $\widetilde{\widetilde{K}}_2$ 的定理，也就是说 A 在 K_2 中从 $\Gamma\cup\{\neg A\}$ 可证，或者 A 在 $\widetilde{K}_2$ 中从 $\{\neg A\}$ 可证。又因为 A 是封闭的谓词公式，所以 $\neg A$ 也是封闭的公式，进而 A 在 K_2 中从 $\Gamma\cup\{\neg A\}$ 的证明过程并不会对 $\neg A$ 用到推广规则。进而根据命题 2.4.2，则 $\neg A\to A$ 在 K_2 中从 Γ 可证，这说明 $\neg A\to A$ 是 $\widetilde{K}_2$ 的定理。由于 $(\neg A\to A)\to A$ 为重言蕴含式，即其是 K_2 中定理，自然也是 $\widetilde{K}_2$ 的定理。那么，对 $\widetilde{K}_2$ 的定理 $\neg A\to A$ 和 $(\neg A\to A)\to A$ 应用假言推理规则，可得 A 是 $\widetilde{K}_2$ 的定理，这与题设矛盾，所以 $\widetilde{\widetilde{K}}_2$ 是无矛盾的。命题得证。

■

相对于命题形式系统，谓词形式系统 K_2 是一个基本的逻辑框架，数学中的许多分支都可以在此框架上，通过增加相应的"数学公理"，形成 K_2 的扩张，并在系统内部进行推理证明，包括我们将要讨论的公理化集合形式系统。所以，关于形式系统 K_2 性质的研究，具有基本的重要性。

命题 2.4.4 是本章最重要的性质。它指出：我们采用逻辑方法所能证明的就是那些永远为真的永真式。这个重要的结论最早是由德国逻辑学家、数学家哥德尔（K. Gödel）在 1930 年给出的。

习题

1. 判断下面的谓词公式中，哪些变量是自由的，哪些变量是受约束的。

(1) $\forall x(F(x,y)\to G(x,z))$；

(2) $\exists x(F(y)\wedge G(x)\to H(x,y))$；

(3) $\forall x\exists y(F(x,y)\to G(y,x))$；

(4) $\forall x\forall y(F(x,y)\to f(y,x))\to\exists yG(y)$；

(5) $\forall xF(x,y)\to\exists y(G(x)\to H(y))$；

(6) $\forall x(F(x)\wedge(\forall y(G(y)\to H(x,y))))$；

(7) $\exists y(G(y,z)\leftrightarrow\forall x(F(x)\to G(x,y)))$。

2. 指出下面谓词公式中的指导变元和量词的辖域。

(1) $\forall x(F(y)\to G(z))$；

(2) $\exists x\exists y(F(y,x)\to(G(x)\wedge H(y)))$；

(3) $\forall x(F(x)\to\exists y(G(y)\wedge H(x,y)))$；

(4) $\forall xF(x,y)\to\exists yG(y,x)$。

3. 考虑如下解释：论域为整数域，谓词 $F(x,y)$ 为 $x=y$，谓词 $G(x,y)$ 为 $x>y$，判断下面各个谓词公式的真值是否存在，如果存在，指出其真值。

(1) $\forall x \exists y(G(x,y)\leftrightarrow \neg F(x,y))$；

(2) $\forall x \exists y(\neg F(x,y)\rightarrow G(x,z))$；

(3) $\forall x \exists y(F(x,y)\rightarrow G(y,x))$；

(4) $\forall x \forall y(F(x,y)\rightarrow G(y,x))\rightarrow \exists yF(y,z)$。

4. 考虑如下解释：论域为欧几里得空间中的自由向量，谓词 $F(x,y)$ 为 $x=y$，谓词 $G(x,y)$ 为 x,y 共线，谓词 $H(x,y)$ 为 x,y 的长度相同，判断下面各个谓词公式的真值是否存在，如果存在，指出其真值。

(1) $\forall x \forall y(F(x,y)\rightarrow H(x,y))$；

(2) $\forall x \exists y(G(x,y)\rightarrow H(x,z))$；

(3) $\forall x \forall y(\neg F(x,y)\rightarrow \neg G(y,x)\vee \neg H(x,y))$；

(4) $\forall x \forall y(F(x,y)\rightarrow G(y,x)\wedge H(y,x))$。

5. 在谓词逻辑形式系统 K_2 中，给出谓词公式 $\forall x(F(x)\rightarrow F(x))$ 的一个证明。

6. 在谓词逻辑形式系统 K_2 中，给出谓词公式 $\forall x(A\rightarrow B)\rightarrow(\exists xA\rightarrow \exists xB)$ 的一个证明。

第 3 章 集合论初步

CHAPTER 3

第 2 章中引入了谓词逻辑形式系统 K_2，并指出 K_2 中的定理是逻辑上的定理。由于这些定理都是永真式，所以它们不依赖于具体的解释，当然也就不与具体的数学领域相关了。从这一章开始，介绍可以用谓词逻辑形式系统进行描述的公理集合论。本章介绍公理集合论的前 5 个公理，这 5 个公理所对应的初级形式是高中集合论中所接触的，这里无非使用形式化的公理描述，使得整体上更加严格一些罢了。在开始介绍之前，首先引入与数学领域相关的一般化的数学形式系统。

3.1 数学形式系统

第 2 章介绍了谓词逻辑形式系统 K_2，然而，该形式系统不是与数学领域相关的形式系统，因为它是纯粹"逻辑意义上"的形式系统，它的公理和定理也都是逻辑意义上的公理和定理。它可以看作是一个采用谓词逻辑进行推理证明的"框架"或者"平台"。即使对形式系统 K_2 赋予数学上的解释，形式系统中的定理在此数学解释下虽然有了数学上的含义，然而其为真的本质还是来源于该定理本身所具有的逻辑样式，而非数学解释本身。因为，这些定理是永真的，它们的真值不依赖于具体解释，所以，当然也就不是来源于数学知识本身了。换句话说，即使不采用数学意义上的解释，这些定理也会在其他解释下为真。举个简单的例子。比如，考虑形式系统 K_2 中的一个谓词公式

$$\forall x(F(x) \rightarrow F(x))$$

它是一个永真式。如果解释 I 中论域为整数集，$F(x)$表示"x 可以被 4 整除"，则该谓词公式也就有了数学含义"对于任意的整数 x，如果 x 可以被 4 整除，则 x 可以被 4 整除"。这当然是一个真值为真的数学命题，其为真是由于其逻辑本身导致的，所以在数学上也不会有什么意义和价值。如果对该谓词公式赋予其他的解释，它的真值一定还是为真的。

我们考虑另一个谓词公式

$$\forall x(F(x) \rightarrow G(x))$$

考虑解释 I 中论域依然为整数集，$F(x)$依然表示"x 可以被 4 整除"，$G(x)$表示"x 可以被 2 整除"，则该谓词公式在解释 I 下的数学含义为"对于任意的整数 x，如果 x 可以被 4 整除，则 x 可以被 2 整除"。这当然也是一个真值为真的数学命题，然而，这次的命题为真除了含有"任意""如果……，则……"这样的逻辑样式外，还因为谓词 F、G 在解释下所具有的数学含义。当然，这个谓词公式也不是永真式，所以其真值依赖于所赋予的解释。比如，把谓词

F、G 的解释互换之后，这个谓词公式在解释下的命题就是一个假的命题了。

既然作为逻辑上的"框架"或者"平台"的谓词逻辑形式系统 K_2 本身没有数学意义上的价值，那我们就在这个平台上加入一些具有数学意义的谓词公式作为公理集。我们把这种加入了数学意义的形式系统 K_2 的扩张称为数学形式系统(mathematical formal system)。由于这种数学意义上的扩张加入的公理不是永真式，而是在某一数学领域内为真的谓词公式，因而，这些公理可能在其他的数学领域内为假。换句话说，这些谓词公式的真假依赖于所赋予它们的数学意义上的解释，在不同数学含义上的解释，其真值可能不同。

当然，我们在数学中使用形式系统的概念是为了对数学中的推理证明进行整体上的分析，以获得关于数学中推理证明的一般性结论，比如，无矛盾性、完备性。这种情况主要发生在涉及数学中相对基础的部分，比如算术、集合论。因为在涉及数学相对基础的部分时，我们所关注的是：数学是在哪些公理基础之上，并以何种方式建立起来。需要指出，数学内部知识的分析发现过程中，还是采用我们一直以来所采取的自然语言的方式进行，以求简练和便于理解。我们在用自然语言进行推理证明时，会无意识地遵循和使用逻辑规则，并且这些逻辑规则与形式逻辑的规则是相一致的。

现在，我们把目光聚焦在数学形式系统上，也就是在"逻辑平台"K_2 上，增加了数学意义上的公理。在数学领域中，两个数学对象的同一是一个非常重要的基本概念，它是由相等关系来定义的。相等关系形式化之后是一个二元谓词，比如，自然语言中的"$a=b$"，形式化为 $E(a,b)$，其中的谓词 E 是使用了英文 Equality 的第一个字母。我们希望可以把自然语言中涉及相等概念的真命题，在形式化之后可以成为数学形式系统中的定理。比如命题"对于任意的数学对象 x,y，如果 $x=y$，则有 $y=x$"，其形式化之后的谓词公式表示为 $\forall x \forall y (E(x,y) \to E(y,x))$。由于这些真命题是在相等这个解释的基础上才为真，它们所对应的形式化之后谓词公式并不是形式系统 K_2 的定理，所以需要加入关于相等的公理之后才能证明出它们。在对 K_2 增加关于相等的形式化公理之前，我们先分析相等所具有的最基本性质，当然是用自然语言所描述的关于相等的直觉上的最基本事实。关于相等，它有如下最基本事实：

(1) 对于任意的数学对象 x，有 $x=x$；

(2) 对于任意的数学对象 x、y，如果 $x=y$，则有 $y=x$；

(3) 对于任意的数学对象 x、y、z，如果 $x=y$ 并且 $y=z$，则有 $x=z$；

(4) 对于任意的数学对象 x、y，如果 $x=y$，则对于任意的函数 f，有 $f(x)=f(y)$，对于任意的性质 $P(\cdot)$，有 $P(x)$和 $P(y)$的真值相同。

其中，前 3 条是关于对象相等的直接属性，第 4 条则说明了对象相等具有对任意函数和任意性质的可替换性。

对于上面的 4 条最基本事实，将(1)和(4)的形式化结果作为公理添加到形式系统 K_2 的公理集中，称它们为"等词公理"。

(1) $E(x,x)$；

(2) $E(t_k,s) \to E(f(t_1,\cdots,t_k,\cdots,t_n),f(t_1,\cdots,s,\cdots,t_n))$；

(3) $E(t_k,s) \to (F(t_1,\cdots,t_k,\cdots,t_n) \to F(t_1,\cdots,s,\cdots,t_n))$。

其中，$t_1,t_2,\cdots,t_n,s$ 是 K_2 中任意的项；f 是 K_2 中任意的 n 元函数；F 是 K_2 中任意的 n 元谓词。

可以看出，等词公理中的第1条对应于相等最基本事实中的(1)；等词公理中的第2、3条对应于相等最基本事实中的(4)，只是将其中的一元函数 f 扩展为 n 元函数，将性质 $P(\cdot)$ 用 n 元谓词 F 表示。

对于相等最基本事实中的(2)、(3)，它们形式化之后的结果分别为

$$\forall x \forall y(E(x,y) \rightarrow E(y,x)) \tag{3.1.1}$$

$$\forall x \forall y \forall z(E(x,y) \rightarrow (E(y,z) \rightarrow E(x,z))) \tag{3.1.2}$$

注意：如果可以使用连接词∧，最基本事实(3)的形式化结果为

$$\forall x \forall y \forall z((E(x,y) \wedge E(y,z)) \rightarrow E(x,z)) \tag{3.1.3}$$

然而，由于形式系统 K_2 中的连接词只有¬、→，所以，利用命题逻辑中的重言等价式

$$p \wedge q \rightarrow r \Leftrightarrow p \rightarrow (q \rightarrow r)$$

易知，式(3.1.3)与式(3.1.2)是等价的。

下面以例题的形式给出式(3.1.1)与式(3.1.2)在形式系统 K_2 中的证明。

【例3.1.1】 在形式系统 K_2 中证明式(3.1.1)和式(3.1.2)。

解：对于式(3.1.1)，有如下证明：

(1) $E(x,y)\rightarrow(E(x,x)\rightarrow E(y,x))$ 应用等词公理(3)

(2) $(E(x,y)\rightarrow(E(x,x)\rightarrow E(y,x)))\rightarrow$
$((E(x,y)\rightarrow E(x,x))\rightarrow(E(x,y)\rightarrow E(y,x)))$ 应用 K_2 中公理(2)

(3) $((E(x,y)\rightarrow E(x,x))\rightarrow(E(x,y)\rightarrow E(y,x)))$ 对(1)和(3)应用假言推理规则

(4) $E(x,x)$ 应用等词公理(1)

(5) $E(x,x)\rightarrow(E(x,y)\rightarrow E(x,x))$ 应用 K_2 中公理(1)

(6) $E(x,y)\rightarrow E(x,x)$ 对(4)和(5)应用假言推理规则

(7) $E(x,y)\rightarrow E(y,x)$ 对(3)和(6)应用假言推理规则

(8) $\forall x\forall y(E(x,y)\rightarrow E(y,x))$ 对(7)应用两次推广规则

对于式(3.1.2)，有如下证明：

(1) $E(y,x)\rightarrow(E(y,z)\rightarrow E(x,z))$ 应用等词公理(3)

(2) $E(x,y)\rightarrow E(y,x)$ 应用刚刚证明过的式(3.1.1)的结果

(3) $E(x,y)\rightarrow(E(y,z)\rightarrow E(x,z))$ 对(4)和(5)应用例2.4.2中结果的代入实例

(4) $\forall x\forall y\forall z(E(x,y)\rightarrow(E(y,z)\rightarrow E(x,z)))$ 对(3)应用三次推广规则

■

在形式系统 K_2 中证明式(3.1.1)和式(3.1.2)，相当于使用自然语言，利用相等最基本事实中的(1)和(4)去证明(2)和(3)，很容易得出具体的证明过程如下。

对于最基本事实(2)：已知 $x=y$；此时，将最基本事实(1)中的 $x=x$ 看作关于 x 的命题 $P(x)$，其中 $P(\cdot)$ 表示"……等于 x"；然后利用最基本事实(4)，$P(y)$ 也成立，即"y 等于 x"也成立，也就是 $y=x$；再由 x，y 的任意性，可得最基本事实(2)成立。

对于最基本事实(3)：已知 $x=y$ 并且 $y=z$；根据已得出的最基本事实(2)的结果，有 $y=x$；此时，将 $y=z$ 看作关于 y 的命题 $P(y)$，即 $P(\cdot)$ 表示"……等于 z"；由于 $y=x$，因而利用最基本事实(4)，$P(x)$ 也成立，即"x 等于 z"也成立，也就是 $x=z$；再由 x、y、z 的任意性，可得最基本事实(3)成立。

如果读者将例3.1.1中形式化证明中把 E 解释为相等的话，再对比使用自然语言去证

明(2)和(3)的过程,就会发现:它们的实质是完全相同的。可以看出,使用自然语言进行证明要比形式化证明简单,且容易理解。我们需要清楚:采用形式系统的概念并非是为了人们在系统内对某个命题进行证明,而是为了从整体上研究推理证明。在数学的发展历史上,集合论建立之后,人们起初认为已经在数学中建立了"绝对的"基础和真理。然而,后来出现的关于集合理论的悖论,使人们思索如何避免悖论的发生,而这又涉及形式系统的无矛盾性、完备性等这些整体上的概念。使用形式系统的概念,可以把某个领域的数学知识是建立在何种基础之上以及采用何种方法进行推理证明,清晰明白地表现出来,进而才可以分析这个数学领域中是否有悖论以及是否有无法判断真假的命题。当然,形式化的证明虽然烦琐,然而却适合计算机来完成,所以出现了关于机器证明数学定理、人工智能中的机器推理等方面的研究工作。

细心的读者或许会发现,前面关于等词的三条公理都不是封闭的谓词公式,而根据命题 2.4.8,应该加入不是定理的封闭的谓词公式作为新的公理,才可以得到形式系统 K_2 的无矛盾扩张。事实上,根据推广规则,多次利用该规则,即可得到这些谓词公式所对应的封闭形式,这在例 3.1.1 的证明中也可以看出。之所以没有采用等词公理封闭的形式,是为了表示含义时更加清楚明了,也为了证明时使用起来更加方便。

【定义 3.1.1】 将包含等词公理的 K_2 的扩张称为含等词的数学形式系统。

以后我们谈到数学形式系统,默认是这种含等词的数学形式系统。

3.2 外延公理

有了前面关于形式逻辑的一些基础知识,现在开始集合论的介绍。我们所介绍的集合论是一种公理化的集合理论(axiomatic set theory),它是含等词的数学形式系统,也就是说它在逻辑公理、等词公理的基础上再添加了若干条新的公理。当然,所添加的新的公理是来源于集合的事实和性质的形式化。我们把这种关于集合的数学形式系统称为集合理论形式系统(formal system of set theory)。

我们所介绍的集合理论形式系统是一个简称为 ZF 的形式系统,"ZF"是由德国数学家策梅洛(E. Zermelo)和以色列数学家弗兰克尔(A. A. Fraenkel)两人姓氏的首字母命名的,因为他们对 ZF 的建立和完善做出了重大贡献。作为一个集合理论形式系统,ZF 中的公理描述起来相对简单明了,现已被数学界接受,是迄今为止最常用的集合理论形式系统。

在 ZF 的字母表中,没有个体词常元,没有函数词,谓词仅有两个:除了等词 E 之外,还有一个谓词 F。所以,在 ZF 中,项的形式只有个体词变元一种,进而原子谓词公式只有 $E(x,y)$ 和 $F(x,y)$ 这两种。对于 ZF,存在"标准的"解释:论域解释为"所有集合之全体",称为"集合宇宙"(universe of sets);谓词 E 解释为"等于",谓词 F 解释为"属于"。我们用符号 $=$ 和 $\in$ 分别表示等于和属于,因而,原子谓词公式 $E(x,y)$ 和 $F(x,y)$ 就可以表示为 $x=y$ 和 $x\in y$。进而,对于 $\neg E(x,y)$ 和 $\neg F(x,y)$ 表示为 $x\neq y$ 和 $x\notin y$。

作为 K_2 的扩张,ZF 的字母表中没有使用符号 $\exists$、$\wedge$、$\vee$、$\leftrightarrow$,然而,使用这些符号可以避免仅使用 $\forall$、$\rightarrow$ 所带来的谓词公式的冗长,而且也会使逻辑含义更加清晰,所以,ZF 的谓词公式中,也会使用这些符号。当然,这些符号的使用并不是对 ZF 的字母表添加了新符号,而是由 ZF 的字母表中的 $\forall$、$\rightarrow$"定义"出来的,或者可以理解为是某种关于 $\forall$、$\rightarrow$ 的简写。比如，$\exists xA$ 理解为 $\neg\forall x(\neg A)$，$A\vee B$ 理解为 $\neg A\to B$，$A\wedge B$ 理解为 $\neg(A\to\neg B)$，$A\leftrightarrow B$ 理解为 $\neg((A\to B)\to\neg(B\to A))$，其中 A、B 表示 K_2 中任意的谓词公式。

对于 ZF 中的公理，除了采用形式化的谓词公式表示外，还会给出其在标准解释下的自然语言描述。对于由公理所得出的定理及其证明，只给出它们在标准解释下的自然语言描述。

在 ZF 中，个体词变元也就是英文小写字母 $x,y,z,\cdots$，在标准解释下当然是集合，而且集合在 ZF 内只能采用字母表中的个体词变元表示。然而，当我们用自然语言描述标准解释下的定理及其证明时，尽管大多数时候也采用英文小写字母表示集合，然而，有时为了更方便地表示特定的含义，也采用英文大写字母或者大写花体字母表示集合。

对于任何解释，其中的论域默认都是非空的，否则形式系统在该解释下就没有任何意义。为了突出 ZF 标准解释中的论域是非空的，有如下公理：

ZF0 存在公理：$\exists x(x=x)$

这条公理在标准解释下的意思是：存在一个集合。事实上，存在公理可以从等词公理(1)，即 $x=x$，以形式化的方式证明得出，也就是说，它事实上是一个定理。把它单独列成一条公理就是为了强调集合宇宙中至少存在一个对象。

下面给出两个集合相等的含义。直观上，集合仅由其元素决定，所以，集合的相等也应该仅由其元素来决定。

ZF1 外延公理(axiom of extensionality)：$\forall z(z\in x\leftrightarrow z\in y)\to(x=y)$

这条公理在标准解释下的意思是：对于任意的集合 x、y，如果集合 x 的所有元素也是集合 y 的元素，并且集合 y 的所有元素也是集合 x 的元素，那么，集合 x 等于集合 y。

注意：如果 $x=y$，那么 $z\in x$ 和 $z\in y$ 就是一回事，即 $z\in x\leftrightarrow z\in y$，因而就有

$$(x=y)\to\forall z(z\in x\leftrightarrow z\in y) \tag{3.2.1}$$

联立上式和 ZF1，可以将 ZF1 写为

$$\forall z(z\in x\leftrightarrow z\in y)\leftrightarrow(x=y) \tag{3.2.2}$$

再次指出，我们是采用标准解释下的自然语言得到式(3.2.1)的。当然，也可以采用形式化语言，在 ZF 的内部一步步得到式(3.2.1)的证明，只是这样做会非常烦琐，反而会把本质的东西变模糊，因而我们不打算给出形式化的证明，但是给出一个大致思路：利用等词公理(3)，得到

$$x=y\to(z\in x\to z\in y) \tag{3.2.3}$$

$$y=x\to(z\in y\to z\in x) \tag{3.2.4}$$

利用式(3.1.1)的结果，有

$$(x=y)\to(y=x) \tag{3.2.5}$$

对式(3.2.4)和式(3.2.5)应用假言推理规则可得

$$x=y\to(z\in y\to z\in x) \tag{3.2.6}$$

联立式(3.2.3)和式(3.2.6)可得

$$x=y\to(z\in y\leftrightarrow z\in x) \tag{3.2.7}$$

对上式中个体词变元 z 应用推广规则，并利用逻辑公理中(6)，可得式(3.2.1)。

类似于等词公理，外延公理也没有采用封闭的形式写出，也是为了理解和使用上的方便。外延公理实质上是定义了两个集合的相等，即只要这两个集合所含有的元素相同，它们

就是同一个对象——集合，而与其他因素无关。通过外延公理，我们可以用谓词∈来表示谓词=，从这个角度看，ZF 仅使用一个谓词∈即可完成所有谓词公式的表达。

采用形式系统的方法，确实可以清楚明白地显示出关于集合的命题到底是基于哪几条公理得出的。读者也不用对“在标准解释下，ZF 中的每一个定理都可以在 ZF 内部由公理出发得到它们的形式化证明”产生任何的怀疑。然而，为了便于理解，我们仅给出这些定理在标准解释下采用自然语言所表述的非形式化证明。细心的读者或许会有这样的疑问：既然 ZF 中的定理都可以由公理出发得到它们的形式化证明，也就是说，无论对 ZF 中的定理及它们的证明做何种解释，都不影响定理和证明本身，这不就意味着我们可以对 ZF 中的定理及其证明做任意的解释吗？没错，我们确实可以对 ZF 做任意的解释，除了形式系统中 6 条逻辑公理是永真的，其真值与解释没有关系外，只要保证 3 条等词公理以及即将新添加的关于集合的公理在该解释下的真值为真，即可使得 ZF 中的定理在该解释下皆为真。与以往我们反复强调的一样，我们建立形式系统（包括 ZF）的初衷，是为了从整体上对某一数学领域（包括集合理论）讨论无矛盾性和完备性。在集合理论的初期，集合论是以朴素集合论（naive set theory）的形式产生的，随后出现的关于集合的悖论迫使人们重新思考集合理论的建立方法，并由此产生了 ZF。ZF 除了可以避免已知的关于集合的悖论，还可以对一些关于集合重要命题的研究起到推动作用，比如著名的选择公理（axiom of choice）和连续统假设（continuum hypothesis）。在形式系统内部进行纯粹的形式化推导证明没有任何实际意义，只有与一定的解释相结合才会使得形式系统具体化，也就是与具体的数学领域相结合，才可以焕发出强大的生命力。对 ZF 做关于集合的解释是一种标准的解释，这种解释是建立 ZF 的源头，所以，我们当然选择这种标准的解释。在这种解释下，ZF 中的每一个谓词公式都可以解释为关于集合的一个表述，特别地，每一条公理和定理在该解释下都是真的。对于非标准的解释，也具有一定的意义，由于它们涉及模型理论（model theory）和非标准分析（nonstandard analysis），所以不在本书的讨论范围。

3.3 分离公理

现代集合理论是由德国数学家康托（G. Cantor）建立的，其表述采用了非形式化的朴素方法。其中，在定义一个集合时，使用的是所谓的概括原理（comprehension principle）：若 $P(x)$ 表示关于 x 的一个性质，则 $\{x \mid P(x)\}$ 为一个集合。我们可以把 x 看作个体词变元，$P(x)$ 就表示含自由的个体词变元的谓词公式。如果 $P(x)$ 为 $x \notin x$，则按照概括原理，$\{x \mid P(x)\}$ 是一个集合，将其记为 a。那么，a 是否属于 a 呢？如果 a 属于 a，则 a 就应该具有 $P(x)$ 所表示的性质，所以 a 就不属于 a；如果 a 不属于 a，则 a 就满足 $P(x)$ 所表示的性质，就有 a 属于集合 a。可以看出，无论 a 是否属于 a，都会导致矛盾的结果。这个悖论就是著名的罗素悖论（Russell's paradox），由于其在表述上简单明了，在当时引起了整个数学界的震动，因为当时人们认为整个数学可以牢固地建立在集合理论的基础之上。

上述悖论的出现促进了集合理论的形式化发展。为了解决罗素悖论，我们应该弱化概括原理，这就引出了下一条公理——分离公理。

ZF2 分离公理（axiom schema of separation）：$\exists y \forall z (z \in y \leftrightarrow z \in x \land A(z))$，其中 $A(z)$ 表示不含个体词 y 的谓词公式。

公理中之所以采用了 $A(z)$ 而非 A 这种写法，是为了突出个体词变元 z，说明我们当前对 z 感兴趣，并不表示 z 在 A 中一定是自由的，虽然在大多数情况下 z 在 A 中是自由的。分离公理的意思是，给定一个集合 x 以及一个性质 $A(z)$，就可以肯定一个集合 y 的存在，或者等价地，集合 y 是存在的，其元素是集合 x 中满足性质 $A(z)$，或者等价地，使得谓词公式 $A(z)$ 为真的那些元素 z。也就是说，要想确定一个集合 y 的存在，首先必须有一个集合 x，然后利用性质 $A(z)$，从集合 x 中“分离出”符合性质 $A(z)$ 的元素，去构成集合 y。

我们还将由分离公理所确定的那个集合 y，按照通常的习惯写为 $y=\{z \mid z\in x \wedge A(z)\}$，这相当于引入新的符号“{”和“}”来表示一个对象的存在。可以看出，分离公理确实是概括原理的弱化形式，因为根据分离公理，虽然集合 y 也可以写成 $y=\{z \mid B(z)\}$ 的形式，其中 $B(z)$ 为 $z\in x \wedge A(z)$，然而 $B(z)$ 是包含 $z\in x$ 的谓词公式；如果 $B(z)$ 不含有 z 是属于某个集合的含义，那么，$\{z \mid B(z)\}$ 就不是一个集合。从而，罗素悖论中所出现的 $\{x \mid x\notin x\}$ 就不再是集合了，也就避免了悖论。需要指出，$B(z)$ 含有 z 是属于某个集合的含义是指：$B(z)$ 蕴含了 $z\in u$，其中 u 为某个集合，也就是 $B(z)\to(z\in u)$，在此条件下，对 $B(z)$ 和 $B(z)\to(z\in u)$ 应用假言推理规则可以得到 $z\in u$，进而再对 $B(z)$ 和 $z\in u$ 应用合取律即可得到 $B(z)\wedge z\in u$，这说明 $B(z)$ 和 $B(z)\wedge z\in u$ 是等价的，进而 $\{z \mid B(z)\}$ 就是集合了。

为了方便起见，我们定义 $x\subset y$ 是指 $\forall z(z\in x\to z\in y)$，这相当于定义了新的谓词 $\subset$，并称 $x\subset y$ 为 x 是 y 的子集(subset)。对于分离公理中的 $y=\{z \mid z\in x \wedge A(z)\}$，由于 $z\in y$ 蕴含了 $z\in x$，所以 y 是 x 的子集，因此分离公理有时也称为子集公理。为了方便，也把 y 写作 $y=\{z\in x \mid A(z)\}$。

分离公理中，在给定集合 x 的情况下，每给定一个谓词公式 $A(z)$ 就可以确定一个集合 y，所以 ZF2 是一个公理模式(axiom schema)，类似于谓词逻辑中一个重言式会有很多个代换实例的情形。

联合 ZF2 和 ZF1，还可以进一步得出：由 ZF2 所确定的集合 y 是唯一存在的。假设 $\tilde{y}$ 也是由 ZF2 确定的集合，即 $\tilde{y}=\{z \mid z\in x \wedge A(z)\}$，则有

$$\forall t(t\in y\leftrightarrow t\in \tilde{y})$$

再根据 ZF1 可得 $y=\tilde{y}$。

罗素悖论中的 $\{x \mid x\notin x\}$ 不是集合，那它是什么呢？虽然我们的论域是集合宇宙，也就是说讨论的对象都是集合，然而，为了后面讨论的方便，需要引入类(class)的概念。

【定义 3.3.1】 对于任意的谓词公式 $A(x)$，称对象 $\{x \mid A(x)\}$ 为类。

从该定义可以看出：集合一定是类，因为根据 ZF2，可以把集合 $\{z \mid z\in x \wedge A(z)\}$ 表示成 $\{z \mid B(z)\}$，其中谓词公式 $B(z)$ 为 $z\in x \wedge A(z)$；类的元素是集合，因为在类的定义中，其元素是满足性质 $A(x)$ 的个体词变元 x，当然也就是集合了。

对于不是集合的类，我们称之为“真类”(proper class)。可以看出，真类相对于集合而言，它们显得“太大”了，大到不能从某一个集合中分离出来。

我们知道，ZF 中的原子谓词公式只有 $x=x$ 和 $x\in x$ 两个，它们的否定式为 $x\neq x$ 和 $x\notin x$。根据 ZF 中的等词公理，$x=x$ 是为真的，$x\neq x$ 是为假的。因而，对于类 $\{x \mid x=x\}$ 而言，集合宇宙中的所有集合都使得 $x=x$ 为真，所以类 $\{x \mid x=x\}$ 就是集合宇宙，把它记为

$$\mathbf{V}=\{x \mid x=x\} \tag{3.3.1}$$

集合宇宙非常大，其是一个真类，不是集合。因为如果集合宇宙 $\mathbf{V}$ 是集合，那么根据

ZF2，就可以构造集合 $u=\{x\mid x\in \mathbf{V}\wedge x\notin x\}$，而这是不可能的，因为无论 $u\in u$ 还是 $u\notin u$，都会导致矛盾的产生。

对于类 $\{x\mid x\neq x\}$，由于 $x\neq x$ 一定为假，所以 $x\neq x\rightarrow x\in u$ 就一定为真，其中 u 为任意一个集合。u 的存在性可以由 ZF0 保证，也就是说 $x\neq x$ 蕴含了 $x\in u$，所以可以将 $\{x\mid x\neq x\}$ 写作 $\{x\mid x\in u\wedge x\neq x\}$。当然，上述说明也可以理解为：由于 $x\neq x$ 一定为假，所以 $x\neq x$ 就等价于 $x\in u\wedge x\neq x$，其中 u 为任意一个集合。不管哪种理解，类 $\{x\mid x\neq x\}$ 都可以写作 $\{x\mid x\in u\wedge x\neq x\}$，再根据 ZF2 可知，它为一个集合，称其为空集(empty set)，记为

$$\varnothing=\{x\mid x\neq x\} \tag{3.3.2}$$

结合 ZF1，可以得出空集 $\varnothing$ 是唯一的，因而才可以用符号 $\varnothing$ 表示空集。空集是不含任何元素的，因为如果空集含有任意的元素 x，就会具有性质 $x\neq x$，这是与等词公理矛盾的。由于空集不含任意元素，所以对任意的集合 y，$z\in\varnothing\rightarrow z\in y$ 一定为真，所以 $\varnothing\subset y$，即空集是任意集合的子集。事实上，对于空集 $\varnothing$ 的定义和性质，相信读者应该是很熟悉的，因为在高中时已经学习过了关于集合的基本知识，无非那里是以朴素集合论的视角进行介绍的，这里采用形式化公理的方法使得集合理论的介绍更加严谨。

关于 $x\in x$ 和 $x\notin x$，目前的公理还没有给出关于它们的任何信息，我们只是知道类 $\{x\mid x\notin x\}$ 不是一个集合，它是一个真类，称为罗素类(Russell class)；对于类 $\{x\mid x\in x\}$ 是集合还是真类，根据目前的 ZF0～ZF2 还不能确定。

再次强调，ZF 的论域是集合宇宙，即我们所考察的对象仅仅只有集合这一种对象，因而 ZF 中所有的谓词公式在标准解释下不会涉及任何其他对象，引入类这种对象是为了后面论述的方便。比如，当我们谈到集合宇宙时知道它是一个真类。

3.4 对集公理

在 ZF 中，所考察的对象只有集合，因而，集合的元素还是集合，集合元素的元素还是集合，直到碰到某个集合为空集为止。可以想象，空集 $\varnothing$ 是 ZF 的基础构成模块。然而，如何利用空集 $\varnothing$ 去构成集合，前面的公理并没有告诉我们，需要一些新的公理来完成这项工作。由于集合由元素构成，而元素也是集合，所以，首先想到的是，给定一个集合，比如空集 $\varnothing$，以它为元素的对象 $\{\varnothing\}$ 也应该是集合。这可以由如下的对集公理保证：

ZF3 对集公理(axiom of pairing)：$\exists y\forall z(z\in y\leftrightarrow(z=u\vee z=v))$

对集公理的意思是：存在集合 y，其元素是集合 u 和集合 v。直接根据 ZF3，可将 y 写作 $y=\{z\mid z=u\vee z=v\}$，再结合 ZF1 可知，这样以集合 u 和 v 为元素的集合是唯一的，因此可以用一个符号去表示集合 y，我们采用 $\{u,v\}$ 来表示这个集合 y。

现在我们来看看利用 ZF3 和目前仅有的一个具体的集合 $\varnothing$ 能构造出哪些集合。根据 ZF3，$\{\varnothing,\varnothing\}$ 是集合，再根据 ZF1，有 $\{\varnothing,\varnothing\}=\{\varnothing\}$；有了 $\{\varnothing\}$ 之后，根据 ZF3，可以进一步构造集合 $\{\varnothing,\{\varnothing\}\}$、$\{\{\varnothing\},\varnothing\}$ 和 $\{\{\varnothing\},\{\varnothing\}\}$，然后再根据 ZF1，可以得到 $\{\{\varnothing\},\{\varnothing\}\}=\{\{\varnothing\}\}$，$\{\{\varnothing\},\varnothing\}=\{\varnothing,\{\varnothing\}\}$，一直这样下去，可以构造许多新的集合。在上述构造新集合的过程中我们发现，集合 $\{u,v\}$ 和集合 $\{v,u\}$ 是相等的，这是由 ZF1 保证的；同时，ZF3 并没有说集合 u 和 v 不能相等，当它们 $u=v$ 时，根据 ZF1，$\{u,v\}=\{u\}$。我们将 $\{u\}$ 这样只有一个元素的集合称为单元集(singleton)。

由于$\{u,v\}=\{v,u\}$，所以集合$\{u,v\}$是无序对(unordered pair)。然而，我们希望通过集合 u 和 v 去构造一种带有次序的对象，这个新的对象除了含有 u 和 v 之外，还应该表示出 u 是该对象的第一个元素，v 是该对象的第二个元素。我们将该对象记为$\langle u,v\rangle$，希望它具有性质：$\langle u,v\rangle=\langle s,t\rangle$当且仅当 $u=s$ 并且 $v=t$。显然，如果$\langle u,v\rangle$具有了此性质，则当 $u\neq v$ 时，就有$\langle u,v\rangle\neq\langle v,u\rangle$，可见此时 u 和 v 就具有了次序。当然，对象$\langle u,v\rangle$得是一个集合。如果仅采用集合 u 和 v 去构造，而不需要别的集合时，可以采用如下的集合形式：

$$\langle u,v\rangle=\{\{u\},\{u,v\}\} \tag{3.4.1}$$

应用 ZF3，$\langle u,v\rangle$是由集合$\{u\}$和集合$\{u,v\}$两个元素构成的，所以$\langle u,v\rangle$是集合。下面我们来验证，式(3.4.1)确实具有我们所期望的性质：$\langle u,v\rangle=\langle s,t\rangle$，当且仅当 $u=s$ 并且 $v=t$。当 $u=s$ 并且 $v=t$ 时，根据式(3.4.1)的定义，显然$\langle u,v\rangle=\langle s,t\rangle$。反之，如果$\langle u,v\rangle=\langle s,t\rangle$，即$\{\{u\},\{u,v\}\}=\{\{s\},\{s,t\}\}$；如果 $u\neq v$，则$\{u,v\}$含有两个元素，进而一定有$\{u,v\}=\{s,t\}$，$s\neq t$，且$\{u\}=\{s\}$，这样就得到了 $u=s$ 并且 $v=t$ 了；如果 $u=v$，则$\{\{u\},\{u,v\}\}=\{\{u\}\}$为单元集，所以$\{\{s\},\{s,t\}\}$也一定为单元集，因而有 $s=t$，即$\{\{s\},\{s,t\}\}=\{\{s\}\}$，进而又有 $u=s$，所以，$u=v=s=t$。综上所述，无论哪种情况，总有 $u=s$ 并且 $v=t$。

我们把对象$\langle u,v\rangle$称为有序对(ordered pair)，并称 u 为有序对的第一元素，v 为有序对的第二元素。当 $u=v$ 时，有序对$\langle u,v\rangle=\langle u,u\rangle=\{\{u\}\}$为一个单元集。在有序对的基础上，我们还可以进一步地对多个集合，构造出由这些集合所形成的有序多元组(ordered n-tuples)：$\langle u,v,w\rangle=\langle\langle u,v\rangle,w\rangle$，$\langle u,v,w,s\rangle=\langle\langle u,v,w\rangle,s\rangle$，…。

3.5 并集公理

给定两个集合 x、y，我们可以利用 ZF3 得到集合$\{x,y\}$，这是将集合 x、y 作为整体去构造新的集合。由于 ZF 中只有集合一种对象，所以，集合 x、y 的元素还是集合。自然地，应该也可以利用集合 x、y 的元素而非 x、y 本身去构造新的集合，而这是由并集公理保证的。

ZF4 并集公理(axiom of union)：$\exists y\forall z(z\in y\leftrightarrow\exists u(u\in x\wedge z\in u))$

并集公理的意思是：对于集合 x，存在集合 y，其元素是集合 x 的元素的元素。直接根据 ZF4，可将 y 写作 $y=\{z\mid\exists u(u\in x\wedge z\in u)\}$，再根据 ZF1 可知，集合 y 是唯一的。我们引入符号$\bigcup x$ 来表示集合 y，即 $y=\bigcup x$，这相当于在 ZF 中引入了函数词“$\bigcup$”。将集合$\bigcup x$称为集合 x 的并集(union)。

应用对集公理，最多只能获得含有两个元素的集合，而应用并集公理，可以获得多于两个元素的集合。比如，$\bigcup\{\{\{\varnothing\},\varnothing\},\{\{\{\varnothing\}\}\}\}=\{\varnothing,\{\varnothing\},\{\{\varnothing\}\}\}$。

对于由 x 和 y 构成的集合$\{x,y\}$，如果对其应用 ZF4，可知$\bigcup\{x,y\}$是一个集合，而且该集合的元素是由集合 x 和 y 的元素构成。我们定义 $x\cup y=\bigcup\{x,y\}$，并称 $x\cup y$ 为“x 并 y”，此时，根据 ZF4 可得 $x\cup y=\{z\mid z\in x\vee z\in y\}$。可以看出，高中所学的两个集合的并运算可以从应用 ZF3 和 ZF4 中直接得到。类似地，也可以定义 $x\cup y\cup z=\bigcup\{x,y,z\}$等。有些读者可能会问：集合$\{x,y,z\}$怎么得到？对于$\{x,y,z\}$，可以通过应用 ZF3 和 ZF4 得到，即首先应用 ZF3 可以得到$\{x,y\}$和$\{z\}=\{z,z\}$，然后再次应用 ZF3 得到$\{\{x,y\},\{z\}\}$，进而应用 ZF4 得到$\bigcup\{\{x,y\},\{z\}\}=\{x,y,z\}$。可以看出，形式化的公理方法使得我们对

集合操作的每一步都很严谨，严格依赖于所给定的公理，虽然有时结果是简单直观的。

我们把 $x \cup y$ 看作关于集合 x 和 y 的一种"运算"。下面给出"交运算"和"差运算"的定义。

对于集合 x，如果 $x \neq \varnothing$，称集合 x 为非空集。对于非空集 x，我们定义

$$\bigcap x = \{z \mid \forall u(u \in x \rightarrow z \in u)\} \tag{3.5.1}$$

注意：在给定集合 x 的情况下，谓词公式 $\forall u(u \in x \rightarrow z \in u)$ 中只有个体词变元 z 是自由的，即谓词公式 $\forall u(u \in x \rightarrow z \in u)$ 可以看作关于个体词变元 z 的性质 $A(z)$。根据上式，首先 $\bigcap x$ 是一个类；其次，我们说 $\bigcap x$ 还是一个集合。因为 $x \neq \varnothing$，所以 $u_1 \in x$ 为真；而 $\forall u(u \in x \rightarrow z \in u)$ 为真，蕴含了 $u_1 \in x \rightarrow z \in u_1$ 为真，再利用假言推理规则可得 $z \in u_1$ 为真，也就是说，$\forall u(u \in x \rightarrow z \in u)$ 为真蕴含了 $z \in u_1$ 为真。所以，应用 ZF2 分离公理，可得 $\bigcap x$ 是一个集合，我们称之为集合 x 的交集(intersection)。当集合 x 为空集时，由于蕴含式 $u \in x \rightarrow z \in u$ 的前件总是为真，所以个体词变元 z 可以取论域中的任意对象，也就是说，此时 $\bigcap x$ 为集合宇宙，这是没有什么意义的，因而，当 $x = \varnothing$ 时，我们说 $\bigcap x$ 没有定义。

直接根据式(3.5.1)，$\bigcap x$ 的元素就是属于集合 x 的每一个元素的那些对象所组成，也就是集合 x 的所有元素的公共元素，比如，$\bigcap\{\{\varnothing\},\{\{\varnothing\},\varnothing\},\{\varnothing,\{\{\varnothing\}\}\}\} = \{\varnothing\}$。类似地，也可以直接定义两个集合或者多个集合的公共元素，即定义 $x \cap y = \bigcap\{x, y\}$，并称 $x \cap y$ 为"x 交 y"，此时，根据式(3.5.1)可得 $x \cap y = \{z \in x \mid z \in y\}$；定义 $x \cap y \cap z = \bigcap\{x, y, z\}$；等等。

至于两个集合的差运算，定义为

$$x - y = \{z \in x \mid z \notin y\} \tag{3.5.2}$$

并称 $x - y$ 为 x 与 y 的差集(difference)。

可以看出，集合的交和差由于都是原集合的子集，所以仅靠 ZF2 就可以定义出来。之所以放在这一节是为了将我们在高中所学的关于集合的交、并、差这三种运算放在一起引出。对于符号"$\cap$"和"$-$"也可以认为是在 ZF 中引入了函数词，其中"$-$"可认为是二元函数词。

3.6 幂集公理

直观地看，给定一个集合 x，其部分元素所构成的对象是集合，也就是 x 的子集；那么不同的部分元素会构成 x 的不同子集，所有这些不同子集也应该可以作为元素去构成一个集合。这种对于集合 x，既不采用对集公理构成集合$\{x\}$，也不采用并集公理构成集合 $\bigcup x$，而是采用 x 的所有部分——子集去构造集合。这就需要新的公理来保证这样做会形成集合：

ZF5 幂集公理(axiom of power set)：$\exists y \forall z(z \in y \leftrightarrow z \subset x)$

幂集公理的意思是：对于集合 x，其所有的子集构成集合 y。直接由 ZF5，有 $y = \{z \mid z \subset x\}$。再根据 ZF1 可知集合 y 是唯一的。我们引入符号 $P(x)$ 表示集合 y，即 $y = P(x)$，并称其为集合 x 的幂集(power set)。比如，对于集合 $x = \{\varnothing, \{\varnothing\}\}$，其幂集 $P(x) = \{\varnothing, \{\varnothing\}, \{\{\varnothing\}\}, \{\varnothing, \{\varnothing\}\}\}$。

当然,符号“P”也可以看作在 ZF 中引入了函数词。

3.7 集合代数

根据前面几节里所定义的集合并、交、差运算,以及集合之间的关系,我们可以把集合的这些运算和关系类比“数”的运算和关系,得到关于集合运算和关系的一些基本性质。

根据前几节中 $x \subset y$ 的定义,再根据 ZF1,如果 $x \subset y$ 并且 $y \subset x$,则 $x = y$。集合 x 是集合 y 的子集,有时也称为 x 包含于 y 或者 y 包含 x。如果 $x \subset y$ 并且 $x \neq y$,则称集合 x 为集合 y 的真子集(proper subset),用 $x \subsetneq y$ 表示。

当所讨论的集合都是某一个特定集合 a 的子集时,那么差集 $a - x$ 也称为集合 x 关于集合 a 的补集或余集,记为 x^c。因此,

$$x^c = a - x = \{u \mid u \in a \wedge u \notin x\} \tag{3.7.1}$$

如果两个集合 x、y 的交集为 $\varnothing$,称这两个集合 x、y 是不相交的或无交的。

关于集合并、交、补运算的基本规律如下。

第一组:

$x \cap y = y \cap x, x \cup y = y \cup x$

$x \cap y \cap z = x \cap (y \cap z), x \cup y \cup z = x \cup (y \cup z)$

第二组:

$x \cap (y \cup z) = (x \cap y) \cup (x \cap z), x \cup (y \cap z) = (x \cup y) \cap (x \cup z)$

$x - (y \cup z) = (x - y) \cap (x - z), x - (y \cap z) = (x - y) \cup (x - z)$

$(x \cup y) - z = (x - z) \cup (y - z), (x \cap y) - z = (x - z) \cap (y - z)$

$(x - y) \cap z = (x \cap z) - (y \cap z)$

第三组:

$x \cap x = x, x \cup x = x$

$x \cap x^c = \varnothing, x \cup x^c = a$

$x \cap \varnothing = \varnothing, x \cup \varnothing = x$

$x \cap a = x, x \cup a = a$

$(x^c)^c = x$

第四组:

$x - y = x \cap y^c$

$x - y = x - x \cap y = x \cup y - y$

$x \cup y = (x - y) \cup y = x \cup (y - x)$

关于包含关系的一些性质如下。

$x \subset x$;

如果 $x \subset y$ 且 $y \subset z$,则 $x \subset z$

$x \subset (x \cup y), y \subset (x \cup y)$; $(x \cap y) \subset x, (x \cap y) \subset y$;

如果 $x \subset u$ 且 $y \subset v$,则$(x \cap y) \subset (u \cap v), (x \cup y) \subset (u \cup v)$

$(x-y)\subset x$；

$x\subset y$，当且仅当，$x-y=\varnothing$

有些读者或许已经发现了上面所列出的关于集合运算的表达式，看起来与第1章中的重言等价式“很像”，也就是将命题变元 p、q、r 视为集合 x、y、z，逻辑连接词 $\vee$、$\wedge$、$\neg$ 视为 $\cup$、$\cap$、$(\cdot)^c$。这种相似性并不是一种巧合，我们是采用 ZF 体系进行集合理论描述的，而 ZF 是一种谓词逻辑形式系统，自然 ZF 中的集合表示中所采用的都是谓词公式。比如，集合常用表示 $x=\{u \mid P(u)\}$ 中，采用了谓词公式 $P(u)$，即集合 x 是由那些令 $P(u)$ 为真的元素 u 所构成，当然，对象 $x=\{u \mid P(u)\}$ 作为集合是满足 ZF 公理要求的。自然地，集合的运算表示也可以由谓词逻辑表达，因而集合运算的表达就会看起来和形式逻辑有些“相似”。有了这种相似性，就可以采用形式逻辑中的重言等价式去证明关于集合的一些表达式。

【例 3.7.1】 证明：$(y\cup z)^c=y^c\cap z^c$。

证明：题目中的表达式实际上是第二组第二个公式，即当 y、$z\subset x$ 的“简化版”。我们采用第1章中的重言等价式进行证明。

$(y\cup z)^c=\{u \mid u\notin(y\cup z)\}$	根据补集的定义
$=\{u \mid \neg(u\in(y\cup z))\}$	根据谓词 $\notin$ 的定义
$=\{u \mid \neg((u\in y)\vee(u\in z))\}$	根据并集公理 ZF4
$=\{u \mid \neg(u\in y)\wedge\neg(u\in z)\}$	根据命题逻辑重言等价式中的德-摩根律
$=\{u \mid (u\notin y)\wedge(u\notin z)\}$	根据谓词 $\notin$ 的定义
$=\{u \mid (u\in y^c)\wedge(u\in z^c)\}$	根据补集的定义
$=y^c\cap z^c$	根据 $\cap$ 运算的定义

■

从例 3.7.1 中可以清晰地看出“集合运算”和“逻辑运算”之间的相似性。事实上，例 3.7.1 中的证明方法是掺杂着形式化的证明的，是一种“半形式化”的证明方法。当然，就如我们反复所强调的，形式化的证明往往比较繁杂，所以一般不会采用这种方法。

另外，本节所列出的关于集合运算和关系的这些性质中，有很多性质都是我们所熟悉的，即使遇到有些不熟悉的，也能直觉上理解它们。对于上面的这些规律，我们选几个证明一下。证明方法主要是利用 ZF1 来证明两个集合的相等。

【例 3.7.2】 证明：$x-(y\cap z)=(x-y)\cup(x-z)$。

证明：任取 $u\in x-(y\cap z)$，则有 $u\in x$ 且 $u\notin(y\cap z)$。而 $u\notin(y\cap z)$ 说明 u 不是同时属于 y 和 z 的，因而，$u\notin y$ 或者 $u\notin z$；所以就有 $u\in x$，同时 $u\notin y$ 或者 $u\notin z$。这相当于 $u\in x$ 且 $u\notin y$，或者 $u\in x$ 且 $u\notin z$；即 $u\in x-y$，或者 $u\in x-z$，进而 $u\in(x-y)\cup(x-z)$。这也就是说 $x-(y\cap z)\subset(x-y)\cup(x-z)$。类似地可证 $x-(y\cap z)\supset(x-y)\cup(x-z)$。

■

需要指出，在例 3.7.1 中，$u\notin(y\cap z)$ 并不是 $u\notin y$ 且 $u\notin z$。$u\notin y$ 且 $u\notin z$，也就是 u 既不属于 y 也不属于 z，这种情况对应的是 $u\notin(y\cup z)$。

除了使用 ZF1 去证明两个集合相等，也可以利用集合运算的恒等式去证明两个集合的相等。

【例 3.7.3】 证明：$x\cup(x\cap y)=x$。

证明：利用上述集合运算规律第二组的分配率，有

$$x\cup(x\cap y)=(x\cup x)\cap(x\cup y)=x\cap(x\cup y)=x$$

或者

$$x\cup(x\cap y)=(x\cap a)\cup(x\cap y)=x\cap(a\cup y)=x\cap a=x$$

其中，x、y 都是某一个特定集合 a 的子集。

■

【例 3.7.4】 证明：若 $x\in u$，$(u-\{x\})\cap v=u\cap(v-\{x\})=u\cap v-\{x\}$。

证明：$u\cap(v-\{x\})=u\cap v-u\cap\{x\}=u\cap v-\{x\}$

$u\cap v-\{x\}=u\cap v-\{x\}\cap u\cap v=u\cap v-\{x\}\cap v=(u-\{x\})\cap v$

■

集合运算规律第四组中后两个恒等式可以由第一个恒等式 $x-y=x\cap y^c$ 得到，此恒等式将集合的减法运算转化为交运算，非常有用。

习题

1. 证明：$\varnothing$是唯一的。
2. 已知 $x\in y$，证明：$x\subset(\bigcup y)$。
3. 已知$\{\{\varnothing\},\{\{\varnothing\}\}\}\in x$，证明：$\varnothing\in(\bigcup x)$，$\varnothing\in(\bigcup(\bigcup x))$。
4. 已知 $x\subset y$，证明：$(\bigcup x)\subset(\bigcup y)$。
5. 对于任意的集合 x，证明：$x=\bigcup(P(x))$。
6. 对于集合 $x\subset y$，证明：$x\cup y=y$，$x\cap y=x$。
7. 证明：$x-(y\cup z)=(x-y)\cap(x-z)$。
8. 证明：$x-(y\cap z)=(x-y)\cup(x-z)$。
9. 证明：$(x\cup y)-z=(x-z)\cup(y-z)$。
10. 证明：$(x\cap y)-z=(x-z)\cap(y-z)$。
11. 证明：$P(x)\cap P(y)=P(x\cap y)$。
12. 证明：$\bigcup(x\cup y)=(\bigcup x)\cup(\bigcup y)$。

第 4 章 关系

CHAPTER 4

本章是在第 3 章所介绍的 5 条公理 ZF1～ZF5 的基础上，引入集合理论核心基础概念——关系，并介绍了 3 种重要的关系。这些内容展示出经典数学中的许多基础概念可以用 ZF 集合论的语言进行描述。本章的所有内容不需要引入新的公理来支持。本章的内容将为下一章的数系重建做必要的知识准备。

4.1 积集与关系

利用前面关于集合的公理 ZF1～ZF5，我们可以利用空集$\varnothing$逐步构造出一些具体的集合。然而，到目前为止我们都是以一种“孤立的”观点看待集合。现在，我们要建立两个集合之间的关系，当然，这种关系在 ZF 体系内也必须得是集合。我们首先引入积集的概念。

【定义 4.1.1】 对于集合 a 和集合 b，它们的笛卡儿积(Cartesian product)为

$$a\times b=\{\langle x,y\rangle \mid x\in a \land y\in b\}$$

根据该定义可以看出，集合 a 和 b 的笛卡儿积是由有序对组成的对象，这些有序对的第一元素取自集合 a，第二元素取自集合 b。目前只能说对象 $a\times b$ 是类，还不知道它是否是集合。然而，由于 $x\in a$ 并且 $y\in b$，我们能感觉出来所有$\langle x,y\rangle$构成的对象是与集合 a、b 相关的，所以也不是很大。根据有序对的定义$\langle x,y\rangle=\{\{x\},\{x,y\}\}$，我们看到集合 x、y 是作为有序对$\langle x,y\rangle$这个集合的元素的元素。注意到：如果一个集合是另一个集合的元素，比如 $x\in a$，则有$\{x\}\subset a$，进而就有$\{x\}\in P(a)$；再重复一次这个过程，可得$\{\{x\}\}\in P(P(a))$。沿着这个思路，现在 $x\in a$ 并且 $y\in b$，有$\{x\}\subset a$，$\{y\}\subset b$，可得$\{x\}\subset(a\cup b)$，$\{x,y\}\subset(a\cup b)$，即$\{x\}\in P(a\cup b)$，$\{x,y\}\in P(a\cup b)$，则双元集$\{\{x\},\{x,y\}\}\subset P(a\cup b)$，所以$\{\{x\},\{x,y\}\}\in P(P(a\cup b))$。由上可见，$x\in a$ 并且 $y\in b$ 是蕴含$\langle x,y\rangle\in P(P(a\cup b))$的，根据 ZF5，$P(P(a\cup b))$是集合。所以，应用 ZF2 分离公理，就可以把对象 $a\times b$ 从集合$P(P(a\cup b))$中“分割”出来，也就是说类 $a\times b$ 是集合。可以看出，$a\times b$ 是集合这个结论，是联合应用了对集公理 ZF3、并集公理 ZF4、幂集公理 ZF5 以及分离公理 ZF2 的结果。

由于集合 a 和 b 的笛卡儿积是集合，所以有时也称集合 a 和 b 的笛卡儿积为集合 a 和 b 的积集(product set)。当 $a=b$ 时，将 $a\times b$ 记为 a^2。

比如，集合 $a=\{\varnothing,\{\varnothing\}\}$，集合 $b=\{\{\{\varnothing\}\},\{\varnothing\}\}$，则有

$$a\times b=\{\langle\varnothing,\{\{\varnothing\}\}\rangle,\langle\varnothing,\{\varnothing\}\rangle,\langle\{\varnothing\},\{\{\varnothing\}\}\rangle,\langle\{\varnothing\},\{\varnothing\}\rangle\}$$

$$b\times a=\{\langle\{\{\varnothing\}\},\varnothing\rangle,\langle\{\{\varnothing\}\},\{\varnothing\}\rangle,\langle\{\varnothing\},\varnothing\rangle,\langle\{\varnothing\},\{\varnothing\}\rangle\}$$

$$a^2=\{\langle\varnothing,\varnothing\rangle,\langle\varnothing,\{\varnothing\}\rangle,\langle\{\varnothing\},\varnothing\rangle,\langle\{\varnothing\},\{\varnothing\}\rangle\}$$

$$b^2=\{\langle\{\{\varnothing\}\},\{\{\varnothing\}\}\rangle,\langle\{\{\varnothing\}\},\{\varnothing\}\rangle,\langle\{\varnothing\},\{\{\varnothing\}\}\rangle,\langle\{\varnothing\},\{\varnothing\}\rangle\}$$

当然也可以定义由有序多元组构成的集合。比如,以有序 3 元组为例,定义由 3 个集合构成的积集

$$a\times b\times c=\{\langle x,y,z\rangle\mid x\in a\wedge y\in b\wedge z\in c\}\tag{4.1.1}$$

根据有序 3 元组的定义可以知道,$a\times b\times c$ 实际上就是$(a\times b)\times c$,也就是先对集合 a 和 b 做笛卡儿积,然后再对积集 $a\times b$ 和集合 c 做笛卡儿积;当然也可以先对集合 b 和 c 做笛卡儿积,然后再对集合 a 和积集 $b\times c$ 做笛卡儿积,只是它们并不相等,即它们的笛卡儿积不满足结合律:

$$(a\times b)\times c\neq a\times(b\times c)$$

根据集合笛卡儿积的定义,可以看出,其也不满足交换律,即

$$a\times b\neq b\times a$$

对于积集 $a\times b$,其是所有满足 $x\in a\wedge y\in b$ 的有序对$\langle x,y\rangle$构成的集合,如果集合 c 是 $a\times b$ 的一个子集,那么对于 $a\times b$ 的任意元素$\langle x,y\rangle$,就会有$\langle x,y\rangle$要么属于 c,要么不属于 c。换句话说,集合 a 中任取一个元素 x,集合 b 中任取一个元素 y,它们所形成的“联合体”——有序对$\langle x,y\rangle$,要么属于 c,要么不属于 c。所以,集合 c 可以看作集合 a 和 b 上的某种“关系”,根据该关系就可以对集合 a 和 b 的任意元素对 x,y 作出一种判断:如果元素对 x、y 所形成的有序对$\langle x,y\rangle$属于该关系,则说明 x 与 y 之间有这种关系,否则说明 x 与 y 之间没有这种关系。我们有如下定义。

【定义 4.1.2】 对于两个集合 a 和 b,其笛卡儿积 $a\times b$ 的任意子集,即 $r\subseteq a\times b$,称为 a 到 b 的二元关系(binary relation)。特别地,当 $a=b$ 时,$r\subseteq a\times a$ 称为 a 上的二元关系(Binary relation on a)。

对于 a 到 b 的二元关系 r,如果有序对$\langle x,y\rangle\in r$,称 x、y 是 r 相关的,记为 xry;相应的,如果有序对$\langle x,y\rangle\notin r$,称 x、y 是 r 不相关的,记为 $x\not r y$。二元关系有时也简称为关系(relation)。

比如,对于集合 $a=\{\varnothing,\{\varnothing\}\}$,$b=\{\{\{\varnothing\}\},\{\varnothing\}\}$,则 $\varnothing$,$\{\langle\varnothing,\{\varnothing\}\rangle,\langle\{\varnothing\},\{\{\varnothing\}\}\rangle\}$,$\{\langle\varnothing,\{\varnothing\}\rangle\}$,$\{\langle\varnothing,\{\{\varnothing\}\}\rangle,\langle\varnothing,\{\varnothing\}\rangle,\langle\{\varnothing\},\{\{\varnothing\}\}\rangle,\langle\{\varnothing\},\{\varnothing\}\rangle\}$等,都是 a 到 b 的二元关系。

类似的,也可以定义集合 a 上的 n 元关系(n-ary relation on a)r,如果 $r\subseteq a^n$。以三元关系为例,对于三元关系(ternary relation)r,如果$\langle x,y,z\rangle\in r$,则记为 $r(x,y,z)$。据此,xry 也可以记为 $r(x,y)$,不过对于二元关系,更多地使用 xry。

根据定义,显然$\varnothing$和 a^2 均为集合 a 上的二元关系,分别称为集合 a 上的空关系和全域关系,它们是 a 上的最小和最大二元关系;称二元关系$\{\langle x,x\rangle\mid x\in a\}$为 a 上的恒等关系(identity relation),记为 I_a。我们当然对$\varnothing$和 a^2 这两个二元关系兴趣不大,我们会对满足一定性质的关系 r 有兴趣。为了后面讨论的方便,引入如下定义:

【定义 4.1.3】 对于集合 a 到 b 的二元关系 r,定义集合

$$\mathrm{dom}(r)=\{x\mid\exists y(\langle x,y\rangle\in r)\}$$

为二元关系 r 的定义域(domain);定义集合

$$\mathrm{ran}(r)=\{y\mid\exists x(\langle x,y\rangle\in r)\}$$

为二元关系 r 的值域(range)；定义集合

$$\mathrm{fld}(r)=\mathrm{dom}(r)\cup\mathrm{ran}(r)$$

为二元关系 r 的域(field)。

注意：由于集合 a 到 b 的二元关系 r 是积集 $a\times b$ 的子集，而 $a\times b$ 又是由那些第一元素取自集合 a、第二元素取自集合 b 的有序对构成，所以，dom(r)和 ran(r)的定义中蕴含了 $x\in a$ 和 $y\in b$，因而它们都是集合。

根据定义，r 的定义域就是 r 中所有有序对的第一元素构成的集合，r 的值域就是 r 中所有有序对的第二元素构成的集合，因而，$\mathrm{dom}(r)\subset a$，$\mathrm{ran}(r)\subset b$，这样我们就可以把$r\subset a\times b$"缩小为"$r\subset\mathrm{dom}(r)\times\mathrm{ran}(r)$。

比如，设集合 $a=\{\varnothing,\{\varnothing\},\{\{\varnothing\}\}\}$，则 $r=\{\langle\varnothing,\varnothing\rangle,\langle\varnothing,\{\varnothing\}\rangle,\langle\{\varnothing\},\varnothing\rangle\}$为 a 上的一个二元关系，$\mathrm{dom}(r)=\{\varnothing,\{\varnothing\}\}$，$\mathrm{ran}(r)=\{\varnothing,\{\varnothing\}\}$，$\mathrm{fld}(r)=\{\varnothing,\{\varnothing\}\}$。

由于 $r\subset\mathrm{dom}(r)\times\mathrm{ran}(r)$，因而，我们不需要非得从集合 a 和集合 b 出发去引入二元关系 r，也可以直接定义二元关系 r 就是有序对的集合。然后，可以根据 dom(r)和 ran(r)的定义，将直接定义的二元关系 r 转化为集合 dom(r)到 ran(r)的二元关系 r，这样，两种定义二元关系 r 的方法就统一起来了。只是这里需要注意一件事情，我们在定义 dom(r)和 ran(r)时，由于是从集合 a 和集合 b 出发去引入二元关系 r 的，dom(r)和 ran(r)的定义中蕴含了 $x\in a$ 和 $y\in b$，所以它们是集合；而如果直接定义二元关系 r，那么就会造成dom(r)和 ran(r)的定义中不再蕴含 $x\in a$ 和 $y\in b$ 了，那就需要说明 dom(r)和 ran(r)是集合。为了说明 dom(r)和 ran(r)是集合，只需要说明对于任意的$\langle x,y\rangle\in r$，x 和 y 属于仅由 r 构造的集合，这样，dom(r)和 ran(r)就是这个集合的子集，因而就可以利用 ZF2 子集公理了。这是不难的，对于任意的$\langle x,y\rangle\in r$，也就是$\{\{x\},\{x,y\}\}\in r$，根据 ZF4 并集公理，$\bigcup r$ 的元素是 r 的元素的元素，现在$\{\{x\},\{x,y\}\}$是 r 的元素，且$\{x,y\}$是$\{\{x\},\{x,y\}\}$的元素，所以$\{x,y\}$就是$\bigcup r$ 的元素，即$\{x,y\}\in\bigcup r$；再同样地应用一次 ZF4，可得 $x\in\bigcup(\bigcup r)$和 $y\in\bigcup(\bigcup r)$。至此，我们可以说 dom(r)和 ran(r)是集合了。

类似地，我们也可以直接定义多元关系，即定义 n 元关系 r 是有序 n 元组构成的集合。然而，由于有序多元组可以看作由有序对一步步构造而成的，所以，我们只关注有序对及由有序对构成的二元关系。

我们再接着定义几个关于关系的重要概念。它们可以看作关于关系的运算。

【定义 4.1.4】 二元关系 r 的逆(inverse)为

$$r^{-1}=\{\langle y,x\rangle\mid\langle x,y\rangle\in r\}$$

二元关系 r 与二元关系 s 的复合(composition)为

$$r\circ s=\{\langle x,y\rangle\mid\exists u(\langle x,u\rangle\in r\land\langle u,y\rangle\in s)\}$$

二元关系 r 在集合 a 上的限制(restriction)为

$$r\upharpoonright a=\{\langle x,y\rangle\mid\langle x,y\rangle\in r\land x\in a\}$$

集合 a 在二元关系 r 下的像(image of r under a)为

$$r[a]=\mathrm{ran}(r\upharpoonright a)$$

从定义可以看出，二元关系的逆、复合、限制也都是二元关系，因而也都是集合，而且二元关系的像是二元关系 $r\upharpoonright a$ 的值域，所以也是集合。根据关系值域的定义，关系 r 在集合 a 下的像可以具体写作

$$r[a]=\{y \mid \exists x(\langle x,y\rangle \in r \wedge x \in a)\}$$

对于关系 r 在集合 a 上的限制 $r\upharpoonright a$，称关系 r 为 $r\upharpoonright a$ 的扩张。关系 r 在集合 a 上的限制也称为关系 r 在集合 a 上的部分。

【例 4.1.1】 已知 $a=\{\{\varnothing\},\{\{\varnothing\}\}\}$，$r=\{\langle\varnothing,\varnothing\rangle,\langle\varnothing,\{\varnothing\}\rangle,\langle\{\varnothing\},\{\{\varnothing\}\}\rangle\}$，$s=\{\langle\{\varnothing\},\varnothing\rangle,\langle\{\{\varnothing\}\},\varnothing\rangle\}$，求 r^{-1}，s^{-1}，$r\circ s$，$s\circ r$，$r\circ r$，$r\upharpoonright a$，$s\upharpoonright a$，$(s\circ r)\upharpoonright a$，$r[a]$，$(r\circ s)[a]$，$r^{-1}[a]$。

解：$r^{-1}=\{\langle\varnothing,\varnothing\rangle,\langle\{\varnothing\},\varnothing\rangle,\langle\{\{\varnothing\}\},\{\varnothing\}\rangle\}$，$s^{-1}=\{\langle\varnothing,\{\varnothing\}\rangle,\langle\varnothing,\{\{\varnothing\}\}\rangle\}$

$r\circ s=\{\langle\varnothing,\varnothing\rangle,\langle\{\varnothing\},\varnothing\rangle\}$

$s\circ r=\{\langle\{\varnothing\},\varnothing\rangle,\langle\{\varnothing\},\{\varnothing\}\rangle,\langle\{\{\varnothing\}\},\varnothing\rangle,\langle\{\{\varnothing\}\},\{\varnothing\}\rangle\}$

$r\circ r=\{\langle\varnothing,\varnothing\rangle,\langle\varnothing,\{\varnothing\}\rangle,\langle\varnothing,\{\{\varnothing\}\}\rangle\}$

$r\upharpoonright a=\{\langle\{\varnothing\},\{\{\varnothing\}\}\rangle\}$，$s\upharpoonright a=\{\langle\{\varnothing\},\varnothing\rangle,\langle\{\{\varnothing\}\},\varnothing\rangle\}$

$(s\circ r)\upharpoonright a=\{\langle\{\varnothing\},\varnothing\rangle,\langle\{\varnothing\},\{\varnothing\}\rangle,\langle\{\{\varnothing\}\},\varnothing\rangle,\langle\{\{\varnothing\}\},\{\varnothing\}\rangle\}$

$r[a]=\{\{\{\varnothing\}\}\}$，$(r\circ s)[a]=\{\varnothing\}$，$r^{-1}[a]=\{\varnothing,\{\varnothing\}\}$

■

从定义 4.1.4 以及例 4.1.1 可以看出，关系 r 的逆 r^{-1} 就是将构成关系 r 的每个有序对“反过来”而已，所以有 $r^{-1}\subset \mathrm{ran}(r)\times\mathrm{dom}(r)$；关系 r 与 s 的复合是将这两个关系中“可以连接”的有序对“直接”连起来形成新的有序对，所以有 $r\circ s\subset\mathrm{dom}(r)\times\mathrm{ran}(s)$；关系 r 在集合 a 上的限制 $r\upharpoonright a$ 是关系 r 的子集，即 $r\upharpoonright a=r\cap(a\times\mathrm{ran}(r))\subset r$；而关系 r 在集合 a 下的像是关系 r 的子集 $r\upharpoonright a$ 所有元素的第二元素构成的集合，显然有 $r[a]\subset\mathrm{ran}(r)$，且 $r\upharpoonright a=r\upharpoonright(a\cap\mathrm{dom}(r))$，进而有 $r[a]=r[a\cap\mathrm{dom}(r)]$。

上面关于关系的这些概念会有一些相应的性质，下面选择一些后面会用到的性质，并加以证明。

【命题 4.1.1】 对于任意的关系 r，有：

(1) $\mathrm{dom}(r^{-1})=\mathrm{ran}(r)$，$\mathrm{ran}(r^{-1})=\mathrm{dom}(r)$

(2) $(r^{-1})^{-1}=r$

证明：(1) 对于任意的 $x\in\mathrm{dom}(r^{-1})$，则说明存在 y 使得 $\langle x,y\rangle\in r^{-1}$，因而也就说明存在 x 使得 $\langle y,x\rangle\in r$，因而 $x\in\mathrm{ran}(r)$，这说明 $\mathrm{dom}(r^{-1})\subset\mathrm{ran}(r)$；同理可证 $\mathrm{ran}(r)\subset\mathrm{dom}(r^{-1})$，所以 $\mathrm{dom}(r^{-1})=\mathrm{ran}(r)$。对于 $\mathrm{ran}(r^{-1})=\mathrm{dom}(r)$ 的证明，步骤是类似的。

(2) 对于任意的 $\langle x,y\rangle\in(r^{-1})^{-1}$，有 $\langle y,x\rangle\in r^{-1}$，进而有 $\langle x,y\rangle\in r$，所以 $(r^{-1})^{-1}\subset r$；同理可证 $r\subset(r^{-1})^{-1}$，所以 $(r^{-1})^{-1}=r$。

■

【命题 4.1.2】 (1) 设 r 为集合 a 上的关系，则 $r\circ I_a=I_a\circ r=r$；(2) 对于关系 r、s 和 t，有 $r\circ s\circ t=r\circ(s\circ t)$。

证明：(1) 对于任意的 $\langle x,y\rangle\in r\circ I_a$，存在 $\langle x,u\rangle\in r$ 且 $\langle u,y\rangle\in I_a$，根据恒等关系 I_a，有 $u=y$，所以 $\langle x,y\rangle\in r$，即 $r\circ I_a\subset r$；同理可证 $r\subset r\circ I_a$，综上所述，$r\circ I_a=r$。类似地，可以得到 $I_a\circ r=r$。

(2) 对于任意的 $\langle x,y\rangle\in r\circ s\circ t$，根据关系复合的定义，存在 $\langle x,u\rangle\in r\circ s$ 且 $\langle u,y\rangle\in t$，再次根据复合的定义，$\langle x,u\rangle\in r\circ s$ 表明存在 $\langle x,v\rangle\in r$ 且 $\langle v,u\rangle\in s$，也就是说，存在 $\langle x,v\rangle\in r$ 且 $\langle v,u\rangle\in s$ 且 $\langle u,y\rangle\in t$，而这等价于存在 $\langle x,v\rangle\in r$ 且 $\langle v,y\rangle\in s\circ t$，进而表明 $\langle x,y\rangle\in$

$r\circ(s\circ t)$，所以 $r\circ s\circ t\subset r\circ(s\circ t)$；同理可证 $r\circ(s\circ t)\subset r\circ s\circ t$，所以 $r\circ s\circ t=r\circ(s\circ t)$。

■

【命题 4.1.3】 对于关系 r、s 和 t，有 $(r\circ s)^{-1}=s^{-1}\circ r^{-1}$

证明：对于任意的 $\langle x,y\rangle\in(r\circ s)^{-1}$，根据关系的逆的定义，$\langle y,x\rangle\in r\circ s$，再结合关系复合的定义有存在 $\langle y,u\rangle\in r$ 且 $\langle u,x\rangle\in s$，因而就有存在 $\langle u,y\rangle\in r^{-1}$ 且 $\langle x,u\rangle\in s^{-1}$，所以，$\langle x,y\rangle\in s^{-1}\circ r^{-1}$，这表明 $(r\circ s)^{-1}\subset s^{-1}\circ r^{-1}$；同理可证 $s^{-1}\circ r^{-1}\subset(r\circ s)^{-1}$，因而有 $(r\circ s)^{-1}=s^{-1}\circ r^{-1}$。

■

【命题 4.1.4】 对于关系 r 和集合 a、b，有：

(1) $r[a\cup b]=r[a]\cup r[b]$；

(2) $r[a\cap b]\subset r[a]\cap r[b]$。

证明：(1) 设 $y\in r[a\cup b]$，可以得到存在 $\langle x,y\rangle\in r$ 并且 $x\in a\cup b$；这相当于存在 $\langle x,y\rangle\in r$ 并且，$x\in a$ 或者 $x\in b$；进而可以得到存在 $\langle x,y\rangle\in r$ 且 $x\in a$，或者存在 $\langle x,y\rangle\in r$ 且 $x\in b$，也即 $y\in r[a]$ 或者 $y\in r[b]$；因而 $y\in r[a]\cup r[b]$，可见 $r[a\cup b]\subset r[a]\cup r[b]$。反之，若 $y\in r[a]\cup r[b]$，则 $y\in r[a]$ 或者 $y\in r[b]$；这相当于存在 $\langle x,y\rangle\in r$，$x\in a$ 或者存在 $\langle x,y\rangle\in r$，$x\in b$；上面两种情况可以合并为存在 $\langle x,y\rangle\in r$，并且 $x\in a\cup b$，所以 $y\in r[a\cup b]$，可见 $r[a]\cup r[b]\subset r[a\cup b]$。综上可知，$r[a\cup b]=r[a]\cup r[b]$。

(2) 设 $y\in r[a\cap b]$，可以得到存在 $\langle x,y\rangle\in r$，并且 $x\in a\cap b$，这相当于存在 $\langle x,y\rangle\in r$，$x\in a$ 并且 $x\in b$；进而可以得到存在 $\langle x,y\rangle\in r$，$x\in a$，并且存在 $\langle x,y\rangle\in r$，$x\in b$，也即 $y\in r[a]$ 并且 $y\in r[b]$；因而 $y\in r[a]\cap r[b]$，可见 $r[a\cap b]\subset r[a]\cap r[b]$。而反之，并不一定成立。

■

需要特别说明的是，命题 4.1.4 的第二式是包含关系而非相等关系。这是由于可能集合 a 和 b 的不同元素与同一个元素有关系，也就是说对于 $x\in a$ 和 $y\in b$，有 $\langle x,z\rangle\in r$ 和 $\langle y,z\rangle\in r$。比如，集合 $a=\{\varnothing,\{\varnothing\}\}$，集合 $b=\{\varnothing,\{\{\varnothing\}\}\}$，二元关系

$$r=\{\langle\varnothing,\{\{\varnothing\}\}\rangle,\langle\varnothing,\{\varnothing,\{\varnothing\}\}\rangle,\langle\{\varnothing\},\{\{\varnothing\},\{\{\varnothing\}\}\}\rangle,\langle\{\{\varnothing\}\},\{\{\varnothing\},\{\{\varnothing\}\}\}\rangle\}$$

显然，

$$r[a\cap b]=r[\{\varnothing\}]=\{\{\{\varnothing\}\},\{\varnothing,\{\varnothing\}\}\}$$

$$r[a]=r[\{\varnothing,\{\varnothing\}\}]=\{\{\{\varnothing\}\},\{\varnothing,\{\varnothing\}\},\{\{\varnothing\},\{\{\varnothing\}\}\}\}$$

$$r[b]=r[\{\varnothing,\{\{\varnothing\}\}\}]=\{\{\{\varnothing\}\},\{\varnothing,\{\varnothing\}\},\{\{\varnothing\},\{\{\varnothing\}\}\}\}$$

$$r[a]\cap r[b]=\{\{\{\varnothing\}\},\{\varnothing,\{\varnothing\}\},\{\{\varnothing\},\{\{\varnothing\}\}\}\}$$

可见，若想使得 $r[a\cap b]=r[a]\cap r[b]$，应该排除掉 $\langle x,z\rangle$ 和 $\langle y,z\rangle$ 同时属于 r 的情况，即不同元素 x 和 y，不能和同一元素 z 有关系 r。由于 $r[a]=r[a\cap\mathrm{dom}(r)]$，所以考虑 $a,b\subset\mathrm{dom}(r)$ 的情形，有如下命题：

【命题 4.1.5】 已知二元关系 r，则对于任意的 $a,b\subset\mathrm{dom}(r)$，$r[a\cap b]=r[a]\cap r[b]$ 成立，当且仅当对于任意的 $x,y\in\mathrm{dom}(r)$，$x\neq y$，有 $r[\{x\}]\cap r[\{y\}]=\varnothing$。

证明：首先证明充分性。若对于任意的 $a,b\subset\mathrm{dom}(r)$，$r[a\cap b]=r[a]\cap r[b]$，则取 $a=\{x\}$，$b=\{y\}$，则 $r[\{x\}]\cap r[\{y\}]=r[\{x\}\cap\{y\}]=r[\varnothing]=\varnothing$。

其次证明必要性。由于

$$r[a]=r[(a\cap b)\cup(a-b)]=r[a-b]\cup r[a\cap b]$$
$$r[b]=r[(a\cap b)\cup(b-a)]=r[b-a]\cup r[a\cap b]$$

所以有

$$\begin{aligned}r[a]\cap r[b]&=(r[a-b]\cup r[a\cap b])\cap(r[b-a]\cup r[a\cap b])\\&=r[a\cap b]\cup(r[a-b]\cap r[b-a])\end{aligned}$$

根据假设，对于任意的 $x,y\in \mathrm{dom}(r)$，$x\neq y$，有 $r[\{x\}]\cap r[\{y\}]=\varnothing$，这表明 $\mathrm{dom}(r)$ 中的不同元素，不会和 $\mathrm{ran}(r)$ 中同一个元素有关系。由于 $(a-b)\cap(b-a)=\varnothing$，即集合 $a-b$ 和集合 $b-a$ 中没有公共的元素，因而集合 $a-b$ 中任意一个元素和集合 $b-a$ 中任意一个元素都不会与 $\mathrm{ran}(r)$ 中同一个元素有关系，所以有 $r[a-b]\cap r[b-a]=\varnothing$，进而可得 $r[a\cap b]=r[a]\cap r[b]$。

■

沿着命题 4.1.5 证明的思路，由于 $a,b\subset \mathrm{dom}(r)$，$r[a]$，$r[b]\subset \mathrm{ran}(r)$，所以我们在 $\mathrm{dom}(r)$ 和 $\mathrm{ran}(r)$ 中考虑问题，即 $a^c,b^c\subset \mathrm{dom}(r)$，$(r[a])^c$，$(r[b])^c\subset \mathrm{ran}(r)$。一方面，

$$\mathrm{ran}(r)=r[a]\cup(r[a])^c$$

另一方面，

$$\mathrm{ran}(r)=r[\mathrm{dom}(r)]=r[a\cup a^c]=r[a]\cup r[a^c]$$

当对于任意的 $x,y\in \mathrm{dom}(r)$，$x\neq y$，有 $r[\{x\}]\cap r[\{y\}]=\varnothing$ 时，说明

$$r[a]\cap r[a^c]=\varnothing$$

显然也有

$$r[a]\cap(r[a])^c=\varnothing$$

所以，根据上面的 4 个关系式，可以得到 $r[a^c]=(r[a])^c$。根据命题 4.1.5，有

$$r[a-b]=r[a\cap b^c]=r[a]\cap r[b^c]=r[a]\cap(r[b])^c=r[a]-r[b]$$

可见，当关系 r 满足对于任意的 $x,y\in \mathrm{dom}(r)$，$x\neq y$，有 $r[\{x\}]\cap r[\{y\}]=\varnothing$ 时，关系 r 同时会满足

$$r[a\cup b]=r[a]\cup r[b]$$
$$r[a\cap b]=r[a]\cap r[b]$$
$$r[a-b]=r[a]-r[b]$$

若 $a\subset b$，则根据 $r[b]=r[a\cup(b-a)]=r[a]\cup r[b-a]$，可以得到 $r[a]\subset r[b]$。

需要指出，如果 a、b 是任意集合，即不一定是 $\mathrm{dom}(r)$ 的子集时，令 $a\cap \mathrm{dom}(r)=\tilde{a}$，则 $\tilde{a}\subset \mathrm{dom}(r)$，因而可以将上面关于 a 的式子 $r[a]$ 换成关于 $\tilde{a}$ 的式子 $r[\tilde{a}]$。由于 $r[a]=r[a\cap \mathrm{dom}(r)]=r[\tilde{a}]$，所以上面的结论对于任意集合 a、b 也都是成立的。

4.2 映射关系

函数在数学中占有重要的地位，回顾我们中学所学的函数的概念会发现，函数实际上是说对于定义域中任意一个对象 x，根据函数都可以找到另一个对象 y 与对象 x“对应”，而且这个对象 y 还是唯一的一个与对象 x 相对应的对象。当然，中学的函数概念中，“对象”一般指的是“数”，而非集合。虽然直到现在还没有给出数的定义，然而如果仔细对中学函数概念分析就会发现，函数的核心是“对应”而非对象本身。而“对应”由于涉及两个对象，不就可

以理解为一种关系吗，无非"对应"是有限制的，是一种特殊的关系罢了。因而，可以在上一节关系的基础上，引入函数的概念。在集合理论中内化函数的概念具有非常重要的意义，它将函数这个重要的概念完全用集合来表示，因而以前所学的关于函数的知识就可以从集合的观点去理解。

在给出函数的集合观点之前，先给出关系的单值和单根概念。

【定义 4.2.1】 已知 r 是一个二元关系，如果对于每一个 $x\in \mathrm{dom}(r)$，$\mathrm{ran}(r)$ 中满足 $\langle x,y\rangle\in r$ 的 y 是唯一的，则称关系 r 是单值的(single-valued)；如果对于每一个 $y\in \mathrm{ran}(r)$，$\mathrm{dom}(r)$ 中满足 $\langle x,y\rangle\in r$ 的 x 是唯一的，则称关系 r 是单根的(single-rooted)。

如果用谓词公式表示单值性和单根性，分别就是

$$\forall x\forall y\forall y_1(\langle x,y\rangle\in r\wedge\langle x,y_1\rangle\in r\rightarrow y=y_1)$$

$$\forall y\forall x\forall x_1(\langle x,y\rangle\in r\wedge\langle x_1,y\rangle\in r\rightarrow x=x_1)$$

如果用图形示意直观感觉，可以采用一根从 $\mathrm{dom}(r)$ 中点到 $\mathrm{ran}(r)$ 中点的有向线段表示 $\langle x,y\rangle\in r$，那么通常的二元关系 r 如图 4.2.1(a)所示；如果二元关系 r 是单值的，则其如图 4.2.1(b)所示；如果二元关系 r 是单根的，则其如图 4.2.1(c)所示。

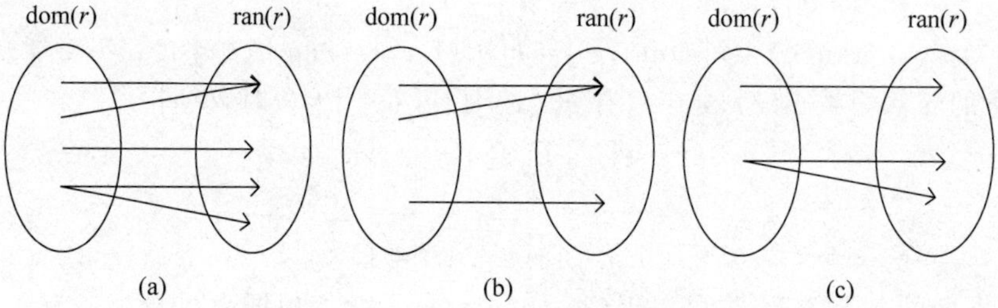

图 4.2.1 二元关系单值性和单根性示意图

比如，关系 $r=\{\langle\varnothing,\varnothing\rangle,\langle\{\varnothing\},\varnothing\rangle,\langle\{\{\varnothing\}\},\{\varnothing\}\rangle\}$是单值的，不是单根的；关系 $s=\{\langle\varnothing,\varnothing\rangle,\langle\varnothing,\{\varnothing\}\rangle,\langle\{\{\varnothing\}\},\{\varnothing\}\rangle\}$既不是单值的，也不是单根的；关系 $t=\{\langle\{\varnothing\},\varnothing\rangle,\langle\{\varnothing\},\{\varnothing\}\rangle,\langle\{\{\varnothing\}\},\{\{\varnothing\}\}\rangle\}$不是单值的，是单根的。根据关系的单值性和单根性的定义，并结合关系的逆的定义可知：关系 r 是单值的，当且仅当 r^{-1} 是单根的。

当关系具有了单值性和单根性，此时关系就会具有很多有趣的性质。首先，根据关系的单值性和单根性的定义，给出函数的概念。

【定义 4.2.2】 如果二元关系 f 是单值的，则称此二元关系 f 为映射(mapping)。

映射也称为函数(function)，采用映射这个名称，这是为了避免谈及函数总是联想到"数"这个对象。根据映射的定义，它无非是一个特殊的关系罢了，可以将映射称为映射关系，当然，作为关系的映射也是一个集合。所以判断两个映射 f、g 是否是同一个映射，直接按照判断集合 f、g 是否相等即可，即只需判断 $f\subset g$ 和 $g\subset f$。由于映射是关系的一种，所以上一节中对关系所引入的概念和性质，对于映射也全部适用。

对于映射 f，由于对于每一个 $x\in\mathrm{dom}(f)$都存在唯一的一个 $y\in\mathrm{ran}(f)$满足$\langle x,y\rangle\in f$，那么将这个唯一的与 x 对应的 y 表示成 $y=f(x)$就有了意义，称其为映射 f 在 x 处的值(value)。可见，对于一般的关系 r，符号 $r(x)$就没有意义，因为对象 x 可能对应了多个 y。有时也将 $y=f(x)$记为 $f:x\mapsto y$。比如，映射 f 为$\{\langle\varnothing,\varnothing\rangle,\langle\{\varnothing\},\varnothing\rangle,\langle\{\{\varnothing\}\},\{\varnothing\}\rangle\}$，则 $f(\varnothing)=\varnothing$，$f(\{\varnothing\})=\varnothing$，$f(\{\{\varnothing\}\})=\{\varnothing\}$。集合 a 上的恒等关系 I_a 显然是

映射，称为 a 上的恒等映射。

类似于关系 r 也可以定义为 a 到 b 的关系，也可以定义 a 到 b 的映射。

【定义 4.2.3】 如果映射 f 满足 $\mathrm{dom}(f)=a$，$\mathrm{ran}(f)\subset b$，则称映射 f 为 a 到 b 的映射，记为 $f: a\to b$。

比如，映射 f 为 $\{\langle\varnothing,\varnothing\rangle,\langle\{\varnothing\},\varnothing\rangle,\langle\{\{\varnothing\}\},\{\varnothing\}\rangle\}$，集合 a 为 $\{\varnothing,\{\varnothing\},\{\{\varnothing\}\}\}$，集合 b 为 $\{\varnothing,\{\varnothing\},\{\{\varnothing\}\},\{\{\varnothing\},\varnothing\}\}$，则映射 f 为 a 到 b 的映射。

需要指出，对于 a 到 b 的关系 r，有 $\mathrm{dom}(r)\subset a$，$\mathrm{ran}(r)\subset b$；然而，对于 a 到 b 的映射 f，$\mathrm{dom}(f)=a$，$\mathrm{ran}(f)\subset b$。可以看出，a 到 b 的映射 f 要求 f 的定义域是等于集合 a 的。至于 f 的值域不等于集合 b，这只是历史的原因而已。实际上，对于每一个 $f: a\to b$，总可以构造映射 $\tilde{f}: a\to \mathrm{ran}(f)$，而这就引出了满射的概念。

【定义 4.2.4】 对于 a 到 b 的映射 f，如果 $\mathrm{ran}(f)=b$，则称 a 到 b 的映射 f 是 a 到 b 的满射(surjection)。

按照定义，对于任意的映射 f，它都是 $\mathrm{dom}(f)$到 $\mathrm{ran}(f)$的满射，所以，不单独称映射 f 为满射。根据前面所说的，有些读者或许会有这样的疑问：根据映射 $f: a\to b$ 所构造出的映射 $\tilde{f}: a\to \mathrm{ran}(f)$是满射，那么映射 f 和映射 $\tilde{f}$ 是同一个映射么？对于映射，它就是一种关系，因而也就是集合，所以两个映射是否相等，就是这两个集合是否相等，对此我们必须十分清楚。由于映射 f 和映射 $\tilde{f}$ 是同一个集合，所以它们是同一个映射。当我们对一个映射，比如 f，添加了"集合 a 到集合 b"的表述时，不会对集合 f 有任何影响，然而，映射 f 连同表述"集合 a 到集合 b"，是与映射 $\tilde{f}$ 连同表述"集合 a 到集合 $\mathrm{ran}(f)$"，自然是不同的。也正是对映射 f 添加了"集合 a 到集合 b"的表述后，引入"a 到 b 的满射"这个定义才有意义，因为任意映射 f 都是 $\mathrm{dom}(f)$到 $\mathrm{ran}(f)$的满射。事实上，对于映射 f，我们将其理解为是"$\mathrm{dom}(f)$到 $\mathrm{ran}(f)$的映射"。对于 a 到 b 的映射 f，有时称集合 b 为映射 f 的陪域(codomain)。

前面已经用到了关系的单值性概念，根据单值性引入了映射，至于满射只是在映射上加入了从定义域到陪域的表述，并使得映射的陪域等于映射的值域而已。对于关系单根性的使用，引入单射的概念。

【定义 4.2.5】 对于映射 f，如果其是单根的，则称映射 f 是单射(injection)。

映射$\{\langle\varnothing,\varnothing\rangle,\langle\{\varnothing\},\varnothing\rangle,\langle\{\{\varnothing\}\},\{\varnothing\}\rangle\}$不是单射，而映射$\{\langle\varnothing,\varnothing\rangle,\langle\{\varnothing\},\{\{\varnothing\}\}\rangle,\langle\{\{\varnothing\}\},\{\varnothing\}\rangle\}$是单射。

注意：定义中是单纯对映射 f 定义单射，而非对 a 到 b 的映射 f 进行定义，这是由于每一个映射 f 都是 $\mathrm{dom}(f)$到 $\mathrm{ran}(f)$的满射，然而，并非每一个映射 f 都是 $\mathrm{dom}(f)$到 $\mathrm{ran}(f)$的单射。这样就有必要根据映射 f 的单根性来对映射加以区分。当然，如果 a 到 b 的映射 f 是单射，则称 a 到 b 的映射 f 是 a 到 b 的单射。

【定义 4.2.6】 对于 a 到 b 的映射 f，如果其既是 a 到 b 的单射又是 a 到 b 的满射，则称 a 到 b 的映射 f 是 a 到 b 的双射(bijection)。

由于双射含有满射这个性质，所以双射的定义是添加有"集合 a 到集合 b"这个表述的。当然，对于映射 f 而言，其只要是单射，则其就是 $\mathrm{dom}(f)$到 $\mathrm{ran}(f)$的双射。比如，映射 $f=\{\langle\varnothing,\varnothing\rangle,\langle\{\varnothing\},\{\{\varnothing\}\}\rangle,\langle\{\{\varnothing\}\},\{\varnothing\}\rangle\}$就是集合 $a=\{\varnothing,\{\varnothing\},\{\{\varnothing\}\}\}$到集合 $b=\{\varnothing,\{\varnothing\},\{\{\varnothing\}\}\}$的双射。显然，集合 a 上的恒等映射 I_a 是 a 到 a 的双射。

对于 a 到 b 的映射 f，由于其是 a 到 b 的关系，自然也是关系，所以，映射 f 在集合 c 上的限制 $f\upharpoonright c$，以及集合 c 在映射 f 下的像 $f[c]$，也都有定义。同样地，考虑到 $f\upharpoonright c=f\upharpoonright(c\cap\mathrm{dom}(f))=f\upharpoonright(c\cap a)$，$f[c]\subset\mathrm{ran}(f)\subset b$，所以，下面在 a 和 b 中考虑问题，即约束集合 $c\subset a$ 和集合 $d\subset b$。此时，$f\upharpoonright c$ 和 $f[c]$ 就可以分别写为

$$f\upharpoonright c=\{\langle x,y\rangle \mid \langle x,y\rangle\in f\wedge x\in c\} \tag{4.2.1}$$

$$\begin{aligned}f[c]&=\mathrm{ran}(f\upharpoonright c)=\{y\mid\langle x,y\rangle\in f\wedge x\in c\}\\&=\{y\mid y=f(x)\wedge x\in c\}\end{aligned} \tag{4.2.2}$$

特别地，当 $c=a$ 时，称 $f[c]$ 为 a 到 b 的映射 f 的像，此时，$f[a]=\mathrm{ran}(f\upharpoonright a)=\mathrm{ran}(f)$。有时将映射 f 的像也记为 $\mathrm{img}(f)$。

同样地，由于 a 到 b 的映射 f 也是关系，所以作为关系的映射 f 的逆 f^{-1} 也有定义。注意，由于关系 f^{-1} 不一定是单值的，所以其不一定是映射。对于集合 $d\subset b$，其在关系 f^{-1} 下的像 $f^{-1}[d]$ 称为集合 d 在映射 f 下的原像(preimage)，具体地，

$$\begin{aligned}f^{-1}[d]&=\mathrm{ran}(f^{-1}\upharpoonright d)=\{x\mid\langle y,x\rangle\in f^{-1}\wedge y\in d\}\\&=\{x\mid\langle x,y\rangle\in f\wedge y\in d\}\\&=\{x\mid y=f(x)\wedge y\in d\}\\&=\{x\mid f(x)\in d\}\end{aligned} \tag{4.2.3}$$

注意：由于 $f[c]\subset\mathrm{ran}(f)\subset b$，$f^{-1}[d]\subset\mathrm{ran}(f^{-1})=\mathrm{dom}(f)=a$，所以，式(4.2.2)和式(4.2.3)中没有必要再去说明 $y\in b$ 和 $x\in a$ 了。

对于映射 f 的逆 f^{-1}——关系 f^{-1}，如果其满足单值性，则此时关系 f^{-1} 成为映射 f^{-1}；对于 f^{-1} 满足单值性，相当于映射 f 满足单根性，而映射 f 之所以称为映射是由于它满足单值性。综上可知，如果映射 f 的逆 f^{-1} 满足单值性，则映射 f 需要同时满足单值性和单根性，这不就是说映射 f 是双射吗，当然这里的双射是指从 $\mathrm{dom}(f)$ 到 $\mathrm{ran}(f)$ 的双射。另外，由于 f 同时满足单值性和单根性，意味着 f^{-1} 也同时满足单值性和单根性，所以 f^{-1} 也是双射，是从 $\mathrm{ran}(f)$ 到 $\mathrm{dom}(f)$ 的双射。综上分析可知，f 和 f^{-1} 均为映射，当且仅当 f 和 f^{-1} 均满足单值性和单根性，当且仅当 f 和 f^{-1} 均为定义域到值域的双射。将这个结论推广为 a 到 b 的映射 f，由于 $\mathrm{dom}(f)=a$，只需 $\mathrm{ran}(f)=b$ 即可，即有如下命题：

【命题 4.2.1】 对于 a 到 b 的映射 f，如果其是 a 到 b 的双射，则 f^{-1} 是 b 到 a 的双射；反之亦然。

需要指出，当关系 f^{-1} 是映射时，$f^{-1}[c]$ 一方面可以理解为集合 c 在映射 f^{-1} 下的像，另一方面也可以理解为集合 c 在映射 f 下的原像。在这两种不同的理解下，$f^{-1}[c]$ 都是同一个集合。所以，我们不再单独定义映射 f^{-1}，按照映射 f 的逆去理解即可。

【例 4.2.1】 设映射 $f: a\to b$，对于任意的 $c\subset a$ 和 $d\subset b$，证明：

(1) $c\subset f^{-1}[f[c]]$

(2) $d\supset f[f^{-1}[d]]$

证明：(1) 根据式(4.2.2)，有

$$f[c]=\{y\mid y=f(x)\wedge x\in c\}$$

因而，对于任意的 $u\in c$，有 $f(u)\in f[c]$。再根据式(4.2.3)，有

$$f^{-1}[f[c]]=\{x\mid f(x)\in f[c]\}$$

所以，$u\in f^{-1}[f[c]]$。由 u 的任意性可得 $c\subset f^{-1}[f[c]]$。

(2) 根据式(4.2.2),有

$$f[f^{-1}[d]]=\{y \mid y=f(x) \land x \in f^{-1}[d]\}$$

对于任意的 $v\in f[f^{-1}[d]]$,有 $v=f(u)$ 并且 $u\in f^{-1}[d]$。再根据式(4.2.3),有

$$f^{-1}[d]=\{x \mid f(x) \in d\}$$

进而有 $v=f(u)$ 并且 $f(u)\in d$,所以 $v\in d$。由 v 的任意性可得 $d\supset f[f^{-1}[d]]$。

■

例 4.2.1 的证明中,采用符号 u、v 是为了避免与式(4.2.2)、式(4.2.3)中的符号 x、y 相混淆。注意,例 4.2.1 中两个式子都不是等式。比如,集合 $a=b=\{\varnothing,\{\varnothing\},\{\{\varnothing\}\}\}$,映射 $f=\{\langle\varnothing,\varnothing\rangle,\langle\{\varnothing\},\varnothing\rangle,\langle\{\{\varnothing\}\},\{\varnothing\}\rangle\}$,则 f 是 a 到 b 的映射;取 $c=d=\{\varnothing,\{\{\varnothing\}\}\}$,则有 $f^{-1}[f[c]]=\{\varnothing,\{\varnothing\},\{\{\varnothing\}\}\}$,$f[f^{-1}[d]]=\{\varnothing\}$。例 4.2.1 中两个式子如果想要成为等式,需要 a 到 b 的映射 f 满足一定的条件,见下面的例题。

【例 4.2.2】 设映射 $f: a\to b$,对于任意的 $c\subset a$ 和 $d\subset b$,证明:

(1) $c=f^{-1}[f[c]]$ 当且仅当映射 $f: a\to b$ 是单射。

(2) $d=f[f^{-1}[d]]$ 当且仅当映射 $f: a\to b$ 是满射。

证明:(1) 首先,假设 $c=f^{-1}[f[c]]$ 对于任意的 $c\subset a$ 成立,想要得到 $f: a\to b$ 是单射,即对于任意的 u_1、$u_2\in a$,且 $u_1\neq u_2$,有 $f(u_1)\neq f(u_2)$。我们考察单元集 $\{u_1\}$ 和 $\{u_2\}$,则根据假设,$\{u_1\}=f^{-1}[f[\{u_1\}]]$,$\{u_2\}=f^{-1}[f[\{u_2\}]]$。由于 $\{u_1\}\neq\{u_2\}$,所以 $f[\{u_1\}]\neq f[\{u_2\}]$。注意到 $f[\{u_1\}]=\{f(u_1)\}$,$f[\{u_2\}]=\{f(u_2)\}$,因而就有 $f(u_1)\neq f(u_2)$,可见 $f: a\to b$ 是单射。反之,假设 $f: a\to b$ 是单射,想要得到 $c=f^{-1}[f[c]]$ 对于任意的 $c\subset a$ 成立,根据例 4.2.1,只需证明 $c\supset f^{-1}[f[c]]$ 对于任意的 $c\subset a$ 成立即可。任取 $u\in f^{-1}[f[c]]$,则根据式(4.2.3),有 $f(u)\in f[c]$,再根据式(4.2.2),存在 $x\in c$,有 $f(u)=f(x)$,由于 $f: a\to b$ 是单射,所以,$u=x\in c$,因而 $f^{-1}[f[c]]\subset c$。命题得证。

(2) 首先,假设 $d=f[f^{-1}[d]]$ 对于任意的 $d\subset b$ 成立,现在取 $d=b$,则 $b=f[f^{-1}[b]]$。我们知道,对于任意的 $d\subset b$,有 $f^{-1}[d]\subset \mathrm{dom}(f)=a$;对于任意的 $c\subset a$,有 $f[c]\subset \mathrm{ran}(f)\subset b$;所以有 $f[f^{-1}[b]]\subset \mathrm{ran}(f)\subset b$,利用假设有 $b\subset \mathrm{ran}(f)\subset b$,可得 $b=\mathrm{ran}(f)$,因而 $f: a\to b$ 是满射。反之,假设 $f: a\to b$ 是满射,想要得到 $d=f[f^{-1}[d]]$ 对于任意的 $d\subset b$ 成立,根据例 4.2.1,只需证明 $d\subset f[f^{-1}[d]]$ 对于任意的 $d\subset b$ 成立即可。任取 $v\in d$,由于 $f: a\to b$ 是满射,所以,存在 $u\in f^{-1}[\{v\}]$ 使得 $f(u)=v$。也就是说,$v=f(u)\in d$,则根据式(4.2.3),有 $u\in f^{-1}[d]$。也就是说 $v=f(u)$ 且 $u\in f^{-1}[d]$,再根据式(4.2.2)可得 $v\in f[f^{-1}[d]]$。因而,$d\subset f[f^{-1}[d]]$。命题得证。

■

从例 4.2.2 的证明中可以看出,由于映射 f 具有单值性,所以,对于任意的 $x\in a$,单元集 $\{x\}$ 在映射 f 下的像为单元集 $\{f(x)\}$,即 $f(\{x\})=\{f(x)\}$。换句话说,如果 $\langle x,y\rangle\in f$,则 $f(\{x\})=\{y\}$。可见,对于映射而言,$y=f(x)$ 可以理解为 $f(\{x\})=\{y\}$,也就是"元素 x 在映射 f 下的像";只是我们可能更习惯于将此称呼为"元素 x 在映射 f 下的值"。

对于任意映射 f 而言,其逆 f^{-1} 是一定满足单根性的,所以作为关系的 f^{-1} 满足命题 4.1.5 的条件。所以,根据命题 4.1.5,当 $a,b\subset \mathrm{dom}(f^{-1})=\mathrm{ran}(f)$ 时,有

$$f^{-1}[a \cup b]=f^{-1}[a] \cup f^{-1}[b]$$

$$f^{-1}[a \cap b]=f^{-1}[a] \cap f^{-1}[b]$$

$$f^{-1}[a-b]=f^{-1}[a]-f^{-1}[b]$$

从这个角度上看，f^{-1} 比 f“好用”。需要指出，根据命题 4.1.5 后面所述，对于任意的集合 a、b，上面的式子也是成立的。

对于映射 f 和 g，作为关系的它们，f 和 g 的复合 $f\circ g$ 是有定义的。对于任意的 $\langle x,y\rangle\in f\circ g$，则存在 $\langle x,u\rangle\in f$ 和 $\langle u,y\rangle\in g$，可以看出 $u\in \mathrm{ran}(f)$ 且 $u\in \mathrm{dom}(g)$，即 $u\in \mathrm{ran}(f)\cap \mathrm{dom}(g)$。由于现在 f 和 g 均为映射，根据单值性，这个 u 还是唯一的，也就是说存在唯一的 u，满足 $u=f(x)$ 且 $y=g(u)$，因而对于 x 而言，也就存在唯一的 y，满足 $y=(f\circ g)(x)=g(f(x))$，可见 $f\circ g$ 满足单值性，所以其是映射。至于其定义域，根据 $u\in \mathrm{ran}(f)\cap \mathrm{dom}(g)$，可得 $x\in \mathrm{dom}(f)$ 且 $u=f(x)\in \mathrm{dom}(g)$。

前面曾提到过，对于映射 f，也可以理解为从 $\mathrm{dom}(f)$ 到 $\mathrm{ran}(f)$ 的映射。现在把上一段的结论稍微推广一下。对于从 a 到 b 的映射 f，如果映射 g 是从 b 到 c 的，则对于任意的 $x\in \mathrm{dom}(f)=a$，都会有 $f(x)\in \mathrm{ran}(f)\subset b=\mathrm{dom}(g)$，所以此时映射 $f\circ g$ 的定义域就是集合 a 了，因而 $f\circ g$ 就是 a 到 c 的映射。

对于映射 f 和 g，其复合 $f\circ g$ 也是映射，说明了关系的复合保持关系的单值性。事实上，关系的复合还保持关系的单根性，即如果关系 r 和 s 是单根的，则 $r\circ s$ 也是单根的。这是因为，根据 r 和 s 的单根性，可得 r^{-1} 和 s^{-1} 的单值性，所以 $s^{-1}\circ r^{-1}$ 也是单值的，而 $s^{-1}\circ r^{-1}=(r\circ s)^{-1}$，所以 $(r\circ s)^{-1}$ 是单值的，进而 $r\circ s$ 是单根的。这说明，如果映射 f 和 g 是单射，即关系 f 和 g 同时满足单值性和单根性，则 $f\circ g$ 也同时满足单值性和单根性，也就是 $f\circ g$ 是单射。至于满射，作为映射的 $f\circ g$ 当然是其定义域到值域的满射。所以如果映射 f 和 g 是单射，$f\circ g$ 是其定义域到值域的双射。类似地，把这个结论稍微推广一下，对于从 a 到 b 的映射 f 和从 b 到 c 的映射 g，如果它们分别是单射、满射、双射，则很容易得到 a 到 c 的映射 $f\circ g$ 将分别是单射、满射、双射。关系的复合保持关系的单值性和单根性，或者等价地，保持映射的单射性和满射性，进而保持双射性，是非常重要的性质，后面我们会多次利用这个结论。

4.3 等价关系

上一节中讨论了映射 f 这一特殊的关系，映射 f 作为一种二元关系，反映了定义域 $\mathrm{dom}(f)$ 和值域 $\mathrm{ran}(f)$ 两个集合之间的关系。现在，我们讨论一个集合 a 与其自身的一种特殊关系，也就是集合 a 上的关系。通过这个关系，可以对集合 a 中的元素进行分类。在引入这个特殊关系之前，先引入集合 a 上关系的一些性质。不失一般性，$a\neq\varnothing$。

【定义 4.3.1】 已知 r 是集合 a 上二元关系，如果对于任意的 $x\in a$，均有 $\langle x,x\rangle\in r$，则称关系 r 是自反的（reflexive）。

用谓词公式表示自反性就是 $\forall x(x\in a\rightarrow\langle x,x\rangle\in r)$。可以看出，关系 r 是自反的，实际上就是要求 a 上恒等关系 $I_a\subset r$。比如，集合 $a=\{\varnothing,\{\varnothing\}\}$，则 a 上的关系 $r=\{\langle\varnothing,\varnothing\rangle,\langle\{\varnothing\},\varnothing\rangle,\langle\{\varnothing\},\{\varnothing\}\rangle\}$ 就是自反的。集合 a 上的全域关系也满足自反性。

【定义 4.3.2】 已知 r 是集合 a 上二元关系，如果对于任意的 $\langle x,y\rangle\in r$，均有 $\langle y,x\rangle\in r$，则称关系 r 是对称的（symmetric）。

用谓词公式表示对称性就是 $\forall x\forall y(\langle x,y\rangle\in r\rightarrow\langle y,x\rangle\in r)$。根据关系的逆的定义，

可以得出，如果关系 r 是对称的，则关系 r^{-1} 也是对称的，且 $r=r^{-1}$。比如，集合 $a=\{\varnothing,\{\varnothing\}\}$，则集合 a 上的关系 $r=\{\langle\varnothing,\varnothing\rangle,\langle\{\varnothing\},\varnothing\rangle,\langle\varnothing,\{\varnothing\}\rangle\}$ 就是对称的，关系 $s=\{\langle\{\varnothing\},\varnothing\rangle,\langle\{\varnothing\},\{\varnothing\}\rangle\}$ 不是对称的。集合 a 上的全域关系和恒等关系也都满足对称性。注意，空关系 $\varnothing$ 也是对称的，因为关系对称性的定义中是一个蕴含表达。

【定义 4.3.3】 已知 r 是集合 a 上二元关系，如果对于任意的 $\langle x,y\rangle\in r$ 和 $\langle y,z\rangle\in r$，可以得到 $\langle x,z\rangle\in r$，则称关系 r 是传递的(transitive)。

用谓词公式表示传递性就是 $\forall x\forall y\forall z(\langle x,y\rangle\in r\wedge\langle y,z\rangle\in r\rightarrow\langle x,z\rangle\in r)$。根据关系复合的定义，如果关系 r 是传递的，则 $r\circ r\subset r$。比如，对于集合 $a=\{\varnothing,\{\varnothing\}\}$，则关系 $r=\{\langle\varnothing,\varnothing\rangle,\langle\{\varnothing\},\varnothing\rangle\}$ 就是传递的，关系 $s=\{\langle\{\varnothing\},\varnothing\rangle,\langle\varnothing,\{\varnothing\}\rangle\}$ 不是传递的。集合 a 上的全域关系、恒等关系以及空关系也都是传递的。

下面我们看一下本节一开始提到的，对集合 a 中元素进行分类的情况。对一个集合的元素进行分类，必然会有一个分类的依据，根据这个依据可以把集合 a 中的不同元素划分到不同的类别，以形成不同的类。注意，这里所说的类是“类别”的意思，不是上一章中提到的作为对象的类。当然，这可以认为是自然语言存在多义性和模糊性的一个实例。作为分类的依据应该是抽象的，也就是具有集合的形式，而且还是具有一定性质的集合。只要某集合具有这些性质，就可以把该集合认为是一个分类依据。既然分类依据是为了将集合 a 中不同元素划分到不同类别，那我们先看一下何为集合的划分，以进而确定分类依据所应该具有的性质。考虑集合 a 为 $\{\varnothing,\{\varnothing\},\{\{\varnothing\}\},\{\varnothing,\{\varnothing\}\},\{\{\varnothing\},\{\{\varnothing\}\}\},\{\varnothing,\{\{\varnothing\}\}\}\}$，这是一个含有 6 个元素的集合，可以依据这些元素不含有元素、含有一个元素、含有两个元素，将集合 a 中元素分为如下三类。第一类：$\varnothing$；第二类：$\{\varnothing\},\{\{\varnothing\}\}$；第三类：$\{\varnothing,\{\varnothing\}\},\{\{\varnothing\},\{\{\varnothing\}\}\},\{\varnothing,\{\{\varnothing\}\}\}$。将每一类视为一个整体的对象，因而这 3 个对象就可以作为元素，形成一个新的集合，即

$$\{\{\varnothing\},\{\{\varnothing\},\{\{\varnothing\}\}\},\{\{\varnothing,\{\varnothing\}\},\{\{\varnothing\},\{\{\varnothing\}\}\},\{\varnothing,\{\{\varnothing\}\}\}\}\}$$

可以看出，这个集合含有的三个元素代表三个不同的类：不含元素的类 $\{\varnothing\}$，含有一个元素的类 $\{\{\varnothing\},\{\{\varnothing\}\}\}$，以及含有两个元素的类 $\{\{\varnothing,\{\varnothing\}\},\{\{\varnothing\},\{\{\varnothing\}\}\},\{\varnothing,\{\{\varnothing\}\}\}\}$。当然也可以把集合 a 中元素分为如下两类：$\varnothing,\{\varnothing\},\{\{\varnothing\}\}$ 为一类；$\{\varnothing,\{\varnothing\}\},\{\{\varnothing\},\{\{\varnothing\}\}\},\{\varnothing,\{\{\varnothing\}\}\}$ 为另一类。分类方法不止一种，然而，不管如何分类，分类之后所形成的新集合都具有如下特点：每个元素所代表的类别至少含有 a 中一个元素，且 a 中每个元素恰好只分在其中一个类别里，没有未分类的遗漏元素。这些特点是集合分类之后所形成的新集合所具有的根本属性，也与我们对一个集合进行划分的直观感觉相吻合，称之为集合 a 的划分。

【定义 4.3.4】 对于非空集 a，如果 $P(a)$ 的子集 Ω 满足：

(1) $\varnothing\notin\Omega$。

(2) 对于任意的 $b,c\in\Omega$，如果 $b\neq c$，则 $b\cap c=\varnothing$。

(3) $\bigcup\Omega=a$。

则集合 Ω 称为集合 a 的一个划分(partition)，并称集合 Ω 的每一个元素为集合 a 的一个划分块(partition block)。

图 4.3.1 展示了一个集合划分的直观印象。

有了集合划分的概念，再看作为集合划分的分类依据的这个集合所应该具有的性质。为了能够根据该分类依据得到集合 a 的划分，该分类依据的性质应该是来源于集合划分定

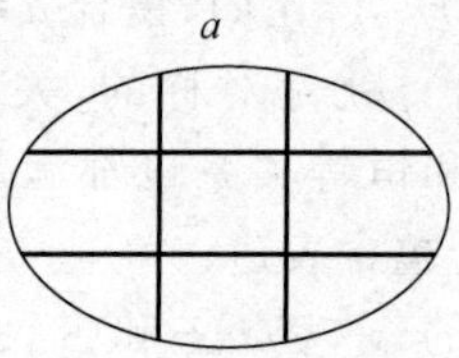

图 4.3.1 集合划分的示意图

义中的性质，而且还应该由划分块中的元素来体现这些性质，因为，毕竟是对集合 a 中元素进行分类以完成集合的划分的。对于集合 a 的划分中的任意一个划分块 b，划分块 b 中任意两个元素 x、y 作为集合 a 的元素被划分到 b 中，是因为它们具有某种性质，这种性质应该是抽象的，而非前面所举例的"x、y 具有相同的元素数目"这种具体的性质。我们把该性质用符号 F 表示。与谓词逻辑类似，x、y 具有性质 F，也就是 x、y 具有关系 F，记为 $F(x,y)$。可以用二元关系来表示关系 F，即如果 $\langle x,y\rangle\in F$，则 x、y 具有关系 F，也就表示为 $F(x,y)$。对于划分块 b 中任意两个元素 x、y 所形成的有序对 $\langle x,y\rangle$，我们发现，其具有如下性质：①元素 x 与 x 自身属于同一个划分块，即 $\langle x,x\rangle\in F$；②如果元素 x 与元素 y 属于同一个划分块，则元素 y 与元素 x 也属于同一个划分块，即 $\langle x,y\rangle\in F$ 蕴含了 $\langle y,x\rangle\in F$；③如果元素 x 与元素 y 属于同一个划分块，元素 y 与元素 z 属于同一个划分块，则元素 x 与元素 z 属于同一个划分块，即 $\langle x,y\rangle\in F$ 并且 $\langle y,z\rangle\in F$，蕴含了 $\langle x,z\rangle\in F$。而这恰好与集合 a 上关系的自反性、对称性、传递性一致。所以，可以采用具有这三条性质的集合 a 上的关系，作为对集合 a 上进行划分的分类依据。因而，我们专门把同时具有这 3 条性质的关系加以定义。

【定义 4.3.5】 对于是集合 a 上二元关系 r，如果其是自反的、对称的、传递的，则称二元关系 r 为集合 a 上的等价关系(equivalence relation)。

如果关系 r 为集合 a 上的等价关系，我们将用符号～来表示关系 r。如果 $\langle x,y\rangle\in\sim$，则称 x 与 y 是等价的，简记为 $x\sim y$。

对照第 3 章中的关于相等的 4 个最基本事实可以发现，相等关系是等价关系，因为前 3 个事实说的就是相等所满足的自反性、对称性、传递性。事实上，集合 a 上的恒等关系 I_a 就是相等所要表达的意思。相较于相等关系，等价关系可以看作一种"弱化了"的相等关系，恰恰是这种弱化，使得等价关系具有广泛的适用性。如果按照相等关系对集合 a 进行划分，所得到的划分中的每一个元素都是集合 a 中元素所形成的单元集，因为每一个划分块都仅含有一个元素。换句话说，集合 a 中每一个元素自成一类。这样得到的集合 a 划分与集合 a 本身没有实质性的区别，所以意义不大。当然，并不是只有 a 上的恒等关系才是等价关系，比如，全域关系也是集合 a 上的等价关系，并且还是 a 上最大的等价关系。

有些读者或许观察到了，如果集合 a 上二元关系 r 满足对称性和传递性，那么根据对称性，当 $\langle x,y\rangle\in r$，则 $\langle y,x\rangle\in r$，再根据传递性可得 $\langle x,x\rangle\in r$。然而，这并不是说当 r 满足对称性和传递性，就会满足自反性，因为我们所得到的 $\langle x,x\rangle\in r$ 只是根据 $\langle x,y\rangle\in r$ 得到的，对于不属于 r 的有序对，并不能得到上述结果。换句话说，只根据 r 的对称性和传递性，只能得到 r 是关于集合 $\mathrm{dom}(r)$ 的等价关系，而非一定是集合 a 上的等价关系。比如，$a=\{\varnothing,\{\varnothing\},\{\{\varnothing\}\}\}$，$r=\{\langle\varnothing,\varnothing\rangle,\langle\{\varnothing\},\varnothing\rangle,\langle\varnothing,\{\varnothing\}\rangle,\langle\{\varnothing\},\{\varnothing\}\rangle\}$，则该关系 r 就满足对称性和传递性，然而它只是 $\mathrm{dom}(r)$ 上的等价关系，而非集合 a 上的等价关系。由于关系 r 满足对称性，所以 $\mathrm{dom}(r)=\mathrm{ran}(r)$，因而也可以说 r 是 $\mathrm{fld}(r)$ 上的等价关系。一般地，$\mathrm{fld}(r)$ 只是集合 a 的子集而已。

下面我们看，有了集合 a 上等价关系～，是如何对集合 a 完成划分的。对于集合 a 中的任意元素 x，令集合 $\{u\in a\mid u\sim x\}$ 表示集合 a 中所有与元素 x 等价的元素所构成的集合，把该集合简记为$[x]$,并称其为 x 在等价关系～下的等价类(equivalence class),或者简称为 x 的等价类。有时称 x 为等价类$[x]$的代表元(representative)。显然,等价类$[x]\subset a$。之所以引入等价类这种集合,是因为等价类具有集合划分所需要的全部性质。

【命题 4.3.1】 对于非空集合 a 上的等价关系～,有:

(1) 对于任意的 $x\in a$,有$[x]\neq\varnothing$。

(2) $x\sim y$ 当且仅当$[x]=[y]$。

(3) $x\nsim y$ 当且仅当$[x]\cap[y]=\varnothing$。

(4) $\bigcup\{[x]\mid x\in a\}=a$。

证明:(1) 由于集合 a 非空,且对于任意的$[x]$,均有 $x\in[x]$,所以$[x]\neq\varnothing$。

(2) 当 $x\sim y$ 时,任取 $u\in[x]$,则根据等价类的定义,$u\sim x$,而已知 $x\sim y$,根据等价关系的传递性知 $u\sim y$,所以 $u\in[y]$,因而$[x]\subset[y]$;类似地,可证$[y]\subset[x]$,因而$[x]=[y]$。反之,当$[x]=[y]$时,由于 $x\in[x]$,所以 $x\in[y]$,再根据等价类的定义,有 $x\sim y$。

(3) 当 $x\nsim y$ 时,假设$[x]\cap[y]\neq\varnothing$,即存在 $z\in[x]\cap[y]$,所以 $z\sim x$ 且 $z\sim y$,再根据等价关系的对称性和传递性,可知 $x\sim y$,矛盾,所以$[x]\cap[y]=\varnothing$。反之,当$[x]\cap[y]=\varnothing$,根据(1)中结论,由于$[x]$和$[y]$都不为空集,因而$[x]\neq[y]$,再根据(2)中结论可知,$x\nsim y$。

(4) 由于等价类$[x]$一定是集合 a 的子集,即$[x]\subset a$,所以$\bigcup\{[x]\mid x\in a\}\subset a$;另外,对于任意的 $x\in a$,有 $x\in[x]$,所以$\bigcup\{[x]\mid x\in a\}\supset a$,因而$\bigcup\{[x]\mid x\in a\}=a$。

■

根据命题 4.3.1 中的(2),等价类$[x]$中的每一个元素都可以作为代表元。对比命题 4.3.1 和定义 4.3.4,可以清晰地看出,非空集合 a 上在定义了等价关系之后,每一个等价类$[x]$对应了非空集合 a 的划分中的一个划分块。所有等价类作为元素所构成的集合$\{[x]\mid x\in a\}$就是集合 a 的划分。集合$\{[x]\mid x\in a\}$有专门的名称。

【定义 4.3.6】 对于集合 a 上的等价关系～,由所有该等价关系下的等价类作为元素所构成的集合称为 a 关于等价关系～的商集(quotient set),记为 $a/\sim$。

根据前面的讨论,集合 a 关于等价关系～的商集 $a/\sim=\{[x]\mid x\in a\}$是集合 a 的一个划分。反之,对于集合 a 的一个划分 Ω,会诱导出集合 a 上的一个等价关系～:$x\sim y$ 当且仅当 x,y 属于同一个划分块。因为前面已经说明了根据 x、y 是否属于同一个划分块这种关系是满足自反性、对称性、传递性的。可以看出,集合 a 上的等价关系～和集合 a 的划分 Ω 是一一对应的。

还是以六元集 $a=\{\varnothing,\{\varnothing\},\{\{\varnothing\}\},\{\varnothing,\{\varnothing\}\},\{\{\varnothing\},\{\{\varnothing\}\}\},\{\varnothing,\{\{\varnothing\}\}\}\}$为例进行说明。为了更加清晰,把集合 a 中的 6 个元素分别用符号 x_1,x_2,x_3,x_4,x_5,x_6 表示。对于恒等关系

$$\sim_1=I_a=\{\langle x_1,x_1\rangle,\langle x_2,x_2\rangle,\langle x_3,x_3\rangle,\langle x_4,x_4\rangle,\langle x_5,x_5\rangle,\langle x_6,x_6\rangle\}$$

它是集合 a 上的一个等价关系,该等价关系下的商集为

$$a/\sim_1=\{[x]\mid x\in a\}=\{\{x_1\},\{x_2\},\{x_3\},\{x_4\},\{x_5\},\{x_6\}\}$$

该商集也对应了集合 a 的一个划分 Ω_1,也就是把集合 a 划分为 6 块,每一个划分块为一个单元集。

对于关系

$$\sim_2=\{\langle x_1,x_1\rangle,\langle x_1,x_2\rangle,\langle x_2,x_1\rangle,\langle x_2,x_2\rangle,\langle x_3,x_3\rangle,\langle x_3,x_4\rangle,\langle x_4,x_3\rangle,\langle x_4,x_4\rangle,\langle x_5,x_5\rangle,\langle x_5,x_6\rangle,\langle x_6,x_5\rangle,\langle x_6,x_6\rangle\}$$

可以验证,其也是 a 上的一个等价关系。由该等价关系,$x_1\sim_2 x_2$,$x_3\sim_2 x_4$,$x_5\sim_2 x_6$,因而等价类为$[x_1]=[x_2]$,$[x_3]=[x_4]$,$[x_5]=[x_6]$,所以集合 a 关于$\sim_2$ 的商集为

$$a/\sim_2=\{\{x_1,x_2\},\{x_3,x_4\},\{x_5,x_6\}\}$$

可以看出,该商集所对应的集合 a 的划分 Ω_2,是把集合 a 划分为 3 块,每一个划分块为双元集。其中,(划分块的数目 3)=(a 的元素数目 6)/(划分块中元素数目 2),相当于对集合 a 作"商"。

全域关系$\sim_3=\{\langle x_m,x_n\rangle\mid m,n=1,2,3,4,5,6\}$也是 a 上的一个等价关系,根据该等价关系,$x_1\sim_3 x_2\sim_3 x_3\sim_3 x_4\sim_3 x_5\sim_3 x_6$,即 a 中所有元素都是等价的,所以$[x_1]=[x_2]=[x_3]=[x_4]=[x_5]=[x_6]=\{x_1,x_2,x_3,x_4,x_5,x_6\}$,因而,集合 a 关于$\sim_3$ 的商集为

$$a/\sim_2=\{\{x_1,x_2,x_3,x_4,x_5,x_6\}\}$$

该商集所对应的集合 a 的划分 Ω_3,是把集合 a 整体看作一个划分块,因而划分块只有一块。

当然,我们一开始在引入集合划分时所提到的集合 a 的划分,其所诱导出的 a 上的关系也是 a 上的等价关系,集合 a 关于该等价关系下的商集为$\{\{x_1\},\{x_2,x_3\},\{x_4,x_5,x_6\}\}$,也就是将集合 a 按照所含元素数目的多少分为三类。事实上,将"x、y 具有相同的元素数目"看作为 $x\sim y$,它是满足自反性、对称性、传递性的,可见它是一种具体的等价关系。

等价关系对集合的分类作用非常有用。比如,对于 a 到 b 的映射 f,很多时候希望可能通过 f 构造出与其相关的双射,因为双射具有优良的性质。其中,满射是容易构造的,我们只须令 $b=\text{ran}(f)$,则映射 f 是 a 到 $\text{ran}(f)$的满射。现在我们假设 f 是 a 到 b 的满射。我们在集合 a 上构造一个二元关系 r:对于集合 a 中元素 x、y,xry 当且仅当 $f(x)=f(y)$。容易验证,二元关系 r 是集合 a 上的等价关系,因为对于任意的 x、y,$f(x)=f(x)$;$f(x)=f(y)$蕴含了 $f(y)=f(x)$;$f(x)=f(y)$且 $f(y)=f(z)$,蕴含了 $f(x)=f(z)$,即二元关系 r 满足自反性、对称性、传递性。该等价关系称为由映射 f 按照等值方式诱导出的等价关系,其中等价类

$$[x]=\{u\mid urx\}=\{u\mid f(u)=f(x)\}=f^{-1}[\{f(x)\}]$$

定义商集 a/r 到集合 b 的映射为 φ:对于 a/r 中的元素$[x]$,有 $\varphi([x])=f(x)$。对于与 x 等价的元素 y,有$[y]=[x]$,所以根据映射 φ 的定义就会有 $\varphi([x])=\varphi([y])=f(y)$。然而,由于 y 与 x 等价,所以它们是等值的,即 $f(x)=f(y)$,所以映射 φ 的定义与等价类$[x]$的"代表元"x 的选取无关,这时称映射 φ 的定义是良定义的(well defined)。当商集 a/r 中元素$[x]\neq[y]$时,根据命题 4.3.1 可得 x 与 y 不等价,也就是 $f(x)\neq f(y)$,因而,根据映射 φ 的定义就会有 $\varphi([x])\neq\varphi([y])$,这说明映射 φ 是 a/r 到 b 的单射。根据 f 是满射,容易得到映射 φ 也是满射,因而映射 φ 是 a/r 到 b 的双射。图 4.3.2 给出了 a 到 b 的映射 f 通过等值关系诱导出等价关系前后的变化示意图,其中图 4.3.2(a)和图 4.3.2(b)分别表示之前和之后的情形。

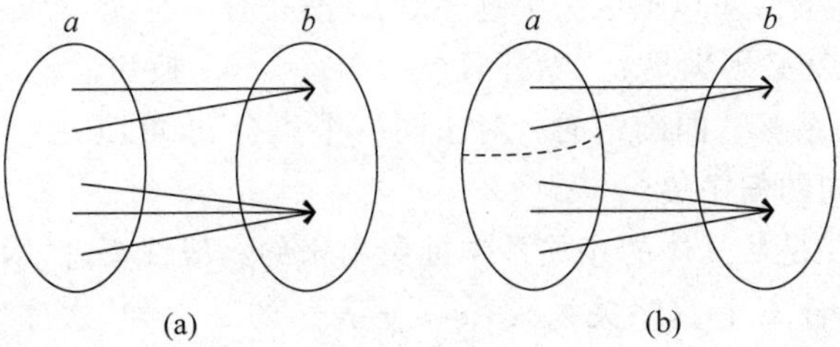

图 4.3.2 映射通过等值关系诱导出等价关系的示意图

4.4 偏序关系

上一节中介绍了集合上的等价关系。给定集合 a 上的一种等价关系，就可以对集合 a 中的元素进行一种分类，进而实现对集合的一种划分。本节介绍集合上的另一种重要关系——偏序关系，通过这种关系可以对集合中的元素进行排序。在集合理论中，对集合中的元素进行排序非常重要，因为排序是计数的基础。

在介绍偏序关系之前，先介绍集合 a 上关系的几个性质。

【定义 4.4.1】 已知 r 是集合 a 上的二元关系，如果对于任意的 $x\in a$，均有 $\langle x,x\rangle\notin r$，则称关系 r 是反自反的(antireflexive)。

用谓词公式表示反自反性就是 $\forall x(x\in a\rightarrow\langle x,x\rangle\notin r)$。可以看出，关系 r 是反自反的，实际上就是要求 a 上恒等关系与 r 的交集为空：$I_a\cap r=\varnothing$。比如，集合 $a=\{\varnothing,\{\varnothing\}\}$，则 a 上的关系 $r=\{\langle\varnothing,\{\varnothing\}\rangle,\langle\{\varnothing\},\varnothing\rangle\}$ 就是反自反的。

【定义 4.4.2】 已知 r 是集合 a 上二元关系，如果对于任意的 $\langle x,y\rangle\in r$ 和 $\langle y,x\rangle\in r$，可以得到 $x=y$，则称关系 r 是反对称的(antisymmetric)。

用谓词公式表示对称性就是 $\forall x\forall y(\langle x,y\rangle\in r\wedge\langle y,x\rangle\in r\rightarrow(x=y))$。根据关系的逆的定义，如果 $\langle x,y\rangle\in r$，则有 $\langle y,x\rangle\in r^{-1}$，所以，如果 $\langle x,y\rangle\in(r\cap r^{-1})$，就会有 $\langle x,y\rangle\in r$ 和 $\langle y,x\rangle\in r$，进而当关系 r 满足反对称性时，可得 $x=y$，即 $(r\cap r^{-1})\subset I_a$。比如，集合 $a=\{\varnothing,\{\varnothing\}\}$，则集合 a 上的关系 $r=\{\langle\varnothing,\varnothing\rangle,\langle\{\varnothing\},\varnothing\rangle\}$ 就是反对称的。

有了上述关系的性质，我们开始介绍偏序关系。首先，我们先直观感觉一下所谓的“序”应该具有哪些性质。联想“小于或等于”关系 $\leqslant$ 和“小于”关系 $<$，这是两种不同的序。先看关系 $\leqslant$，以高中所学的代数为例，其应该满足 $x\leqslant x$；$x\leqslant y$ 并且 $y\leqslant x$，蕴含 $x=y$；$x\leqslant y$ 并且 $y\leqslant z$，蕴含 $x\leqslant z$。也就是说，关系 $\leqslant$ 满足自反性、反对称性、传递性。我们抽象出偏序关系的概念。

【定义 4.4.3】 对于集合 a 上二元关系 r，如果其是自反的、反对称的、传递的，则称二元关系 r 为集合 a 上的偏序关系(partial order relation)。

对于集合 a 上偏序关系 r，用符号 $\leqslant$ 表示，并将集合 a 连同其上的偏序关系 $\leqslant$ 称为偏序集(partially ordered set)，记为 $\langle a,\leqslant\rangle$。在不引起混淆的情况下，也称集合 a 为偏序集。集合 a 中的元素也称为偏序集 $\langle a,\leqslant\rangle$ 中的元素。如果 $\langle x,y\rangle\in\leqslant$，则表示：根据偏序关系 $\leqslant$，元素 x 在元素 y 的前面或者 x 与 y 是同一个元素；按照二元关系的一般记法，$\langle x,y\rangle\in\leqslant$ 可以简记为 $x\leqslant y$。需要指出，采用符号 $\langle a,\leqslant\rangle$ 表示偏序集是合理的，因为偏序关系 $\leqslant$ 也是

集合，所以集合 a 和集合$\leqslant$可以形成一个有序对，既然是有序对，就说明如果偏序集$\langle a,\leqslant_1\rangle$与偏序集$\langle b,\leqslant_2\rangle$相等，就必须满足 $a=b$ 并且$(\leqslant_1)=(\leqslant_2)$；换句话说，偏序集$\langle a,\leqslant\rangle$是由集合 a 和其上的偏序关系$\leqslant$共同确定的。对于同一个集合 a，可以在 a 上建立不同的偏序关系，进而可以形成不同的偏序集。

注意，定义 4.4.3 是从具体的序关系中抽象出来的一般性概念，因而与具体的序关系还是有差别的。对于集合 a 上偏序关系$\leqslant$，$x\leqslant y$ 表达的是一种"次序"的含义，并非是表达"元素 x 比元素 y 小或者等于 y"的含义，虽然为了方便我们还是会说"x 小于或等于 y"。比如，考虑集合 $a=\{\varnothing,\{\varnothing\},\{\{\varnothing\}\}\}$，则 a 上的关系

$$r=\{\langle\varnothing,\varnothing\rangle,\langle\{\varnothing\},\{\varnothing\}\rangle,\langle\{\{\varnothing\}\},\{\{\varnothing\}\}\rangle,\langle\varnothing,\{\varnothing\}\rangle,\langle\{\varnothing\},\{\{\varnothing\}\}\rangle,\langle\varnothing,\{\{\varnothing\}\}\rangle\}$$

就是偏序关系。根据该偏序关系，有$\varnothing\leqslant\{\varnothing\}$，$\{\varnothing\}\leqslant\{\{\varnothing\}\}$，显然这与依据元素的大小进行排序没有什么关系。再比如，同样对于集合 $a=\{\varnothing,\{\varnothing\},\{\{\varnothing\}\}\}$，可以在其幂集 $P(a)$ 上定义二元关系 r 为 xry 表示 $x\subset y$。可以验证，二元关系 r 是 $P(a)$上的偏序关系，比如，$\{\varnothing\}\leqslant\{\varnothing,\{\varnothing\}\}$；而 $P(a)$的两个不同元素$\{\{\varnothing\},\{\{\varnothing\}\}\}$和$\{\varnothing,\{\varnothing\}\}$，它们之间既不满足$\{\{\varnothing\},\{\{\varnothing\}\}\}\leqslant\{\varnothing,\{\varnothing\}\}$，也不满足$\{\varnothing,\{\varnothing\}\}\leqslant\{\{\varnothing\},\{\{\varnothing\}\}\}$，换句话说，它们之间"不可比"。可见，对于一般的偏序集$\langle a,\leqslant\rangle$，对于任意的 $x,y\in a$，是可能存在它们不可比的情况的。事实上，偏序中的"偏"(partial)是"部分"的意思，即偏序是"部分序"的意思，也就是说，只要集合中的部分元素之间存在次序即可，因而偏序集中两元素之间可能存在没有次序的情况。

【定义 4.4.4】 对于偏序集$\langle a,\leqslant\rangle$中元素 x、y，称 x 与 y 是可比的(comparable)，如果 $x\leqslant y$ 或者 $y\leqslant x$。

根据定义 4.4.4 可以看出，对于偏序集$\langle a,\leqslant\rangle$中的任意两个元素 x、y，依据偏序关系$\leqslant$就会有，x、y 之间要么不可比，要么 $x\leqslant y$ 或者 $y\leqslant x$。

对于偏序集$\langle a,\leqslant\rangle$，集合 $b\subset a$，显然，二元关系$\leqslant_b=(\leqslant)\cap(b\times b)$是子集 b 上的偏序关系，因为从直观上理解，把集合 a 中的一部分元素去掉并不影响其他元素之间已经排好的次序，因而，$\langle b,\leqslant_b\rangle$也是偏序集；由于偏序关系$\leqslant_b$ 是也是$\leqslant$的子集，所以有时也把$\langle b,\leqslant_b\rangle$记为$\langle b,\leqslant\rangle$，并称其为$\langle a,\leqslant\rangle$的偏序子集。

我们再看"小于或关系"$<$，还是以高中所学的代数为例，直观感觉其应该满足 $x\not<x$；$x<y$ 蕴含 $y\not<x$；$x<y$ 并且 $y<z$，蕴含 $x<z$。注意，对于第二条 $x<y$ 蕴含 $y\not<x$，我们需要清楚：首先，这一条是满足反对称性的，因为反对称性是一个蕴含式；其次，这一条是可以从其他两条得出的，因为如果 $x<y$ 且 $y<x$，则根据第三条可得 $x<x$，这与第一条矛盾，所以对于$<$关系，只需要满足第一条和第三条，也就是反自反性和传递性即可。

【定义 4.4.5】 对于是集合 a 上的二元关系 r，如果其是反自反的和传递的，则称该二元关系 r 为集合 a 上的严格偏序关系(strict partial order relation)。

对于集合 a 上严格偏序关系 r，用符号$<$表示。对于严格偏序关系，由于其不具有自反性，所以它不是偏序关系。然而，如果把反映偏序关系自反性的 I_a 加入到严格偏序关系中，则集合 a 上的严格偏序关系就会成为集合 a 上的偏序关系，也就是$(<)\cup(I_a)=(\leqslant)$。这是因为，首先，$(<)\cup(I_a)\subset a\times a$，即二元关系$(<)\cup(I_a)$为集合 a 上的二元关系。下面证明二元关系$(<)\cup(I_a)$满足自反性、反对称性、传递性。关于自反性，$I_a\subset(<)\cup(I_a)$说明了$(<)\cup(I_a)$满足自反性。关于对称性，假设$\langle x,y\rangle$和$\langle y,x\rangle$均属于$(<)\cup(I_a)$，则$\langle x,y\rangle$

和$\langle y,x\rangle$至少有一个属于I_a，这是因为$(I_a)\cap(<)=\varnothing$，且$\langle x,y\rangle$和$\langle y,x\rangle$中如果一个属于$<$，则另一个一定不再属于$<$，否则就会根据$<$所满足的传递性得到$x<x$或$y<y$，而与$<$的反自反性矛盾；所以$\langle x,y\rangle$和$\langle y,x\rangle$至少有一个属于I_a，进而可得$x=y$；即如果$\langle x,y\rangle$和$\langle y,x\rangle$均属于$(<)\cup(I_a)$，蕴含了$x=y$，所以$(<)\cup(I_a)$满足反对称性。关于传递性，如果$\langle x,y\rangle$和$\langle y,z\rangle$均属于$(<)\cup(I_a)$，那么，如果$\langle x,y\rangle$和$\langle y,z\rangle$均属于$<$，根据$<$的传递性可得$\langle x,z\rangle$属于$<$；如果$\langle x,y\rangle$和$\langle y,z\rangle$均属于I_a，则$x=y$，$y=z$，可得$x=z$，即$\langle x,z\rangle$属于I_a；如果$\langle x,y\rangle$和$\langle y,z\rangle$一个属于$<$，另一个属于I_a，则有$\langle x,y\rangle$属于$<$并且$y=z$，或者有$x=y$并且$\langle y,z\rangle$属于$<$，这两种情况都说明$\langle x,z\rangle$属于$<$。综上可知，无论$\langle x,y\rangle$和$\langle y,z\rangle$均属于$(<)\cup(I_a)$，还是均属于I_a，还是$\langle y,z\rangle$一个属于$<$一个属于I_a，都可以得出$\langle x,z\rangle$属于$(<)\cup(I_a)$，所以$(<)\cup(I_a)$满足传递性；反之，如果$\leqslant$为集合a上的偏序关系，则如果将I_a从$\leqslant$中去除，则所得到的关系就是集合a上的严格偏序关系，即$(\leqslant)-(I_a)=(<)$。因为，首先根据$(\leqslant)-(I_a)\subset(\leqslant)$，可得$(\leqslant)-(I_a)$为集合$a$上的二元关系；其次，由$((\leqslant)-(I_a))\cap(I_a)=\varnothing$说明$(\leqslant)-(I_a)$满足反自反性；如果$\langle x,y\rangle$和$\langle y,z\rangle$都属于$(\leqslant)-(I_a)$，说明$\langle x,y\rangle$和$\langle y,z\rangle$都属于$\leqslant$，且$x\neq y$，且$y\neq z$，根据$\leqslant$满足传递性可知$\langle x,z\rangle$属于$\leqslant$，此外，$x\neq z$，因为如果$x=z$，就会有$\langle z,y\rangle$和$\langle y,z\rangle$都属于$\leqslant$，进而可得$y=z$，这与$y\neq z$矛盾，所以$\langle x,z\rangle$属于$(\leqslant)-(I_a)$。可见，$(\leqslant)-(I_a)$满足反自反性和传递性，因而为严格偏序关系。

比如，考虑集合$a=\{\varnothing,\{\varnothing\},\{\{\varnothing\}\}\}$，则前面已经说明了$a$上的关系

$$r=\{\langle\varnothing,\varnothing\rangle,\langle\{\varnothing\},\{\varnothing\}\rangle,\langle\{\{\varnothing\}\},\{\{\varnothing\}\}\rangle,\langle\varnothing,\{\varnothing\}\rangle,\langle\{\varnothing\},\{\{\varnothing\}\}\rangle,\langle\varnothing,\{\{\varnothing\}\}\rangle\}$$

为偏序关系。那么$r-I_a$等于

$$r=\{\langle\varnothing,\{\varnothing\}\rangle,\langle\{\varnothing\},\{\{\varnothing\}\}\rangle,\langle\varnothing,\{\{\varnothing\}\}\rangle\}$$

可以看出，$r-I_a$为严格偏序关系。

可见，偏序关系和严格偏序关系是一一对应、成对出现的，从一个偏序关系可以诱导出一个严格偏序关系，反之亦然。因而可以将“$x\leqslant y$且$x\neq y$”表示为$x<y$；并且有时也将$<$称为偏序关系，$\langle a,<\rangle$称为偏序集。此外，当一个集合上定义了偏序关系和严格偏序关系的一种时，默认另一种是对应诱导出来的。

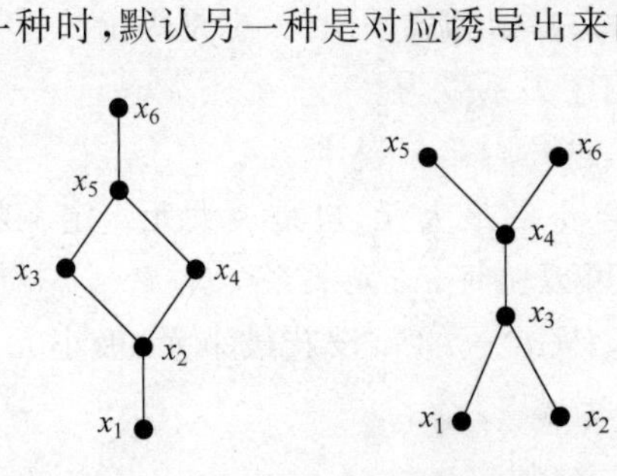

图 4.4.1　两个偏序集的哈斯图示例

我们可以用图形直观地表示偏序集。对于$x<y$，且不存在z使得$x<z<y$，我们就把x画在y的上方，并用线段连接它们。这种画法称为偏序集的哈斯图(Hasse diagram)。图4.4.1给出了两个偏序集的哈斯图示例。

集合a上一旦定义了偏序关系，就可以在集合a中定义最大元、极大元、上界等与次序有关的概念了。

【定义 4.4.6】　对于偏序集$\langle a,\leqslant\rangle$，且$b\subset a$，$x\in b$，则：

(1) 如果对于任意的$u\in b$，都有$x\leqslant u$，则称x为集合b的最小元(least element)；类似地，如果对于任意的$u\in b$，都有$u\leqslant x$，则称x为集合b的最大元(greatest element)。

(2) 如果对于任意的$u\in b$，根据$u\leqslant x$，可得$u=x$，则称x为集合b的极小元(minimal element)；类似地，如果对于任意的$u\in b$，根据$x\leqslant u$，可得$u=x$，则称x为集合b的极大元

(maximal element)。

如果用谓词公式表示上述定义即为：x 为集合 b 的最小元，

$$\forall u(u \in b \to x \leqslant u) \tag{4.4.1}$$

x 为集合 b 的最大元，

$$\forall u(u \in b \to u \leqslant x) \tag{4.4.2}$$

x 为集合 b 的极小元，

$$\forall u(u \in b \land u \leqslant x \to u = x) \tag{4.4.3}$$

x 为集合 b 的极大元，

$$\forall u(u \in b \land x \leqslant u \to u = x) \tag{4.4.4}$$

从定义 4.4.6 可以看出，集合的最大元和最小元都是全局性的，也就是说，最大元和最小元与集合内的所有元素均可比。而集合的极大元和极小元却是局部性的，因为它们只是集合中能与之相比的元素中最大的和最小的而已，集合内可能存在一些元素与极大元和极小元均不可比。作为全局性的最大元和最小元，当然也是局部性的极大元和极小元。可以看出，最大元和最小元的条件是比极大元和极小元的条件高的，在一个定义有偏序关系的集合中，很多时候我们期望是有最大元或最小元的，如果没有，降低期望于集合能有极大元或极小元。当然，也有可能集合的最大元、最小元、极大元、极小元均不存在。此外，可以看出，集合的极大元和极小元是指集合中没有比它们更大的和更小的元素而已，因而，也可以把集合 b 的极小元 x 定义为：如果对于任意的 $u \in b$，都有 $u \not< x$；把集合 b 的极大元 x 定义为：如果对于任意的 $u \in b$，都有 $x \not< u$。用谓词公式分别表示极小元和极大元，即

$$\forall u(u \in b \to u \not< x) \tag{4.4.5}$$

$$\forall u(u \in b \to x \not< u) \tag{4.4.6}$$

定义上等价，当然从谓词公式上看也是等价的，也就是说，式(4.4.5)和式(4.4.6)分别等价于式(4.4.3)和式(4.4.4)。具体地，由于 $u \not< x = \neg(u < x) = \neg(u \leqslant x \land u \neq x)$，而此式与 $\neg(u \leqslant x) \lor \neg(u \neq x) = (u \not\leqslant x) \lor (u = x)$ 是重言等价的。利用重言等价式

$$p \to (\neg q \lor r) \Leftrightarrow p \land q \to r$$

可得式(4.4.3)与式(4.4.5)是等价的。类似可得式(4.4.4)和式(4.4.6)也是等价的。

比如，对于集合 $a = \{\varnothing, \{\varnothing\}, \{\{\varnothing\}\}\}$，$a$ 上的偏序关系 $<$ 为

$$\{\langle\varnothing, \{\varnothing\}\rangle, \langle\{\varnothing\}, \{\{\varnothing\}\}\rangle, \langle\varnothing, \{\{\varnothing\}\}\rangle\}$$

则 $\varnothing$ 是集合 a 的最小元，也是极小元；$\{\{\varnothing\}\}$ 是集合 a 的最大元，也是极大元。定义集合 $P(a) - \{\varnothing\}$ 上的二元关系 $\leqslant$ 为，$x \leqslant y$ 表示 $x \subset y$。可以验证，二元关系 $\leqslant$ 是 $P(a) - \{\varnothing\}$ 上的偏序关系，a 为 $P(a) - \{\varnothing\}$ 的最大元和极大元，$P(a) - \{\varnothing\}$ 没有最小元，极小元有 3 个，分别为集合 a 的 3 个单元子集。

【定义 4.4.7】 对于偏序集 $\langle a, \leqslant\rangle$，且 $b \subset a$，$x \in a$，则：

(1) 如果对于任意的 $u \in b$，都有 $x \leqslant u$，则称 x 为集合 b 的下界(lower bound)；进一步，如果 x 是所有下界所组成集合的最大元，则称 x 为集合 b 的下确界(infimum)。

(2) 如果对于任意的 $u \in b$，都有 $u \leqslant x$，则称 x 为集合 b 的上界(upper bound)；进一步，如果 x 是所有上界所组成集合的最小元，则称 x 为集合 b 的上确界(supremum)。

我们把集合 b 的下确界和上确界分别记为 $\inf b$ 和 $\sup b$。根据定义，集合 b 的下确界也称为最大下界，上确界也称为最小上界。

举个例子，对于集合 $a=\{\varnothing,\{\varnothing\},\{\{\varnothing\}\}\}$，定义集合 $P(a)-\{\varnothing\}$上的偏序关系$\leqslant$为 $x\leqslant y$ 表示 $x\subset y$。令 $P(a)-\{\varnothing\}$的子集 $b=\{\{\varnothing,\{\varnothing\}\},\{\varnothing,\{\{\varnothing\}\}\},\{\{\varnothing\},\{\{\varnothing\}\}\}\}$，则子集 b 没有下界，自然也就没有下确界；子集 b 有唯一的上界 $a=\{\varnothing,\{\varnothing\},\{\{\varnothing\}\}\}$，该上界也是 b 的上确界。

以上讨论的都是针对一个偏序集的情况，对于两个偏序集，我们引入它们之间的同构概念。

【定义 4.4.8】 对于偏序集$\langle a,\leqslant_a\rangle$和$\langle b,\leqslant_b\rangle$，$f$ 是 a 到 b 的映射，如果对于任意的 x，$y\in a$，有 $x\leqslant_a y$ 蕴含了 $f(x)\leqslant_b f(y)$，则称映射 f 是 a 到 b 的保序映射(order-preserving mapping)。

【定义 4.4.9】 对于偏序集$\langle a,\leqslant_a\rangle$和$\langle b,\leqslant_b\rangle$，$f$ 是 a 到 b 的双射，如果 f 是 a 到 b 的保序映射，且 f^{-1} 是 b 到 a 的保序映射，则称映射 f 是 a 到 b 的同构(isomorphism)，并称$\langle a,\leqslant_a\rangle$同构于$\langle b,\leqslant_b\rangle$。

将$\langle a,\leqslant_a\rangle$同构于$\langle b,\leqslant_b\rangle$记为$\langle a,\leqslant_a\rangle\cong\langle b,\leqslant_b\rangle$。有时也将同构 f 称为同构映射 f。

对于一个偏序集$\langle a,\leqslant_a\rangle$来说，它是包含集合 a 以及 a 上的偏序关系$\leqslant_a$ 这两部分对象的，因而，当我们讨论两个偏序集$\langle a,\leqslant_a\rangle$和$\langle b,\leqslant_b\rangle$之间的同构时，除了要求集合 a 到 b 之间是一一对应的之外，还需要具备集合 a 上的偏序关系$\leqslant_a$ 保留在集合 b 上。对于集合 a 到 b 之间的一一对应，可以由 a 到 b 的映射 f 为双射来完成。对于集合 a 上的偏序关系$\leqslant_a$ 保留在集合 b 上，具体是指，对于任意 $x,y\in a$，无论 x、y 之间有偏序关系还是没有偏序关系，它们在集合 b 上的对应——$f(x)$，$f(y)$——也应该相应地有偏序关系或者没有偏序关系，更具体地说，$x\leqslant_a y$ 蕴含了 $f(x)\leqslant_b f(y)$，并且 $x\not\leqslant_a y$ 蕴含了 $f(x)\not\leqslant_b f(y)$。根据重言等价式 $p\rightarrow q\Leftrightarrow\neg q\rightarrow\neg p$，“$x\not\leqslant_a y$ 蕴含 $f(x)\not\leqslant_b f(y)$”等价于“$f(x)\leqslant_b f(y)$ 蕴含 $x\leqslant_a y$”，因而 a 到 b 的偏序关系的保持，就相当于 $x\leqslant_a y$ 当且仅当 $f(x)\leqslant_b f(y)$，这也就是定义 4.4.9 中 f 和 f^{-1} 均为保序映射的含义。所以，也可以把偏序集之间同构的定义的条件改为“$x\leqslant_a y$ 当且仅当 $f(x)\leqslant_b f(y)$”。可以看出，同构中的保持偏序关系是双向保持偏序关系，而非保序映射中的单向保持。

或许有些细心的读者注意到了，定义 4.4.8 和定义 4.4.9 中都是针对具有偏序关系$\leqslant$的集合定义保序映射和同构的，那么能否针对具有严格偏序关系$<$的集合给出类似的定义？我们说，这是完全可以的。然而，这两种定义还是略有区别的。在仅考虑一个偏序集时，偏序关系$\leqslant$和严格偏序关系$<$之间可以相互诱导，且诱导关系简单，所以它们没有实质上的区别。在考虑两个偏序集合 a 和 b 时，由于涉及 a 到 b 之间的映射 f，那么，映射 f 将 $x\leqslant_a y$ 保持到 b 上，与映射 f 将 $x<_a y$ 保持到 b 上还是有一点区别的。考虑双向保持偏序关系，由于对于偏序集$\langle a,\leqslant_a\rangle$来说，对于任意 $x,y\in a$，只会存在 $x\leqslant_a y$、$y\leqslant_a x$、x 与 y 之间是不可比这三种情况，保序映射 f 会把前两种情况保持到集合 b 上，并且会把第三种情况中的 x 与 y 不可比保持到集合 b 中的 $f(x)$，$f(y)$不可比。注意，前两种情况只有当 $x=y$ 时才会同时出现，而此时一定会有 $f(x)=f(y)$，所以前两种情况对于保序映射 f 而言是可以区分的。也就是说，对于双向保持偏序关系，如果使用的是偏序关系$\leqslant$，那么根据 $x\leqslant_a y$ 当且仅当$f(x)\leqslant_b f(y)$，可以得到映射 f 是单射。而对于偏序集$\langle a,<_a\rangle$，对于任意 $x,y\in a$，会存在 $x<_a y$、$y<_a x$、$x=y$、x 与 y 之间是不可比这四种情况，对于前两种情况，由于不会同时出现，所以是可以区分的，而对于后两种情况都是 x 与 y 之间不可比，保序映射 f 可能会

将它们映射为 $f(x)=f(y)$ 这种在集合 b 中不可比的情况，可见后两种情况对于保序映射 f 而言是不可区分的。也就是说，对于双向保持偏序关系，如果使用的是严格偏序关系 $<$，那么根据 $x<_a y$ 当且仅当 $f(x)<_b f(y)$，是得不出映射 f 是单射的。

下面这个命题在给出重要结论的同时，也展示了采用偏序关系 $\leqslant$ 和采用严格偏序关系 $<$ 在讨论两个偏序集之间同构上的区别。

【命题 4.4.1】 已知 $\langle a,\leqslant\rangle$ 为一个偏序集，则存在偏序集 $\langle b,\subset\rangle$，有 $\langle a,\leqslant\rangle\cong\langle b,\subset\rangle$。

证明：对于任意的 $x\in a$，构造由 x 引入的集合 $u_x=\{v\in a\mid v\leqslant x\}$，即集合 u_x 是集合 a 中所有比 x 小或等于 x 的元素所构成。显然，$u_x\subset a$。令集合 b 为由所有 u_x 构成的集合，即 $b=\{u_x\mid x\in a\}$。定义映射 $f: a\to b, x\mapsto u_x$，显然映射 f 为 a 到 b 的双射。如果 $x\leqslant y$，则对于任意的 $l\in u_x$，有 $l\leqslant x$，再由偏序关系的传递性可知 $l\leqslant y$，所以 $l\in u_y$，因而 $u_x\subset u_y$。反之，如果 $u_x\subset u_y$，由于 $x\in u_x$，所以有 $x\in u_y$，因而 $x\leqslant y$。所以，映射 f 为 a 到 b 的同构。命题得证。

■

这个命题表明了，对于任意类型的偏序集，都可以找到一个以包含关系为偏序关系的集合与之同构。

如果把偏序集 $\langle a,\leqslant\rangle$ 换为 $\langle a,<\rangle$，并且还是按照命题中的证明思路构造 $u_x=\{v\in a\mid v<x\}$，接着构造 $b=\{u_x\mid x\in a\}$，定义其上的偏序关系为严格包含关系 $\subset_s$，并进一步定义映射 $f: a\to b, x\mapsto u_x$。那么，当 $x<y$ 时，可以得到 $u_x\subset_s u_y$，即 f 是保序的；然而，当 $u_x\subset_s u_y$ 时，无法得到 $x<y$，因为可能 x 与 y 之间是不可比。比如，可能会出现 $m,n<x$，$m,n,l<y$，但是 x 与 y 之间是不可比的，因而 f^{-1} 不是保序的。

当然，如果集合 a 和 b 的任意元素之间都是可以相互比较的，那么就不会存在上述的问题；也就是说，此时，采用偏序关系 $\leqslant$ 和严格偏序关系 $<$ 讨论这两个集合之间保序映射是一样的。对于集合内所有元素之间可以相互比较的情况，就会引入下一节将要介绍的全序关系。

4.5 全序关系

在上一节中，我们已经知道，对于一个偏序集 $\langle a,<\rangle$ 而言，任取 $x,y\in a$，那么就会存在如下的四种情况：$x<y$、$x=y$、$y<x$、x 与 y 之间不可比。除去最后一种 x 与 y 不可比的情况，对于 x 与 y 可比的三种情况，利用偏序关系 $<$ 的反自反性和传递性可知，这三种情况最多只可能出现其中一种。如果在偏序关系的基础上再进一步，要求元素 x、y 至少满足 x 与 y 可比的三种情况之一，也就是去除 x 与 y 不可比的情况，就会引入全序关系。

【定义 4.5.1】 设 $<$ 是集合 a 上的偏序关系，如果对于任意的 $x,y\in a$，有 $x<y$ 或者 $x=y$ 或者 $y<x$，则称偏序关系 $<$ 为集合 a 上全序关系(total order relation)，并称 $\langle a,<\rangle$ 为全序集(totally ordered set)。

根据定义 4.5.1 和前面所述，对于全序集 $\langle a,<\rangle$ 中的任意元素 x、y，有且仅有下面情况之一出现：

$$x<y,\quad x=y,\quad y<x \tag{4.5.1}$$

上式称为全序集 $\langle a,<\rangle$ 中元素的三分性(trichotomy)。

如果用$\leqslant$表示集合 a 上的全序关系，就是要求偏序集$\langle a,\leqslant\rangle$中的任意元素 x、y 满足：$x\leqslant y$ 或者 $y\leqslant x$。与前面类似，有时也将定义有全序关系的集合 a 称为全序集。

可能全序关系与我们直观感觉上的序是一样的，因为我们所接触的很多关于数的集合都是全序集。如果一个集合是全序集，那么任意两个元素之间就可以相互比较，进而可以把集合中的所有元素按照先后次序排成一条线，因而全序关系有时也形象地称为线序关系(linear order relation)。

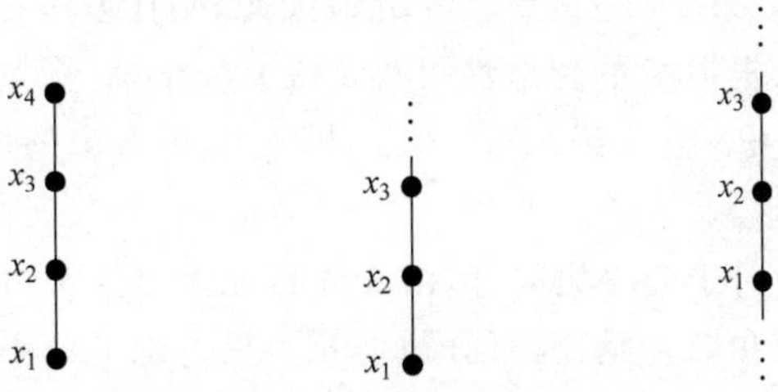

图 4.5.1 全序集的哈斯图示意

图 4.5.1 给出了三个全序集的示意图，可以看出，全序集如果按照哈斯图的画法进行展示，其会看起来会像一条线，其中第一个图是有限集，后两个图是无限集。

类似于上一节讨论两个偏序集的情况，也可以引入全序集之间的同构概念。

【定义 4.5.2】 对于全序集$\langle a,<_a\rangle$和$\langle b,<_b\rangle$，f 是 a 到 b 的映射，如果对于任意的 x，$y\in a$，有 $x<_a y$ 蕴含了 $f(x)<_b f(y)$，则称映射 f 是 a 到 b 的保序映射。

【定义 4.5.3】 对于全序集$\langle a,<_a\rangle$和$\langle b,<_b\rangle$，f 是 a 到 b 的双射，如果 f 是 a 到 b 的保序映射，且 f^{-1} 是 b 到 a 的保序映射，则称映射 f 是 a 到 b 的同构，并称$\langle a,<_a\rangle$同构于$\langle b,<_b\rangle$。

看起来，全序集上的保序映射和同构定义与偏序集上的相应定义几乎一样，然而，由于现在的偏序集合是全序集合了，因而会具有新的特点。首先，如果映射 f 是全序集 a 到 b 的保序映射，那么我们说映射 f 一定是单射，即如果 $x\neq y$，则必有 $f(x)\neq f(y)$。假设存在 $x\neq y$ 满足 $f(x)=f(y)$，由于 a 为全序集，则有 $x<y$ 或者 $y<x$，由于 f 是保序映射，因而就有 $f(x)<f(y)$或者 $f(y)<f(x)$，这都是与 $f(x)=f(y)$相矛盾的，所以假设不成立。事实上，这个结论也是显然的，因为对于全序集而言，两个有先后次序的元素经过一个保持次序的映射后，也一定还是原有的先后次序，当然也就是不相等的了；也就是说，全序集的保序性蕴含了单射性。其次，如果映射 f 是全序集 a 到 b 的保序映射，我们还可以得到 f^{-1} 是 $\mathrm{ran}(f)$到 a 的保序映射。具体地，设 $u,v\in\mathrm{ran}(f)$，且 $u\neq v$，不失一般性，设 $u<v$。由于 f 是单射，所以 f^{-1} 也是单射，进而存在唯一的 $x\in a$ 满足 $f(x)=u$、存在唯一的 $y\in a$ 满足 $f(y)=v$，因而 $f(x)<f(y)$。由于集合 a 为全序集，所以有 $x<y$ 或 $x=y$ 或 $y<x$，根据映射 f 的保序性和 $f(x)\neq f(y)$可知，后两种情况是不可能出现的，只可能是 $x<y$，可见，f^{-1} 确实是 $\mathrm{ran}(f)$到 a 的保序映射；也就是说，对于全序集而言，单向保持偏序关系蕴含了双向保持偏序关系。综合上述两点可知，如果映射 f 是全序集 a 到 b 的保序映射，那么，只要 $\mathrm{ran}(f)=b$，即只要映射 f 是 a 到 b 满射，则全序集 a 与 b 就是序同构的。

同构不仅保持了两个全序集元素之间的次序，并且还会保持因为次序所引入的特殊元素——最大元和最小元。

【命题 4.5.1】 设映射 f 是全序集$\langle a,<_a\rangle$到$\langle b,<_b\rangle$的同构，如果 x 是集合 a 的最大元，则 $f(x)$是集合 b 的最大元，反之亦然；如果 x 是集合 a 的最小元，则 $f(x)$是集合 b 的最小元，反之亦然。

证明：我们只给出 x 是集合 a 的最大元时的证明，x 是集合 a 的最小元的情况完全类似。如果 x 是集合 a 的最大元,任取 $v\in b$,且 $v\neq f(x)$,由于 f 是 a 到 b 的双射,则存在唯一的 $u\in a$,满足 $u\neq x$ 且 $f(u)=v$。由于 x 是集合 a 的最大元,且 $u\neq x$ 则有 $u<x$,根据 f 的保序性可得 $f(u)<f(x)$,即 $v<f(x)$,由 v 的任意性可知,$f(x)$是集合 b 的最大元。反之,如果 $f(x)$是集合 b 的最大元,则任取 $u\in a$ 满足 $u\neq x$,必有 $u<x$。因为,如果 $x<u$,那么根据 f 的保序性可得 $f(x)<f(u)$,就与 $f(x)$是集合 b 的最大元矛盾。所以对于任意的 $u\in a$ 且 $u\neq x$,有 $u<x$,即 x 是集合 a 的最大元。

■

对于全序集而言,由于任意元素之间都可以相互比较,所以极小元和极大元也分别是最小元和最大元,因而命题 4.5.1 只讨论了最小元和最大元的情况。

上一节曾提到,对于双向保持偏序关系的情况,当 a 和 b 均为偏序集时,采用严格偏序关系 $<$ 和采用偏序关系 $\leqslant$ 有一些差别:如果采用偏序关系 $\leqslant$,可以得出 f 是单射;如果采用严格偏序关系 $<$,是得不出 f 是单射的结论的。然而,在这一节中我们已经看到,当 a 和 b 均为全序集时,即使对于单向保持偏序关系而言,采用严格偏序关系 $<$ 也可以得出 f 是单射的结论。在这一点上,采用偏序关系 $\leqslant$ 是得不出 f 是单射的,并且也得不出 f^{-1} 为保序映射的结论。所以,以后在讨论偏序集合时,默认采用的是严格偏序关系 $<$。

习题

1. 已知集合 $a=\{\varnothing,\{\varnothing\},\{\{\varnothing\}\}\}$,集合 $b=\{\{\{\varnothing\},\varnothing\},\{\varnothing\}\}$,给出 $a\times b$ 和 $b\times a$。

2. 已知 $a=\{\varnothing,\{\varnothing\},\{\{\varnothing\}\}\}$,$r=\{\langle\{\varnothing\},\varnothing\rangle,\langle\varnothing,\{\varnothing\}\rangle,\langle\{\varnothing\},\{\varnothing\}\rangle,\langle\{\varnothing\},\{\{\varnothing\}\}\rangle\}$,$s=\{\langle\{\varnothing\},\varnothing\rangle,\langle\{\{\varnothing\}\},\{\varnothing\}\rangle\}$,求 r^{-1},s^{-1},$r\circ s$,$s\circ r$,$r\circ r$,$r\upharpoonright a$,$s\upharpoonright a$,$(s\circ r)\upharpoonright a$,$r[a]$,$(r\circ s)[a]$,$r^{-1}[a]$。

3. 证明:$a\neq\varnothing$,且 $a\times b=a\times c$,则有 $b=c$。

4. 对于集合 $a=\{\varnothing,\{\varnothing\},\{\{\varnothing\}\}\}$,给出 a 到 a 的所有可能双射。

5. 证明:集合 a 上的恒等关系 I_a 为映射。

6. 对于 a 到 b 的双射 f,证明:$f\circ f^{-1}=I_a$,$f^{-1}\circ f=I_b$。

7. 已知 $a=\{\varnothing,\{\varnothing\},\{\{\varnothing\}\}\}$,找出集合 a 上所有可能的等价关系。

8. 设 r_1 和 r_2 都是集合 a 上等价关系,证明:$r_1\circ r_2=r_2\circ r_1$ 成立,当且仅当 $r_1\circ r_2$ 是集合 a 上的等价关系。

9. 如果 r 是集合 a 上偏序关系,证明:r^{-1} 也是集合 a 上的偏序关系。

10. 已知 $a=\{\varnothing,\{\varnothing\},\{\{\varnothing\}\}\}$,找出集合 a 上所有可能的偏序关系。

11. 如果 r 是集合 a 上的全序关系,证明:r^{-1} 也是集合 a 上的全序关系。

12. 设 $<_a$ 是集合 a 上的全序关系,$<_b$ 是集合 b 上的全序关系。在 $a\times b$ 上定义二元关系 $<$ 如下:如果 $x_1<_a x_2$,或者当 $x_1=x_2$ 时 $y_1<_a y_2$,则 $a\times b$ 中的两个元素 $\langle x_1,y_1\rangle$,$\langle x_2,y_2\rangle$ 满足 $\langle x_1,y_1\rangle<\langle x_2,y_2\rangle$。证明:二元关系 $<$ 为集合 $a\times b$ 上的全序关系。

第 5 章 重建数系

CHAPTER 5

第 4 章中根据 ZF1～ZF5 得出了函数、等价、序这些基本的数学概念。但是，我们还没有接触到“无限”这个重要概念。当年康托建立集合论的主要目的就是处理无限，使得对无限的理解彻底清楚。从这一章开始，我们所介绍的内容将涉及无限。首先，本章将在 ZF 体系内建立我们一直以来所使用的“数”的概念。

5.1 皮亚诺公设

或许有些读者会好奇，为何前面章节中只要是涉及具体集合的例子，都是由$\varnothing$组成的集合，怎么没有出现关于“数”的集合，比如集合$\{0,1,2\}$。这是因为，我们现在还没有在 ZF 体系内构建出数的定义。现在我们开始这个工作。首先需要建立的数集是自然数集。对于自然数集这种新的对象，有两种引入的方式：一种是将其视为原始对象(primitive object)，采用一组称为公理或公设的命题去描述它；另一种是通过其他已知的对象去定义它，此时它不再是原始对象。本节采用第一种方式。

关于自然数的使用，我们太熟悉了。然而，熟悉自然数的使用，与知道自然数如何定义是两码事。我们希望建立自然数的定义，使得自然数的所有性质完全由这个定义所确定。也正是由于我们“自我感觉”对自然数太熟悉了，反而会对抽象出自然数的本质这件事造成一定的困难。1889 年，意大利数学家、逻辑学家皮亚诺(G. Peano)给出了自然数集的定义，该定义是以公理化的方法给出的，称为皮亚诺公设(Peano’s postulates)。通过皮亚诺公设，可以清晰地看出自然数的本质。

【定义 5.1.1】 设 N 是一个集合，s 是一个 N 到 N 的映射，e 是集合 N 中的一个元素。如果它们满足：

(1) $e\notin \mathrm{ran}(s)$。

(2) s 是 N 到 N 的单射。

(3) 对于 N 的任意子集 A，如果 $e\in A$，而且对于任意的 $x\in A$，都有 $s(x)\in A$，则 $A=N$。

则称有序三元组$\langle N,s,e\rangle$为皮亚诺系统(Peano system)，集合 N 为自然数集。

对于$\langle N,s,e\rangle$，由于 $e\in N$，s 是 N 到 N 的映射，所以有 $s(e)\in N$，$s(s(e))\in N$，$s(s(s(e)))\in N$，等等。根据定义 5.1.1 中的条件(1)，不存在 $x\in N$，使得 $s(x)=e$，也就是说，$s(e)$，$s(s(e))$，$s(s(s(e)))$，…之中任意一个都不会等于 e，因此将 e 作为起始元素，从 e 出发，排成序列 e，$s(e)$，$s(s(e))$，$s(s(s(e)))$，…的样子。再根据定义 5.1.1 中的条件(2)，

这个序列中的任意两个元素都不会相等，所以这个序列会形成一个"链"的形象，不会是"环"的形象。再根据定义5.1.1中的条件(3)，这个链中所有元素构成的集合就是集合 N，换句话说，可以把集合 N 中的元素一个不剩地排成一条链的形状。如果用一个带有箭头的线段表示从 x 到 $s(x)$，那么，皮亚诺系统不会是图5.1.1(a)和(b)，而只可能是图5.1.1(c)那样。

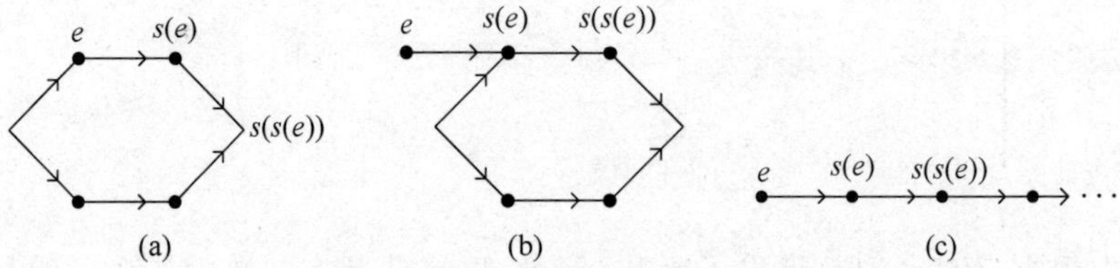

图5.1.1　皮亚诺系统示意图

直观上，我们所熟悉的自然数集 N 中的所有元素也是可以这样排列的，即 $N=\{0,1,2,\cdots\}$。可以看出，皮亚诺系统 $\langle N,s,e\rangle$ 中的 e 是作为起始元素的，相当于自然数中的0；映射 s 是用来将集合 N 中的每一个元素映射为该元素的后继(successor)。有了上述的理解，将 e 用符号"0"表示，将 $s(x)$ 表示成 x^+，那么定义5.1.1可以更清楚地以如下方式进行表述。

【定义5.1.2】 称满足如下条件的集合 N 为自然数集：

(1) $0\in N$。

(2) 对任意的 $x\in N$，有其后继 $x^+\in N$。

(3) 对任意的 $x\in N$，有 $x^+\neq 0$。

(4) 对任意的 $x,y\in N$，如果 $x\neq y$，则有 $x^+\neq y^+$。

(5) 对于任意的 $A\subset N$，如果 A 满足如下两个条件：①$0\in A$；②对于任意的 $x\in A$，有 $x^+\in A$；则有 $A=N$。

可以看出，定义5.1.2中的表述方式是将定义5.1.1中 $\langle N,s,e\rangle$ 的 s 和 e 直接以公设的形式列出。当然，定义5.1.1和定义5.1.2是完全等价的，只是表述方式不同而已。不管哪种定义，我们发现，只有定义中的最后一条是不平凡的，这一条称为皮亚诺归纳公设(Peano induction postulate)，也称为数学归纳法原理(principle of mathematical induction)。有了这一条，就可以使用中学所学到数学归纳法了，因为数学归纳法作为"归纳证明"的方法，是以这一条为基础的。让我们回顾一下数学归纳法。设 $F(x)$ 表示"自然数 x 具有性质 F"，如果想要证明 $F(x)$ 对于所有的自然数都成立，只需证明如下两点即可：①$F(0)$ 成立；②对任意的自然数 x，$F(x)$ 成立蕴含了 $F(x^+)$ 也成立。之所以可以这样做的理由是，令集合 $A=\{x\in N\mid F(x)\}$，显然 $A\subset N$；当条件①和条件②都满足时，有 $0\in A$，且由 $x\in A$ 可以得到 $x^+\in A$，而这正是符合皮亚诺归纳公设条件的，因而有 $A=N$。

在皮亚诺公设中，自然数集是以一组公设的方式进行定义的，因而，我们不知道什么对象是自然数，而只是知道自然数应该满足的性质；也就是说，自然数集完全由公设中所列出的性质决定，只要对象具备这些性质，那么它就是自然数，所以从这个角度看，皮亚诺公设所定义出的自然数集是抽象的。

皮亚诺公设所定义的自然数集 N 是唯一的。假设 N 和 M 均为满足皮亚诺公设的自然数集。那么，根据公设首先 $0 \in N$ 且 $0 \in M$。令 $F(x)$ 表示"x 是集合 M 的元素"，则可以做集合 $A=\{x \in N \mid F(x)\}$。那么，当 $x \in A$ 时，有 $x \in N$ 且 $x \in M$。根据公设就有 $x^{+} \in N$ 且 $x^{+} \in M$，因而 $x^{+} \in A$。再根据归纳原理可知 $A=N$，因而 $N \subset M$。类似可证 $M \subset N$，综上可得 $M=N$。

或许有些读者会说，根据皮亚诺公设得到 $\langle N, s, e\rangle$，然后将 N 记为 $\{0,1,2,\cdots\}$，再令 $M=\{0,2,4,\cdots\}$，将 $\tilde{s}$ 理解为 $s \circ s$，由于 $\langle M, \tilde{s}, e\rangle$ 满足皮亚诺公设，所以 M 也是自然数集。需要注意，皮亚诺公设只是一组性质，并没有给出集合 N、映射 s、起始元 e 分别是哪些具体对象。因而，从抽象的角度，$\langle M, \tilde{s}, e\rangle$ 就是 $\langle N, s, e\rangle$，用符号"1"表示 e 的后继，还是用符号"2"表示 e 的后继，没有什么实质上的区别。

如果读者学习过微积分的有关知识，就会知道微积分是以极限为基础进行展开的，而极限的定义中又涉及实数。在本章中，我们将会从自然数集出发构造整数，从整数构造有理数，从有理数构造实数。所以，自然数集是微积分的基础，因而，作为自然数定义的皮亚诺公设可以说是微积分的基础。在微积分的发展完善过程中，仅从几条公设出发重建整个微积分是其中的一项重大成果。

5.2 无限公理

将皮亚诺公设作为定义自然数集的一种方法确实是很好的选择。然而，我们有更好的选择。集合论作为几乎整个数学的基础，必须也必然可以把自然数集在其内部定义出来，换句话说，皮亚诺公设是可以从 ZF 体系得出的。由于自然数是无限多的，所以在定义自然数集时，需要引入关于无限的公理。在引入无限公理之前，我们先分析一下自然数的集合表示，同时，对自然数的深入理解将促进我们对无限的理解。

现在要用集合来表示自然数 $0,1,2,\cdots$，我们借助于直观的感觉来尝试着构造。直观上，对于自然数集 N 而言，它已经是一个集合的形态了，N 是一个无限的集合，它包含了所有的自然数，每个自然数都是有限的。现在假设我们已经用集合表示出了自然数 $0,1,2,\cdots$，也就是说，自然数 $0,1,2,\cdots$ 已具有集合的形态了，因而此时"数"与"集"统一在一起，数就是集，集就是数。既然"数就是集，集就是数"，那么自然数集 N 作为一个集合，就可以看作一个数，这个带有"无限"含义的数包含了所有比它小的"有限"含义的自然数。因而我们就想，对于任意一个自然数 x，它也应该表示为所有比其小的自然数所构成的集合。具体地，0 是最小的自然数，没有比它再小的自然数了，所有其表示为空集 $\varnothing$；对于自然数 1，只有 0 比它小，所以它应该表示为 $1=\{0\}=\{\varnothing\}$；对于自然数 2，自然数 0、1 都比它小，所以它应该表示为 $2=\{0,1\}=\{\varnothing,\{\varnothing\}\}$；等等。为了更加清晰，我们把前几个自然数的集合表示一起列出：

$$0=\varnothing$$

$$1=\{0\}=\{\varnothing\}$$

$$2=\{0,1\}=\{\varnothing,\{\varnothing\}\}$$

$$3=\{0,1,2\}=\{\varnothing,\{\varnothing\},\{\varnothing,\{\varnothing\}\}\}$$

上述这种自然数的集合表示方法是由冯·诺依曼(John von Neumann)提出的。有工科背景知识的读者对冯·诺依曼在计算机领域中的贡献会很熟悉，却很少知道他在纯数学领域所做出的杰出工作。

上述自然数的集合表示方法还具有以下性质：

$$0 \in 1 \in 2 \in 3 \in \cdots \tag{5.2.1}$$

$$0 \subsetneq 1 \subsetneq 2 \subsetneq 3 \subsetneq \cdots \tag{5.2.2}$$

或许有些读者会将自然数定义为 $0=\varnothing, 1=\{\varnothing\}, 2=\{\{\varnothing\}\}, 3=\{\{\{\varnothing\}\}\}, \cdots$，因为这样看起来更简单。确实，当年策梅洛也是这样定义自然数的。然而，这种定义方法只能保证前一个自然数属于后一个自然数，却不能保证这种属于关系$\in$一直传递下去，也就是说，$0 \in 1, 1 \in 2$，但是 $0 \notin 2$。类似地，这种定义方法也不会使得包含关系$\subsetneq$传递下去。而传递性是自然数用来计数的一个重要特性，因为每次计数时，会"包含"前面的已经数的结果，并将数的结果一直"传递"下去。所以，现在集合理论都是以冯·诺依曼提出的自然数构造方法作为标准方法。

下面需要把利用直观感觉所得出的关于自然数 0,1,2,3 的集合表示方法，推广到所有的自然数上。我们不能根据已有的 0,1,2,3 的集合表示方式，然后采用诸如"后面的自然数与前面的自然数一样"这种非具体的"归纳表述方式"去试图给出所有自然数的集合表示。我们需要从自然数 0,1,2,3 的集合表示方法中抽象出本质的、可以用 ZF 语言描述的一般规律。注意到上述表示中，$1=0 \cup \{0\}, 2=1 \cup \{1\}, 3=2 \cup \{2\}$，我们有如下定义：

【定义 5.2.1】 对于集合 x，称集合 $x \cup \{x\}$ 为 x 的后继。

我们将集合 x 的后继集记为 x^+。可以看出，后继集 x^+ 通过并运算，除了将 x 中元素保留外，还将集合 x 本身作为元素并入其中，因而会同时有 $x \in x^+$ 和 $x \subset x^+$。我们可以将后继集 x^+ 理解为对集合 x 取后继运算 $(\cdot)^+$，那么，之前我们所得到的自然数的集合表示就可以写作：$0=\varnothing, 1=0^+, 2=1^+=(0^+)^+=0^{++}, 3=2^+=(0^{++})^+=0^{+++}$，等等。

在给出后继集概念的基础上，现在就可以采用集合的方式去描述上述自然数的全体构成的集合。对于这个"归纳出的"自然数的全体，根据前面自然数的集合表示。首先，$\varnothing$ 作为这个集合的起始元素，是属于这个集合；其次，每当有 x 属于这个集合时，其后继集 x^+ 也会属于这个集合，这样就会使得$\varnothing$之后的每个自然数属于这个集合。我们引入如下的概念：

【定义 5.2.2】 对于集合 a，如果其满足：$\varnothing \in a$，并且对于任意的 $x \in a$，有 $x^+ \in a$，则称集合 a 是归纳的(inductive)。

用谓词公式描述集合 a 的归纳性，就是 $\varnothing \in a \wedge \forall x(x \in a \rightarrow x^+ \in a)$。集合 a 具有归纳性，也称集合 a 是归纳集。从直观上看，前面我们所构造出的集合形式表示的自然数的全体是一个归纳集，而且它含有无限多个元素。现在的问题是：归纳集存在么？或许有些读者会说，我们都已经把每个自然数用集合的方式构造出来了，它们的全体是自然数集，就是一个归纳集，所以归纳集是存在的。注意，我们不能"先入为主"地认为自然数集 N 是存在的。直到目前为止，在 ZF 体系内，我们只有 ZF1～ZF5 这 5 条公理，根据已有的这 5 条公理，还无法确认含有无限多个元素的集合的存在性，虽然可以根据这 5 条公理构造出无限多个集合。下面这条公理确定了归纳集的存在性。

ZF6 无限公理(axiom of infinity)：$\exists y(\varnothing \in y \wedge \forall z(z \in y \rightarrow z^+ \in y))$

无限公理的意思是：归纳集是存在的。根据前面所给出的自然数的集合表示可以看出，自然数集具有这样的"直观"表示：$\{\varnothing, \varnothing^+, \varnothing^{++}, \varnothing^{+++}, \cdots\}$。注意，自然数集的这种直观表示只是用在现在正在使用的自然语言表述中，其中省略号“…”表达的是诸如“等等”“类似一直这样”的含义，省略号“…”不是 ZF 语言中的符号，所以 ZF 语言中不会出现这种自然数集的表示，这种直观表示也就是当我们用自然语言表述时，为了形象直观便于理解才这样使用。根据自然数集的直观表示可以看出，自然数集是“最小的”归纳集。因而，定义自然数集(set of natural numbers)为

$$\omega=\{x \mid \forall y(\varnothing \in y \wedge \forall z(z \in y \rightarrow z^{+} \in y) \rightarrow x \in y)\} \tag{5.2.3}$$

式中，ω 是一个集合。因为根据 ZF6，存在 y_1 使得 $\varnothing \in y_1 \wedge \forall z(z \in y_1 \rightarrow z^{+} \in y_1)$ 为真，再根据式(5.2.3)，可得 $\varnothing \in y_1 \wedge \forall z(z \in y_1 \rightarrow z^{+} \in y_1) \rightarrow x \in y_1$ 为真，再利用假言推理规则可得 $x \in y_1$ 为真。所以，式(5.2.3)可以写作

$$\omega=\{x \in y_1 \mid \forall y(\varnothing \in y \wedge \forall z(z \in y \rightarrow z^{+} \in y) \rightarrow x \in y)\} \tag{5.2.4}$$

因而，利用 ZF2 分离公理可得 ω 是一个集合，并且再根据 ZF1 外延公理可知 ω 是唯一的。如果用自然语言描述上述自然数集的定义过程，就是 $x \in \omega$ 当且仅当 x 属于每一个归纳集。至此，我们在 ZF 体系内将自然数集 ω 严格地定义出来。

对于集合 ω 中的每一个元素，我们称为自然数(natural number)，采用符号“ω”表示自然数集而非以往所采用的 N，是为了突出现在的自然数集是在 ZF 内根据公理所严格定义出来的自然数集。

前面我们只是直观地感觉出自然数集是“最小的”归纳集，下面就对所定义出的 ω 是最小的归纳集这个命题做出证明。

【命题 5.2.1】 集合 ω 是归纳集，且如果 a 也为归纳集，则 $\omega \subset a$。

证明：根据集合 ω 的定义，ω 的元素是那些属于所有归纳集的元素。而空集 $\varnothing$ 是属于所有归纳集的，所以 $\varnothing \in \omega$。另外，如果 $x \in \omega$，根据 ω 的定义，x 属于所有的归纳集，结合归纳集的定义可知 x^{+} 就会属于所有的归纳集，因而 $x^{+} \in \omega$。综上可知，ω 是归纳集。根据 ω 的定义，它的元素就是那些属于所有归纳集的元素，所以对于任意的归纳集 a，均有 $\omega \subset a$。

■

命题 5.2.1 显示了自然数集 ω 是最小的归纳集，正是由于 ω 作为归纳集中最小的一个，因而可以得到如下命题。

【命题 5.2.2】 集合 ω 的任何子集 u 如果是归纳集，则 $u=\omega$。

该命题可以用谓词公式表示为：$u \subset \omega \wedge \varnothing \in u \wedge \forall z(z \in u \rightarrow z^{+} \in u) \rightarrow u=\omega$。在命题 5.2.2 的基础上，再进一步，我们有如下命题。

【命题 5.2.3】 设 $F(x)$ 表示自然数 x 具有性质 F，如果：①$F(0)$成立；②对任意的自然数 x，$F(x)$成立蕴含了 $F(x^{+})$也成立；则对于所有的 $x \in \omega$，$F(x)$皆成立。

证明：构造集合 $u=\{x \in \omega \mid F(x)\}$，显然 $u \subset \omega$。根据假设，$\varnothing \in \omega$；并且对于任意的 $x \in \omega$，有 $x^{+} \in \omega$，所以，集合 u 是归纳集。由于 $u \subset \omega$，根据命题 5.2.2 可得 $u=\omega$，命题得证。

■

命题 5.2.3 可以用谓词公式表示为

$$F(0) \wedge \forall x(x \in \omega \wedge F(x) \rightarrow F(x^{+})) \rightarrow \forall x(x \in \omega \rightarrow F(x))$$

可以看出，通过将自然数集 ω 定义为最小归纳集，得到了命题 5.2.3——数学归纳法。如果对比命题 5.2.2 和上一节中的皮亚诺公设可以看出，命题 5.2.2 就是皮亚诺公设中的数学归纳法原理，只是在这里，数学归纳法原理被证明了出来。我们可以用图 5.2.1 形象地

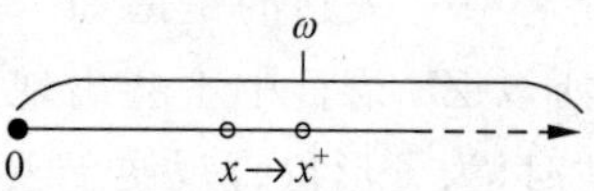

图 5.2.1 数学归纳法原理示意图

表示数学归纳法原理。

除了从自然数集 ω 可以导出数学归纳法原理，我们还可以得到如下结论：① $\varnothing\in\omega$；②对于任意的 $x\in\omega$，有 $x^+\in\omega$；③ $x^+\neq\varnothing$。其中前两条是根据 ω 是归纳集直接得出的，第 3 条是根据后继集的定义 $x^+=x\cup\{x\}$，对于任意的 x^+，都有 $x\in x^+$，所以 x^+ 一定不是空集。如果我们还可以得出如下结论：④对于 $x,y\in\omega$，如果 $x\neq y$，有 $x^+\neq y^+$。那么，我们就在 ZF 的体系内，把皮亚诺公设全部证明出来了，因而集 ω 就是满足皮亚诺公设的自然数集 N。

通过引入后继集的概念，我们把式(5.2.1)和式(5.2.2)中的 $x\in x^+$ 和 $x\subset x^+$ 表达出来了；通过引入归纳集的概念，我们把式(5.2.1)和式(5.2.2)中全体对象构成的集 $\{0,1,2,\cdots\}$ 表达出来了；然而，式(5.2.1)中对于属于关系 $\in$ 的传递性却没有表达出来。现在我们给出传递性的集合描述。

【定义 5.2.3】 对于集合 a，如果由 $x\in u$ 和 $u\in a$ 可以得出 $x\in a$，则称集合 a 是传递的(transitive)。

用谓词公式描述集合 a 的传递性，就是 $(x\in u\wedge u\in a)\rightarrow x\in a$。集合 a 具有传递性，也称集合 a 是传递集。通俗地讲，集合的传递性是指，集合的元素的元素还是集合的元素。显然，当集合 a 是传递集时，其任意的元素 $u\in a$ 也一定是其子集，即 $u\subset a$；反之，如果集合 a 任意的元素 $u\in a$ 还是其子集，即 $u\subset a$，则 a 一定为传递集。比如，$\{\varnothing,\{\varnothing\}\}$ 就是一个传递集，而 $\{\varnothing,\{\{\varnothing\}\}\}$ 就不是传递集。

在式(5.2.1)中，根据前几个自然数是传递集，我们推断，任意的自然数都是传递集。下面证明这个结论。

【命题 5.2.4】 对于任意的 $x\in\omega$，x 是传递集。

证明：这是一个关于自然数集 ω 的一个命题，我们可以用数学归纳法。令 $F(x)$ 表示"x 是传递集"，构造集合 $u=\{x\in\omega\mid F(x)\}\subset\omega$。显然，$\varnothing$ 为传递集，且 $\varnothing\in\omega$，因而 $\varnothing\in u$。当 $z\in u$ 时，即 $z\in\omega$ 且 z 是传递集，那么：① $z^+\in\omega$，这是由 ω 是归纳集得出的；② z^+ 还是一个传递集，这是因为，对于任意的 $y\in t\in z^+$，由于 $z^+=z\cup\{z\}$，所以要么 $t=z$，要么 $t\in z$，当 $t=z$ 时，根据 $y\in z$ 和 $z\subset z^+$，可得 $y\in z^+$，当 $t\in z$ 时，根据假设 z 是传递集，可得 $y\in z$，再次利用 $z\subset z^+$，可得 $y\in z^+$。综合①和②，可得 $z^+\in u$。也就是说，当 $z\in u$ 时，有 $z^+\in u$，进而可知，ω 的子集 u 为归纳集，所以 $u=\omega$。命题得证。

■

在命题 5.2.4 的证明中，根据 z 是传递集，得出了 z^+ 也是一个传递集，事实上，这个结论是显然的。因为 z^+ 的元素比 z 的元素仅多了一个 z，而 z 作为 z^+ 的元素，其元素已经并入到 z^+ 中，所以，当 z 是传递集时，z^+ 一定也是传递集。

除了 ω 的元素是传递集之外，ω 本身也是传递的，有如下命题。

【命题 5.2.5】 ω 是传递集。

证明：该命题等价于，对于任意的 $x\in\omega$，有 $x\subset\omega$。我们还是采用数学归纳法。令 $F(x)$ 表示"$x\subset\omega$"，构造集合 $u=\{x\in\omega\mid F(x)\}\subset\omega$。显然，$\varnothing\in u$。假设 $z\in u$，即 $z\in\omega$ 且 $z\subset\omega$，由于 $\{z\}\subset\omega$，所以对于 $z^+=z\cup\{z\}$，$z^+\subset\omega$；另外，根据 ω 是归纳集，可得 $z^+\in\omega$；所以 $z^+\in u$。由上可见，u 为归纳集，由于 $u\subset\omega$，所以 $u=\omega$。命题得证。

■

根据命题 5.2.5 中 ω 的传递性可知，ω 的元素的元素还是 ω 的元素，而 ω 的元素是自然数，因而可以得出，自然数的元素还是自然数，即每一个自然数都是由自然数构成的集合。根据本节一开始的自然数的集合表示方法，从前几个自然数的集合表示，直观上感觉应该是每一个自然数都是由自然数构成的集合，即 $x=\{0,1,2,\cdots,x-1\}$。现在命题 5.2.5 严格地证明了出来。

在传递集概念介绍的基础上，现在我们证明前面所提到的：④对于 $x,y\in\omega$，如果 $x\neq y$，有 $x^+\neq y^+$。

【命题 5.2.6】 对于 $x,y\in\omega$，如果 $x\neq y$，有 $x^+\neq y^+$。

证明：当 $x\neq y$ 时，假设 $x^+=y^+$。因为 $x\in x^+$，因而 $x\in y^+=y\cup\{y\}$。由于 $x\neq y$，所以 $x\in y$。注意到集合 y 是传递集，所以 $x\subset y$。同理可证 $y\subset x$，进而可得 $x=y$，矛盾。

■

至此，我们在 ZF 的体系内，把皮亚诺公设全部证明出来了。如果把后继运算 $(\cdot)^+$ 看作一个映射，并将其限制在 ω 上，即令 $\sigma=(\cdot)^+\upharpoonright\omega=\{\langle x,x^+\rangle\mid x\in\omega\}$，则 $\langle\omega,\sigma,\varnothing\rangle$ 为一个皮亚诺系统。可以看出，利用 ZF 的公理，我们“构造”出了具体的自然数集 ω，皮亚诺系统中的映射 s 和起始元素 e 也都在 ZF 内具体化为 σ 和 $\varnothing$，并且，自然数的性质也均可以由集合的性质导出。所以，在 ZF 体系内，自然数集 ω 是具体的对象，从这个“具体的”角度上，它与任意其他的集合 x 相比，比如 $\varnothing$，没什么区别，都是实实在在的集合。

5.3 算术

通过无限公理 ZF6，我们在 ZF 体系内将自然数集定义出来了，当然，自然数也就同时定义出来了。这样定义出的自然数集 ω 上，仅仅是有一个后继运算 $(\cdot)^+$。本节我们将在 ω 上定义复杂的运算，比如加法和乘法。这样使得 ω 更加贴合我们一直以来所使用的自然数集。在定义加法和乘法之前，首先介绍递归定理(recursion theorem)。归纳法证明所采用的数学归纳法是我们所熟悉的，而归纳法定义却不是那么熟悉。递归定理是归纳法定义可以实施的保证。

假定现在有一个从 ω 到 a 的映射 f，如果对于每个 $x\in\omega$，我们都知道 f 在任意 x 下的值 $f(x)\in a$，则该映射 f 也就确定了，即为 $f=\{\langle x,f(x)\rangle\mid x\in\omega\}\subset\omega\times a$。假定现在我们不知道 f 在任意 $x\in\omega$ 下的值，但是却知道 $f(0)$，并且还知道一个从 a 到 a 的映射 g，其满足对于所有的 $x\in\omega$，有 $f(x^+)=g(f(x))$。这样，就可以依次得到 $f(1)=f(0^+)=g(f(0))$，$f(2)=f(1^+)=g(f(1))$，一直这样下去，就可以得到 f 在任意 x 下的值 $f(x)$ 了。如果映射 f 事先是存在的，我们可以通过这种方式确定出 f。现在的问题是，这样的 f 存在么？也就是说，我们需要证明，如果给定一个集合 a，集合 a 中一个元素 b，以及一个从 a 到 a 的映射 g，那么存在唯一的一个从 ω 到 a 的映射 f，满足 $f(0)=b$，且 $f(x^+)=g(f(x))$。

【命题 5.3.1】 给定集合 a 以及其中一个元素 $b\in a$，g 是一个从 a 到 a 的映射，那么存在唯一的一个从 ω 到 a 的映射 f，满足 $f(0)=b$，且对于任意的 $x\in\omega$，有 $f(x^+)=g(f(x))$。

证明：首先证明满足条件的映射 f 的存在性。为此，只需要构造出来它即可。由于映射是一种关系，而且关系约束条件比映射要少，容易构造，所以可以先构造一种关系，当然这种关系需要与映射 f 要满足的条件有一定的联系，然后通过这种关系再进一步构造出映射 f。具体地，令关系 $r\subset\omega\times a$ 为满足如下条件的集合：

(1) $\langle 0,b\rangle\in r$；

(2) 对于任意的 $x\in\omega$，如果 $\langle x,y\rangle\in r$，则有 $\langle x^+,g(y)\rangle\in r$。

我们将“集合 r 满足上述条件(1)和(2)”记为符号“$F(r)$”。显然，$\omega\times a$ 就是满足上述条件的集合。当然，$\omega\times a$ 作为满足条件的关系，它不是映射，为了构造出满足条件的映射，需要构造出满足该条件的“最小关系”。注意，如果映射满足条件(1)和(2)，也就是该映射满足命题中的条件。可以这样构造映射：把所有满足条件的关系放在一起构成一个集合，然后做这个集合的交。具体地，令

$$s=\{r\mid(r\subset\omega\times a)\wedge F(r)\}$$

显然，对象 s 是集合，且 $s\neq\varnothing$。令 $f=\bigcap s$，则集合 f 表示所有满足条件(1)和(2)的 $\omega\times a$ 的子集的交。所以，对于任意的 $r\in s$，有 $f\subset r$，因而，$f\subset\omega\times a$。此外，由于对于任意的 $r\in s$，均有 $F(r)$ 为真，所以 $F(f)$ 也为真，即集合 f 也满足条件(1)和(2)。所以，f 是满足条件(1)和(2)的最小的集合。接下来，证明集合 f 是 ω 到 a 的映射，这相当于证明：对于任意的 $x\in\omega$，存在唯一的 $y\in a$，使得 $\langle x,y\rangle\in f$。考虑应用数学归纳法。

当 $x=0$ 时，由于 f 满足条件(1)，所以 $\langle 0,b\rangle\in f$，存在性满足。再看唯一性，如果除了 $\langle 0,b\rangle\in f$，还有 $\langle 0,c\rangle\in f$，则从集合 f 中把 $\langle 0,b\rangle$ 去除，即 $\tilde{f}=f-\{\langle 0,b\rangle\}$。由于 $\tilde{f}$ 与 f 就差了一个元素 $\langle 0,b\rangle$，所以 $\tilde{f}$ 也是满足条件(1)和(2)的，所以 $\tilde{f}\in s$，而 $\tilde{f}\subset f$，这是与 f 的最小性矛盾，所以，当 $x=0$ 时，存在唯一的 $b\in a$，使得 $\langle 0,b\rangle\in f$。

假设对于 $x\in\omega$，存在唯一的 $y\in a$，使得 $\langle x,y\rangle\in f$。考虑 $x^+\in\omega$ 时的情况。根据假设，$\langle x,y\rangle\in f$，由于集合 f 满足条件(2)，因而 $\langle x^+,g(y)\rangle\in f$，存在性满足。再看唯一性，如果除了 $\langle x^+,g(y)\rangle\in f$，还有 $\langle x^+,z\rangle\in f$，其中 $z\neq g(y)$，还是采用类似的方法，令 $\bar{f}=f-\{\langle x^+,z\rangle\}$，由于 $\bar{f}$ 与 f 就差了一个元素 $\langle x^+,z\rangle$。所以 $\bar{f}$ 也是满足条件(1)和(2)的，所以 $\bar{f}\in s$，而 $\tilde{f}\subset f$，这是与 f 的最小性矛盾。所以，当 $x^+\in\omega$ 时，也存在唯一的 $y\in a$，使得 $\langle x,y\rangle\in f$。

综上所述，根据数学归纳法可知，对于任意的 $x\in\omega$，存在唯一的 $y\in a$，使得 $\langle x,y\rangle\in f$。至此，满足条件的映射 f 的存在性得到证明。

我们还需要证明满足条件的映射 f 的唯一性，因为尽管 $f=\bigcap s$ 表明 f 是满足条件(1)和(2)的最小的集合，并不代表比 f 稍微大一些的集合就不是满足条件(1)和(2)的映射。假设映射 h 也是满足条件(1)和(2)的从 ω 到 a 的映射，因而，$\langle 0,b\rangle\in h$。可见，当 $x=0$ 时，如果 $\langle x,y\rangle\in f$，则 $\langle x,y\rangle\in h$；假设对于 $x\in\omega$，根据 $\langle x,y\rangle\in f$ 可得 $\langle x,y\rangle\in h$，则对于 $x^+\in\omega$ 时，由于映射 f 和映射 h 都满足条件(2)，所以 $\langle x^+,g(y)\rangle\in f$，且 $\langle x^+,g(y)\rangle\in g$。根据数学归纳法可知，对于任意的 $x\in\omega$，均有如果 $\langle x,y\rangle\in f$，则 $\langle x,y\rangle\in h$。因而可得 $f=g$。命题得证。

■

有了递归定理——命题 5.3.1，我们可以开始定义自然数集 ω 上的运算了。首先看加法的定义。对于 $x+y=z$ 的定义，如果将 x 固定或者看作一个参数，那么，$x+y=z$ 就可

以理解为$f_x(y)=z$。有了这种观点，现在给出ω上加法的定义。

【定义 5.3.1】 对于任意的$x,y\in\omega$，定义ω上加法$+$是具有如下性质的运算：

$$\begin{cases}x+0=x\\x+y^{+}=(x+y)^{+}\end{cases}$$

从定义 5.3.1 可以看出，ω上加法$+$是以一种递归的方式进行定义的。根据定义 5.3.1，如果我们要计算$5+3$，其等于$5+2^{+}=(5+2)^{+}$，由于后继运算$(\cdot)^{+}$已经定义过了，所以只需要计算出$5+2$即可；根据定义 5.3.1，有$5+2=5+1^{+}=(5+1)^{+}$，这又只需要计算出$5+1$即可；根据定义 5.3.1，有$5+1=5+0^{+}=(5+0)^{+}$，所以只需计算出$5+0$即可，根据定义 5.3.1，$5+0=5$，因而$5+3=5^{+++}=8$。可以看出，整个计算过程是以一种递归的方式进行的，所以，需要递归定理来保证上述计算过程所依据的"递归定义"方式是合理的。从命题 5.3.1 的角度去看定义 5.3.1，实际上就是对于任意的$x\in\omega$，都定义了对应的映射$f_x:\omega\to\omega$，其满足$f_x(0)=x$，$f_x(y^{+})=(f_x(y))^{+}$，然后再把$f_x(y)$用$x+y$进行表示。在命题 5.3.1 中，把其中的集合a和其中一个元素$b\in a$，看作这里的ω和$x\in\omega$；把其中的a到a的映射g，看作这里的ω到ω的映射$(\cdot)^{+}$；把其中的ω到a的映射f，看作这里的ω到ω的映射f_x，那么命题 5.3.1 保证了映射f_x的唯一存在性。

类似地，在ω上加法$+$已经定义的基础上，也可以递归地定义ω上的乘法。

【定义 5.3.2】 对于任意的$x,y\in\omega$，定义ω上乘法$\cdot$是具有如下性质的运算：

$$\begin{cases}x\cdot 0=x\\x\cdot y^{+}=x+x\cdot y\end{cases}$$

从定义 5.3.2 可以看出，ω上乘法$\cdot$也是以一种递归的方式进行定义的。根据定义 5.3.2，如果要计算$5\cdot 3$，其等于$5\cdot 2^{+}=5+5\cdot 2$，由于加法运算$+$已经定义过了，所以只需要计算出$5\cdot 2$即可；根据定义 5.3.2，有$5\cdot 2=5\cdot 1^{+}=5+5\cdot 1$，这又只需要计算出$5\cdot 1$即可；根据定义 5.3.2，有$5\cdot 1=5\cdot 0^{+}=5+5\cdot 0$，所以只需计算出$5\cdot 0$即可，根据定义 5.3.2，$5\cdot 0=0$，因而$5\cdot 3=5+5+5=15$。从命题 5.3.1 的角度去看定义 5.3.2，就是对于任意的$x\in\omega$，都定义了对应的映射$\tilde{f}_x:\omega\to\omega$，其满足$\tilde{f}_x(0)=0$，$\tilde{f}_x(y^{+})=f_x(\tilde{f}_x(y))$，其中$f_x$就是加法运算$+$所对应的映射。注意，乘法定义中采用$x\cdot y^{+}=x+x\cdot y$而不是采用$x\cdot y^{+}=x\cdot y+x$，是因为加法运算$+$所对应的映射表示为$f_x(y)=x+y$而非$f_x(y)=y+x$。在命题 5.3.1 中，把其中的集合$a$和其中一个元素$b\in a$，看作这里的$\omega$和$0\in\omega$；把其中的$a$到$a$的映射$g$，看作这里的$\omega$到$\omega$的映射$f_x$；把其中的$\omega$到$a$的映射$f$，看作这里的$\omega$到$\omega$的映射$\tilde{f}_x$，那么命题 5.3.1 保证了映射$\tilde{f}_x$的唯一存在性。

【命题 5.3.2】 对于任意的$x,y\in\omega$，有：

(1) $0+x=x$。

(2) $x^{+}+y=(x+y)^{+}$。

证明：(1) 对x采用数学归纳法。当$x=0$时，根据定义 5.3.1，$x+0=x$对于任意的$x\in\omega$都成立，所以$0+0=0$。现在假设$0+x=x$，如果能够证明出$0+x^{+}=x^{+}$，那么，应用数学归纳法，即可得出$0+x=x$对于任意的$x\in\omega$都成立。根据定义 5.3.1，$0+x^{+}=(0+x)^{+}$，根据假设$0+x=x$，可得$0+x^{+}=x^{+}$。

(2) 对y采用数学归纳法。当$y=0$时，根据定义 5.3.1，$x^{+}+0=x^{+}=(x+0)^{+}$。假

设 $x^+ + y = (x+y)^+$，现在需要证明 $x^+ + y^+ = (x+y^+)^+$。根据定义 5.3.1，$x^+ + y^+ = (x^+ + y)^+$，再根据假设，可得 $x^+ + y^+ = ((x+y)^+)^+$。而根据定义 5.3.1，$(x+y)^+ = x+y^+$，所以可得 $x^+ + y^+ = (x+y^+)^+$。

■

【命题 5.3.3】 对于任意的 $x,y,z\in\omega$，有：

(1) $x+y=y+x$。

(2) $(x+y)+z=x+(y+z)$。

证明：(1) 对 y 采用数学归纳法。当 $y=0$ 时，根据自然数的加法定义，$x+0=x$；而根据命题 5.3.2，$0+x=x$；因而 $x+0=0+x$。假设 $x+y=y+x$，需要证明 $x+y^+=y^++x$。根据自然数的加法定义，$x+y^+=(x+y)^+$；根据命题 5.3.2，$y^++x=(y+x)^+$，再根据假设 $x+y=y+x$，可得 $x+y^+=y^++x$。

(2) 对 z 采用数学归纳法。当 $z=0$ 时，根据自然数的加法定义，$(x+y)+0=x+y$，$x+(y+0)=x+y$，因而 $(x+y)+0=x+(y+0)$。假设 $(x+y)+z=x+(y+z)$，需要证明 $(x+y)+z^+=x+(y+z^+)$。根据自然数的加法定义，$(x+y)+z^+=((x+y)+z)^+$，$x+(y+z^+)=x+(y+z)^+=(x+(y+z))^+$，再根据假设 $(x+y)+z=x+(y+z)$，可得 $(x+y)+z^+=x+(y+z^+)$。

■

【命题 5.3.4】 对于任意的 $x,y\in\omega$，有：

(1) $0\cdot x=0$。

(2) $x^+\cdot y=y+x\cdot y$。

证明：(1) 对 x 采用数学归纳法。当 $x=0$ 时，根据自然数的乘法定义，$0\cdot 0=0$。假设 $0\cdot x=0$，现在需要证明 $0\cdot x^+=0$。根据乘法的定义，$0\cdot x^+=0+0\cdot x$，根据假设 $0\cdot x=0$，可得 $0\cdot x^+=0+0$，再根据加法的定义，可得 $0\cdot x^+=0$。

(2) 对 y 采用数学归纳法。当 $y=0$ 时，根据乘法的定义，$x^+\cdot 0=0$，根据乘法和加法的定义，$0+x\cdot 0=0+0=0$，所以，$x^+\cdot 0=0+x\cdot 0$。现在假设 $x^+\cdot y=y+x\cdot y$，需要证明 $x^+\cdot y^+=y^++x\cdot y^+$。根据乘法的定义，$x^+\cdot y^+=x^++x^+\cdot y$，根据假设和命题 5.3.3 的(2)，有 $x^+\cdot y^+=x^++(y+x\cdot y)=(x^++y)+x\cdot y$；根据乘法的定义和命题 5.3.3 的(2)，有 $y^++x\cdot y^+=y^++(x+x\cdot y)=(y^++x)+x\cdot y$。根据命题 5.3.2 的(2)和命题 5.3.3 的(1)，$x^++y=(x+y)^+$，$y^++x=(y+x)^+=(x+y)^+$。综上可得，$x^+\cdot y^+=y^++x\cdot y^+$。

■

【命题 5.3.5】 对于任意的 $x,y,z\in\omega$，有：

(1) $x\cdot y=y\cdot x$。

(2) $x\cdot(y+z)=x\cdot y+x\cdot z$。

(3) $(x\cdot y)\cdot z=x\cdot(y\cdot z)$。

证明：(1) 对 y 采用数学归纳法。当 $y=0$ 时，$x\cdot 0=0$，根据命题 5.3.4 的(1)，$0\cdot x=0$，所以 $x\cdot 0=0\cdot x$。假设 $x\cdot y=y\cdot x$，现在证明 $x\cdot y^+=y^+\cdot x$。根据乘法定义 $x\cdot y^+=x+x\cdot y$，根据命题 5.3.4 的(2)，$y^+\cdot x=x+y\cdot x$。再根据假设，可得 $x\cdot y^+=y^+\cdot x$。

(2) 对 z 采用数学归纳法。当 $z=0$ 时，$x\cdot(y+0)=x\cdot y$，$x\cdot y+x\cdot 0=x\cdot y$，所以

$x\cdot(y+0)=x\cdot y+x\cdot 0$。假设 $x\cdot(y+z)=x\cdot y+x\cdot z$，现在证明 $x\cdot(y+z^+)=x\cdot y+x\cdot z^+$。$x\cdot(y+z^+)=x\cdot(y+z)^+=x+x\cdot(y+z)$，利用假设有，$x\cdot(y+z^+)=x+(x\cdot y+x\cdot z)$；而 $x\cdot y+x\cdot z^+=x\cdot y+(x+x\cdot z)$。再利用命题 5.3.3，可得 $x\cdot(y+z^+)=x\cdot y+x\cdot z^+$。

(3) 对 z 采用数学归纳法。当 $z=0$ 时，$(x\cdot y)\cdot 0=0$，$x\cdot(y\cdot 0)=x\cdot 0=0$，所以，$(x\cdot y)\cdot 0=x\cdot(y\cdot 0)$。假设$(x\cdot y)\cdot z=x\cdot(y\cdot z)$，现在证明$(x\cdot y)\cdot z^+=x\cdot(y\cdot z^+)$。$(x\cdot y)\cdot z^+=(x\cdot y)+(x\cdot y)\cdot z$，$x\cdot(y\cdot z^+)=x\cdot(y+y\cdot z)$，根据才证明出的(2)可得，$x\cdot(y\cdot z^+)=x\cdot y+x\cdot(y\cdot z)$。再利用假设，可得$(x\cdot y)\cdot z^+=x\cdot(y\cdot z^+)$。

■

上面的这些命题给出了关于自然数的算术定律，总结如下：

(1) 加法交换律　　$x+y=y+x$

(2) 加法结合律　　$(x+y)+z=x+(y+z)$

(3) 乘法对加法的分配率　　$x\cdot(y+z)=x\cdot y+x\cdot z$

(4) 乘法交换律　　$x\cdot y=y\cdot x$

(5) 乘法结合律　　$(x\cdot y)\cdot z=x\cdot(y\cdot z)$

可以看出，通过在 ZF 体系内定义自然数集 ω 上的加法和乘法运算，我们在 ZF 体系内证明出了这些我们所熟知的算术定律。

此外，还有关于自然数的加法和乘法消去律，这里简要证明一下。对于加法消去律，也就是如果 $x+z=y+z$，则 $x=y$，这只需要对 z 采用数学归纳法即可。当 $z=0$ 时，显然 $x=y$，假设 $x+z=y+z$，有 $x=y$；那么，根据 $x+z^+=y+z^+$，$x+z^+=(x+z)^+$，$y+z^+=(y+z)^+$，并利用假设可得 $x=y$。对于乘法消去律，也就是如果 $x\cdot z=y\cdot z$，且 $z\neq 0$，则 $x=y$。还是采用数学归纳法，令集合 $A=\{0\}\cup\{z\in\omega\mid z\neq 0\wedge F(z)\}$，其中 $F(z)$表示"对于任意的 $x,y\in\omega$，如果 $x\cdot z=y\cdot z$，则 $x=y$"。首先，$0\in A$；其次，如果 $z\in A$，则有 $z=0$ 或者 $z\neq 0$，当 $z=0$ 时，如果 $x\cdot 0^+=y\cdot 0^+$，也即 $x+x\cdot 0=y+y\cdot 0$，因而可得 $x=y$，也就是说 $z^+\in A$，如果 $z\neq 0$，则有 $x\cdot z=y\cdot z$，那么，如果 $x\cdot z^+=y\cdot z^+$，即 $x+x\cdot z=y+y\cdot z$，则应用加法消去律，同样可得 $x=y$，即 $z^+\in A$。综上可得，$A=\omega$。

除了可以在 ω 上定义加法和乘法运算，还可以定义 ω 上序关系，这只需要根据加法运算就可完成。

【定义 5.3.3】 对于任意的 $x,y\in\omega$，如果存在 $u\in\omega$，使得 $x+u=y$，则称 $x\leqslant y$；如果 $x\leqslant y$ 且 $x\neq y$，则称 $x<y$。

为了方便后面关于序的性质的推导，先引入两个命题。

【命题 5.3.6】 对于任意的 $x\in\omega$，且 $x\neq 0$，则存在唯一的 $y\in\omega$，满足 $y^+=x$。

证明：令集合 $A=\{0\}\cup\{x\in\omega\mid F(x)\}$，其中 $F(x)$表示"存在唯一的 $y\in\omega$，满足 $y^+=x$"。显然 $A\subset\omega$。由于 $0\in A$，且当 $u\in A$ 时，由于 $u\in\omega$，所以 $u^+\in\omega$ 且 $F(u^+)$为真，进而可得 $u^+\in A$，根据命题 5.2.2 可得 $A=\omega$，所以 $F(x)$对于除了 0 之外的所有自然数均为真。至于唯一性，可由命题 5.2.6 直接得到。

■

【命题 5.3.7】 对于任意的 $x,y\in\omega$，有 $x+y^+\neq x$。

证明：对 x 采用数学归纳法。当 $x=0$ 时，$0+y^+=y^+\neq 0$。假设 $x+y^+\neq x$，现在需

要证明 $x^+ + y^+ \neq x^+$。根据命题 5.3.3 的(2)，$x^+ + y^+ = (x + y^+)^+$，利用假设并根据命题 5.2.6，可得 $x^+ + y^+ \neq x^+$。

■

现在我们看自然数集上序的性质。

【命题 5.3.8】 对于任意的 $x, y, z \in \omega$，有：

(1) $x \not< x$；

(2) $x < y$ 且 $y < z$，则 $x < z$；

(3) $x < y$、$x = y$、$y < x$，这三种情况有且仅有其中之一出现。

证明：(1) 由于 $x = x$，不满足 $x < y$ 定义中的 $x \neq y$，所以 $x \not< x$。

(2) 根据 $x < y$ 可得，存在 $u \in \omega$，使得 $x + u = y$，且 $x \neq y$，进而可得 $u \neq 0$。类似地，根据 $y < z$ 可得，存在 $v \in \omega$，使得 $y + v = z$，且 $y \neq z$，进而可得 $v \neq 0$。进而可得

$$y + v = (x + u) + v = x + (u + v) = z$$

可见 $x \leqslant z$。又由于 $u \in \omega$ 且 $u \neq 0$，根据命题 5.3.6，存在唯一的 $t \in \omega$，满足 $t^+ = u$。那么，

$$u + v = t^+ + v = (t + v)^+$$

因而就有

$$y + v = x + (t + v)^+ = z$$

根据命题 5.3.7，$x \neq z$。综上可得，$x < z$。

(3) 首先证明，命题中所列出的三种情况至多出现其中一种。如果出现 $x < y$ 且 $x = y$，则可得 $x < x$，与本命题中的(1)矛盾；如果 $y < x$ 且 $x = y$，同样可得 $x < x$，与本命题中的(1)矛盾；如果出现 $x < y$ 且 $y < x$，根据本命题中的(2)可得 $x < x$，又与本命题中的(1)矛盾；所以三种情况至多出现一种。下面证明，命题中所列出的三种情况至少出现其中一种。对 x 采用数学归纳法。当 $x = 0$ 时，如果 $y = 0$，则 $x = y$；如果 $y \neq 0$，根据命题 5.3.6，则存在唯一的 $u \in \omega$，满足 $u^+ = y$，由于 $u^+ = 0 + u^+$，所以 $y = 0 + u^+$，进而可得 $0 \leqslant y$，而 $y \neq 0$，所以 $0 < y$，即 $x < y$；也就是说，无论 $y = 0$ 还是 $y \neq 0$，总会有 $x = y$ 或者 $x < y$，即当 $x = 0$ 时，命题中所列出的三种情况至少会出现其中一种。假设对于 $x, y \in \omega$，$x < y$、$x = y$、$y < x$，这三种情况至少出现其中之一，现在需要证明的是，$x^+ < y$、$x^+ = y$、$y < x^+$，这三种情况至少出现其中之一。现在对假设中的三种情况分别进行证明。当 $x = y$ 时，由于 $x^+ = x + 0^+$，根据命题 5.3.7 可得 $x < x^+$，即 $y < x^+$。当 $y < x$ 时，根据 $x^+ = x + 0^+$ 可得 $x < x^+$，再根据本命题中的(2)，可得 $y < x^+$。当 $x < y$ 时，则存在 $v \neq 0$，$x + v = y$。由于 $v \neq 0$，根据命题 5.3.6，令 $t^+ = v$，则 $x + t^+ = y$。由于 $x + t^+ = (x + t)^+ = x^+ + t$，所以 $x^+ + t = y$，因而可得 $x^+ \leqslant y$，这又相当于 $x^+ < y$ 或者 $x^+ = y$。综上可见，$x^+ < y$、$x^+ = y$、$y < x^+$，这三种情况至少出现其中之一。根据归纳法可得，对于任意的 $x, y \in \omega$，$x < y$、$x = y$、$y < x$，这三种情况至少出现其中之一。结合前面已经得出的这三种情况至多出现一种，所以这三种情况有且仅有其中之一出现。

■

根据命题 5.3.8，我们这里所定义的序 $<$ 满足反自反性、传递性、三分性，因而是 ω 上的全序关系，即 $\langle \omega, < \rangle$ 为全序集。由于所定义的序 $<$ 是根据 ω 上的运算定义出来的，所以序 $<$ 也与 ω 上的运算有一定的联系。

【命题 5.3.9】 对于任意的 $x, y, z \in \omega$：

(1) 如果 $x<y$，则 $x+z<y+z$；

(2) 如果 $x<y$ 且 $z\neq 0$，则 $x\cdot z<y\cdot z$。

证明：(1) 根据 $x<y$ 可得，存在 $u\in\omega$，且 $u\neq 0$，使得 $x+u=y$。进而，$x+u+z=y+z$。根据加法的交换律和结合律，可得 $x+z+u=y+z$，由于 $u\neq 0$，所以，$x+z<y+z$。

(2) 根据 $x<y$ 可得，存在 $u\in\omega$，且 $u\neq 0$，使得 $x+u=y$。进而，$(x+u)\cdot z=y\cdot z$。根据乘法对加法的分配率，可得 $x\cdot z+u\cdot z=y\cdot z$。由于 $u\neq 0$，且 $z\neq 0$，容易得出 $u\cdot z\neq 0$，所以可得 $x\cdot z<y\cdot z$。

■

此外，如果 $x\cdot y=0$，则可以得出：要么 $x=0$，要么 $y=0$。因为，如果 $x,y\neq 0$，则令 $x=u^+$，$y=v^+$，其中，$u,v\in\omega$。则根据乘法定义和命题 5.3.2 的(2)，可以得到

$$0=x\cdot y=u^+\cdot v^+=u^+ + u^+\cdot v=(u+u^+\cdot v)^+$$

这说明 0 是自然数 $u+u^+\cdot v$ 的后继元素，矛盾。

后面，我们会将自然数的乘法 $x\cdot y$ 按照通常习惯简写为 xy。

5.4 整数

前面几节中，我们在 ZF 体系内得到了自然数集 ω，并在 ω 上定义了加法和乘法运算以及序。本节我们利用自然数集 ω，以及 ω 上的运算和序，在 ZF 体系内利用集合知识，构造整数集 Z 以及 Z 上的运算和序。

对于整数集 Z，根据以前对整数的一些了解，我们知道整数集比自然数集多出了负整数。由于负整数可以由两个自然数通过减法运算得到，而减法运算又不满足交换律，因而，我们就想到用有顺序的两个自然数来表示一个整数，即采用自然数的有序对来表示整数。比如，我们可以采用 $\langle 3,5\rangle$ 来表示 -2。当然，正整数——也就是自然数——同样可以用这种方法来表示，比如采用 $\langle 5,3\rangle$ 来表示 2。按照这个思路，那么有序对 $\langle 2,4\rangle$ 也可以表示 -2，所以应该将 $\langle 3,5\rangle$ 和 $\langle 2,4\rangle$ 看成同一个整数。我们采用等价类的概念，将 $\langle 3,5\rangle$ 和 $\langle 2,4\rangle$ 放入同一个等价类中，这样，它们就可以被看成是同一个对象 -2 了。由于 $3-5=2-4$ 可以用 ω 上已经定义的加法等价地表示为 $3+4=2+5$，所以基于上述分析，有如下定义。

【定义 5.4.1】 在积集 $\omega\times\omega$ 上定义等价关系 $\sim$ 如下：

$$\langle x,y\rangle\sim\langle u,v\rangle,\quad \text{如果 } x+v=u+y \tag{5.4.1}$$

如果以集合的形式表示作为 $(\omega\times\omega)\times(\omega\times\omega)$ 子集的等价关系 $\sim$，即为

$$\sim=\{\langle\langle x,y\rangle,\langle u,v\rangle\rangle \mid x+v=u+y,\quad x,y,u,v\in\omega\}$$

可以验证 $\sim$ 确实是 $\omega\times\omega$ 上的等价关系：根据定义，自反性 $\langle x,y\rangle\sim\langle x,y\rangle$ 是显然的；对于对称性，如果 $\langle x,y\rangle\sim\langle u,v\rangle$，即 $x+v=u+y$，这也就是 $u+y=x+v$，因而 $\langle u,v\rangle\sim\langle x,y\rangle$；对于传递性，如果 $\langle x,y\rangle\sim\langle u,v\rangle$ 且 $\langle u,v\rangle\sim\langle s,t\rangle$，根据等价关系的定义，$x+v=u+y$，$u+t=s+v$，则有 $x+v+u+t=u+y+s+v$，根据加法消去律可得 $x+t=y+s=s+y$，因而可得 $\langle x,y\rangle\sim\langle s,t\rangle$。

【定义 5.4.2】 称积集 $\omega\times\omega$ 关于等价关系 $\sim$ 的商集 $(\omega\times\omega)/\sim$ 为整数集(set of integers)，商集 $(\omega\times\omega)/\sim$ 的元素称为整数(integer)。

按照以往的习惯，将整数集用符号 Z 来表示。对于商集 $(\omega\times\omega)/\sim$ 来说，其元素为等价

类$[\langle x,y\rangle]=\{\langle u,v\rangle\in\omega\times\omega\mid\langle u,v\rangle\sim\langle x,y\rangle\}$，用来表示之前我们所了解的“通常的”整数$x-y$。比如，$-2$表示为等价类

$$[\langle 1,3\rangle]=\{\langle u,v\rangle\in\omega\times\omega\mid\langle u,v\rangle\sim\langle 1,3\rangle\}=[\langle 0,2\rangle]=[\langle 2,4\rangle]=[\langle 3,5\rangle]=\cdots$$

2表示为等价类

$$[\langle 5,3\rangle]=\{\langle u,v\rangle\in\omega\times\omega\mid\langle u,v\rangle\sim\langle 5,3\rangle\}=[\langle 2,0\rangle]=[\langle 6,4\rangle]=[\langle 4,2\rangle]=\cdots$$

在定义Z的基础上，就可以定义Z上的运算和序了，首先定义加法运算。

【定义5.4.3】 整数的加法定义为：$[\langle x,y\rangle]+[\langle u,v\rangle]=[\langle x+u,y+v\rangle]$。

注意，我们还是采用惯用符号“+”来表示整数的加法。在4.3节中曾提到过“良定义”的概念：由于等价类是一个集合，其中的每一个元素都可以作为代表元，所以，当对等价类进行操作时，如果该操作是以等价类的代表元进行的，那么就需要说明这种操作与代表元的选取无关。具体到这里，我们要说明，如果$\langle x_1,y_1\rangle\sim\langle x,y\rangle$，$\langle u_1,v_1\rangle\sim\langle u,v\rangle$，则有$\langle x_1+u_1,y_1+v_1\rangle\sim\langle x+u,y+v\rangle$。事实上，根据定义5.4.1，有$x_1+y=x+y_1$，$u_1+v=u+v_1$，进而$x_1+y+u_1+v=x+y_1+u+v_1$，也即$x_1+u_1+y+v=x+u+y_1+v_1$。因而，我们所定义的整数的加法确实是良定义的。比如，由于$[\langle 1,3\rangle]=[\langle 2,4\rangle]$，$[\langle 2,1\rangle]=[\langle 3,2\rangle]$，所以，$[\langle 1,3\rangle]+[\langle 2,1\rangle]$应该与$[\langle 2,4\rangle]+[\langle 3,2\rangle]$是相等的，而这两个加法的计算结果$[\langle 3,4\rangle]$与$[\langle 5,6\rangle]$确实是相等的。

下面命题说明了所定义的整数加法满足交换律和结合律。

【命题5.4.1】 (1) $[\langle x,y\rangle]+[\langle u,v\rangle]=[\langle u,v\rangle]+[\langle x,y\rangle]$

(2) $([\langle x,y\rangle]+[\langle u,v\rangle])+[\langle s,t\rangle]=[\langle x,y\rangle]+([\langle u,v\rangle]+[\langle s,t\rangle])$

证明：(1) 根据整数的加法定义，有

$$[\langle x,y\rangle]+[\langle u,v\rangle]=[\langle x+u,y+v\rangle]$$
$$[\langle u,v\rangle]+[\langle x,y\rangle]=[\langle u+x,v+y\rangle]$$

由于自然数的加法满足交换律，所以，

$$[\langle x,y\rangle]+[\langle u,v\rangle]=[\langle u,v\rangle]+[\langle x,y\rangle]$$

(2) 根据整数的加法定义，有

$$\begin{aligned}([\langle x,y\rangle]+[\langle u,v\rangle])+[\langle s,t\rangle]&=[\langle x+u,y+v\rangle]+[\langle s,t\rangle]\\&=[\langle (x+u)+s,(y+v)+t\rangle]\\ [\langle x,y\rangle]+([\langle u,v\rangle]+[\langle s,t\rangle])&=[\langle x,y\rangle]+[\langle u+s,v+t\rangle]\\&=[\langle x+(u+s),y+(v+t)\rangle]\end{aligned}$$

由于自然数的加法满足结合律，所以，

$$([\langle x,y\rangle]+[\langle u,v\rangle])+[\langle s,t\rangle]=[\langle x,y\rangle]+([\langle u,v\rangle]+[\langle s,t\rangle])$$

■

考虑Z中元素$[\langle 0,0\rangle]=\{\langle x,x\rangle\mid x\in\omega\}$，有如下命题。

【命题5.4.2】 (1) 对于任意的$[\langle x,y\rangle]\in Z$，有$[\langle x,y\rangle]+[\langle 0,0\rangle]=[\langle x,y\rangle]$。

(2) 对于任意的$[\langle x,y\rangle]\in Z$，存在$[\langle u,v\rangle]\in Z$，有$[\langle x,y\rangle]+[\langle u,v\rangle]=[\langle 0,0\rangle]$。

证明：(1) 根据整数的加法定义，有

$$[\langle x,y\rangle]+[\langle 0,0\rangle]=[\langle x+0,y+0\rangle]=[\langle x,y\rangle]$$

(2) 取$[\langle u,v\rangle]=[\langle y,x\rangle]$，则根据整数的加法定义，有

$$[\langle x,y\rangle]+[\langle y,x\rangle]=[\langle x+y,y+x\rangle]=[\langle x+y,x+y\rangle]=[\langle 0,0\rangle]$$

■

命题 5.4.2 说明了整数加法具有单位元(identity element)和逆元(inverse element)。具体地,我们将$[\langle 0,0\rangle]$称为整数加法的单位元,将$[\langle y,x\rangle]$称为$[\langle x,y\rangle]$的加法逆元,记为$[\langle y,x\rangle]=-[\langle x,y\rangle]$。事实上,对于任意的$[\langle x,y\rangle]\in Z$,其逆元是唯一的。因为,如果存在$[\langle u,v\rangle]$,$[\langle s,t\rangle]\in Z$,满足$[\langle x,y\rangle]+[\langle u,v\rangle]=[\langle 0,0\rangle]$和$[\langle x,y\rangle]+[\langle s,t\rangle]=[\langle 0,0\rangle]$,则可以得到

$$\begin{aligned}[\langle u,v\rangle]&=[\langle u,v\rangle]+[\langle 0,0\rangle]=[\langle u,v\rangle]+([\langle x,y\rangle]+[\langle s,t\rangle])\\&=([\langle u,v\rangle]+[\langle x,y\rangle])+[\langle s,t\rangle]=([\langle x,y\rangle]+[\langle u,v\rangle])+[\langle s,t\rangle]\\&=[\langle 0,0\rangle]+[\langle s,t\rangle]=[\langle s,t\rangle]\end{aligned}$$

有了加法逆元的概念,就可以引入整数的减法:

$$[\langle x,y\rangle]-[\langle u,v\rangle]=[\langle x,y\rangle]+(-[\langle u,v\rangle])$$

利用整数减法的概念,很容易证明加法消去律,即根据$[\langle x,y\rangle]+[\langle s,t\rangle]=[\langle u,v\rangle]+[\langle s,t\rangle]$,等式两边同时减去$[\langle s,t\rangle]$,即得$[\langle x,y\rangle]=[\langle u,v\rangle]$。

根据先前对整数的了解,$(x-y)+(u-v)=(x+u)-(y+v)$启示我们定义整数的加法,类似地,$(x-y)\cdot(u-v)=(xu+yv)-(xv+yu)$启示我们定义整数的乘法。

【定义 5.4.4】 整数的乘法定义为:$[\langle x,y\rangle]\cdot[\langle u,v\rangle]=[\langle xu+yv,xv+yu\rangle]$。

整数的乘法定义也是良定义的。因为,如果$\langle x_1,y_1\rangle\sim\langle x,y\rangle$,$\langle u_1,v_1\rangle\sim\langle u,v\rangle$,则有$\langle x_1u_1+y_1v_1,x_1v_1+y_1u_1\rangle\sim\langle xu+yv,xv+yu\rangle$。事实上,根据$x_1+y=x+y_1$,$u_1+v=u+v_1$,可以得到如下式子:

$$\begin{aligned}&(x_1+y)u_1=(x+y_1)u_1, &&\text{即 } x_1u_1+yu_1=xu_1+y_1u_1\\&(x+y_1)v_1=(x_1+y)v_1, &&\text{即 } xv_1+y_1v_1=x_1v_1+yv_1\\&(u_1+v)x=(u+v_1)x, &&\text{即 } u_1x+vx=ux+v_1x\\&(u+v_1)y=(u_1+v)y, &&\text{即 } uy+v_1y=u_1y+vy\end{aligned}$$

然后将它们都加在一起,化简后可以得到

$$x_1u_1+y_1v_1+xv+yu=xu+yv+x_1v_1+y_1u_1$$

下面命题说明了所定义的整数乘法满足交换律、结合律、对加法的分配律。

【命题 5.4.3】 (1) $[\langle x,y\rangle]\cdot[\langle u,v\rangle]=[\langle u,v\rangle]\cdot[\langle x,y\rangle]$。

(2) $([\langle x,y\rangle]\cdot[\langle u,v\rangle])\cdot[\langle s,t\rangle]=[\langle x,y\rangle]\cdot([\langle u,v\rangle]\cdot[\langle s,t\rangle])$。

(3) $[\langle x,y\rangle]\cdot([\langle u,v\rangle]+[\langle s,t\rangle])=[\langle x,y\rangle]\cdot[\langle u,v\rangle]+[\langle x,y\rangle]\cdot[\langle s,t\rangle]$。

证明:(1) $[\langle x,y\rangle]\cdot[\langle u,v\rangle]=[\langle xu+yv,xv+yu\rangle]$

$[\langle u,v\rangle]\cdot[\langle x,y\rangle]=[\langle ux+vy,uy+vx\rangle]$

再根据自然数的加法交换律和乘法交换律即得。

(2) 根据整数的乘法定义和自然数的乘法对加法的分配律,有

$$\begin{aligned}([\langle x,y\rangle]\cdot[\langle u,v\rangle])\cdot[\langle s,t\rangle]&=[\langle xu+yv,xv+yu\rangle]\cdot[\langle s,t\rangle]\\&=[\langle xus+yvs+xvt+yut,xut+yvt+xvs+yus\rangle]\\[\langle x,y\rangle]\cdot([\langle u,v\rangle]\cdot[\langle s,t\rangle])&=[\langle x,y\rangle]\cdot[\langle us+vt,ut+vs\rangle]\\&=[\langle xus+xvt+yut+yvs,xut+xvs+yus+yvt\rangle]\end{aligned}$$

再根据自然数的加法结合律即得。

(3) $$\begin{aligned}[\langle x,y\rangle]\cdot([\langle u,v\rangle]+[\langle s,t\rangle])&=[\langle x,y\rangle]\cdot[\langle u+s,v+t\rangle]\\&=[\langle x(u+s)+y(v+t),x(v+t)+y(u+s)\rangle]\end{aligned}$$

$$[\langle x,y\rangle]\cdot[\langle u,v\rangle]+[\langle x,y\rangle]\cdot[\langle s,t\rangle]$$
$$=[\langle xu+yv,xv+yu\rangle]+[\langle xs+yt,xt+ys\rangle]$$
$$=[\langle xu+yv+xs+yt,xv+yu+xt+ys\rangle]$$

根据自然数的乘法对加法的分配律即得。

■

考虑 Z 中元素 $[\langle 1,0\rangle]=\{\langle x+1,x\rangle \mid x\in\omega\}$，根据整数乘法的定义，我们很容易得到如下命题。

【命题 5.4.4】 对于任意的 $[\langle x,y\rangle]\in Z$，有 $[\langle x,y\rangle]\cdot[\langle 1,0\rangle]=[\langle x,y\rangle]$。

可以看出，$[\langle 1,0\rangle]$ 是整数乘法的单位元。

根据 $x-y<u-v$ 等价于 $x+v<u+y$，这启示我们按照如下方式定义整数的序：

【定义 5.4.5】 如果 $x+v<u+y$，我们称 $[\langle x,y\rangle]<[\langle u,v\rangle]$。

整数的序的定义也是良定义的。因为，如果 $\langle x_1,y_1\rangle\sim\langle x,y\rangle$，$\langle u_1,v_1\rangle\sim\langle u,v\rangle$，则有 $[\langle x_1,y_1\rangle]<[\langle u_1,v_1\rangle]$。这是因为，对于 $x+v<u+y$，根据命题 5.3.9，有

$$x+v+(y_1+v_1)<u+y+(y_1+v_1)$$

也即

$$(x+y_1)+v+v_1<(u+v_1)+y+y_1$$

根据 $x_1+y=x+y_1$，$u_1+v=u+v_1$，可以得到

$$(x_1+y)+v+v_1<(u_1+v)+y+y_1$$

也即

$$(x_1+v_1)+v+y<(u_1+y_1)+v+y$$

再根据自然数加法的消去律可得 $x_1+v_1<u_1+y_1$，此即为 $\langle x_1,y_1\rangle<\langle u_1,v_1\rangle$。

下面的命题显示出了整数的序是一种全序关系，即 $\langle Z,<\rangle$ 为全序集。

【命题 5.4.5】 对于任意的 $[\langle x,y\rangle]$，$[\langle u,v\rangle]$，$[\langle s,t\rangle]\in Z$，有：

(1) $[\langle x,y\rangle]\not<[\langle x,y\rangle]$；

(2) $[\langle x,y\rangle]<[\langle u,v\rangle]$ 且 $[\langle u,v\rangle]<[\langle s,t\rangle]$，则 $[\langle x,y\rangle]<[\langle s,t\rangle]$；

(3) $[\langle x,y\rangle]<[\langle u,v\rangle]$、$[\langle x,y\rangle]=[\langle u,v\rangle]$、$[\langle u,v\rangle]<[\langle x,y\rangle]$，这三种情况有且仅有其中之一出现。

证明：(1) 根据自然数集的序的性质，$x+y\not<x+y$，所以 $[\langle x,y\rangle]\not<[\langle x,y\rangle]$。

(2) 根据题设有 $x+v<u+y$，$u+t<s+v$。因而存在 $a,b\in\omega$，且 $a,b\neq 0$，满足 $(x+v)+a=(u+y)$，$(u+t)+b=(s+v)$，因此，

$$(x+v)+a+(u+t)+b=(u+y)+(s+v)$$

根据自然数的加法消去律可得，$x+a+t+b=y+s$。注意到 $a+b\neq 0$，所以可得 $x+t<y+s$，这说明了 $[\langle x,y\rangle]<[\langle s,t\rangle]$。

(3) 根据整数上序的定义，题设中的三种情况相当于 $x+v<u+y$、$x+v=u+y$、$u+y<x+v$。根据自然数集的序的三分性可得，上述这三种情况只能是有且仅有其中之一会出现。

■

如果 $[\langle 0,0\rangle]<[\langle x,y\rangle]$，则我们称整数 $[\langle x,y\rangle]$ 是正的(positive)，或是正整数(positive integer)；如果 $[\langle x,y\rangle]<[\langle 0,0\rangle]$，则称整数 $[\langle x,y\rangle]$ 是负的(negative)，或是负整

数(negative integer)。如果 $x<y$，则 $[\langle x,y\rangle]<[\langle 0,0\rangle]$，且 $[\langle 0,0\rangle]<[\langle y,x\rangle]=-[\langle x,y\rangle]$；也就是说，$[\langle x,y\rangle]<[\langle 0,0\rangle]$ 当且仅当 $[\langle 0,0\rangle]<[\langle y,x\rangle]=-[\langle x,y\rangle]$。根据命题 5.4.5，任意整数 $[\langle x,y\rangle]$ 与加法单位元 $[\langle 0,0\rangle]$ 的关系为下列情况中的一种：$[\langle x,y\rangle]<[\langle 0,0\rangle]$、$[\langle x,y\rangle]=[\langle 0,0\rangle]$、$[\langle 0,0\rangle]<[\langle x,y\rangle]$，也就是说整数 $[\langle x,y\rangle]$ 为负整数、等于 0 或者是正整数。

在整数集上，根据 $[\langle x,y\rangle]\cdot[\langle u,v\rangle]=[\langle 0,0\rangle]$，则可以得出：要么 $[\langle x,y\rangle]=[\langle 0,0\rangle]$，要么 $[\langle u,v\rangle]=[\langle 0,0\rangle]$。因为 $[\langle x,y\rangle]\cdot[\langle u,v\rangle]=[\langle 0,0\rangle]$，也就是 $[\langle xu+yv,xv+yu\rangle]=[\langle 0,0\rangle]$，即 $xu+yv=xv+yu$。如果 $[\langle x,y\rangle]\neq[\langle 0,0\rangle]$，$[\langle u,v\rangle]\neq[\langle 0,0\rangle]$，即 $x\neq y$，$u\neq v$，那么根据自然数的三分性可得 $x<y$ 或者 $y<x$、$u<v$ 或者 $v<u$。不失一般性，假设 $x<y$，$u<v$，则有 $x+s=y$ 和 $u+t=v$，其中 $s,t\neq 0$。因而有

$$xu+(x+s)(u+t)=x(u+t)+(x+s)u$$

即

$$xu+xu+xt+su+st=xu+xt+xu+su$$

根据自然数的加法消去律，可得 $st=0$，因而可得 $s=0$ 或者 $t=0$，而这与 $s,t\neq 0$ 矛盾。利用此结论，很容易得出整数的乘法满足消去律，即如果 $[\langle x,y\rangle]\cdot[\langle s,t\rangle]=[\langle u,v\rangle]\cdot[\langle s,t\rangle]$，且 $[\langle s,t\rangle]\neq[\langle 0,0\rangle]$，则一定有 $[\langle x,y\rangle]=[\langle u,v\rangle]$。这是因为，对于整数 $[\langle u,v\rangle]\cdot[\langle s,t\rangle]$ 的加法逆元 $-([\langle u,v\rangle]\cdot[\langle s,t\rangle])$，有

$$\begin{aligned}&[\langle x,y\rangle]\cdot[\langle s,t\rangle]+(-([\langle u,v\rangle]\cdot[\langle s,t\rangle]))\\=&[\langle u,v\rangle]\cdot[\langle s,t\rangle]+(-([\langle u,v\rangle]\cdot[\langle s,t\rangle]))\\=&[\langle 0,0\rangle]\end{aligned}$$

由于

$$\begin{aligned}-([\langle u,v\rangle]\cdot[\langle s,t\rangle])&=-[\langle us+vt,ut+vs\rangle]=[\langle ut+vs,us+vt\rangle]\\&=[\langle vs+ut,vt+us\rangle]=[\langle v,u\rangle]\cdot[\langle s,t\rangle]\\&=(-[\langle u,v\rangle])\cdot[\langle s,t\rangle]\end{aligned}$$

因而有

$$\begin{aligned}&[\langle x,y\rangle]\cdot[\langle s,t\rangle]+(-([\langle u,v\rangle]\cdot[\langle s,t\rangle]))\\=&[\langle x,y\rangle]\cdot[\langle s,t\rangle]+(-[\langle u,v\rangle])\cdot[\langle s,t\rangle]\\=&([\langle x,y\rangle]+(-[\langle u,v\rangle]))\cdot[\langle s,t\rangle]\\=&[\langle 0,0\rangle]\end{aligned}$$

由于 $[\langle s,t\rangle]\neq[\langle 0,0\rangle]$，所以可得 $[\langle x,y\rangle]+(-[\langle u,v\rangle])=[\langle 0,0\rangle]$，进而可得

$$[\langle x,y\rangle]=-(-[\langle u,v\rangle])=-[\langle v,u\rangle]=[\langle u,v\rangle]$$

【命题 5.4.6】 对于任意的 $[\langle x,y\rangle],[\langle u,v\rangle],[\langle s,t\rangle]\in Z$，有：

(1) 如果 $[\langle x,y\rangle]<[\langle u,v\rangle]$，则 $[\langle x,y\rangle]+[\langle s,t\rangle]<[\langle u,v\rangle]+[\langle s,t\rangle]$；

(2) 如果 $[\langle x,y\rangle]<[\langle u,v\rangle]$ 且 $[\langle 0,0\rangle]<[\langle s,t\rangle]$，则 $[\langle x,y\rangle]\cdot[\langle s,t\rangle]<[\langle u,v\rangle]\cdot[\langle s,t\rangle]$。

证明：(1) 根据 $[\langle x,y\rangle]<[\langle u,v\rangle]$ 可得，$x+v<u+y$。再根据命题 5.3.9 的(1)可得 $x+v+s+t<u+y+s+t$，也即 $(x+s)+(v+t)<(u+s)+(y+t)$，这说明了 $[\langle x+s,y+t\rangle]<[\langle u+s,v+t\rangle]$，因而 $[\langle x,y\rangle]+[\langle s,t\rangle]<[\langle u,v\rangle]+[\langle s,t\rangle]$。

(2) 根据题设可得，$x+v<u+y$，$t<s$，则存在 $k\in\omega$ 且 $k\neq 0$，使得 $t+k=s$。根据命题

5.3.9 的(2)，可得$(x+v)k<(u+y)k$，再根据命题 5.3.9 的(1)，两边同时加上$(x+v)t+(y+u)t$，得到$(x+v)(t+k)+(u+y)t<(u+y)(k+t)+(x+v)t$，即$(x+v)s+(u+y)t<(u+y)s+(x+v)t$，进一步$xs+yt+ut+vs<us+vt+xt+ys$，这说明了$[\langle xs+yt, xt+ys\rangle]<[\langle us+vt, ut+vs\rangle]$，此即$[\langle x,y\rangle]\cdot[\langle s,t\rangle]<[\langle u,v\rangle]\cdot[\langle s,t\rangle]$。

■

可以看出，所构造出的整数集以及关于整数的运算和序，我们所认识的整数集以及整数的运算和序具有完全一样的性质。

根据以前对整数的了解，自然数集是整数集的子集。现在，自然数集 ω 显然不是整数集 Z 的子集。然而，自然数集 ω 却可以同构嵌入(isomorphic embedding)到整数集 Z 当中。具体地，定义 ω 到 Z 的映射 $f:\omega\to Z$，其中，

$$x\mapsto[\langle x,0\rangle] \tag{5.4.2}$$

对于这个映射 f，有如下命题。

【命题 5.4.7】 映射 f 是 ω 到 Z 的单射，且满足对于任意的 $x,y\in\omega$，有：

(1) $f(x+y)=f(x)+f(y)$。

(2) $f(x\cdot y)=f(x)\cdot f(y)$。

(3) $x<y$ 当且仅当 $f(x)<f(y)$。

证明：假设 $x\neq y$，那么，我们说一定有 $f(x)\neq f(y)$，否则，$[\langle x,0\rangle]=[\langle y,0\rangle]$，也就是说$\langle x,0\rangle\sim\langle y,0\rangle$，因而可得 $x=y$，与假设矛盾。所以 f 为单射。

(1) $f(x+y)=[\langle x+y,0\rangle]=[\langle x,0\rangle]+[\langle y,0\rangle]=f(x)+f(y)$。

(2) $f(x\cdot y)=[\langle x\cdot y,0\rangle]=[\langle x,0\rangle]\cdot[\langle y,0\rangle]=f(x)\cdot f(y)$。

(3) 由于 ω 和 Z 均为全序集，根据 4.5 节中全序集的保序映射的性质可知，只需要证明 $x<y$ 蕴含 $f(x)<f(y)$ 即可。假设 $x<y$，则 $x+0<y+0$，这也就是$[\langle x,0\rangle]<[\langle y,0\rangle]$，即 $f(x)<f(y)$。

■

从命题 5.4.7 可以看出，对任意的 $x,y\in\omega$，当对其作加法运算、乘法运算、序的比较时，其在映射 f 下所对应的对象 $f(x),f(y)\in Z$ 均会保持不变，因而，从实质上来说，可以将 $f(x),f(y)$ 看作 x,y。由于 $\mathrm{img}(f)\subset Z$，我们说 ω 同构嵌入到 Z 之中。

5.5 有理数

本节我们将利用整数构造有理数，所采用的方法和 5.4 节中的方法非常类似。根据以往我们对有理数的了解，有理数可以表示为两个整数相除，由于除法不满足交换律，所以可以用整数的有序对来表示有理数。比如，2/7 可以用$\langle 2,7\rangle$来表示。与 5.4 节类似，这种表示同样会面临同一个有理数可以用多个有序对表示的情况，比如 2/7 还可以用$\langle 4,14\rangle$来表示。对于此情况的处理，还是采用等价类的概念，将$\langle 2,7\rangle$和$\langle 4,14\rangle$放入同一个等价类之中，以将它们看作同一个对象。由于 2/7=4/14 可以用整数集上的乘法表示为 $2\cdot 14=4\cdot 7$，并注意到有序对的第二个元素不能为 0，有如下定义。

【定义 5.5.1】 令 $Z^*=Z-\{0\}$，在积集 $Z\times Z^*$ 上定义等价关系$\sim$如下：

$$\langle m,n\rangle\sim\langle k,l\rangle,\quad 如果\ m\cdot l=k\cdot n \tag{5.5.1}$$

如果以集合的形式表示作为$(\omega\times\omega)\times(\omega\times\omega)$子集的等价关系～，即为

$$\sim=\{\langle\langle m,n\rangle,\langle k,l\rangle\rangle \mid m\cdot l=k\cdot n, m,n,k,l\in Z\}$$

可以验证～确实是$Z\times Z^*$上的等价关系：根据定义，自反性$\langle m,n\rangle\sim\langle m,n\rangle$是显然的；对于对称性，如果$\langle m,n\rangle\sim\langle k,l\rangle$，即$m\cdot l=k\cdot n$，这也就是$k\cdot n=m\cdot l$，因而$\langle k,l\rangle\sim\langle m,n\rangle$；对于传递性，如果$\langle m,n\rangle\sim\langle k,l\rangle$且$\langle k,l\rangle\sim\langle p,q\rangle$，根据等价关系的定义，$m\cdot l=k\cdot n$，$k\cdot q=p\cdot l$，则有$m\cdot l\cdot k\cdot q=k\cdot n\cdot p\cdot l$，根据整数的乘法消去律可得$m\cdot q=p\cdot n$，因而可得$\langle m,n\rangle\sim\langle p,q\rangle$。

【定义 5.5.2】 称积集$Z\times Z^*$关于等价关系～的商集$(Z\times Z^*)/\sim$为有理数集(set of rational numbers)，商集$(Z\times Z^*)/\sim$的元素称为有理数(rational number)。

按照以往的习惯，我们将有理数集用符号Q来表示。对于商集$(Z\times Z^*)/\sim$，其元素为等价类$[\langle m,n\rangle]=\{\langle p,q\rangle\in Z\times Z^*\mid\langle p,q\rangle\sim\langle m,n\rangle\}$，比如，1/2 表示为等价类

$$\begin{aligned}[\langle 1,2\rangle]&=\{\langle p,q\rangle\in Z\times Z^*\mid\langle p,q\rangle\sim\langle 1,2\rangle\}\\&=[\langle 2,4\rangle]=[\langle 3,6\rangle]=[\langle 5,10\rangle]=\cdots\end{aligned}$$

6/3 表示为等价类

$$\begin{aligned}[\langle 6,3\rangle]&=\{\langle p,q\rangle\in Z\times Z^*\mid\langle p,q\rangle\sim\langle 6,3\rangle\}\\&=[\langle 4,2\rangle]=[\langle 8,4\rangle]=[\langle 2,1\rangle]=\cdots\end{aligned}$$

定义有理数的加法运算如下。

【定义 5.5.3】 有理数的加法定义为：$[\langle m,n\rangle]+[\langle k,l\rangle]=[\langle ml+kn,nl\rangle]$。

首先，由于$n\neq 0$且$l\neq 0$，所以$nl\neq 0$。其次，我们所定义的关于有理数的加法是良定义的：如果$\langle m_1,n_1\rangle\sim\langle m,n\rangle$，$\langle k_1,l_1\rangle\sim\langle k,l\rangle$，则有$\langle m_1l_1+k_1n_1,n_1l_1\rangle\sim\langle ml+kn,nl\rangle$。因为根据等价的定义，$m_1n=mn_1$，$k_1l=kl_1$，进而$(m_1n)l_1l+(k_1l)n_1n=(mn_1)l_1l+(kl_1)n_1n$，这相当于$m_1l_1nl+k_1n_1nl=mln_1l_1+knn_1l_1$，因而$(m_1l_1+k_1n_1)nl=(ml+kn)n_1l_1$，这说明$\langle m_1l_1+k_1n_1,n_1l_1\rangle\sim\langle ml+kn,nl\rangle$。比如，由于$[\langle 1,3\rangle]=[\langle 2,6\rangle]$，$[\langle 1,2\rangle]=[\langle 2,4\rangle]$，所以，$[\langle 1,3\rangle]+[\langle 1,2\rangle]$应该与$[\langle 2,6\rangle]+[\langle 2,4\rangle]$是相等的，而这两个加法的计算结果$[\langle 5,6\rangle]$与$[\langle 20,24\rangle]$确实是相等的。

我们有如下关于有理数加法的结果。这些结果与整数集上的对应结果很类似。

【命题 5.5.1】 (1) $[\langle m,n\rangle]+[\langle k,l\rangle]=[\langle k,l\rangle]+[\langle m,n\rangle]$。

(2) $([\langle m,n\rangle]+[\langle k,l\rangle])+[\langle p,q\rangle]=[\langle m,n\rangle]+([\langle k,l\rangle]+[\langle p,q\rangle])$。

(3) 对于任意的$[\langle m,n\rangle]\in Q$，有$[\langle m,n\rangle]+[\langle 0,1\rangle]=[\langle m,n\rangle]$。

(4) 对于任意的$[\langle m,n\rangle]\in Q$，存在$[\langle k,l\rangle]\in Q$，有$[\langle m,n\rangle]+[\langle k,l\rangle]=[\langle 0,1\rangle]$。

证明：(1) 根据有理数的加法定义，有

$$[\langle m,n\rangle]+[\langle k,l\rangle]=[\langle ml+kn,nl\rangle]$$
$$[\langle k,l\rangle]+[\langle m,n\rangle]=[\langle kn+ml,ln\rangle]$$

(2) 根据有理数的加法定义，有

$$\begin{aligned}([\langle m,n\rangle]+[\langle k,l\rangle])+[\langle p,q\rangle]&=[\langle ml+kn,nl\rangle]+[\langle p,q\rangle]\\&=[\langle mlq+knq+pnl,nlq\rangle]\\ [\langle m,n\rangle]+([\langle k,l\rangle]+[\langle p,q\rangle])&=[\langle m,n\rangle]+[\langle kq+pl,lq\rangle]\\&=[\langle mlq+nkq+npl,lqn\rangle]\end{aligned}$$

(3) 根据有理数的加法定义，有

$$[\langle m,n\rangle]+[\langle 0,1\rangle]=[\langle m\cdot 1+0\cdot n,n\cdot 1\rangle]=[\langle m,n\rangle]$$

(4) 取$[\langle k,l\rangle]=[\langle -m,n\rangle]$,则根据有理数的加法定义,有

$$[\langle m,n\rangle]+[\langle -m,n\rangle]=[\langle mn+(-m)n,n\cdot n\rangle]=[\langle 0,n\cdot n\rangle]=[\langle 0,1\rangle]$$

■

命题5.5.1说明了有理数加法也具有单位元和逆元。我们将$[\langle 0,1\rangle]=\{\langle 0,m\rangle \mid m\in Z^*\}$称为有理数加法的单位元,将$[\langle -m,n\rangle]$称为$[\langle m,n\rangle]$的加法逆元,记为$[\langle -m,n\rangle]=-[\langle m,n\rangle]$。此外,容易证明加法逆元还是唯一的。有了加法逆元的概念,就可以引入有理数的减法:

$$[\langle m,n\rangle]-[\langle k,l\rangle]=[\langle m,n\rangle]+(-[\langle k,l\rangle])$$

利用减法的概念,很容易证明加法消去律,即根据$[\langle x,y\rangle]+[\langle s,t\rangle]=[\langle u,v\rangle]+[\langle s,t\rangle]$,等式两边同时减去$[\langle s,t\rangle]$,即得$[\langle x,y\rangle]=[\langle u,v\rangle]$。

根据之前对有理数的了解,$(m/n)\cdot(k/l)=(mk)/(nl)$,这启示我们定义如下有理数的乘法。

【定义5.5.4】 有理数的乘法定义为:$[\langle m,n\rangle]\cdot[\langle k,l\rangle]=[\langle mk,nl\rangle]$。

有理数的乘法定义也是良定义的。因为,如果$\langle m_1,n_1\rangle\sim\langle m,n\rangle$,$\langle k_1,l_1\rangle\sim\langle k,l\rangle$,则有$\langle m_1k_1,n_1l_1\rangle\sim\langle mk,nl\rangle$。事实上,根据$m_1n=mn_1$,$k_1l=kl_1$,可以得到

$$m_1k_1nl=(m_1n)(k_1l)=(mn_1)(kl_1)=mkn_1l_1$$

因而有$\langle m_1k_1,n_1l_1\rangle\sim\langle mk,nl\rangle$。比如,由于$[\langle 1,3\rangle]=[\langle 2,6\rangle]$,$[\langle 1,2\rangle]=[\langle 2,4\rangle]$,所以,$[\langle 1,3\rangle]\cdot[\langle 1,2\rangle]$应该与$[\langle 2,6\rangle]\cdot[\langle 2,4\rangle]$是相等的,而这两个乘法的计算结果$[\langle 1,6\rangle]$与$[\langle 4,24\rangle]$确实是相等的。

下面命题说明了所定义的有理数乘法满足交换律、结合律、对加法的分配律。

【命题5.5.2】 (1) $[\langle m,n\rangle]\cdot[\langle k,l\rangle]=[\langle k,l\rangle]\cdot[\langle m,n\rangle]$。

(2) $([\langle m,n\rangle]\cdot[\langle k,l\rangle])\cdot[\langle p,q\rangle]=[\langle m,n\rangle]\cdot([\langle k,l\rangle]\cdot[\langle p,q\rangle])$。

(3) $[\langle m,n\rangle]\cdot([\langle k,l\rangle]+[\langle p,q\rangle])=[\langle m,n\rangle]\cdot[\langle k,l\rangle]+[\langle m,n\rangle]\cdot[\langle p,q\rangle]$。

证明:(1) $[\langle m,n\rangle]\cdot[\langle k,l\rangle]=[\langle mk,nl\rangle]$

$[\langle k,l\rangle]\cdot[\langle m,n\rangle]=[\langle km,ln\rangle]$

(2) $([\langle m,n\rangle]\cdot[\langle k,l\rangle])\cdot[\langle p,q\rangle]=[\langle mk,nl\rangle]\cdot[\langle p,q\rangle]=[\langle (mk)p,(nl)q\rangle]$

$[\langle m,n\rangle]\cdot([\langle k,l\rangle]\cdot[\langle p,q\rangle])=[\langle m,n\rangle]\cdot[\langle kp,lq\rangle]=[\langle m(kp),n(lq)\rangle]$

(3) $[\langle m,n\rangle]\cdot([\langle k,l\rangle]+[\langle p,q\rangle])=[\langle m,n\rangle]\cdot[\langle kq+pl,lq\rangle]=[\langle m(kq+pl),nlq\rangle]$

$$\begin{aligned}[\langle m,n\rangle]\cdot[\langle k,l\rangle]+[\langle m,n\rangle]\cdot[\langle p,q\rangle]&=[\langle mk,nl\rangle]+[\langle mp,nq\rangle]\\&=[\langle mk\cdot nq+mp\cdot nl,nl\cdot nq\rangle]\\&=[\langle n(mkq+mpl),n^2lq\rangle]\end{aligned}$$

由于$\langle na,nb\rangle\sim\langle a,b\rangle$,所以有

$$[\langle m,n\rangle]\cdot[\langle k,l\rangle]+[\langle m,n\rangle]\cdot[\langle p,q\rangle]=[\langle mkq+mpl,nlq\rangle]$$

■

对于Q中元素$[\langle 1,1\rangle]=\{\langle m,m\rangle \mid m\in Z^*\}$,根据有理数数乘法的定义,有

$$[\langle m,n\rangle]\cdot[\langle 1,1\rangle]=[\langle m,n\rangle] \tag{5.5.2}$$

对于任意的$[\langle m,n\rangle]\in Q$,且$[\langle m,n\rangle]\neq[\langle 0,1\rangle]$,则有

$$[\langle m,n\rangle]\cdot[\langle n,m\rangle]=[\langle mn,nm\rangle]=[\langle 1,1\rangle] \tag{5.5.3}$$

可以看出,$[\langle 1,1\rangle]$是有理数乘法的单位元,而且只要$[\langle m,n\rangle]\neq[\langle 0,1\rangle]$,$[\langle m,n\rangle]\in Q$就

有乘法逆元$[\langle n,m\rangle]$。此外，我们还可以看出，$[\langle m,n\rangle]\in Q$的乘法逆元$[\langle n,m\rangle]$一定不会等于$[\langle 0,1\rangle]$。为了与加法逆元符号上有所区分，将乘法逆元记为$[\langle n,m\rangle]=[\langle m,n\rangle]^{-1}$。因此，对于任意的$[\langle m,n\rangle]\in Q$，且$[\langle m,n\rangle]\neq[\langle 0,1\rangle]$，我们可以定义乘法的逆运算——除法：

$$[\langle k,l\rangle]\div[\langle m,n\rangle]=[\langle k,l\rangle]\cdot[\langle m,n\rangle]^{-1} \tag{5.5.4}$$

进而，根据乘法的定义，就有

$$[\langle k,l\rangle]\div[\langle m,n\rangle]=[\langle k,l\rangle]\cdot[\langle n,m\rangle]=[\langle kn,lm\rangle] \tag{5.5.5}$$

利用除法的概念，很容易证明乘法消去律，即根据$[\langle k,l\rangle]\cdot[\langle m,n\rangle]=[\langle p,q\rangle]\cdot[\langle m,n\rangle]$，如果$[\langle m,n\rangle]\neq[\langle 0,1\rangle]$，等式两边同时除以$[\langle m,n\rangle]$，即得$[\langle k,l\rangle]=[\langle p,q\rangle]$。

至此，我们可以看出，从运算的角度，整数集相对于自然数集引入了减法，有理数集相对于整数集又引入了除法，因此，在有理数集内，四则运算都已经完成了。

根据$m/n<k/l$等价于$ml<kn$，当$0<n$且$0<l$时。注意到，对于任意的$[\langle m,n\rangle]\in Q$，$[\langle m,n\rangle]=[\langle -m,-n\rangle]$，而且，由于$n\neq 0$，根据整数的序的三分性可知，要么$0<n$，要么$n<0$，也就是说，对于任意的等价类$[\langle m,n\rangle]\in Q$，总会找到合适的代表元满足$0<n$。因而，按照如下方式定义有理数的序。

【定义 5.5.5】 对于任意的$[\langle m,n\rangle],[\langle k,l\rangle]\in Q$，且$0<n$和$0<l$，如果$ml<kn$，我们称$[\langle m,n\rangle]<[\langle k,l\rangle]$。

有理数的序的定义也是良定义的，即如果$\langle m_1,n_1\rangle\sim\langle m,n\rangle$，$\langle k_1,l_1\rangle\sim\langle k,l\rangle$，则有$[\langle m_1,n_1\rangle]<[\langle k_1,l_1\rangle]$，其中$0<n_1$和$0<l_1$。证明方法和上一节中所采用的方法非常类似。具体地，对于$ml<kn$，由于$0<n_1$，且$0<l_1$，根据命题5.4.6，有

$$ml\cdot n_1\cdot l_1<kn\cdot n_1\cdot l_1$$

也即

$$(mn_1)ll_1<(kl_1)nn_1$$

根据$m_1n=mn_1$，$k_1l=kl_1$，可以得到

$$(m_1n)ll_1<(k_1l)nn_1$$

也即

$$(m_1l_1)nl<(k_1n_1)nl$$

由于$0<n$和$0<l$，根据整数乘法的消去律可得$m_1l_1<k_1n_1$，此即为

$$[\langle m_1,n_1\rangle]<[\langle k_1,l_1\rangle]$$

下面的命题显示出了有理数的序也是一种全序关系，即$\langle Q,<\rangle$为全序集。

【命题 5.5.3】 对于任意的$[\langle m,n\rangle],[\langle k,l\rangle],[\langle p,q\rangle]\in Q$，其中，$0<n$、$0<l$、$0<q$，有：

(1) $[\langle m,n\rangle]\not<[\langle m,n\rangle]$；

(2) $[\langle m,n\rangle]<[\langle k,l\rangle]$且$[\langle k,l\rangle]<[\langle p,q\rangle]$，则$[\langle m,n\rangle]<[\langle p,q\rangle]$；

(3) $[\langle m,n\rangle]<[\langle k,l\rangle]$、$[\langle m,n\rangle]=[\langle k,l\rangle]$、$[\langle k,l\rangle]<[\langle m,n\rangle]$，这三种情况有且仅有其中之一出现。

证明：(1) 由于$mn\not<mn$，所以$[\langle m,n\rangle]\not<[\langle m,n\rangle]$。

(2) 根据题设，有$ml<kn$，$kq<pl$。由于$0<q$，因而有$ml\cdot q<kn\cdot q$；$0<n$，因而$kq\cdot n<pl\cdot n$。根据整数上序的传递性，可知$mlq<pln$。由于$0<l$，因而根据整数关于

乘法的消去律可得 $mq<pn$，这说明了 $[\langle m,n\rangle]<[\langle p,q\rangle]$。

(3) 根据有理数上序的定义，题设中的三种情况相当于 $ml<kn$、$ml=kn$、$kn<ml$。根据整数集的序的三分性可得，上述这三种情况只能是有且仅有其中之一会出现。

■

不失一般性，考虑 $0<n$ 的情况。如果 $[\langle 0,1\rangle]<[\langle m,n\rangle]$，则称有理数 $[\langle m,n\rangle]$ 是正的，或是正有理数；如果 $[\langle m,n\rangle]<[\langle 0,1\rangle]$，则称有理数 $[\langle m,n\rangle]$ 是负的，或是负有理数。如果 $m<0$，则 $[\langle m,n\rangle]<[\langle 0,1\rangle]$，且 $[\langle 0,1\rangle]<[\langle -m,n\rangle]$；也就是说，$[\langle m,n\rangle]<[\langle 0,1\rangle]$ 当且仅当 $[\langle 0,1\rangle]<[\langle -m,n\rangle]=-[\langle m,n\rangle]$。根据命题 5.4.5，任意有理数 $[\langle m,n\rangle]$ 与 $[\langle 0,1\rangle]$ 的关系为下列情况中的一种：$[\langle m,n\rangle]<[\langle 0,1\rangle]$、$[\langle m,n\rangle]=[\langle 0,1\rangle]$、$[\langle 0,1\rangle]<[\langle m,n\rangle]$，也就是说有理数 $[\langle m,n\rangle]$ 为负有理数、等于 0 或者是正有理数。

【命题 5.5.4】 对于任意的 $[\langle m,n\rangle]$，$[\langle k,l\rangle]$，$[\langle p,q\rangle]\in Q$，其中，$0<n$、$0<l$、$0<q$，有：

(1) 如果 $[\langle m,n\rangle]<[\langle k,l\rangle]$，则 $[\langle m,n\rangle]+[\langle p,q\rangle]<[\langle k,l\rangle]+[\langle p,q\rangle]$；

(2) 如果 $[\langle m,n\rangle]<[\langle k,l\rangle]$ 且 $[\langle 0,1\rangle]<[\langle p,q\rangle]$，则 $[\langle m,n\rangle]\cdot[\langle p,q\rangle]<[\langle k,l\rangle]\cdot[\langle p,q\rangle]$。

证明：(1) 根据有理数加法的定义，有 $[\langle m,n\rangle]+[\langle p,q\rangle]=[\langle mq+pn,nq\rangle]$，$[\langle k,l\rangle]+[\langle p,q\rangle]=[\langle kq+pl,lq\rangle]$。根据 $[\langle m,n\rangle]<[\langle k,l\rangle]$，可得 $ml<kn$，进而有 $mlq<knq$，两边同时加上 pnl，有 $mlq+pnl<knq+pnl$，也即 $(mq+pn)l<(kq+pl)n$。由于 $0<q$，所以，两边同时乘以 q，可得 $(mq+pn)(lq)<(kq+pl)(nq)$，这说明了 $[\langle mq+pn,nq\rangle]<[\langle kq+pl,lq\rangle]$，因而 $[\langle m,n\rangle]+[\langle p,q\rangle]<[\langle k,l\rangle]+[\langle p,q\rangle]$。

(2) 根据题设可得，$ml<kn$，$0<p$。所以，$mlp<knp$，由于 $0<q$，进而 $mlpq<knpq$，即 $(mp)\cdot(lq)<(kp)\cdot(nq)$。这说明了 $[\langle mp,nq\rangle]<[\langle kp,lq\rangle]$，因而 $[\langle m,n\rangle]\cdot[\langle p,q\rangle]<[\langle k,l\rangle]\cdot[\langle p,q\rangle]$。

■

为了后面的需要，我们引入有理数的绝对值(absolute value)运算。

【定义 5.5.6】 对于 $[\langle m,n\rangle]\in Q$，其绝对值 $|[\langle m,n\rangle]|$ 定义为：当 $[\langle m,n\rangle]$ 是正有理数，则 $|[\langle m,n\rangle]|=[\langle m,n\rangle]$；当 $[\langle m,n\rangle]$ 是负有理数，则 $|[\langle m,n\rangle]|=-[\langle m,n\rangle]$；当 $[\langle m,n\rangle]=[\langle 0,1\rangle]$，则 $|[\langle m,n\rangle]|=[\langle 0,1\rangle]$。

由绝对值的定义可以看出，对于任意的 $[\langle m,n\rangle]\in Q$，其绝对值 $|[\langle m,n\rangle]|$ 肯定是非负的有理数，而且我们也很容易得出 $|[\langle m,n\rangle]|=|-[\langle m,n\rangle]|$。此外，绝对值还有诸如 $|[\langle m,n\rangle]+[\langle k,l\rangle]|\leqslant|[\langle m,n\rangle]|+|[\langle k,l\rangle]|$，$|[\langle m,n\rangle]\cdot[\langle k,l\rangle]|=|[\langle m,n\rangle]|\cdot|[\langle k,l\rangle]|$ 此类性质，这些性质的证明只需要按照绝对值的定义分情况讨论即可，这里不再赘述。

虽然这里整数集 Z 不是有理数集 Q 的子集。然而，整数集 Z 却可以同构嵌入到有理数集 Q 中。具体地，定义 Z 到 Q 的映射 $f: Z\rightarrow Q$，其中，

$$m\mapsto[\langle m,1\rangle] \tag{5.5.6}$$

对于映射 f，有如下命题。

【命题 5.5.5】 映射 f 是 Z 到 Q 的单射，且满足对于任意的 $m,k\in Z$，有：

(1) $f(m+k)=f(m)+f(k)$；

(2) $f(m\cdot k)=f(m)\cdot f(k)$；

(3) $f(0)=[\langle 0,1\rangle]$，$f(1)=[\langle 1,1\rangle]$；

(4) $m<k$ 当且仅当 $f(m)<f(k)$。

证明：假设 $m\neq k$，那么，我们说一定有 $f(m)\neq f(k)$，否则，$[\langle m,1\rangle]=[\langle k,1\rangle]$，也就是说 $\langle m,1\rangle\sim\langle k,1\rangle$，因而可得 $m=k$，与假设矛盾，所以 f 为单射。

(1) $f(m+k)=[\langle m+k,1\rangle]=[\langle m,1\rangle]+[\langle k,1\rangle]=f(m)+f(k)$；

(2) $f(m\cdot k)=[\langle m\cdot k,1\rangle]=[\langle m,1\rangle]\cdot[\langle k,1\rangle]=f(m)\cdot f(k)$；

(3) 根据映射 f 的定义即得；

(4) 由于 Z 和 Q 均为全序集，因而只需要证明 $m<k$ 蕴含 $f(m)<f(k)$ 即可。假设 $m<k$，则 $m\cdot 1<k\cdot 1$，这也就是 $[\langle m,1\rangle]<[\langle k,1\rangle]$，即 $f(m)<f(k)$。

■

从命题 5.5.5 可以看出，对任意的 $m,k\in Z$，当对其作加法运算、乘法运算、序的比较时，其在映射 f 下所对应的对象 $f(m)$，$f(k)\in Q$ 均会保持不变，而且，Z 中的加法单位元和乘法单位元也对应了 Q 中的加法单位元和乘法单位元。因而，从实质上来说，可以将 $f(m)$，$f(k)$ 看作 m,k。由于 $\mathrm{img}(f)\subset Q$，我们说 Z 同构嵌入到 Q 中。

5.6 实数

前面几节中，我们依次在 ZF 体系内得到了自然数集、整数集、有理数集，其中自然数集是由 ZF6 无限公理得以保证的，整数集是通过将整数视为自然数对完成构造的，有理数集是通过将有理数视为整数对完成构造的。现在我们还需要对有理数集进行扩展，因为在一些领域中，有理数不够用。比如，我们中学学过的初等几何中，两边直角边的长度都为 1 的三角形，其斜边长度为 $\sqrt{2}$，这是一个无理数。因而，我们需要引入实数集。实数集相对于前面三个数集而言，是“非常不同的”数集。下一章我们会看到，自然数集、整数集、有理数集这三个数集所含有的元素数是“一样多的”，而实数集的元素数要比它们“多出很多”，因而，就不能还按照先前的方法试图将实数表示为有理数对，因为实数的数目比有理数对的数目多出很多，换句话说，所有的有理数对在表示所有的实数这件事上是不够用的。为了从有理数集扩展到实数集，必须引入新的构造方法。当然，这个方法不像前面的构造方法那么简单明了，历史上，真正地认识实数是 19 世纪末才完成的事情。事实上，即使是现在，很多人也不清楚什么是实数，尽管他们会使用实数。本节将采用康托和另一位德国数学家魏尔斯特拉斯(K. T. W. Weierstrass)所使用的方法——柯西序列(Cauchy sequence)方法来构造实数。

【定义 5.6.1】 设 b 为一个集合，对于 $m\in\omega$，称集合 $a=\{n\in\omega\mid m\leqslant n\}$ 到集合 b 的映射 x 为一个序列(sequence)。

对于映射 $x:a\to b$，由于集合 $a\subset\omega$，所以集合 a 是 ω 的全序子集，因而可以根据 a 上的次序，将映射 x“直观地”理解为 $x=\{\langle m,x(m)\rangle,\langle m^+,x(m^+)\rangle,\cdots\}$，进而可以将 x 表示为 $x_m,x_{m^+},x_{m^{++}},\cdots$ 的形式，或者按照习惯用法更简单地表示为 $\{x_n\}_{m\leqslant n}$ 或者 $\{x_n\}_{n\in a}$。当然，自然数 m 可以取 0、1 或者其他自然数。默认情况下，取 $m=0$，即 $a=\omega$，此时将 $\{x_n\}_{m\leqslant n}$ 进一步简写为 $\{x_n\}$。

现在考虑 $b=Q$ 的情形，即 $x:\omega\to Q$，也就是对于序列 $\{x_n\}$ 而言，$x_n\in Q$，我们称这样的序列 $\{x_n\}$ 为有理数序列。下面引入柯西有理数序列的概念。

【定义 5.6.2】 设$\{x_n\}$是有理数序列,若对于任意的正有理数 ε,存在某个自然数 $k\in\omega$,对于任意的 $p,q\in\omega$,满足当 $k<p,q$ 时,$|x_p-x_q|<\varepsilon$,则称有理数序列$\{x_n\}$为柯西有理数序列。

利用之前我们对实数的了解,并假设读者学过一些极限知识,就知道有理数序列可以收敛于某个实数,包括有理数和无理数。比如,无理数$\sqrt{2}$在直观上是下述数列的极限:

$$1,\quad 1.4,\quad 1.41,\quad 1.414,\quad 1.4142,\quad \cdots$$

由于$\sqrt{2}$在直观上也是下述数列的极限:

$$1,\quad 1.2,\quad 1.3,\quad 1.4,\quad 1.41,\quad 1.414,\quad 1.4142,\quad \cdots$$

所以,我们还是采用等价类的概念。

【定义 5.6.3】 令集合 C 表示所有柯西有理数序列构造的集合,定义集合 C 上的等价关系$\sim$如下:设$\{x_n\},\{y_n\}\in C$,如果对于任意的正有理数 ε,存在某个自然数 $k\in\omega$,对于任意的 $n\in\omega$ 且 $k<n$,有

$$|x_n-y_n|<\varepsilon \tag{5.6.1}$$

则称$\{x_n\}\sim\{y_n\}$。

下面我们验证$\sim$确实是 C 上的等价关系:根据定义,自反性$\{x_n\}\sim\{x_n\}$是显然的;对于对称性,如果$\{x_n\}\sim\{y_n\}$,即对于任意的正有理数 ε,存在某个自然数 $k\in\omega$,对于任意的 $n\in\omega$ 且 $k<n$,有$|x_n-y_n|<\varepsilon$,由于$|y_n-x_n|=|x_n-y_n|<\varepsilon$,所以$\{y_n\}\sim\{x_n\}$;关于传递性,如果$\{x_n\}\sim\{y_n\}$,且$\{y_n\}\sim\{z_n\}$,因而就有,对于任意的正有理数 ε,存在 $k_1\in\omega$,对于任意的 $n\in\omega$ 且 $k_1<n$,有$|x_n-y_n|<\varepsilon/2$,存在 $k_2\in\omega$,对于任意的 $n\in\omega$ 且 $k_2<n$,有$|y_n-z_n|<\varepsilon/2$,那么取 k 为 k_1,k_2 中最大的那个,则对于任意的 $n\in\omega$ 且 $k<n$,就会有$|x_n-y_n|<\varepsilon/2$,$|y_n-z_n|<\varepsilon/2$,进而可得

$$|x_n-z_n|=|(x_n-y_n)+(y_n-z_n)|\leqslant|(x_n-y_n)|+|(y_n-z_n)|<\varepsilon/2+\varepsilon/2=\varepsilon$$

所以,$\{x_n\}\sim\{z_n\}$。

或许有些读者会对所定义的 C 是否一定是集合怀有疑问。我们说集合 C 一定是集合。我们引入符号 b^a 表示所有集合 a 到集合 b 的映射构成的对象,即

$$b^a=\{f\mid f: a\to b\} \tag{5.6.2}$$

首先,对象 b^a 是一个类;其次,如果 $f\in b^a$,则作为关系的映射 f,满足 $f\subset a\times b$,进而 $f\in P(a\times b)$,所以 $b^a\subset P(a\times b)$,因而根据 ZF2 分离公理,可知类 b^a 为集合。注意到,对象 C 中元素由于都是柯西有理数序列,因而也都是 ω 到 Q 的映射,所以 $C\subset\omega\times Q$,因而对象 C 也是集合。

【定义 5.6.4】 称集合 C 关于等价关系$\sim$的商集 $C/\sim$ 为实数集(Set of real numbers),商集 $C/\sim$的元素称为实数(Real number)。

按照以往的习惯,我们将实数集用符号 R 来表示。根据定义,其元素为等价类$[\{x_n\}]=\{\{u_n\}\in C\mid\{u_n\}\sim\{x_n\}\}$,比如,实数 0 可以表示为等价类

$$[\{0\}]=\left[\left\{\frac{1}{n+1}\right\}\right]=\left[\left\{\frac{1}{n+2}\right\}\right]=\left[\left\{\frac{3}{n+2}\right\}\right]=\left[\left\{\frac{5}{n^2+6}\right\}\right]=\cdots$$

这是因为根据对极限的先前了解,下述序列的极限都是 0:

$$1,\quad \frac{1}{2},\quad \frac{1}{3},\quad \frac{1}{4},\quad \frac{1}{5},\quad \frac{1}{6},\quad \cdots$$

$$\frac{1}{2},\ \frac{1}{3},\ \frac{1}{4},\ \frac{1}{5},\ \frac{1}{6},\ \frac{1}{7},\ \cdots$$

$$\frac{3}{2},\ \frac{3}{3},\ \frac{3}{4},\ \frac{3}{5},\ \frac{3}{6},\ \frac{3}{7},\ \cdots$$

$$\frac{5}{6},\ \frac{5}{7},\ \frac{5}{10},\ \frac{5}{15},\ \frac{5}{22},\ \frac{5}{31},\ \cdots$$

由于有序对$\langle x,y\rangle$中x,y是有次序的，所以可以将$\langle x,y\rangle$看作$\{0,1\}$到$\{x,y\}$的映射f，满足$f(0)=x,f(1)=y$。在这样的理解下，有理数列$\{x_n\}$可以直观地看作“无限多元”的有序组，尽管我们现在还没有定义无限。

【命题 5.6.1】 如果$[\{x_n\}],[\{y_n\}]\in R$，则$[\{x_n+y_n\}]\in R,[\{x_n\cdot y_n\}]\in R$。

证明：对于$[\{x_n+y_n\}]\in R$，也就是证明有理数序列$\{x_n+y_n\}$是柯西有理数序列。根据题设，对于任意的正有理数ε，存在$k_1\in\omega$，对于任意的p、$q\in\omega$且$k_1<p,q$，有$|x_p-x_q|<\varepsilon/2$，存在$k_2\in\omega$，对于任意的p、$q\in\omega$且$k_2<p,q$，有$|y_p-y_q|<\varepsilon/2$，那么取k为k_1,k_2中最大的那个，则对于任意的p、$q\in\omega$且$k<p,q$，会有$|x_p-x_q|<\varepsilon/2,|y_p-y_q|<\varepsilon/2$，进而可得

$$\begin{aligned}|(x_p+y_p)-(x_q+y_q)|&=|(x_p-x_q)+(y_p-y_q)|\\&\leqslant|(x_p-x_q)|+|(y_p-y_q)|<\varepsilon/2+\varepsilon/2=\varepsilon\end{aligned}$$

因而可得$\{x_n+y_n\}\in C$，也就是$[\{x_n+y_n\}]\in R$。

为了证明$[\{x_n\cdot y_n\}]\in R$，我们需要利用对于任意的$[\{x_n\}]\in R$，$[\{x_n\}]$一定是有界的结论，即存在$u\in Q$，满足对于任意的$n\in\omega$，$|x_n|\leqslant u$。事实上，可以取$\varepsilon=1$，则存在$k\in\omega$，对于任意的p、$q\in\omega$且$k<p$、q，有$|x_p-x_q|<1$，取$q=k+1$，则$|x_p-x_{k+1}|<1$，进而可知，当$k<p$时，

$$|x_p|=|x_p-x_{k+1}+x_{k+1}|\leqslant|x_p-x_{k+1}|+|x_{k+1}|<1+|x_{k+1}|$$

所以，如果取u为集合$\{x_0,x_1,\cdots,x_k,1+|x_{k+1}|\}$的最大值时，则对于任意的$n\in\omega$，$|x_n|\leqslant u$。有了这个结果，下面证明有理数序列$\{x_n\cdot y_n\}$是柯西有理数序列。具体地，

$$\begin{aligned}|x_p\cdot y_p-x_q\cdot y_q|&=|(x_p\cdot y_p-x_p\cdot y_q)+(x_p\cdot y_q-x_q\cdot y_q)|\\&\leqslant|x_p|\cdot|y_p-y_q|+|y_q|\cdot|x_p-x_q|\end{aligned}$$

根据柯西有理数序列的有界性，对于任意的$n\in\omega$，存在$u_1,u_2\in Q$，有$|x_n|\leqslant u_1$，$|y_n|\leqslant u_2$。根据题设，对于任意的正有理数ε，存在$k_1\in\omega$，对于任意的p、$q\in\omega$且$k_1<p$、q，有$|x_p-x_q|<\varepsilon/(2u_2)$，存在$k_2\in\omega$，对于任意的$p$、$q\in\omega$且$k_2<p$、$q$，有$|y_p-y_q|<\varepsilon/(2u_1)$，那么，当取$k$为$k_1$、$k_2$中最大的那个时，则对于任意的$p$、$q\in\omega$且$k<p$、$q$，有

$$\begin{aligned}|x_p|\cdot|y_p-y_q|+|y_q|\cdot|x_p-x_q|&\leqslant u_1\cdot|y_p-y_q|+u_1\cdot|x_p-x_q|\\&<u_1\cdot\varepsilon/(2u_1)+u_2\cdot\varepsilon/(2u_2)=\varepsilon/2+\varepsilon/2=\varepsilon\end{aligned}$$

因而可得$\{x_n\cdot y_n\}\in C$，也就是$[\{x_n\cdot y_n\}]\in R$。

■

下面可以给出实数的加法运算定义。

【定义 5.6.5】 实数的加法定义为：$[\{x_n\}]+[\{y_n\}]=[\{x_n+y_n\}]$。

命题 5.6.1 说明了实数加法所得到的结果确实还是实数，此外，加法定义还是良定义的。即如果$\{x_n\}\sim\{\tilde{x}_n\},\{y_n\}\sim\{\tilde{y}_n\}$，那么，$\{x_n+y_n\}\sim\{\tilde{x}_n+\tilde{y}_n\}$。这是由于根据柯西有

理数序列等价的定义，对于任意的正有理数 ε，存在 $k_1\in\omega$，对于任意的 $n\in\omega$ 且 $k_1<n$，有 $|x_n-\tilde{x}_n|<\varepsilon/2$；存在 $k_2\in\omega$，对于任意的 $n\in\omega$ 且 $k_2<n$，有 $|y_n-\tilde{y}_n|<\varepsilon/2$，那么取 k 为 k_1、k_2 中最大的那个，则对于任意的 $n\in\omega$ 且 $k<n$，就会有

$$\begin{aligned}|(x_n+y_n)-(\tilde{x}_n+\tilde{y}_n)|&=|(x_n-\tilde{x}_n)+(y_n-\tilde{y}_n)|\\&\leqslant|(x_n-\tilde{x}_n)|+|(y_n-\tilde{y}_n)|<\varepsilon/2+\varepsilon/2=\varepsilon\end{aligned}$$

所以 $\{x_n+y_n\}\sim\{\tilde{x}_n+\tilde{y}_n\}$。

【命题 5.6.2】 (1) $[\{x_n\}]+[\{y_n\}]=[\{y_n\}]+[\{x_n\}]$；

(2) $([\{x_n\}]+[\{y_n\}])+[\{z_n\}]=[\{x_n\}]+([\{y_n\}]+[\{z_n\}])$；

(3) 对于任意的 $[\{x_n\}]\in R$，有 $[\{x_n\}]+[\{0\}]=[\{x_n\}]$；

(4) 对于任意的 $[\{x_n\}]\in R$，存在 $[\{y_n\}]\in R$，有 $[\{x_n\}]+[\{y_n\}]=[\{0\}]$。

证明：(1) $[\{x_n\}]+[\{y_n\}]=[\{x_n+y_n\}]=[\{y_n+x_n\}]=[\{y_n\}]+[\{x_n\}]$

(2) $([\{x_n\}]+[\{y_n\}])+[\{z_n\}]=[\{x_n+y_n\}]+[\{z_n\}]=[\{x_n+y_n+z_n\}]$)

$[\{x_n\}]+([\{y_n\}]+[\{z_n\}])=[\{x_n\}]+[\{y_n+z_n\}]=[\{x_n+y_n+z_n\}]$

(3) $[\{x_n\}]+[\{0\}]=[\{x_n+0\}]=[\{x_n\}]$

(4) 取 $[\{y_n\}]=[\{-x_n\}]$，则有 $[\{x_n\}]+[\{y_n\}]=[\{x_n\}]+[\{-x_n\}]=[\{0\}]$

■

命题 5.6.2 说明了实数加法具有单位元和逆元。将 $[\{0\}]$ 称为实数加法的单位元，将 $[\{-x_n\}]$ 称为 $[\{x_n\}]$ 的加法逆元，记为 $-[\{x_n\}]$。下面是实数乘法的定义。

【定义 5.6.6】 实数的乘法定义为：$[\{x_n\}]\cdot[\{y_n\}]=[\{x_n\cdot y_n\}]$。

命题 5.6.1 说明了实数乘法所得到的结果确实还是实数，此外，实数的乘法定义也是良定义的。因为，如果 $\{x_n\}\sim\{\tilde{x}_n\}$，$\{y_n\}\sim\{\tilde{y}_n\}$，则对于任意的 $n\in\omega$，存在 $u_1,u_2\in Q$，有 $|x_n|\leqslant u_1$，$|\tilde{y}_n|\leqslant u_2$；并且对于任意的正有理数 ε，存在 $k_1\in\omega$，对于任意的 $n\in\omega$ 且 $k_1<n$，有 $|x_n-\tilde{x}_n|<\varepsilon/(2u_2)$，存在 $k_2\in\omega$，对于任意的 $n\in\omega$ 且 $k_2<n$，有 $|y_n-\tilde{y}_n|<\varepsilon/(2u_1)$。进而，

$$\begin{aligned}|x_n\cdot y_n-\tilde{x}_n\cdot\tilde{y}_n|&=|(x_n\cdot y_n-x_n\cdot\tilde{y}_n)+(x_n\cdot\tilde{y}_n-\tilde{x}_n\cdot\tilde{y}_n)|\\&\leqslant|x_n|\cdot|y_n-\tilde{y}_n|+|\tilde{y}_n|\cdot|x_n-\tilde{x}_n|\\&<u_1\cdot\varepsilon/(2u_1)+u_2\cdot\varepsilon/(2u_2)=\varepsilon/2+\varepsilon/2=\varepsilon\end{aligned}$$

所以，$\{x_n\cdot y_n\}\sim\{\tilde{x}_n\cdot\tilde{y}_n\}$。

下面命题说明了所定义的实数乘法满足交换律、结合律、对加法的分配律。

【命题 5.6.3】 (1) $[\{x_n\}]\cdot[\{y_n\}]=[\{y_n\}]\cdot[\{x_n\}]$；

(2) $([\{x_n\}]\cdot[\{y_n\}])\cdot[\{z_n\}]=[\{x_n\}]\cdot([\{y_n\}]\cdot[\{z_n\}])$；

(3) $[\{x_n\}]\cdot([\{y_n\}]+[\{z_n\}])=[\{x_n\}]\cdot[\{y_n\}]+[\{x_n\}]\cdot[\{z_n\}])$。

证明：(1) $[\{x_n\}]\cdot[\{y_n\}]=[\{x_n\cdot y_n\}]=[\{y_n\cdot x_n\}]=[\{y_n\}]\cdot[\{x_n\}]$

(2) $([\{x_n\}]\cdot[\{y_n\}])\cdot[\{z_n\}]=[\{x_n\cdot y_n\}]\cdot[\{z_n\}]=[\{x_n\cdot y_n\cdot z_n\}]$

$[\{x_n\}]\cdot([\{y_n\}]\cdot[\{z_n\}])=[\{x_n\}]\cdot[\{y_n\cdot z_n\}]=[\{x_n\cdot y_n\cdot z_n\}]$

(3) $[\{x_n\}]\cdot([\{y_n\}]+[\{z_n\}])=[\{x_n\}]\cdot([\{y_n+z_n\}])=[\{x_n\cdot y_n+x_n\cdot z_n\}]$

$$\begin{aligned}[\{x_n\}]\cdot[\{y_n\}]+[\{x_n\}]\cdot[\{z_n\}]&=[\{x_n\cdot y_n\}]+[\{x_n\cdot z_n\}]\\&=[\{x_n\cdot y_n+x_n\cdot z_n\}]\end{aligned}$$

■

对于 R 中元素$[\{1\}]$,根据实数乘法的定义,有

$$[\{x_n\}]\cdot[\{1\}]=[\{x_n\}] \tag{5.6.3}$$

可以看出,$[\{1\}]$是实数乘法的单位元。

对于任意的$[\{x_n\}]\in R$,如果$[\{x_n\}]\neq[\{0\}]$,我们说一定存在乘法逆元$[\{y_n\}]\in R$,满足$[\{x_n\}]\cdot[\{y_n\}]=[\{1\}]$。由于$[\{x_n\}]\neq[\{0\}]$不代表对于任意 $n\in\omega$,有 $x_n\neq 0$,所以我们不能直接取$[\{y_n\}]=[\{x_n^{-1}\}]$。由于“直观上”,$[\{x_n\}]$仅由 n 在无限大时的 x_n 决定,所以我们采用如下方法构造$[\{y_n\}]$。由于$\{x_n\}\in C$,所以对于任意的正有理数 ε,存在 $k\in\omega$,当 $p,q\in\omega$ 且 $k<p,q$ 时,有$|x_p-x_q|<\varepsilon$。因为$[\{x_n\}]\neq[\{0\}]$,根据定义 5.6.3 可以得出,存在某个正有理数 2ε,使得“存在 $k\in\omega$,当 $n\in\omega$ 且 $k<n$ 时,有$|x_n-0|<2\varepsilon$”不成立,即对于任意的 $k\in\omega$,总是可以找到某个 $n_0\in\omega$ 且 $k<n_0$,有 $2\varepsilon<|x_{n_0}-0|$。对于这个 $n_0\in\omega$,由于 $k<n_0$,所以$|x_p-x_{n_0}|<\varepsilon$,因而,根据$|x_{n_0}|=|x_{n_0}-x_p+x_p|\leqslant|x_{n_0}-x_p|+|x_p|$,可得$|x_{n_0}|-|x_{n_0}-x_p|\leqslant|x_p|$,利用前面的$|x_p-x_{n_0}|<\varepsilon$ 和 $2\varepsilon<|x_{n_0}|$,可得 $2\varepsilon-\varepsilon\leqslant|x_p|$,即 $\varepsilon\leqslant|x_p|$对任意的 $k<p$ 均成立。因而可以按照如下方式构造有理数序列$[\{y_n\}]$：当 $n\leqslant k$ 时,取 $y_n=\varepsilon$；当 $k<n$ 时,取 $y_n=x_n^{-1}$。注意,根据前面已经得出的结论,当 $k<n$ 时,$\varepsilon\leqslant|x_n|$,所以从 x_n 得到 x_n^{-1} 是没有问题的。下面我们证明所构造出的$\{y_n\}$也是柯西有理数序列,即我们希望对于任意的正有理数 $\tilde{\varepsilon}$,找到一个自然数 $\tilde{k}$,使得当 $\tilde{k}<p,q$ 时,$|y_p-y_q|\leqslant\tilde{\varepsilon}$。由于当 $k<n$ 时,取 $y_n=x_n^{-1}$,所以当 $k<p,q$ 时,

$$|y_p-y_q|=|x_p^{-1}-x_q^{-1}|=|(x_q-x_p)/(x_p\cdot x_q)|=|(x_p-x_q)|/|(x_p\cdot x_q)|$$

再利用前面已得到的 $\varepsilon\leqslant|x_n|$,可得：当 $k<p,q$ 时,$|x_p^{-1}-x_q^{-1}|\leqslant\dfrac{1}{\varepsilon^2}|(x_p-x_q)|$。再次利用$\{x_n\}$是柯西有理数序列的条件,可得对于正有理数 $\tilde{\varepsilon}\cdot\varepsilon^2$,存在 $k_1\in\omega$,当 $p,q\in\omega$ 且 $k_1<p,q$ 时,有$|x_p-x_q|<\tilde{\varepsilon}\cdot\varepsilon^2$。因而,对于任意的正有理数 $\tilde{\varepsilon}$,取 $\tilde{k}$ 为 k,k_1 中最大的那个,则有当 $\tilde{k}<p,q$ 时,$|y_p-y_q|=|x_p^{-1}-x_q^{-1}|\leqslant\dfrac{1}{\varepsilon^2}(\tilde{\varepsilon}\cdot\varepsilon^2)=\tilde{\varepsilon}$。可见,$\{y_n\}\in C$。由于当 $n\leqslant k$ 时,$x_n\cdot y_n=x_n\cdot\varepsilon$,当 $k<n$ 时,取 $x_n\cdot y_n=x_n\cdot x_n^{-1}=1$,所以,当 $k<n$ 时,$|x_n\cdot y_n-1|=0$。这说明$\{x_n\cdot y_n\}\sim\{1\}$。所以,$[\{x_n\}]\cdot[\{y_n\}]=[\{x_n\cdot y_n\}]=[\{1\}]$。为了与加法逆元符号上有区分,将乘法逆元记为$[\{x_n\}]^{-1}$。

有了加法逆元和乘法逆元,就可以定义实数集上的减法和除法了：

$$[\{x_n\}]-[\{y_n\}]=[\{x_n\}]+(-[\{y_n\}]) \tag{5.6.4}$$

$$[\{x_n\}]\div[\{y_n\}]=[\{x_n\}]\cdot[\{y_n\}]^{-1},\quad [\{y_n\}]\neq[\{0\}] \tag{5.6.5}$$

【定义 5.6.7】 设$[\{x_n\}]$,$[\{y_n\}]\in R$,如果存在正有理数 ε 和自然数 k,使得当 $n\in\omega$ 且 $k<n$ 时,有 $\varepsilon<y_n-x_n$,则称$[\{x_n\}]<[\{y_n\}]$。

实数序的定义也是良定义的,即如果$\{x_n\}\sim\{\tilde{x}_n\}$,$\{y_n\}\sim\{\tilde{y}_n\}$,则有$[\{\tilde{x}_n\}]<[\{\tilde{y}_n\}]$。事实上,根据$\{x_n\}\sim\{\tilde{x}_n\}$,$\{y_n\}\sim\{\tilde{y}_n\}$,对于正有理数 $\varepsilon/4$ 和自然数 k_1,k_2,使得当 $n\in\omega$ 且 $k_1<n$ 时,有$|\tilde{x}_n-x_n|<\varepsilon/4$,当 $n\in\omega$ 且 $k_2<n$ 时,有$|\tilde{y}_n-y_n|<\varepsilon/4$；因而,取 k 为 k_1,k_2 中最大的那个,则对于任意的 $n\in\omega$ 且 $k<n$,就会有

$$\varepsilon/2=\varepsilon+(-\varepsilon/4)+(-\varepsilon/4)<(y_n-x_n)+(\tilde{y}_n-y_n)+(x_n-\tilde{x}_n)=\tilde{y}_n-\tilde{x}_n$$

因而有$[\{\tilde{x}_n\}]<[\{\tilde{y}_n\}]$。

下面的命题显示出了实数的序也是一种全序关系，即$\langle R,<\rangle$为全序集。

【命题 5.6.4】 对于任意的$[\{x_n\}],[\{y_n\}],[\{z_n\}]\in R$，有：

(1) $[\{x_n\}]\nless[\{x_n\}]$；

(2) $[\{x_n\}]<[\{y_n\}]$且$[\{y_n\}]<[\{z_n\}]$，则$[\{x_n\}]<[\{z_n\}]$；

(3) $[\{x_n\}]<[\{y_n\}]$、$[\{x_n\}]=[\{y_n\}]$、$[\{y_n\}]<[\{x_n\}]$，这三种情况有且仅有其中之一出现。

证明：(1) 由于$x_n-x_n=0$，所以对于任意的正有理数ε和自然数n，有$x_n-x_n=0<\varepsilon$，所以$[\{x_n\}]\nless[\{x_n\}]$。

(2) 根据题设，存在正有理数ε_1和自然数k_1，使得当$n\in\omega$且$k_1<n$时，有$\varepsilon_1<y_n-x_n$；存在正有理数ε_2和自然数k_2，使得当$n\in\omega$且$k_2<n$时，有$\varepsilon_2<z_n-y_n$。因而，取k为k_1,k_2中最大的那个，则当$n\in\omega$且$k<n$时，有$\varepsilon_1+\varepsilon_2<(y_n-x_n)+(z_n-y_n)=z_n-x_n$，因而$[\{x_n\}]<[\{z_n\}]$。

(3) 如果$[\{x_n\}]\neq[\{y_n\}]$，即$\{x_n\}\nsim\{y_n\}$。由于$\{x_n\},\{y_n\}$都是柯西有理数序列，所以，对于任意的正有理数ε，分别存在着$k_1,k_2\in\omega$，当$k_1<p,q$时，$|x_p-x_q|<\varepsilon/4$，当$k_2<p,q$时，$|y_p-y_q|<\varepsilon/4$。现在取k为k_1,k_2中最大的那个，且考虑$x_q=x_{k+1},y_q=y_{k+1}$的情况，此时，当$k<p$时，$|x_p-x_{k+1}|<\varepsilon/4$，$|y_p-y_{k+1}|<\varepsilon/4$，进而有

$$|(x_p-y_p)-(x_{k+1}-y_{k+1})|=|(x_p-x_{k+1})-(y_p-y_{k+1})|<\varepsilon/4+\varepsilon/4=\varepsilon/2$$

因而，

$$-\varepsilon/2+(x_{k+1}-y_{k+1})<(x_p-y_p)<\varepsilon/2+(x_{k+1}-y_{k+1})$$

我们说必有$\varepsilon<|x_{k+1}-y_{k+1}|$。因为如若不然，则$|x_{k+1}-y_{k+1}|\leqslant\varepsilon$。注意到

$$|x_p-y_p|-|x_{k+1}-y_{k+1}|\leqslant|(x_p-y_p)-(x_{k+1}-y_{k+1})|<\varepsilon/2$$

则可得

$$|x_p-y_p|<\varepsilon/2+|x_{k+1}-y_{k+1}|\leqslant\varepsilon/2+\varepsilon=3\varepsilon/2$$

由于正有理数ε是任意的，这说明$\{x_n\}\sim\{y_n\}$，而这与假设矛盾。根据$\varepsilon<|x_{k+1}-y_{k+1}|$可以得出，或者$\varepsilon<x_{k+1}-y_{k+1}$，或者$x_{k+1}-y_{k+1}<-\varepsilon$。当$\varepsilon<x_{k+1}-y_{k+1}$时，可得$\varepsilon/2<(x_p-y_p)$，这说明$[\{y_n\}]<[\{x_n\}]$；当$x_{k+1}-y_{k+1}<-\varepsilon$时，$(x_p-y_p)<-\varepsilon/2$，即$\varepsilon/2<(y_p-x_p)$，这说明$[\{x_n\}]<[\{y_n\}]$。所以，$[\{x_n\}]<[\{y_n\}]$、$[\{x_n\}]=[\{y_n\}]$、$[\{y_n\}]<[\{x_n\}]$，这三种情况至少其中之一出现。然而，这三种情况又至多出现其中一种，否则就与(1)和(2)矛盾。综上，这三种情况有且仅有其中之一出现。

■

此外，如果$[\{x_n\}]<[\{y_n\}]$，则$[\{x_n\}]+[\{z_n\}]<[\{y_n\}]+[\{z_n\}]$；如果$[\{0\}]<[\{z_n\}]$，则$[\{x_n\}]\cdot[\{z_n\}]<[\{y_n\}]\cdot[\{z_n\}]$。这些都很容易证明，这里不再赘述。

虽然这里的有理数集Q不是实数集R的子集，然而，有理数集Q却可以同构嵌入到实数集R中。具体地，定义Q到R的映射$f: Q\to R$，其中，

$$x\mapsto[\{x\}] \tag{5.6.6}$$

对于映射f，有如下命题。

【命题 5.6.5】 映射f是Q到R的单射，且满足对于任意的$x,y\in Q$，有：

(1) $f(x+y)=f(x)+f(y)$；

(2) $f(x\cdot y)=f(x)\cdot f(y)$；

(3) $f(0)=[\{0\}], f(1)=[\{1\}]$；

(4) $x<y$ 当且仅当 $f(x)<f(y)$。

证明：当 $x\neq y$ 时，根据命题 5.5.3，有 $x<y$ 或者 $y<x$。不失一般性，假设 $x<y$，此时，存在正有理数 δ，满足 $x+\delta=y$。我们说一定有 $f(x)\neq f(y)$，否则，$[\{x\}]=[\{y\}]$，也就是说 $\{x\}\sim\{y\}$，而这是不可能的。因为，如果取 $\varepsilon<\delta$，则对应任意的 $n\in\omega$，均有 $\varepsilon<\delta=|x-y|=|x_n-y_n|$，所以 f 为单射。

(1) $f(x+y)=[\{x+y\}]=[\{x\}]+[\{y\}]=f(x)+f(y)$；

(2) $f(x\cdot y)=[\{x\cdot y\}]=[\{x\}]\cdot[\{y\}]=f(x)\cdot f(y)$；

(3) 根据映射 f 的定义即得；

(4) 由于 Q 和 R 均为全序集，因而只需要证明 $x<y$ 蕴含 $f(x)<f(y)$ 即可。假设 $x<y$，则存在正有理数 δ，满足 $x+\delta=y$，因而，如果取 $\varepsilon=\delta/2$，则对于任意的 $n\in\omega$，均有 $\varepsilon<\delta=y-x$，这也就是 $[\{x\}]<[\{y\}]$，即 $f(x)<f(y)$。

■

从命题 5.6.5 可以看出，对任意的 $x,y\in Q$，当对其作加法运算、乘法运算、序的比较时，其在映射 f 下所对应的对象 $f(x),f(y)\in R$ 均会保持不变，而且，Q 中的加法单位元和乘法单位元也对应了 R 中的加法单位元和乘法单位元。因而，从实质上来说，可以将 $f(x),f(y)$ 看作 x,y。由于 $\mathrm{img}(f)\subset R$，我们说 Q 同构嵌入到 R 中。

习题

1. 证明：当集合 a 为传递集时，a^+ 也为传递集。
2. 证明：$1+2=3$。
3. 证明：$2\neq 3$。
4. 证明：ω 的任意非空子集必有最小元。
5. 证明：集合 a 为传递集，当且仅当 $P(a)$ 为传递集。
6. 证明：对于任意的 $x\in\omega$，有：$x\notin x$。
7. 证明：对于任意的 $x,y\in\omega$，如果 $x\neq y$，则有 $x\in y$，或者 $y\in x$。
8. 证明：整数集中的加法单位元不等于乘法单位元。
9. 证明整数的加法消去律。
10. 证明整数的乘法消去律。
11. 证明：对于有理数的加法单位元 $[\langle 0,1\rangle]$，有 $[\langle 0,1\rangle]\cdot[\langle m,n\rangle]=[\langle m,n\rangle]\cdot[\langle 0,1\rangle]=[\langle 0,1\rangle]$，其中，$[\langle m,n\rangle]$ 为任意的有理数。
12. 证明：对于有理数 $[\langle m,n\rangle]$，$[\langle k,l\rangle]$，如果 $[\langle m,n\rangle]\cdot[\langle k,l\rangle]=[\langle 0,1\rangle]$，则或者 $[\langle m,n\rangle]=[\langle 0,1\rangle]$，或者 $[\langle k,l\rangle]=[\langle 0,1\rangle]$。
13. 证明实数的加法消去律。
14. 证明实数的乘法消去律。
15. 证明实数的加法单位元 $[\{0\}]$ 不等于实数的乘法单位元 $[\{1\}]$。
16. 对于任意的实数 $[\{x_n\}],[\{y_n\}],[\{z_n\}]\in R$，证明：如果 $[\{x_n\}]<[\{y_n\}]$，则 $[\{x_n\}]+[\{z_n\}]<[\{y_n\}]+[\{z_n\}]$；如果 $[\{0\}]<[\{z_n\}]$，则 $[\{x_n\}]\cdot[\{z_n\}]<[\{y_n\}]\cdot[\{z_n\}]$。

第 6 章 等势与优势

CHAPTER 6

在 ZF 中，所讨论的集合都是抽象的集合，此时，一个基本问题就是集合所含元素的多少。这是一个集合容量(size)的比较问题，元素的“多与少”本身就是一个比较。直观上，对于“有限集”的情形，通常我们会数一数所需要比较的这两个集合的元素个数，然后再比较它们的元素个数即可；对于“无限集”，比如，第 5 章所构造出的整数集、有理数集、实数集，由于它们所含元素的个数是数不完的，所以，就需要明确如何对它们进行比较。

6.1 等势

对于有限集 $x=\{\{\varnothing\},\{\{\varnothing\}\},\{\{\{\varnothing\}\}\}\}$ 与有限集 $y=\{\varnothing,\{\varnothing,\{\varnothing\}\},\{\{\varnothing\},\{\{\varnothing\}\}\}\}$，由于它们都含有 3 个元素，所以它们的元素个数一样多。仔细分析一下发现，我们说集合 x、y 的元素个数都是 3，可以理解为将 x、y 与作为集合的自然数 $3=\{0,1,2\}$ 进行一一对应后得出的，换句话说，集合 x、y 由于均可以与集合 $\{0,1,2\}$ 之间建立双射，所以集合 x，y 被认为具有相同的元素个数。根据第 4 章中双射的性质，如果集合 x、y 均可以与集合 $\{0,1,2\}$ 之间建立双射，那么集合 x、y 之间一定也就可以建立双射。这提示我们，可以完全甩开集合 $\{0,1,2\}$，而直接通过集合 x、y 之间能否建立双射来确定它们之间是否所含的元素一样多。事实上，比较两个集合之间所含元素的多少是否相同，可以通过是否存在一一对应来完成，也是符合人们的直观印象的。以现实生活中具体的集合为例，比如，要比较教室里的椅子数和听课的学生数是否一样多，不需要知道学生人数和椅子个数，在规定每个学生可以坐一个椅子，且最多只能坐一个椅子的前提下，如果既没有学生站着，也没有椅子空着，那就说明椅子数和学生数一样多。基于上述的分析，我们采用双射在 ZF 体系内建立任意两个集合容量“相等”的概念。

【定义 6.1.1】 对于集合 x，y，如果存在一个从 x 到 y 的双射，则称 x 与 y 是等势的(equinumerous)，记为 $x\approx y$。

两个集合等势，通俗地讲，就是两个集合所包含的元素一样多，因而可以认为这两个集合的容量相同。前面的例子都是有限集，下面看一下无限集的情形。

【例 6.1.1】 证明：$\omega\times\omega\approx\omega$。

证明：沿用中学所学的坐标系的概念，可以将 $\omega\times\omega$ 中的元素 $\langle x,y\rangle$ 放置在平面坐标系第一象限中坐标 (x,y) 处，这样集合 $\omega\times\omega$ 中所有元素就会形成平面坐标系第一象限中坐标取值均为自然数的离散网格。为了构造 $\omega\times\omega$ 到 ω 的双射 f，只需将 $\omega\times\omega$ 中每一个元素

按照 ω 中自然数的顺序 0,1,2,…分配一个自然数作为编号即可。图 6.1.1 给出了一种分配方案,其中,映射 f 在 $\langle x,y\rangle$ 处的值放在了坐标 (x,y) 上。

■

【例 6.1.2】 设集合 $a=\{x\in R\mid 0<x<1\}$,证明 $a\approx R$。

证明:借助于中学的三角函数和函数的图形表示,取 $f: a\to R, x\mapsto \tan\pi\left(x-\frac{1}{2}\right)$,将映射 f 以图形的方式在平面直角坐标系中画出,如图 6.1.2 所示,可以清晰地看出 f 为从 a 到 R 的双射。

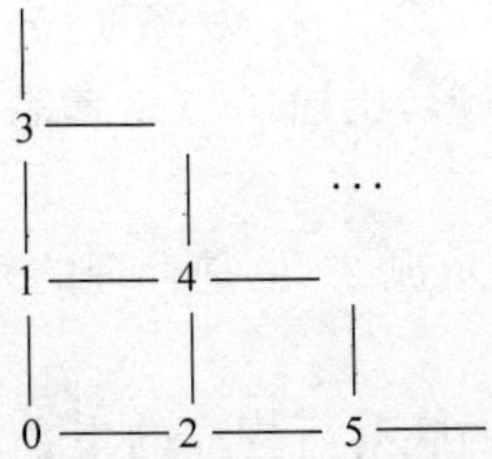

图 6.1.1　$\omega\times\omega\approx\omega$ 的示意图

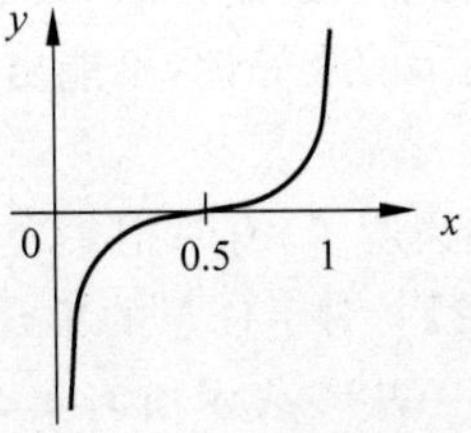

图 6.1.2　$a\approx R$ 的示意图

■

从上面这两道例题可以看出,对于无限集来说,其可以与其真子集等势。

【命题 6.1.1】 对于集合 x,y,z,有:

(1) $x\approx x$;

(2) 如果 $x\approx y$,则 $y\approx x$;

(3) 如果 $x\approx y, y\approx z$,则 $x\approx z$。

证明:(1) 显然,集合 x 到 x 的恒等映射是双射;

(2) 如果 f 是集合 x 到 y 的双射,则根据双射的性质可知,f^{-1} 是集合 x 到 y 的双射;

(3) 如果 f 是集合 x 到 y 的双射,且 g 是集合 y 到 z 的双射,则根据双射的性质可知,$f\circ g$ 是集合 x 到 z 的双射。

■

从命题 6.1.1 可以看出,如果可以将集合之间的等势视为一种关系时,则其满足自反性、对称性、传递性,进而为一种等价关系。然而,我们却不能说等势可以作为一种等价关系。因为,集合之间的等势所面对的是所有的集合,即集合宇宙 **V**,它是一个真类。如果现在面对的是一个集合 a,由于其元素也是集合,所以就可以在 a 上建立集合之间等势的关系,此时,集合之间等势的关系就是一种等价关系了。

根据前面的两道例题,或许有读者会想,是否所有的无限集之间都是等势的,反正它们所含的元素都是数不完的。如果真是这样,那么,等势这个概念对于无限集而言就没有多大意义了。下面的例题给出了这个想法否定的回答。

【例 6.1.3】 证明 $\omega\not\approx R$。

证明:根据命题 6.1.1 和例 6.1.2,只需要证明 $\omega\not\approx a$ 即可,其中 $a=\{x\in R\mid 0<x<1\}$。采用反证法。假设 $\omega\approx a$,即 a 中所有元素可以写成一个序列的形式:$a_1,a_2,\cdots$,其中,将各个元素表示成十进制无限小数的形式:

$$a_1 = 0.a_{11}a_{12}a_{13}\cdots$$
$$a_2 = 0.a_{21}a_{22}a_{23}\cdots$$
$$a_3 = 0.a_{31}a_{32}a_{33}\cdots$$
$$\cdots\cdots$$

现在我们再作出一个小数 $b=0.b_1b_2b_3\cdots$，其中，对任意的 $k=1,2,\cdots$，满足：$b_k=1$，当$a_{kk}\neq 1$时；$b_k=2$，当 $a_{kk}=1$ 时。首先，$b\in a$；其次，由于 $b_k\neq a_{kk}$，所以 b 与 a 中任意一个元素都不同，这就与 $b\in a$ 矛盾。

■

需要指出，对于十进制小数，其表示为 $0.a_1a_2a_3\cdots$，其中 a_k 为符号$\{0,1,\cdots,9\}$中的一个。为了保证表示的唯一性，不能出现无限项为 0 的情形，比如，0.5 应该表示为 0.4999…，而非 0.5000…。

下面的命题说明了，有时把集合 x 的幂集 $P(x)$表示成 2^x 也是合理的。

【命题 6.1.2】 对于任意的集合 x，有 $P(x)\approx 2^x$。

证明：$2^x=\{0,1\}^x$ 表示所有集合 x 到集合$\{0,1\}$的映射所构成的集合。构造 $P(x)$到 2^x 的映射如下，$f:P(x)\to 2^x, y\mapsto \chi_y$，其中，$\chi_y$ 为集合 x 到集合$\{0,1\}$的映射，满足

$$\chi_y(z)=\begin{cases}1, & z\in y\\ 0, & z\notin y\end{cases} \tag{6.1.1}$$

可以看出，对于 x 的不同子集 $y_1,y_2\subset x$，由于 $y_1\neq y_2$，因而有 $y_1-y_2\neq\varnothing$或 $y_2-y_1\neq\varnothing$。不失一般性，假设 $y_1-y_2\neq\varnothing$，则必存在元素 $z\in y_1$ 且 $z\notin y_2$，进而根据映射 χ_y 的定义，映射 χ_{y_1} 和映射 χ_{y_2} 在该元素处的值不同，因而 $\chi_{y_1}\neq\chi_{y_2}$，所以 f 为单射。此外，对于任意的 $g\in 2^x$，即 g 是任意的集合 x 到集合$\{0,1\}$的映射，那么构造 x 的子集 $y_g=\{z\in x\mid g(z)=1\}\subset x$，则有 $f(y_g)=\chi_{y_g}=g$，也就是说，映射 f 是满射，所以 f 为双射。

■

命题 6.1.2 证明中出现的映射 χ_y 称为集合 y 的特征函数。

6.2 优势

6.1 节利用集合之间的双射建立集合容量“相等”的概念。对于集合容量之间的比较，除了相等，还可能有“大小”之分。直观上看，如果存在集合 x 到集合 y 的单射，则说明集合 x 的容量要比集合 y 的容量“小”。我们引入如下定义。

【定义 6.2.1】 对于集合 x,y，如果存在一个从 x 到 y 的单射，则称 y 是优势于 x 的(x is dominated by y)，记为 $x\preccurlyeq y$。

从定义 6.2.1 可以看出，$x\preccurlyeq y$ 实际上也就是 x 与 y 的某个子集等势，因为，如果 f 是 x 到 y 的一个单射，那么，f 一定是 x 到 $\mathrm{ran}(f)\subset y$ 的一个双射。

如果 $x\preccurlyeq y$，且 $x\not\approx y$，则我们记为 $x\prec y$。

直观地看，如果 $x\preccurlyeq y$，则说明了集合 x 的容量不比集合 y 的容量大；如果 $x\prec y$，则说明了集合 x 的容量比集合 y 的容量小。

在集合容量的比较上，双射和单射都已经用到了，还剩下满射没有用到，下面的命题说明了采用满射定义集合的优势与采用单射定义集合的优势是等价的。

【命题 6.2.1】　$x \preccurlyeq y$，当且仅当存在 y 到 x 的满射。

证明：如果 $x \preccurlyeq y$，则存在 x 到 y 的单射 f，进而可得 f 是 x 到 $\mathrm{ran}(f)$ 的双射。显然，$\mathrm{ran}(f) \subset y$。如果 $\mathrm{ran}(f) = y$，则 x 到 y 的单射 f 也就是 x 到 y 的双射，进而，f^{-1} 就是 y 到 x 的双射，当然，f^{-1} 是 y 到 x 的满射。如果 $\mathrm{ran}(f) \neq y$，则说明了 $y - \mathrm{ran}(f) \neq \varnothing$。构造 y 到 x 的映射 g：对于任意的 $v \in y$，如果 $v \in \mathrm{ran}(f)$，由于 f 是 x 到 $\mathrm{ran}(f)$ 的双射，所以存在唯一的 $u \in x$，使得 $f(u) = v$，因而可令 $g(v) = u = f^{-1}(v)$；如果 $v \in y - \mathrm{ran}(f)$，则任取 $u_0 \in x$，令 $g(v) = u_0$。由映射 g 的定义可以看出，$g \upharpoonright \mathrm{ran}(f) = f^{-1}$，所以，$\mathrm{ran}(g \upharpoonright \mathrm{ran}(f)) = \mathrm{ran}(f^{-1}) = \mathrm{dom}(f) = x$，因而映射 g 是 y 到 x 的满射。

反之，如果存在 y 到 x 的满射，设该满射为 g，则有 $\mathrm{ran}(g) = x$。根据 4.3 节中等价关系的介绍，可以根据满射 g 按照等值方式诱导出 $y/\sim$ 到 x 的双射 φ，有 $\varphi([v]) = g(v)$，其中，等价类 $[v] = \{w \in y \mid g(w) = g(v)\}$。因而，$\varphi^{-1}$ 就是 x 到商集 $y/\sim$ 的双射，所以，对于任意的 $u \in x$，$\varphi^{-1}(u) = [v] = \{w \in y \mid g(w) = u = g(v)\}$。那么，根据 φ^{-1} 可以构造 x 到 y 的映射 f，使得对于任意的 $u \in x$，$f(u) = v \in [v]$。由于当 $u_1, u_2 \in x$ 且 $u_1 \neq u_2$ 时，

$$\varphi^{-1}(u_1) = [v_1] = \{w \in y \mid g(w) = u_1 = g(v_1)\}$$

$$\varphi^{-1}(u_2) = [v_2] = \{w \in y \mid g(w) = u_2 = g(v_2)\}$$

可见，$\varphi^{-1}(u_1) \cap \varphi^{-1}(u_2) = \varnothing$，所以，$f(u_1) \neq f(u_2)$，即映射 f 为 x 到 y 的单射。

■

【命题 6.2.2】　对于集合 x，有 $x \prec P(x)$。

证明：首先，映射 $f: x \to P(x), y \mapsto \{y\}$ 是 x 到 $P(x)$ 的一个单射，所以 $x \preccurlyeq P(x)$。其次，假设存在 x 到 $P(x)$ 的双射 g，也就是说，对于每一个 $y \in x$，都有 x 的子集 $g(y) \subset x$ 与之一一对应。既然 $y \in x$，$g(y)$ 又是 x 的子集，那么 y 与 $g(y)$ 之间就会存在 $y \in g(y)$ 和 $y \notin g(y)$ 这两种情况。我们把集合 x 中满足 $y \notin g(y)$ 的所有元素 y 放在一起，构成集合 $u = \{y \in x \mid y \notin g(y)\}$，显然 u 也是 x 的子集，所以也应该存在 x 中元素 z 与之一一对应，即 $g(z) = u$。现在考察 z 与 u 的关系：如果 $z \in u$，根据集合 u 的定义，有 $z \notin g(z) = u$，矛盾；如果 $z \notin u$，由于 $z \notin u = g(z)$，根据集合 u 的定义，有 $z \in u$，还是矛盾。所以不存在 x 到 $P(x)$ 的双射 g，即 $x \not\approx P(x)$，进而可得 $x \prec P(x)$。

■

命题 6.2.2 说明了对于任意的集合 x，我们总是可以找到一个容量比 x 还要大的集合 $P(x)$，所以，不存在最大容量的集合。

【命题 6.2.3】　对于集合 x, y, z，有：

(1) $x \preccurlyeq x$；

(2) 如果 $x \preccurlyeq y, y \preccurlyeq z$，则 $x \preccurlyeq z$。

证明：(1) 集合 x 上的恒等映射为 x 到 x 的单射；

(2) 根据性质单射的复合还是单射可得。

■

【命题 6.2.4】　对于集合 x, y，如果 $x \preccurlyeq y, y \preccurlyeq x$，则 $x \approx y$。

证明：设 f 是 x 到 y 的单射，g 是 y 到 x 的单射。记 $\mathrm{ran}(f) = y_1 \subset y$，$\mathrm{ran}(g) = x_1 \subset x$，显然，$x \approx y_1$，$y \approx x_1$，因而，$f$ 是 x 到 y_1 的双射，g 是 y 到 x_1 的双射。因为 $y_1 \subset y$，则 $g \upharpoonright y_1$

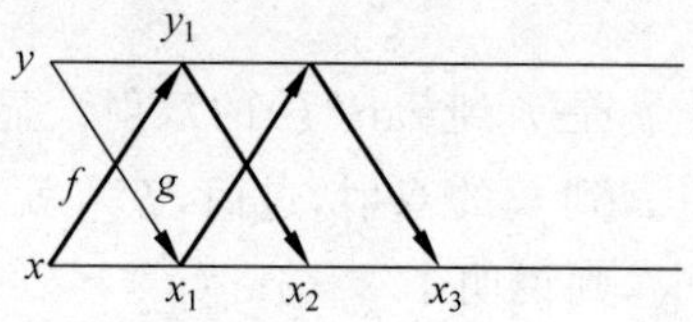

图 6.2.1 $x\preccurlyeq y$ 且 $y\preccurlyeq x$ 的示意图

为 y_1 到 x_1 的单射，记 $\mathrm{ran}(g\upharpoonright y_1)=x_2\subset x_1$，可得 $y_1\approx x_2$。根据等势的性质，有 $x\approx x_2$，且 $f\circ(g\upharpoonright y_1)$ 为 x 到 x_2 的双射，这样，我们就在集合 x 的内部建立了一个 x 到 x_2 的双射，记为 $\varphi=f\circ(g\upharpoonright y_1)$，其中，$x_2\subset x_1\subset x$。为了便于理解，将上述映射过程示意于图 6.2.1 中。

如果可以证明 $x\approx x_1$，那么根据 $y\approx x_1$ 即可得出结论。根据 $x_2\subset x_1\subset x$，$x\approx x_2$，我们可以利用 $x_1\subset x$ 和 x 到 x_2 的双射 φ，将包含关系链 $x_2\subset x_1\subset x$ 和双射关系 $x\approx x_2$ 再延伸一步，得到 $x_3\subset x_2\subset x_1\subset x$ 和 $x_1\approx x_3$。具体地，由于 $x_1\subset x$，则 $\varphi\upharpoonright x_1$ 也为双射，记 $\mathrm{ran}(\varphi\upharpoonright x_1)=x_3$，则 $x_1\approx x_3$。持续这个过程，可以得到一个集合 x 的子集序列：

$$\cdots\subset x_5\subset x_4\subset x_3\subset x_2\subset x_1\subset x$$

其中，$x\approx x_2$，$x_1\approx x_3$，$x_2\approx x_4$，$x_3\approx x_5$，等等。对于这些等势的子集，可得 $x-x_1\approx x_2-x_3$，$x_1-x_2\approx x_3-x_4$，等等。将集合 x 和 x_1 分解为互不相交的子集的并：

$$x=u\cup(x-x_1)\cup(x_1-x_2)\cup(x_2-x_3)\cup(x_3-x_4)\cup\cdots$$
$$x_1=u\cup(x_1-x_2)\cup(x_2-x_3)\cup(x_3-x_4)\cup(x_4-x_5)\cup\cdots$$
$$=u\cup(x_2-x_3)\cup(x_1-x_2)\cup(x_4-x_5)\cup(x_3-x_4)\cup\cdots$$

其中，$u=x_1\cap x_2\cap x_3\cap\cdots$。由于 $x-x_1\approx x_2-x_3$，$x_1-x_2\approx x_1-x_2$，$x_2-x_3\approx x_4-x_5$，$x_3-x_4\approx x_3-x_4$，等等，可得 $x\approx x_1$。而 $y\approx x_1$，所以 $x\approx y$。

■

命题 6.2.4 称为 Bernstein 定理，通过该定理，当我们想要证明两个集合之间是等势的时，直接构造集合之间的双射是困难的，如果可以构造两个单射，则也可以得出集合之间是等势的。此外，此命题的证明过程中，从 $x_2\subset x_1\subset x$ 和 $x\approx x_2$ 出发，通过不断地构造等势的 x 子集，得到了 $x\approx x_1$。这说明了，如果 $a\subset b\subset c$，且 $c\approx a$，则有 $c\approx b$ 和 $a\approx b$；只是证明过程不需要再像命题 6.2.4 证明中的那样构造很长的包含关系链，只需要简单构造 $a_1\subset a$ 即可，其中 $a_1=\mathrm{ran}(\varphi\upharpoonright b)\subset a$，$\varphi$ 为集合 c 到 a 的双射，由于 $b\approx a_1\subset a$ 且 $a\approx a\subset b$，也就是说 a 等势于 b 的子集 a，且 b 又等势于 a 的子集 a_1，直接利用命题 6.2.4 的结论，可得 $a\approx b$，进而有 $c\approx b$。

6.3 有限集的势

前面当我们谈到有限集和无限集时，是以一种直观的感觉进行说明的。比如，自然数集是无限集，有理数集也是无限集，$\{\varnothing,\{\{\varnothing\}\},\{\varnothing,\{\varnothing\}\}\}$ 是有限集，自然数 6 是有限集。这些都是直观上的感觉。虽然我们都能正确地判断出这些具体的集合是有限集或无限集，然而，为了得到关于有限集和无限集的一般性规律，需要对有限集和无限集进行定义。

【定义 6.3.1】 对于集合 a，如果存在一个自然数 $x\in\omega$，满足 $a\approx x$，则称集合 a 是有限的(finite)；如果一个集合不是有限的，则称其为无限的(infinite)。

根据定义 6.3.1，对于任意的自然数 $x\in\omega$，由于 $x\approx x$，所以每一个自然数都是有限集。这是与我们的直观相一致的，因为自然数 $x=\{0,1,\cdots,x-1\}$，其是由所有小于 x 的自然数所组成的集合，而所有小于 x 的自然数的个数恰有 x 个，也就是有限个。对于作为有限集"代表"的自然数，具有如下重要性质。

【命题 6.3.1】 对于任意的自然数 $x\in\omega$，其不会与其真子集等势。

证明：由于这个命题是关于自然数的命题，所以我们采用数学归纳法。当 $x=0$ 时，由于 $0=\varnothing$，自然也就不存在真子集与其等势了。假设对于自然数 x，命题成立。考察对于自然数 $x+1$ 时的情况，采用反证法，假设存在 $x+1$ 的某个真子集 a 与其等势，设 $f: x+1\to a$ 为双射。由于 $x+1=\{0,1,\cdots,x-1,x\}$ 只是比 $x=\{0,1,\cdots,x-1\}$ 多出一个元素 x，因而 $f\upharpoonright x: x\to a-\{f(x)\}$ 也是双射。对于这个多出的元素 x，如果 $x\notin a$，则有 $a\subset x$，那么 $a-\{f(x)\}$ 就是集合 a 的真子集，当然也就是 x 的真子集，这说明 $f\upharpoonright x$ 是自然数 x 到其真子集的映射，与假设矛盾。如果 $x\in a$，由于集合 a 是 $x+1$ 的真子集蕴含了 $a-\{x\}$ 是 x 的真子集，所以，如果 $f(x)=x$，则 $a-\{f(x)\}=a-\{x\}$ 是 x 的真子集，而 $f\upharpoonright x$ 又是 x 到 $a-\{f(x)\}$ 的双射，因而可以得出与假设的矛盾；如果 $f(x)\neq x$，设 $f(x)=y$，且设 $f(z)=x$，则我们互换 $f(x)$ 与 $f(z)$，即构造映射 $g: x+1\to a$，满足

$$g(u)=\begin{cases} f(z), & u=x \\ f(x), & u=z \\ f(u), & u\in x+1-\{x,z\} \end{cases}$$

则 g 是 $x+1$ 到其真子集 a 的双射，且满足 $g(x)=x$，而这与前面 $f(x)=x$ 的情形是一样的。综上可得，命题在自然数 $x+1$ 时也成立，所以对于任意的自然数 x，命题均成立。

■

对于有限集 a，由于其与某个自然数 x 等势，而 x 又不与其真子集等势，所以，可以想象，a 也不会与其真子集等势。

【命题 6.3.2】 有限集不会与其真子集等势。

证明：对于有限集 a，其与某个自然数 x 等势，设 f 是 a 到自然数 x 的双射。对于 a 的真子集 b，$f\upharpoonright b$ 是 b 到 $f(b)$ 的双射，因而，$f(b)$ 是 x 的真子集。假设 a 的真子集 b 与 a 等势，设 g 是 a 到自然数 b 的双射。注意到 f^{-1} 是自然数 x 到 a 的双射，那么，构造映射的复合 $f^{-1}\circ g\circ f\upharpoonright b$，根据映射复合的性质，其是自然数 x 到 $f(b)$ 的双射，而 $f(b)$ 是 x 的真子集，也就是说，自然数 x 与其真子集等势，矛盾，所以假设不成立。

■

根据命题 6.3.2，如果一个集合 a 与其某个真子集等势了，那么 a 一定不是有限集，因而必然是无限集。由于后继映射 s 是自然数集 ω 到 $\omega-\{0\}$ 的双射，因而 ω 与其真子集 $\omega-\{0\}$ 等势，进而可知，自然数集 ω 是无限集。下面我们要证明，与有限集等势的自然数是唯一的。

【命题 6.3.3】 对于有限集 a，存在唯一的自然数 x 与其等势。

证明：假设 $a\approx x$ 且 $a\approx y$，其中 $x,y\in\omega$，$x\neq y$。根据双射的复合还是双射，可得 $x\approx y$。根据自然数的三分性可知 x 与 y 的关系只可能是 $x=y$，或者 $x<y$，或者 $y<x$。如果 $x<y$，则说明 x 是 y 的真子集，所以这与 $x\approx y$ 矛盾；类似地，$y<x$ 的情况也不会发生。因而，$x=y$。

■

前面我们曾谈到过，如果一个集合 a 与其某个真子集等势，那么 a 一定是无限集。现

在我们要证明,如果 a 是无限集,那么 a 一定与其某个真子集等势。

【命题 6.3.4】 对于无限集 a,其必与它的某个真子集等势。

证明:从集合 a 任取一个元素,记为 a_0;由于 a 为无限集,所以 $a-\{a_0\}$ 不空,因而可以从 $a-\{a_0\}$ 中任取一个元素,记为 a_1;继续下去,可以从集合 a 中取出一列元素 a_0,a_1,…。令集合 $c=a-\{a_0,a_1,\cdots\}=a-\{a_x \mid x\in\omega\}$。作 a 的真子集

$$b=c\cup\{a_x \mid x\in\omega-\{0\}\}$$

作 a 到 b 的映射 f,其中,当 $u\in c$ 时,$f(u)=u$;当 $u=a_x\notin c$,$f(u)=f(a_x)=a_{x+1}$。可以看出,f 是 a 到 b 的双射。

■

根据命题 6.3.2 和命题 6.3.4,集合 a 为无限集,当且仅当 a 与其真子集等势;集合 a 为有限集,当且仅当 a 不与其真子集等势。因而,能与其真子集等势是无限集的特征;不能与其真子集等势是有限集的特征。所以,也可以将无限集定义为:能与其真子集等势的集合为无限集;也可以将有限集定义为:不能与其真子集等势的集合为有限集。

6.4 无限集的势

6.3 节中对有限集的势进行了介绍,对于有限集 a,它一定等势于某个自然数 x,通俗地讲,有限集 a 的容量就是自然数 x。6.3 节介绍无限集,根据命题 6.2.2,不存在最大容量的集合,所以不必对不同容量的无限集一一进行介绍,而只是介绍最常用的数集——自然数集 ω、整数集 Z、有理数集 Q、实数集 R——所涉及的集合容量。

从命题 6.3.5 的证明中可以看出,对于任意的无限集 a,其至少含有一个“具有序列形式”的集合 $\{a_0,a_1,\cdots\}=\{a_x \mid x\in\omega\}$。也就是说,直观上理解,$\{a_0,a_1,\cdots\}=\{a_x \mid x\in\omega\}$ 是所有无限集的子集。我们引入如下定义。

【定义 6.4.1】 对于集合 a,如果 $a\approx\omega$,则称 a 为可列的(countable)。

根据定义 6.4.1,显然,自然数集 ω 为可列集。

对于可列集 a,根据定义,存在双射 $f:\omega\to a$,因此,对于集合 a 中的任意元素 $u\in a$,存在唯一的 $x\in\omega$ 满足 $f(x)=u$,因而集合 a 中的所有元素可以写为 $f(0)$,$f(1)$,…的形式,按照习惯,将 $f(0)$,$f(1)$,…写为 u_0,u_1,…,因而可以将集合 a 表示为 $a=\{u_x \mid x\in\omega\}$。需要指出,将集合 a 表示成 $a=\{u_x \mid x\in\omega\}=\{u_0,u_1,\cdots\}$ 与上一章中序列的形式 $\{u_x\}_{x\in\omega}$ 是不同的。序列 $\{u_x\}_{x\in\omega}$ 是映射 $f:\omega\to a$ 的一种表示形式,其中每一个 u_x 表示有序对 $\langle x,f(x)\rangle$,当 $x\neq y$ 时,u_x 可以与 u_y 相等;而在这里,当 $f:\omega\to a$ 为双射时,将 a 中的元素 u 表示为 $f(x)$ 而非 $\langle x,f(x)\rangle$,并进一步写为 u_x,即 $u_x=f(x)$,当 $x\neq y$ 时,$u_x\neq u_y$。

一般地,对于集合 a 和 b,如果映射 $f:a\to b$ 为双射,则集合 b 可以表示为 $b=\{f(x) \mid x\in a\}$,按照通常的习惯,可以进一步写为 $b=\{f(x) \mid x\in a\}=\{b_x \mid x\in a\}$,此时,$x$ 称为元素 b_x 的指标,集合 a 为指标集。对于映射 $f:a\to b$,则映射 f 本身 $f=\{\langle x,f(x)\rangle \mid x\in a\}$ 可以表示为 $f=\{\langle x,f(x)\rangle \mid x\in a\}=\{f_x\}_{x\in a}$,按照通常的习惯,进一步写为 $f=\{b_x\}_{x\in a}$,其中 $b_x\in\mathrm{ran}(f)$。由于只需要通过取映射 f 的值域即可得到 a 到 b 的满射 f,所以一般假定 $f:a\to b$ 为满射,此时,也称 x 为元素 b_x 的指标,集合 a 为指标集。可以看出,$b=\{b_x \mid x\in a\}$ 是将集合 b 中所有元素赋予一个指标,以方便标记 b 中不同的元素,由于有了指标,

可以将 b 中元素"在形式上看作"一个有标元素,有标元素之间两两互不相等;而 $f=\{b_x\}_{x\in a}$ 本身就是映射的一种有标表示,它的元素自身带有指标而非赋予指标,有标元素两两之间可以相等,由于指标不同,所以相等的有标元素并不相同。请读者注意区分 $b=\{b_x \mid x\in a\}$ 与 $f=\{b_x\}_{x\in a}$ 的不同。

【命题 6.4.1】 对于可列集 a,其子集不是有限集,就是可列集。

证明:对于可列集 a,其可以表示为 $a=\{a_x \mid x\in\omega\}=\{a_0,a_1,\cdots\}$。设 $b\subset a$,则由于子集 b 中元素也都是 a 中元素,所以 b 可以表示为 $b=\{a_{x_0},a_{x_1},\cdots\}$,如果将集 a 的所有元素看作一个序列,则 b 中所有元素就是这个序列的一个子序列。如果这个子序列的指标到 x_L 截止,则 $b\approx L$,其中 $L\in\omega$,因而 b 为有限集;如果这个子序列的指标不会截止,则做映射 $f:\omega\to b, y\mapsto a_{x_y}$,显然 f 为双射,因而 b 为可列集。

■

【例 6.4.1】 整数集 Z 为可列集。

证明:根据第 5 章中整数集的定义,$Z=\omega\times\omega/\sim$,令集合 $a=\{\langle x,y\rangle\in\omega\times\omega \mid x=0\vee y=0\}$,作映射 $f:Z\to a$,其中,

$$f([\langle x,y\rangle])=\begin{cases}\langle u,0\rangle & \exists u\in\omega, x=u+y\\ \langle 0,u\rangle & \exists u\in\omega-\{0\}, y=u+x\end{cases}$$

可见,f 为双射,所以 $Z\approx a$。而由于 $a\subset\omega\times\omega$,且 a 不是有限集,可得 a 为可列集,进而可知 Z 也为可列集。

■

【命题 6.4.2】 若 a 为有限集,b 为可列集,则 $a\cup b$ 为可列集。

证明:由于 $a\cup b=a\cup(b-a)$,即 $a\cup b$ 总是可以分为两个不相交的集合的并,所以,只需考虑 $a\cap b=\varnothing$ 时的情形。由于 a 为有限集,则 a 可以表示为 $a=\{u_0,u_1,\cdots,u_{x-1}\}$,其中,$x\in\omega$。由于 b 为可列集,所以可表示为 $b=\{v_0,v_1,\cdots\}$。则可将 $a\cup b$ 中元素排成序列的形式:

$$a\cup b=\{u_0,u_1,\cdots,u_{x-1},v_0,v_1,\cdots\}$$

所以,$a\cup b$ 为可列集。

■

【命题 6.4.3】 若 a 和 b 均为可列集,则 $a\cup b$ 为可列集。

证明:与上一个命题的证明类似,只需考虑 $a\cap b=\varnothing$ 时的情况。由于 a 和 b 均为可列集,所以 a 可以表示为 $a=\{u_0,u_1,\cdots,u_x,\cdots\}$,$b=\{v_0,v_1,\cdots,v_y,\cdots\}$。可将 $a\cup b$ 中元素排成序列的形式:

$$a\cup b=\{u_0,v_0,u_1,v_1,\cdots,u_x,v_y,\cdots\}$$

所以,$a\cup b$ 为可列集。

■

需要指出的是,与自然数集 ω 的直观表示为 $\{0,1,\cdots\}$ 一样,前面对于有限集和可列集也采用了直观的表示方法,比如有限集表示为 $\{u_0,u_1,\cdots,u_x\}$,可列集表示为 $\{u_0,u_1,\cdots\}$。虽然这些直观表示不是严格的集合表示,但是这对于命题的正确性不会造成影响,更为重要的是,这种直观表示方便理解。比如,如果在命题 6.4.2 和命题 6.4.3 中不采用这种直观表示,则对于命题 6.4.2,证明需要变为:$f:u\to a$,$g:\omega\to b$ 均为双射,构造映射 $h:\omega\to a\cup b$,

满足

$$h(x)=\begin{cases}f(x), & x\in u\\ g(x-u), & x\in\omega-u\end{cases}$$

其中,$u\in\omega$ 为某个自然数,可以得到 h 为双射;对于命题 6.4.3,证明需要变为 $f:\omega\to a$,$g:\omega\to b$ 均为双射,构造映射 $h:\omega\to a\cup b$,满足

$$h(x)=\begin{cases}f(u), & \exists u\in\omega, x=2\cdot u\\ g(u), & \exists u\in\omega, x=2\cdot u+1\end{cases}$$

可得 h 为双射。可以看出,这里的证明思路和命题中的证明思路实质是一样的。

由于 $a\cup b\cup c=(a\cup b)\cup c$,所以,如果 a,b,c 均为可列集,则根据命题 6.4.3,很容易得出 $a\cup b\cup c$ 也为可列集。再进一步,如果 $u_0,u_1,\cdots,u_x$ 为 x 个可列集,其中 $x\in\omega$ 为某个自然数,则可得这 x 个可列集的并 $\bigcup_{y=0}^{x-1}u_y=u_0\cup u_1\cup u_2\cup\cdots\cup u_{x-1}$ 也是可列集。更为一般地,我们有如下命题。

【命题 6.4.4】 可列个可列集的并还是可列集。

证明:令可列个集合为 u_x,$x\in\omega$,且它们均为可列集,现在需要证明,它们的并 $\bigcup_{y\in\omega}u_y=u_0\cup u_1\cup u_2\cup\cdots\cup u_x\cup\cdots$ 也为可列集。与前面的命题一样,只需要考虑 $u_x\cap u_y=\varnothing$,$x\neq y$,$x,y\in\omega$ 时的情况。由于各个 u_x 均为可列集,所以可以将它们中的元素均写为序列的形式:

$$u_0=\{a_{00},a_{01},a_{02},\cdots,a_{0x},\cdots\}$$

$$u_1=\{a_{10},a_{11},\cdots,\cdots,a_{1x},\cdots\}$$

$$u_2=\{a_{20},\cdots,\cdots,\cdots,a_{2x},\cdots\}$$

$$\cdots$$

我们可以按照"对角线法",即按照 a_{xy} 中 $x+y$ 的大小,从小到大进行排列,就可以将 $\bigcup_{y\in\omega}u_y$ 中所有的元素排成如下所示的元素序列:

$$a_{00};a_{10},a_{01};a_{20},a_{11},a_{02};\cdots$$

这样,就建立了 $\bigcup_{y\in\omega}u_y$ 与 ω 之间的一一对应,所以 $\bigcup_{y\in\omega}u_y$ 为可列集。

■

【命题 6.4.5】 若集合 a 和 b 均为可列集,则 $a\times b$ 为可列集。

证明:考虑到 $a\times b=\{\langle u,v\rangle\mid u\in a,v\in b\}$,可以把所有的有序对 $\langle u,v\rangle$ 按照第二坐标进行分类,也就是说,对于每一个 $s\in b$,作集合 $c_s=\{\langle u,s\rangle\mid u\in a\}$,则 $a\times b=\bigcup_{s\in b}c_s$。显然,对于每一个 $s\in b$,$f:c_s\to a$,$\langle u,s\rangle\mapsto u$ 为双射,即集合 c_s 为可列集。而由于 b 为可列集,所以 $a\times b=\bigcup_{s\in b}c_s$ 为可列个可列集的并,根据命题 6.4.4 可得 $a\times b$ 为可列集。

■

【例 6.4.2】 有理数集 Q 为可列集。

解:由于每个正有理数可以表示为 x/y,$x,y\in\omega$ 的形式,所以,可以将每个正有理数看作是有序对 $\langle x,y\rangle$,根据命题 6.4.5 可知所有正有理数组成的集合为可列的。类似地,所有负有理数组成的集合也是可列的,进而可知,有理数集 Q 是可列的。

■

至此,我们得到了数集中的自然数集 ω、整数集 Z、有理数集 Q 均为可列集,或者通俗

地说,它们的集合容量是一样大的。至于实数集 R,根据例 6.1.3 可知,它不是可列集。由于 ω 又是 R 的子集,因而 $\omega\preccurlyeq R$,进而可知 $\omega\prec R$。

【命题 6.4.6】 若 a 为无限集,b 为有限集或者可列集,则 $a\cup b\approx a$。

证明:只需考虑 $a\cap b=\varnothing$ 时的情况。由于 a 为无限集(其不一定为可列集),所以其一定包含一个可列子集 $c\subset a$,将 a 表示为两个不交的集合 $a-c$ 和 c 的并:$a=(a-c)\cup c$,则

$$a\cup b=(a-c)\cup c\cup b=(a-c)\cup(c\cup b)$$

注意到 $(a-c)\cap(c\cup b)=\varnothing$,同时,根据命题 6.4.2 和命题 6.4.3,$c\cup b\approx c$。设 f 为 $c\cup b$ 到 c 的双射,则映射 $g:(a-c)\cup(c\cup b)\to(a-c)\cup c$,

$$g(x)=\begin{cases}x, & x\in a-c\\ f(x), & x\in c\cup b\end{cases}$$

容易看出,映射 g 为双射,所以,

$$a\cup b=(a-c)\cup(c\cup b)\approx(a-c)\cup c=a$$

■

需要指出,根据上面所讨论的关于集合 a 和 b 的并集 $a\cup b$ 的命题,可以转化为相应的关于差集 $a-b$ 的命题。比如,根据命题 6.4.2,考虑 $a\cap b=\varnothing$ 的情形,令 $c=a\cup b$,则有 $c\approx c-a$。这说明了可列集减去它的有限子集还是可列集。类似地,根据命题 6.4.6 可得:一个无限集减去它的有限子集或者可列子集后,若余集还是无限集,则余集与原集合等势。

由于 $a\times b\times c=(a\times b)\times c$,所以,如果 a,b,c 均为可列集,则根据命题 6.4.5,$a\times b\times c$ 也为可列集,进而可得有限个可列集的乘积也是可列集,即如果 $u_0,u_1,\cdots,u_{x-1}$ 为 x 个可列集,其中 $x\in\omega$ 为某个自然数,则 $\prod_{y=0}^{x-1}u_y=u_0\times u_1\times u_2\times\cdots\times u_{x-1}$ 也是可列集。或许有些读者会认为可列个可列集的乘积也是可列集,然而事实并不是这样。对于集合 $b=\{b_x\mid x\in a\}$,其所有元素的并 $\bigcup b=\bigcup_{x\in a}b_x$,对于 $f=\{b_x\}_{x\in a}$,其每个元素的第二坐标的并为 $\bigcup_{x\in a}f(x)=\bigcup_{x\in a}b_x$。注意,在符号 $\cup$ 前面没有集合,而后面跟着有集合的含义就是 ZF2 所定义的集合的并,比如,$\bigcup b$;而符号 $\cup$ 前后均有集合,或者符号 $\cup$ 带有指标的,都是常见的集合的并,比如,$a\cup b$。对于 $a\times b=\{\langle u,v\rangle\mid u\in a,v\in b\}$,由于 $a\times b\neq b\times a$,可以认为 a,b 有次序之分,令 $a_0=a,a_1=b$,即有映射 $g:2\to\{a,b\}$,其中,$0\mapsto a,1\mapsto b$,那么,$\langle u,v\rangle$ 可以表示为 $\{\langle 0,u\rangle,\langle 1,v\rangle\}$,显然,$\{\langle 0,u\rangle,\langle 1,v\rangle\}=\{\langle 0,\tilde{u}\rangle,\langle 1,\tilde{v}\rangle\}$ 当且仅当 $u=\tilde{u}\wedge v=\tilde{v}$。那么,$a\times b=\{g:2\to a\cup b\mid g(0)\in a,g(1)\in b\}$。基于这种分析,引入对于 $f=\{b_x\}_{x\in a}$ 的笛卡儿积如下:

$$\prod_{x\in a}b_x=\{g:a\to\bigcup_{x\in a}b_x\mid g(x)\in b_x\}$$

如果对于任意的 $x\in a$,均有 $b_x=b$,则 $\bigcup_{x\in a}b_x=b$,因而,所有 a 到 b 的映射均属于 $\prod_{x\in a}b_x$,也就是说,$\prod_{x\in a}b_x=b^a$,可以看出,我们采用符号 b^a 表示所有 a 到 b 的映射构成的集合是合理的。回到我们一开始所关注的可列个可列集的乘积,考察 $\prod_{x\in\omega}b_x$ 的一种特殊情况,即对于任意的 $x\in\omega$,有 $b_x=b$ 为可列集,此时有 $\prod_{x\in\omega}b_x=b^\omega$。任取集合 b 中两个不同元素 b_0,b_1,ω 到 $\{b_0,b_1\}$ 的映射也是 ω 到 b 的映射,所以有 $\{b_0,b_1\}^\omega\subset b^\omega$,即 $\{b_0,b_1\}^\omega\preccurlyeq b^\omega$。显然,$\{b_0,b_1\}^\omega\approx\{0,1\}^\omega=2^\omega$。而根据命题 6.1.2 可知,$2^\omega\approx P(\omega)$,再根据命题 6.2.2 可得 $\omega\prec P(\omega)\approx 2^\omega\approx\{b_0,b_1\}^\omega\preccurlyeq b^\omega$,可见 $\prod_{x\in\omega}b_x$ 不是可列集。

【例 6.4.3】 对于集合 $a=\{x\in R\mid 0\leqslant x\leqslant 1\}$，证明 $a\approx R$。

证明：根据例 6.1.2，集合 $\{x\in R\mid 0<x<1\}\approx R$，再根据命题 6.4.6，可得 $a\approx R$。

■

【例 6.4.4】 设所有无理数组成的集合为 d，证明 $d\approx R$。

证明：根据命题 6.4.6，$d\cup Q\approx d$，而 $d\cup Q=R$。

■

【命题 6.4.7】 设集合 $a=\{x\in R\mid 0<x<1\}$，则 $a\times a\approx R$。

证明：对于任意的 $\langle x,y\rangle\in a\times a$，将 x,y 表示成十进制无限小数的形式 $x=0.x_1x_2x_3\cdots$，$y=0.y_1y_2y_3\cdots$，则根据 x,y 可以构造出十进制无限小数 $z=0.x_1y_1x_2y_2x_3y_3\cdots$，如果令 $\langle x,y\rangle$ 对应于这个小数 z，这表明了存在 $a\times a$ 到 a 的单射，所以 $a\times a\preccurlyeq a$。而对于任意的 $x\in a$，其对应于 $\langle x,0.5\rangle$，这表明了存在 a 到 $a\times a$ 的单射，所以 $a\preccurlyeq a\times a$。综上所述，根据命题 6.2.4 可得 $a\times a\approx a$。根据例 6.1.2，$a\approx R$，所以 $a\times a\approx R$。

■

根据命题 6.4.7，如果集合 $u\approx R$，$v\approx R$，那么可得 $u\approx v\approx a=\{x\in R\mid 0<x<1\}$。设映射 f 是 u 到 a 的映射；映射 g 是 v 到 a 的映射。则构造映射 $h: u\times v\to a\times a$，其中，$h(\langle x,y\rangle)=\langle f(x),g(y)\rangle$。可以看出，映射 h 为双射，所以 $u\times v\approx a\times a$，因而 $u\times v\approx R$。进而可得有限个与 R 等势的集合的乘积也与 R 等势。这说明了 $R\approx R\times R\approx R\times R\times R$，可以通俗地理解为：在欧几里得空间中，直线上的点、平面上的点、空间中的点的数目一样多。

通过前面的一些讨论可以看出，对可列集做集合的并运算，无论做并运算的集合是有限个还是可列个，都不会增大集合的容量；对可列集做集合的乘积运算，如果做乘积运算的集合数是可列个时，会增大集合的容量。而对集合做乘积运算又与映射构成之集合有一定的联系，特别地，如果是可列个集合做乘积运算，这又与序列有一定的联系。下面我们考察与序列有关的集合的容量。

【命题 6.4.8】 设序列 $\{u_x\}_{x\in\omega}$，其中 u_x 只能取 0 与 1 之间的一个。所有这样的序列构成之集合等势于 R。

证明：序列 $\{u_x\}_{x\in\omega}$ 实质上是一个映射，由于 u_x 只能取 0 与 1 之间的一个，所以 $\{u_x\}_{x\in\omega}$ 为 ω 到 $\{0,1\}$ 的映射，因而所有这样的序列 $\{u_x\}_{x\in\omega}$ 构成之集合就是 $\{0,1\}^\omega$。对于 $\{u_x\}_{x\in\omega}$，由于其为 0 与 1 的二元数列，所以可以根据 $\{u_x\}_{x\in\omega}$ 构造二进制无限小数 $y=0.y_1y_2y_3\cdots$，其中，$y_v=u_{v-1}$，$v=1,2,3,\cdots$。可以看出，$\{u_x\}_{x\in\omega}$ 与 y 是一一对应的，而所有的二进制无限小数又可以转化为唯一的十进制无限小数，也就是说，所有二进制无限小数是等势于集合 $a=\{x\in R\mid 0<x<1\}$ 的，进而，所有的 $\{u_x\}_{x\in\omega}$ 构成之集合等势于 $a=\{x\in R\mid 0<x<1\}$，因而可得，$\{0,1\}^\omega\approx R$。

■

事实上，对于序列 $\{u_x\}_{x\in\omega}$，即使 u_x 的取值不是两个，而是可以取值于 $a=\{x\in R\mid 0<x<1\}$ 中的任意一个值，也就是说，数列 $\{u_x\}_{x\in\omega}$ 不是二元数列，而是实数集上小数的数列，那么，所有这样的数列构成的集合 a^ω 依然也是等势于集合 a 的，进而也是与实数集 R 等势的。这是因为，一方面，对于 a 中任意的元素 y，它与 $\{y\}_{x\in\omega}=\{y,y,\cdots\}$ 是一一对应的，所以 $a\preccurlyeq a^\omega$；另一方面，类似于例 6.1.3 中的方法，将 $\{u_x\}_{x\in\omega}=\{u_0,u_1,u_2,\cdots\}$ 中各个 u_x 表示成十进制无限小数：

$$u_0 = 0.a_{01}a_{02}a_{03}\cdots$$
$$u_1 = 0.a_{11}a_{12}a_{13}\cdots$$
$$u_2 = 0.a_{21}a_{22}a_{23}\cdots$$

再采用命题 6.4.4 的方法，根据$\{u_x\}_{x\in\omega}$ 可以构造小数 $0.a_{01}a_{11}a_{02}a_{21}a_{12}a_{03}\cdots\in a$，这说明 $a^\omega \preccurlyeq a$。根据命题 6.2.4 可得 $a^\omega \approx a$，进而 $a^\omega \approx R$。

根据命题 6.4.8，$R\approx\{0,1\}^\omega = 2^\omega$，再根据前面所得到的 $\omega \prec P(\omega)\approx 2^\omega$，可得

$$\omega \prec P(\omega) \approx 2^\omega \approx R$$

可以看出，实数集 R 是和自然数集 ω 的幂集容量一样大，因此，对于第 5 章中所建立的数集，按照它们的集合容量排列即为

$$\omega \approx Z \approx Q \prec P(\omega) \approx R$$

习题

1. 通过构造 Z 到 ω 的双射，证明 $Z\approx\omega$。
2. 通过构造 $\omega\times\omega$ 到 ω 的双射，证明 $\omega\times\omega\approx\omega$。
3. 证明：$(0,1]\approx[0,1]$。
4. 通过构造 R 到$\{0,1\}^\omega$ 的单射，证明 $R\preccurlyeq\{0,1\}^\omega$。
5. 证明：如果 $a\preccurlyeq b$，则对于任意的集合 c，有 $a\times c\preccurlyeq b\times c$。
6. 证明：(1) $2\times 3\approx 6$，(2) $2^3\approx 8$。
7. 已知 $a\approx b$，且 $c\approx d$，证明：$a\times c\approx b\times d$。
8. 证明：如果集合 a，b 均为有限集，则 $a\cup b$ 也为有限集。
9. 证明：如果集合 a，b 均为有限集，则 $a\times b$ 也为有限集。
10. 已知集合 $a\approx\omega$，证明：a 的所有有限子集作为元素构成的集为可列的。
11. 已知集合 a 为$[0,1]$上所有连续函数构成的集合，证明：$a\approx R$。
12. 已知集合 a 为$[0,1]$上所有实函数构成的集合，考虑是否有 $a\approx R$。

第 7 章 良序关系

CHAPTER 7

从第 6 章中对“集合容量”的讨论可以看出，在 ZF 体系框架内，我们可以构造出不同层次的无限集合，这些无限集合的容量一个比一个大。就算只拿我们一直所使用的数集来说，也分为两个层次：$\omega \approx Z \approx Q \prec R$。然而，上述只通过使用单射、满射、双射的“语言描述”给出无限集的刻画，仅能对无限集进行容量上的相对比较，还是比较“粗糙的”。我们直观上可以隐约地感觉出来，自然数集 ω 与整数集 Z 或者有理数集 Q 有着某种不同。此外，对于任意两个集合 x,y，它们是否一定可以进行集合容量的比较，也就是说，是否一定有 $x \preccurlyeq y$ 或者 $y \preccurlyeq x$，这也是不清楚的事情。因而，我们需要进一步引入更为细致的语言，以对无限集进行更加细致的刻画，才可以解答上述涉及无限集的疑问。

7.1 再谈自然数

在第 5 章的前两节中，通过 ZF6 无限公理，在 ZF 体系内引入了自然数集，并将皮亚诺公设在 ZF 体系内证明出来。在那里，我们所得到的关于自然数或者自然数集的一些性质，主要是为了证明皮亚诺公设，进而引入归纳法证明——数学归纳法、归纳法定义——递归定理，然后定义自然数集 ω 上的算术。仔细分析后我们发现，数学归纳法是自然数集 ω 的核心，利用数学归纳法，可以证明关于 ω 的一些性质。而数学归纳法之所以可以应用于 ω 上，是因为自然数集 ω 是最小的归纳集，换句话说，ω 的唯一归纳子集就是其本身。我们现在要对无限集进行研究，作为无限集的一个特例，应该将 ω 上的归纳法原理推广到任意的无限集上。由于 $\omega \prec R$，可以看出，我们不能奢望任意的无限集都可以作成像 ω 那样的归纳集，以应用数学归纳法。我们应该进一步深入分析 ω 的性质，以期望将 ω 上的归纳法原理作成可以应用于其他无限集的方式。

在 5.3 节中，我们已经得到 $\langle \omega, < \rangle$ 为全序集。当然，在 5.4 节～5.6 节中，我们依次得到了整数集、有理数集、实数集也都是全序集。然而，自然数集 ω 却具有其他三个数集所不具有的如下重要性质。

【命题 7.1.1】 对于任意的 $a \subseteq \omega, a \neq \varnothing$，则 a 必有最小元。

证明：我们将采用数学归纳法。首先需要把这个命题转化为关于自然数集的全称命题。由于 $a \neq \varnothing$，所以必存在自然数 $x \in \omega$，有 $x \in a$。因而，只需要证明：对于任意 ω 的非空子集 a，无论属于 a 的自然数 x 是哪个自然数，a 都会有最小元；即对于任意的 $x \in \omega$，以及任意 ω 的非空子集 a，当 $x \in a$ 时，a 必有最小元。对自然数 x 进行归纳。首先，对于任

意 ω 的非空子集 a，当 $0\in a$ 时，显然 a 有最小元 0。假设对于任意 ω 的非空子集 a，当 $x\in a$ 时，a 有最小元。只需要证明，对于任意 ω 的非空子集 a，当 $x^+\in a$ 时，a 有最小元即可。当 $x^+\in a$ 时，做集合 $b=a\cup\{x\}$。由于 $x\in b$，根据假设可知，b 有最小元，设为 t。如果 $t\in a$，由于 t 为 b 的最小元，自然也是 a 的最小元，这说明当 $x^+\in a$ 时，a 是有最小元的；如果 $t\notin a$，那只能是 $t=x$ 了，也就是说，x 是 b 的最小元，且 $x\notin a$，因而可得对于任意的 $s\in a$，有 $x<s$。我们说，此时一定有对于任意的 $s\in a$，有 $x^+\leqslant s$。这是因为，根据自然数集 ω 上的序的定义，$x<s$ 说明了存在 $u\in\omega$ 且 $u\neq 0$，使得 $x+u=s$；根据命题 5.3.6，存在 $v\in\omega$，$u=v^+$，则 $x^++v=(x+v)^+=x+v^+=x+u=s$，所以有 $x^+\leqslant s$，这说明 x^+ 是 a 的最小元。即当 $x^+\in a$ 时，无论 $t\in a$ 还是 $t\notin a$，集合 a 都会有最小元。命题得证。

■

在 5.2 节中，通过定义 ω 是最小的归纳集，得到了数学归纳法原理——命题 5.2.2，并进而根据命题 5.2.2 得到了数学归纳法——命题 5.2.3。现在，根据命题 7.1.1 引入另一个数学归纳法原理。

【命题 7.1.2】 设 $u\subset\omega$，且满足：对于任意的 $x\in\omega$，当任意的 $y<x$ 都满足 $y\in u$ 时，可以得到 $x\in u$；那么就有 $u=\omega$。

证明：采用反证法。假设在题设的条件下，$u\neq\omega$，那么 $\omega-u\neq\varnothing$。由于 $\omega-u\subset\omega$，所以根据命题 7.1.1，$\omega-u$ 有最小元，设为 t。由于 t 为 $\omega-u$ 的最小元，那么所有小于 t 的自然数当然就不属于 $\omega-u$，而是属于 u 了。根据题设，当所有小于 t 的自然数都属于 u，可得 $t\in u$。而 t 作为 $\omega-u$ 的最小元，是不属于 u 的，由此产生了矛盾。这说明 $u=\omega$，命题得证。

■

命题 7.1.2 如果用谓词公式表示，即为

$$u\subset\omega\wedge\forall x(x\in\omega\rightarrow(\forall y(y\in\omega\wedge y<x\rightarrow y\in u)\rightarrow x\in u))\rightarrow u=\omega \tag{7.1.1}$$

命题 7.1.2 称为第二归纳法原理(second induction principle)，或者强归纳法原理(strong induction principle)。在命题 7.1.2 的基础上，我们可以得到另一种归纳法证明的方式——第二数学归纳法或强数学归纳法。

【命题 7.1.3】 设 $F(x)$表示自然数 x 具有性质 F，如果：①$F(0)$为真；②对于任意的自然数 x，当所有小于 x 的自然数 y 都使得 $F(y)$为真时，可以得到 $F(x)$也为真；则对于所有的自然数 $x\in\omega$，$F(x)$皆为真。

证明：令集合 $a=\{t\in\omega\,|\,F(t)=1\}$，显然，$a\subset\omega$。根据命题中②可知，对于任意的 $x\in\omega$，当任意的 $y<x$ 都满足 $y\in a$ 时，可以得到 $x\in a$。根据命题 7.1.2 可得，$a=\omega$。

■

命题 7.1.3 称为第二数学归纳法或强数学归纳法，其可以用谓词公式表示为

$$\forall x(x\in\omega\rightarrow(\forall y(y\in\omega\wedge y<x\rightarrow F(y))\rightarrow F(x)))\rightarrow\forall x(x\in\omega\rightarrow F(x)) \tag{7.1.2}$$

或许有些读者注意到了命题 7.1.3 的证明中，并没有用到命题中的条件①。没错，条件①确实没有用到，事实上，条件①是可以省略的，因为条件②蕴含了条件①的成立，这是由于当 $x=0$ 时，没有比 0 小的自然数，所以 $F(0)$必须为真，这个是需要验证的。

在命题 7.1.2 和命题 7.1.3 中，我们用到了自然数集上的序关系$<$，这个序关系是通过自然数集上的算术运算定义出来的。如果再对式(5.2.1)观察一下，直观上就会发现 ZF 体系内的自然数集 ω 上带有“天然的”序关系$\in$，并且$\in$也是 ZF 中唯一的谓词。因而，就可以甩开自然数集 ω 上的算术运算，直接通过包含关系$\in$来定义自然数之间的序关系。

【定义 7.1.1】 对于任意的自然数 $x,y\in\omega$，称自然数 x 小于自然数 y，如果$x\in y$。

现在需要证明：根据定义 7.1.1 所得到的自然数集 ω 上的序$\in$，是与第 5 章中通过 ω 上的算术运算所定义出来的序$<$等价。在给出这个证明之前，需要先给出关于自然数集 ω 的若干之前没有介绍过的性质。

【命题 7.1.4】 对于任意的 $x\in\omega$，$0\leqslant x$。

证明：根据自然数的加法运算，对于任意的 $x\in\omega$，$0+x=x$，因而，$0\leqslant x$。

■

【命题 7.1.5】 对于任意的 $x,y\in\omega$，如果 $x<y$，则 $x^+\leqslant y$。

证明：根据 $x<y$，可得存在 $u\in\omega$ 且 $u\neq 0$，满足 $x+u=y$。由于 $u\neq 0$，所以 $u=v^+$，其中，$v\in\omega$。因而有，$x^++v=(x+v)^+=x+v^+=x+u=y$，所以 $x^+\leqslant y$。

■

【命题 7.1.6】 对于任意的 $x\in\omega$，$0\in x$ 或者 $0=x$。

证明：令集合 $a=\{t\in\omega\mid 0\in t\vee 0=t\}$，显然，$a\subset\omega$。首先，由于 $0=0$，所以 $0\in a$。其次，假设 $x\in a$，即 $0\in x$ 或者 $0=x$，则对于 $x^+=x\cup\{x\}$而言，因为 $x\in x^+$，而根据命题 5.2.4，任意的自然数 $x\in\omega$ 都是传递的，所以无论 $0\in x$ 或者 $0=x$，都会有 $0\in x^+$，所以 $x^+\in a$。因而 a 为 ω 的归纳子集，进而 $a=\omega$，命题得证。

■

【命题 7.1.7】 对于任意的 $x,y\in\omega$，$x\in y$ 当且仅当 $x^+\in y^+$。

证明：首先证明充分性，即如果 $x\in y$，则有 $x^+\in y^+$。采用数学归纳法，对 y 进行归纳，令集合 $a=\{t\in\omega\mid\forall x(x\in\omega\wedge x\in t\rightarrow x^+\in t^+)\}$。首先，当 $y=0$ 时，由于 $x\in 0$ 为假，所以集合 a 的定义中的蕴含式为真，所以 $0\in a$。现在假设 $y\in a$，即如果 $x\in\omega\wedge x\in y$，则有 $x^+\in y^+$。现在需要证明 $y^+\in a$，即需要证明如果 $x\in\omega\wedge x\in y^+$，则 $x^+\in(y^+)^+=y^{++}$。因为 $x\in y^+$，根据后继集的定义有，$x\in y$ 或者 $x=y$；如果 $x\in y$，则根据归纳假设，$x^+\in y^+$，而 $y^+\in y^{++}$，再由自然数为传递集可知，$x^+\in y^{++}$；如果 $x=y$，则 $x^+\in x^{++}=y^{++}$。可见，$x^+\in y^{++}$，所以集合 a 为 ω 的归纳子集，进而 $a=\omega$，充分性得证。

其次是必要性的证明。如果 $x^+\in y^+$，则根据后继集的定义有 $x^+\in y$ 或者 $x^+=y$。而 $x\in x^+$，所以有 $x\in x^+\in y$ 或者 $x\in x^+=y$。如果 $x\in x^+\in y$，则由自然数为传递集可知 $x\in y$；如果 $x\in x^+=y$，这本身就是 $x\in y$。必要性得证。

■

【命题 7.1.8】 对于任意的 $x\in\omega$，有 $x\notin x$。

证明：令集合 $a=\{t\in\omega\mid t\notin t\}$。首先，$0\notin 0$，所以 $0\in a$。其次，假设 $x\in a$，即 $x\notin x$；对于 x^+，根据命题 7.1.7，一定有 $x^+\notin x^+$，否则就会有 $x\in x$，这与假设矛盾，所以 $x^+\in a$。因而集合 a 为 ω 的归纳子集，进而 $a=\omega$。命题得证。

■

需要指出，在关于 ω 的性质的说明中，不能采用任何直观上的感觉，仅能使用已得到的命题来证明。比如，由直观上的 $0\in 1\in 2\in 3\in\cdots$ 可以看出 $0\in 1,0\in 2,0\in 3,\cdots$。但是，我们必须采用命题 7.1.6 的证明，才可以说对于任意的 $x\in\omega$，如果 $0\neq x$，则有 $0\in x$。

有了上述这些关于自然数集 ω 的命题，现在可以得到 ω 上序 $<$ 和序 $\in$ 的等价性。

【命题 7.1.9】 对于任意的 $x,y\in\omega$，$x\in y$ 当且仅当 $x<y$。

证明：采用数学归纳法，对 x 进行归纳。当 $x=0$ 时，充分性方面，如果 $0\in y$，则说明 $y\neq\varnothing$，根据命题 7.1.4，$0\leqslant y$，而现在 $y\neq\varnothing$，也就是 $y\neq 0$，所以 $0<y$；必要性方面，如果 $0<y$，则说明 $y\neq 0$，根据命题 7.1.6，$0\in y$。可见，当 $x=0$ 时，$x\in y$ 当且仅当 $x<y$。

假设，对于 x 而言，$x\in y$ 当且仅当 $x<y$。现在需要证明，在该假设下，对于 x^+，$x^+\in y$ 当且仅当 $x^+<y$。充分性方面，如果 $x^+\in y$，由于 $x\in x^+$，根据自然数为传递集可知 $x\in y$，根据假设可知 $x<y$，进而由命题 7.1.5 有 $x^+\leqslant y$；如果 $x^+=y$，则根据 $x^+\in y$ 可得 $x^+\in x^+$，这与命题 7.1.8 矛盾，所以 $x^+\neq y$，进而可知 $x^+<y$。充分性得证。必要性方面，如果 $x^+<y$，因为 $x+0^+=(x+0)^+=x^+$，所以 $x<x^+$，再由命题 5.3.8 可得 $x<y$，根据假设可知 $x\in y$，进而由命题 7.1.7 可知 $x^+\in y^+$，即 $x^+\in y$ 或者 $x^+=y$；如果 $x^+\in y$，这就是所需要证明的结果，如果 $x^+=y$，则与已知的 $x^+<y$ 矛盾。必要性得证。

■

根据命题 7.1.9，可以将 5.3 节中关于自然数集上用 $<$ 表示的序的性质，转化为与之等价的用 $\in$ 表示的序的性质。比如，命题 5.3.8 可以表述为：① $x\notin x$；② $x\in y$ 且 $y\in z$，则 $x\in z$；③ $x\in y$，$x=y$，$y\in x$，这三种情况有且仅有其中之一出现；当然，前两个性质单从 $\in$ 出发，我们已经得到了。再比如，命题 7.1.1 中 ω 的任意非空子集 a 必有最小元 t，其中的最小元可以表述为序 $\in$ 的最小元，也就是 $t\in x$ 或者 $t=x$，对于任意的 $x\in a$。此外，对于任意的 $x\in\omega$，如果 $y\in x$，则根据自然数为传递集可得 $y\in\omega$；由于 $y\in x$ 等价于 $y<x$，所以可得 $y\in\omega$ 且 $y<x$，这也就是说，自然数 x 是由所有比 x 小的自然数组成，即直观上有 $x=\{0,1,\cdots,x-1\}$。

我们知道直观上，$0\in 1\in 2\in 3\in\cdots$，且 $0\subsetneqq 1\subsetneqq 2\subsetneqq 3\subsetneqq\cdots$，其中 $a\subsetneqq b$ 是指 $a\subset b$ 且 $a\neq b$。我们采用 $\in$ 作为自然数集 ω 上的序关系，一方面是由于在 ZF 内，$\in$ 是唯一的谓词；另一方面是由于采用 $\subsetneqq$ 作为 ω 上的序关系与采用 $\in$ 是等价的。

【命题 7.1.10】 对于任意的 $x,y\in\omega$，$x\in y$ 当且仅当 $x\subset y\wedge x\neq y$。

证明：充分性方面，如果 $x\in y$，由自然数是传递集可知 $x\subset y$，若 $x=y$，则有 $x\in x$，从而与命题 7.1.8 矛盾，所以 $x\subset y\wedge x\neq y$。必要性方面，如果 $x\subset y\wedge x\neq y$，则由自然数的三分性可知 $x\in y$ 或者 $y\in x$，如果 $y\in x$，则根据 $x\subset y$ 可得 $y\in y$，这与命题 7.1.8 矛盾，所以只可能是 $x\in y$。命题得证。

■

7.2 良序集

根据命题 7.1.1 可以看出，自然数集 ω 虽然与整数集 Z、有理数集 Q 等势，并且在第 5 章中已定义的序关系下，$\langle\omega,<\rangle$ 与 $\langle Z,<\rangle$、$\langle Q,<\rangle$ 一样都是全序集，然而，全序集 $\langle\omega,<\rangle$ 却有着全序集 $\langle Z,<\rangle$ 和 $\langle Q,<\rangle$ 不具有的重要性质：其每一个非空子集必有最小元。一旦无限集具有了这个性质，那么，即使该无限集不是可列集，也就是说不能像 ω 那样可以将所有

元素从最小元 0 开始一个一个地“列出”；然而，其所有元素却可以从最小元开始一个一个地按照顺序全部取出。直观上可以这样理解，假设全序集$\langle a,<\rangle$的每个非空子集都有最小元，如果 $a\neq\varnothing$，则有最小元 x_0；对于 $a-\{x_0\}$，由于其为 a 的子集，如果其不为空集，则其有最小元 x_1；对于 $a-\{x_0,x_1\}$，如果其不为空集，则其有最小元 x_2；一直如此下去，直到取完所有元素。这样，在每一步从 a 中取出元素之后，如果还没有取完，a 的剩余子集中都会有唯一确定的一个元素排在后面。因而，a 中所有元素具有如下直观形象：

$$x_0<x_1<x_2<\cdots<x_\omega<x_{\omega^+}<x_{\omega^{++}}<\cdots \tag{7.2.1}$$

需要指出，在式(7.2.1)中，使用 ω、ω^+、ω^{++} 作为下标，这是为了表示当全序集 a 中元素使用完 ω 的所有元素作为下标后如果还有元素，将 ω、ω 的后继 ω^+、ω^+ 的后继 ω^{++} 看作“数”，去标记 a 中剩余的元素，其中，ω、ω^+、ω^{++} 是超越有限的数，称为超限数(transfinite number)。可以看出，此时的无限集的元素“看起来很像”自然数集中的元素从起点开始一个接着一个。这样，对于无限集 a，就会有类似自然数的命题 7.1.2 和命题 7.1.3 那样的归纳法原理和归纳法证明，以获得关于 a 的全体元素的性质。此外，对无限集赋予序之后，就会使得对无限集的分析更加细致，比如，对于自然数集 ω 而言，我们不是非得把 ω 直观上理解为 $\omega=\{0,1,2,3,\cdots\}$，它也可以在直观上理解为 $\omega=\{0,2,4,\cdots,1,3,5,\cdots\}$，或者是 $\omega=\{1,2,3,\cdots,0\}$，也就是先将偶数列出、再将奇数列出，或者先将非 0 的列出，最后将 0 列出，这相当于对 ω 赋予了新的序。可以看出，即使对于同一个集合，虽然集合与自身必然等势，但是当对集合赋予不同的偏序关系时，其所形成的偏序集便具有了更加细致的内容，进而可以获得更多对集合的“描述能力”，以对相互等势的集合进行细致的区分。

【定义 7.2.1】 设$<$为集合 a 上的全序关系，如果对于 a 的任意非空子集 b 而言，其都有最小元，则称$<$为集合 a 上的良序关系(well ordering relation)，同时称$\langle a,<\rangle$为良序集(well ordering set)。

根据定义 7.2.1 与命题 7.1.1 可知，自然数集 ω 上通常的序$<$或者等价地$\in$为 ω 上的良序关系，因而$\langle\omega,<\rangle$或者$\langle\omega,\in\rangle$为良序集。这里，ω 上的良序关系$\in$，严格的表示应该为 $\in_\omega=\{\langle x,y\rangle\in\omega\times\omega \mid x\in y\}$，由于采用符号$\in$表示不容易引起混淆，而且这样表示也更为直观简便，所以我们依然采用$\in$而非$\in_\omega$，来表示 ω 上的良序关系。

由于引入良序关系可以对相互等势的无限集进行更加细致的分析，所以考虑两个有双射关系的良序集合。

【命题 7.2.1】 设 f 是集合 a 到集合 b 的双射，$<_a$ 为 a 上的良序关系，则可以根据 a 上的良序关系$<_a$ 诱导出 b 的良序关系。

证明：由于 f 是集合 a 到集合 b 的双射，则 f^{-1} 是集合 b 到集合 a 的双射。对于集合 b 中任意两个元素 y_1,y_2，定义它们之间的二元关系$<_b$ 如下：$y_1<_b y_2$ 当且仅当 $f^{-1}(y_1)<_a f^{-1}(y_2)$。下面依次验证$<_b$ 是偏序关系、全序关系、良序关系。首先，对于任意的 $y\in b$，有 $y\not<_b y$。这是因为，如果 $y<_b y$，根据$<_b$ 的定义，则存在 $f^{-1}(y)\in a$，有 $f^{-1}(y)<_a f^{-1}(y)$，这与$<_a$ 作为集合 a 上的偏序关系是矛盾的。其次，对于任意的 $y_1,y_2,y_3\in b$，如果 $y_1<_b y_2$ 且 $y_2<_b y_3$，依照$<_b$ 的定义，有 $f^{-1}(y_1)<_a f^{-1}(y_2)$且 $f^{-1}(y_2)<_a f^{-1}(y_3)$，根据$<_a$ 的传递性可得 $f^{-1}(y_1)<_a f^{-1}(y_3)$，所以 $y_1<_b y_3$。可见，$<_b$ 满足反自反性和传递性，因而$<_b$ 为 b 上的偏序关系。对于任意的 $y_1,y_2\in b$，可得 $f^{-1}(y_1),f^{-1}(y_2)\in a$，根据

全序集$\langle a,<_a\rangle$中元素的三分性可得$f^{-1}(y_1)<_a f^{-1}(y_2)$、$f^{-1}(y_1)=f^{-1}(y_2)$、$f^{-1}(y_2)<_a f^{-1}(y_1)$有且仅有一种情况出现，所以$y_1<_b y_2$、$y_1=y_2$、$y_2<_b y_1$也有且仅有一种情况出现，所以$<_b$为$b$上的全序关系。设$b_1\subset b$为$b$的任意非空子集，则$f^{-1}(b_1)\subset a$为$a$的非空子集。由于$<_a$为$a$上的良序关系，所以$f^{-1}(b_1)$有最小元，记为$u$。我们说$f(u)$为$b_1$的最小元，这是因为对于任意的$y\in b_1$，且$y\neq f(u)$，则$f^{-1}(y)\in f^{-1}(b_1)$，所以$u<_a f^{-1}(y)$，进而可得$f(u)<_b y$，这表明$b$的任意非空子集$b_1$均有最小元，所以$<_b$为$b$上的良序关系。

■

从命题7.2.1的证明过程中也可以看出，如果$<_a$为集合a上的偏序关系或者全序关系，那么同样可以利用集合a到集合b的双射的f，根据$<_a$诱导出集合b上的偏序关系或者全序关系。只是我们目前关注于集合上的良序关系，因为后面将证明，如果在ZF体系内加入选择公理，则每一个集合都可以作成一个良序集。

利用命题7.2.1，可以将通常序关系下的全序集$\langle Z,<\rangle$和$\langle Q,<\rangle$均作成良序集。比如，直观上整数集利用通常的序关系$<$可以表示为$Z=\{\cdots,-2,-1,0,1,2,\cdots\}$，由于$N\approx Z$，所以可以将序关系$<$改为$<_1$，其中利用$<_1$表示的整数集为$Z=\{0,-1,1,-2,2,\cdots\}$，此时$\langle Z,<_1\rangle$为良序集。

在第4章中，我们分别定义了两个偏序集之间的同构，以及两个全序集之间的同构，可以看出，它们的定义很相似，都是要求存在两个偏序集或者是两个全序集之间的双射，且该映射和该映射的逆都是保持序关系的。事实上，映射保持集合上的偏序关系，与该偏序集是否进一步是全序集、良序集没有直接的联系。全序集和良序集作为一种特殊的偏序集，它们只是比偏序集具有对集合中元素更多的"要求"，当两个偏序集a,b同构时，如果偏序集a是全序集，由于同构映射f及其逆映射f^{-1}保持偏序关系相当于：$x_1<_a x_2$当且仅当$f(x_1)<_b f(x_2)$，其中$x_1,x_2\in a$，而这是与命题7.2.1证明中所采用的方法是一样的，根据命题7.2.1的证明方法和结论，可以看出偏序关系$<_b$也一定是集合b上的全序关系，也就是说偏序集b一定是全序集。这个结果可以进一步推广到良序集上。

【命题7.2.2】 如果偏序集$\langle a,<_a\rangle$与偏序集$\langle b,<_b\rangle$同构，则当$\langle a,<_a\rangle$是全序集时，$\langle b,<_b\rangle$也是全序集，当$\langle a,<_a\rangle$是良序集时，$\langle b,<_b\rangle$也是良序集。

证明：如果$\langle a,<_a\rangle\cong\langle b,<_b\rangle$，那么，对于任意的$x_1,x_2\in a$，有$x_1<_a x_2$当且仅当$f(x_1)<_b f(x_2)$。根据命题7.2.1的证明可知，当$\langle a,<_a\rangle$是全序集时，根据其元素所具有的三分性可得偏序集$\langle b,<_b\rangle$中元素也具有三分性，因而$\langle b,<_b\rangle$也为全序集；当$\langle a,<_a\rangle$进一步是良序集时，可以根据集合$a$的任意非空子集有最小元，得到集合$b$的任意非空子集也有最小元，因而$\langle b,<_b\rangle$也为良序集。

■

我们也可以根据两个全序集之间同构的定义引入两个良序集之间同构的定义，即对于良序集$\langle a,<_a\rangle$和$\langle b,<_b\rangle$，如果作为全序集的$\langle a,<_a\rangle$和$\langle b,<_b\rangle$是同构的，则称良序集$\langle a,<_a\rangle$和$\langle b,<_b\rangle$同构，记为$\langle a,<_a\rangle\cong\langle b,<_b\rangle$。在此定义下，根据命题7.2.1，如果集合$b$上的良序关系$<_b$是通过集合$a$到集合$b$的双射，以及$a$上的良序关系$<_a$诱导出来的，则显然有$\langle a,<_a\rangle\cong\langle b,<_b\rangle$。

下面命题展示了全序集或者良序集之间的同构，具有某种"等价的"含义。

【命题 7.2.3】 对于全序集$\langle a,<_a\rangle$、$\langle b,<_b\rangle$或者良序集$\langle a,<_a\rangle$、$\langle b,<_b\rangle$，均有：$\langle a,<_a\rangle\cong\langle a,<_a\rangle$；如果$\langle a,<_a\rangle\cong\langle b,<_b\rangle$，则$\langle b,<_b\rangle\cong\langle a,<_a\rangle$；如果$\langle a,<_a\rangle\cong\langle b,<_b\rangle$，且$\langle b,<_b\rangle\cong\langle c,<_c\rangle$，则$\langle a,<_a\rangle\cong\langle c,<_c\rangle$。

证明：由于恒等映射是双射，且会使得序关系双向保持，所以$\langle a,<_a\rangle\cong\langle a,<_a\rangle$；如果 f 是集合 a 到集合 b 的双射，且双向保持序关系，则 f^{-1} 是集合 b 到集合 a 的双射，且也会双向保持序关系，所以由$\langle a,<_a\rangle\cong\langle b,<_b\rangle$可得$\langle b,<_b\rangle\cong\langle a,<_a\rangle$；如果 f 是集合 a 到集合 b 的双射，且双向保持序关系，g 是集合 b 到集合 c 的双射，且双向保持序关系，则 $f\circ g$ 是 a 到 c 的双射，且双向保持序关系，因而根据$\langle a,<_a\rangle\cong\langle b,<_b\rangle$且$\langle b,<_b\rangle\cong\langle c,<_c\rangle$，可得$\langle a,<_a\rangle\cong\langle c,<_c\rangle$。

■

此外，对于全序集或者良序集$\langle a,<_a\rangle$，如果 $b\subset a$，由于取出一些元素所形成的子集 b 并没有破坏集合 a 上的序关系，因而，子集 b 还会是全序集或者是良序集，无非此处 b 上的序关系是 a 上的序关系$<_a$ 在 b 上的部分$(<_a)\cap(b\times b)$而已，当然，由于$((<_a)\cap(b\times b))\subset(<_a)$，所以还是会将 b 上的序关系写作$<_a$。

可以看出，对于两个偏序集$\langle a,<_a\rangle$和$\langle b,<_b\rangle$，无论它们是否进一步是全序集还是良序集，如果它们是序同构的，则集合 a 与集合 b 一定是等势的；然而，如果集合 a 与集合 b 等势，则$\langle a,<_a\rangle$与$\langle b,<_b\rangle$未必是序同构的。所以，采用序关系对无限集进行分析比单独对无限集进行分析要细致。

7.3 超限归纳法

在 7.1 节的开始，我们曾提到过，由于不是任意的无限集都可以作成类似于 ω 那样的归纳集，所以引入另一种数学归纳法——强归纳法。从命题 7.1.2 和命题 7.1.3 可以看出，强归纳法来源于自然数集 ω 是良序集的缘故。如果任意的无限集都可以作成良序集，那么 ω 上的强归纳法就显得比数学归纳法更为重要，因为可以将良序集 ω 之上的强归纳法推广到任意的良序集之上，这是非常具有意义的事情。

现在再分析一下命题 7.1.2，在该命题中作为 ω 的子集 u，具有一个非常重要的性质：如果所有小于 x 的元素 y 都属于 u，则会有 x 也属于 u。这里，如果将所有小于 x 的元素 y 采用集合表示，那么这个集合在表述上述的性质时，就会成为其中的关键，因而，我们给它一个单独的定义。

【定义 7.3.1】 对于集合 a，$<$为 a 上的良序关系，且 $x\in a$，则称集合$\{t\in a\mid t<x\}$为由元素 x 截出的 a 的前段(initial segment up to x)，记为 a_x。

由前段的定义可以看出，$a_x\subset a$，并且 $x\notin a_x$。显然，如果 x 为良序集 a 的最小元，则有 $a_x=\varnothing$。有时，将 a_x 简称为 a 的前段。

在有了 a_x 定义的基础上，命题 7.1.2 可以表述为：设 $u\subset\omega$，如果对于任意的 $x\in\omega$，当 $\omega_x\subset u$ 时，可以得到 $x\in u$，那么就有 $u=\omega$。也就是说，式(7.1.1)可以用 ω_x 表示为

$$u\subset\omega\wedge\forall x(x\in\omega\rightarrow(\omega_x\subset u\rightarrow x\in u))\rightarrow u=\omega \tag{7.3.1}$$

如果把良序集$\langle\omega,<\rangle$换成任意的良序集$\langle a,<\rangle$，把 ω 的前段 ω_x 换成 a 的前段 a_x，则可以得到如下命题。

【命题 7.3.1】 对于良序集$\langle a,<\rangle$，集合 b 为 a 的子集，且集合 b 满足：对于任意的 $x\in a$，当 $a_x\subset b$ 时，有 $x\in b$；那么有 $b=a$。

证明：采用反证法。假设 $b\neq a$，由于 $b\subset a$，那么 $a-b\neq\varnothing$。由于 a 为良序集，所以 $a-b$ 必有最小元，设为 m。由于 m 为 $a-b$ 的最小元，那么 a 中所有小于 m 的元素都不会属于 $a-b$，也就是说，对于任意的 $y\in a$ 且 $y<m$，均有 $y\notin(a-b)$，因而 $y\in b$，也就是 $a_m\subset b$。所以，根据假设可得 $m\in b$，这与 $m\in(a-b)$矛盾。

■

由于在 ZF 体系内加入选择公理之后，会使得所有的无限集都可以良序化，而命题 7.3.1 又是针对任意的良序集而言的，所以命题 7.3.1 称为超限归纳法原理(transfinite induction principle)。在此基础上，可以得到超限归纳法。

【命题 7.3.2】 设谓词公式 $F(x)$表示 x 具有性质 F，$\langle a,<\rangle$为良序集。如果对于任意的 $x\in a$，当 a 中所有小于 x 的元素 y 都满足 $F(y)$为真时，$F(x)$也为真；则对于所有的 $x\in a$，$F(x)$皆为真。

证明：构造集合 $b=\{u\in a\mid F(u)=1\}\subset a$。根据命题中的条件可知，对于任意的 $x\in a$，当 $a_x\subset b$ 时，有 $x\in b$。根据命题 7.3.1 可得 $b=a$。

■

在引入 ZF6 无限公理之后，我们定义自然数集 ω 为最小的归纳集。因而，如果 ω 的任意子集 $u\subset\omega$ 也是归纳集，那么可得 $u=\omega$，此即为数学归纳法原理。类似地，也可以对命题 7.3.1 中的 a 的子集 b 定义一个名称：强归纳子集(strong inductive subset)。也就是说，对于良序集$\langle a,<\rangle$的子集 b，如果其满足：对于任意的 $x\in a$，当 $a_x\subset b$ 时，有 $x\in b$；则称子集 b 为良序集 a 的强归纳子集。可以看出，对于强归纳子集 b 来说，当集合 a 中小于 x 的元素都属于 b 时，则元素 x 也属于 b。有了强归纳子集的定义之后，命题 7.3.1 可以表述为：对于良序集 a 的强归纳子集 b 而言，必有 $b=a$。

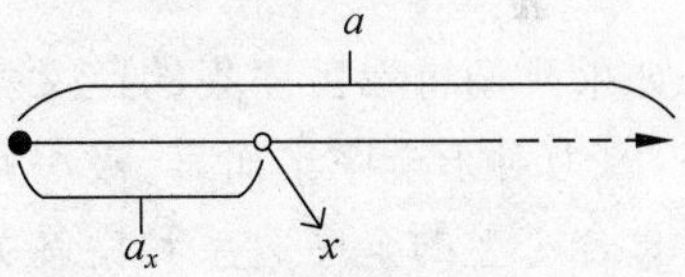

图 7.3.1 超限归纳法示意图

根据命题 7.3.1，设 b 为良序集 a 的强归纳子集。首先，对于 a 的最小元 m_0，由于 $a_{m_0}=\varnothing$，因而 $a_{m_0}\subset b$，所以必有 $m_0\in b$；然后，对于 $a-\{m_0\}$，设其最小元为 m_1，由于 $a_{m_1}=\{m_0\}$，因而 $a_{m_1}\subset b$，所以必有 $m_1\in b$；一直如此下去，b 最终将包含集合 a 中所有的元素，因而 $a\subset b$，而 $b\subset a$，所以 $b=a$。图 7.3.1 给出了上述过程的示意。

如果仔细分析命题 7.3.1 的证明过程，就会发现主要用到集合上的偏序关系的地方就是集合 a 为良序集，而事实上在证明中，a 为良序集的重要意义更多地在于"良性"，也就是每个子集都有最小元。因此，可以去除偏序关系，以进一步扩大归纳法的应用范围。我们引入良基关系的概念。

【定义 7.3.2】 设 r 为集合 a 上的二元关系，$x\in a$，称集合 $\tilde{a}_x=\{t\in a\mid trx\}$为元素 x 关于二元关系 r 的前置集(predecessor set)。

【定义 7.3.3】 设 r 为集合 a 上的二元关系，集合 b 为 a 的子集，$x\in b$，如果 $\tilde{a}_x\cap b=\varnothing$，则称元素 x 为集合 b 关于 r 的极小元(r-minimal element)。

集合 b 关于 r 的极小元也称为 r 极小元。从定义 7.3.2 可以看出，二元关系 r 未必是偏序关系，即 r 未必满足反自反性、反对称性、传递性，如果 r 是 a 上的良序关系，则 $\tilde{a}_x$ 即为

a 的前段 a_x。事实上，如果 r 仅为 a 上的偏序关系，也可以定义 $a_x=\{t\in a\mid t<x\}$ 为偏序集 a 的前段。考虑到任意集合都可以良序化，所以仅考虑在良序集上形成的前段。根据定义 7.3.3，$\tilde{a}_x\cap b=\varnothing$ 表明 b 中不存在元素 y 满足 yrx，也就是说，对于任意的 $y\in b$ 均有 $y\not r x$，因此我们才模仿偏序集中极小元的定义，称 x 为集合 b 的关于 r 的极小元。当然，如果 r 为集合 a 上的偏序关系，则集合 b 的关于 r 的极小元就成为了集合 b 的极小元。可以看出，定义 7.3.2 和定义 7.3.3 都是关于偏序关系的推广概念，就是为了将良序集上的归纳法推广到更广泛的一类集合上，这样，即使 ZF 体系内不加入选择公理，也可以对一些集合使用归纳法。

【定义 7.3.4】 设 r 为集合 a 上的二元关系，如果 a 的任意非空子集 b 都有关于 r 的极小元，则称 r 为集合 a 上的良基关系（well founded relation），同时称 $\langle a,r\rangle$ 或 a 为良基集（well founded set）。

如果用谓词公式表示良基关系，即为

$$\forall b(b\subset a\wedge b\neq\varnothing\rightarrow\exists x(x\in b\wedge\tilde{a}_x\cap b=\varnothing))\tag{7.3.2}$$

或者等价地

$$\forall b(b\subset a\wedge b\neq\varnothing\rightarrow\exists x(x\in b\wedge\forall y(y\in b\rightarrow y\not r x)))\tag{7.3.3}$$

有了良基集的概念，就可以将良序集上的归纳法原理推广到良基集上，有如下命题。

【命题 7.3.3】 对于良基集 $\langle a,r\rangle$，集合 b 为 a 的子集。如果集合 b 满足：对于任意的 $x\in a$，当 $\tilde{a}_x\subset b$ 时，有 $x\in b$；那么有 $b=a$。

证明：采用反证法。假设 $b\neq a$，由于 $b\subset a$，那么 $a-b\neq\varnothing$。由于 a 为良基集，所以 $a-b$ 必有极小元 m，进而就有 $\tilde{a}_m=\{t\in a\mid trm\}\subset b$。根据假设 $m\in b$，这与 $m\in(a-b)$ 矛盾。

■

如果我们再看良序集的定义就会发现，集合 a 为良序集相当于集合 a 为全序集且为良基集，因为对于全序集而言，极小元就是最小元。所以，$<$ 为集合 a 上的良序关系当且仅当其为集合 a 上的全序关系和良基关系。换句话说，良序就是“全序良基”。

7.4 良序集基本定理

在引入了良序概念之后，我们就把目光从无限集合容量的比较上，转移到无限集合“长度”(length)的比较上。因为对于集合容量的比较，并不要求集合具有偏序结构，因而，对于势的比较，仅关注于集合间的映射是否是单射、满射；而当集合具有了良序关系之后，集合中的元素就可以按照良序关系“直观上”排成一条直线，然后比较两个集合的长度即可。对于有限集而言，两个集合的容量相等，当且仅当这两个集合赋予良序关系后的长度相同。然而，对于无限集来说，两个集合的容量相等却可能出现这两个集合长度不同的情形。就拿同一个集合来说，比如自然数集 ω，可以按照不同的良序关系在“直观上”写作 $\omega=\{0,1,2,3,\cdots\}$ 以及 $\omega=\{0,2,4,\cdots,1,3,5,\cdots\}$。这实际上是对无限集的容量进行了细致的区分，将两个无限集之间的等势细分为两个良序集之间的同构。直观上看，对于两个良序集 $\langle a,<_a\rangle$ 和 $\langle b,<_b\rangle$，先找到它们各自的最小元 $x_0\in a$ 和 $y_0\in b$，使得它们一一对应起来，然后再找到 $a-\{x_0\}$ 和 $b-\{y_0\}$ 的最小元 x_1 和 y_1，再让它们一一对应起来。一直这么下去，根据超限

归纳法，如果 a 的前段 a_x 与 b 的前段 b_y，它们的元素都已一一对应起来，那么 x 和 y 也可以对应起来。这样，如果 a 和 b 的元素一样多，就可以建立起它们之间的序同构。当然，如果一个集合比另一个集合的元素多，那么元素少的集合会与元素多的集合的前段形成序同构。在上述过程中，同构映射的构建是其中的关键，需要先对良序集之间的同构映射进行分析。

【命题 7.4.1】 对于良序集 $\langle a,<\rangle$，如果 $f: a\to a$ 是保序映射，那么，对于任意的 $x\in a$，均有 $x\leqslant f(x)$。

证明：构造集合 $b=\{x\in a\mid f(x)<x\}\subset a$。采用反证法。假设 $b\neq\varnothing$，则其必有最小元 m，满足 $f(m)<m$。由于 f 是 a 到自身的保序映射，所以 $f(f(m))<f(m)$。注意到 $f(m)\in a$，且 $f(m)<m$，这也就是说集合 a 中还有比 m 小，且满足条件 $f(x)<x$ 的元素，而这是与 m 的最小性相矛盾的，所以 $b=\varnothing$。

■

由于良序集是全序集，所以保序映射蕴含了单射性，因而在命题 7.4.1 中 $\langle a,<\rangle\cong\langle \mathrm{ran}(f),<\rangle$。此外，命题 7.4.1 说明了，如果良序集到自身的映射是保序映射，那么良序集中任意元素在映射下的值一定不小于该元素。事实上，由于良序集的任意子集都有最小元，所以直观上，映射也应该是朝着序增加的方向映射。根据命题 7.4.1，立即可得到如下命题。

【命题 7.4.2】 对于良序集 $\langle a,<\rangle$，如果 $f: a\to a$ 是同构映射，则映射 f 必为恒等映射。

证明：映射 $f: a\to a$ 是同构映射，表明 $f: a\to a$ 和 $f^{-1}: a\to a$ 均为保序映射，所以根据命题 7.4.1，对于任意的 $x\in a$，均有 $x\leqslant f(x)$ 和 $x\leqslant f^{-1}(x)$；对于 $x\leqslant f^{-1}(x)$，根据 f 的保序性有 $f(x)\leqslant x$，再结合 $x\leqslant f(x)$，可得 $f(x)=x$。

■

直观上看，对于良序集 $\langle a,<\rangle$，如果它与自身同构，就是从最小元开始一一对应，只能是元素 $x\in a$ 映射为自身，才可以使得集合 a 与自身"对齐"，即这种一一对应的方法是"唯一的"。一般地，如果 $\langle a,<_a\rangle$ 与 $\langle b,<_b\rangle$ 同构，一一对应的方法也应该是"唯一的"。以上的唯一性都是起源于，每一步从 a 中取出的最小元与 b 中取出的最小元对应之后，a，b 的剩余子集中都会有"唯一"确定的一个元素排在后面。我们有如下命题。

【命题 7.4.3】 如果良序集 $\langle a,<\rangle$ 与良序集 $\langle b,<_b\rangle$ 同构，则同构映射 f 是唯一的。

证明：设 $f: a\to b$ 和 $g: a\to b$ 均为良序集 a 到 b 同构映射。采用反证法，假设 $f\neq g$。也就是说，集合 $u=\{x\in a\mid f(x)\neq g(x)\}\subset a$ 不为空集。根据 a 为良序集，可知 u 有最小元，记为 m。由于 $f(m)\neq g(m)$，不失一般性，假设 $f(m)<g(m)$。由于 f，g 均为同构映射，所以可得 $g^{-1}(f(m))<g^{-1}(g(m))$，也就是 $g^{-1}(f(m))<m$。对于 $g^{-1}(f(m))\in a$，根据 f 的保序性可得 $f(g^{-1}(f(m)))<f(m)$，而 $g(g^{-1}(f(m)))=f(m)$，所以 $f(g^{-1}(f(m)))\neq g(g^{-1}(f(m)))$，因而 $g^{-1}(f(m))\in u$。而前面已得到 $g^{-1}(f(m))<m$，这与 m 为 u 的最小元相矛盾。

■

直观上看，良序集 $\langle a,<\rangle$ 是不会与其前段 $\langle a_x,<\rangle$ 同构的。这是因为 a_x 是 a 的真子集，它们的元素个数不同，所以它们之间不可能按照良序关系"对齐"。

【命题 7.4.4】 任何良序集都不会与其前段同构。

证明：对于良序集$\langle a,<\rangle$，a_x 是 a 的前段。假设 f 是 a 到 a_x 的同构映射，由于 $x\in a$，所以 $f(x)\in a_x$，进而 $f(x)<x$。由于 a 到 a_x 的同构映射是 a 到 a 的保序映射，所以 $f(x)<x$ 与命题 7.4.1 矛盾。

■

直观上看，如果一个良序集比另一个良序集"长"，那么"短的"良序集会与"长的"良序集的前段形成序同构，此时，"长的"良序集绝不会与"短的"良序集的前段形成序同构。因而，我们有如下命题。

【命题 7.4.5】 设$\langle a,<_a\rangle$和$\langle b,<_b\rangle$均为良序集，那么$\langle a,<_a\rangle\cong\langle b_y,<_b\rangle$与$\langle a_x,<_a\rangle\cong\langle b,<_b\rangle$不会同时出现，其中 $x\in a$，$y\in b$。

证明：采用反证法。假设$\langle a,<_a\rangle\cong\langle b_y,<_b\rangle$且$\langle a_x,<_a\rangle\cong\langle b,<_b\rangle$。对于$\langle a,<_a\rangle\cong\langle b_y,<_b\rangle$，设 f 是 a 到 b_y 的同构映射，即 f 是 a 到 b_y 的双射和保序映射。由于 $a_x\subset a$，所以，$f\upharpoonright a_x$ 作为 f 的子集，自然也是 a_x 到 $\mathrm{ran}(f\upharpoonright a_x)$的双射和保序映射。记 $f\upharpoonright a_x$ 为 g，也就是说，g 是 a_x 到 $\mathrm{ran}(g)$的同构映射。我们说 $\mathrm{ran}(g)=(b_y)_{f(x)}$，这是因为对于任意的 $u\in a_x$，有 $u\in a$ 且 $u<_a x$，根据 f 的保序性有 $f(u)<_b f(x)$，而 $f(u)=(f\upharpoonright a_x)(u)=g(u)$，所以 $g(u)\in b_y$ 且 $g(u)<_b f(x)$，而$(b_y)_{f(x)}=\{z\in b_y\mid z<_b f(x)\}$，所以 $g(u)\in(b_y)_{f(x)}$，即 $\mathrm{ran}(g)\subset(b_y)_{f(x)}$；另外，对于任意的 $v\in(b_y)_{f(x)}$，$v<_b f(x)$，利用 f^{-1} 的保序性有 $f^{-1}(v)<_a x$，所以 $f^{-1}(v)\in a_x$，进而 $g(f^{-1}(v))=f(f^{-1}(v))=v\in\mathrm{ran}(g)$，即$(b_y)_{f(x)}\subset\mathrm{ran}(g)$，可见 $\mathrm{ran}(g)=(b_y)_{f(x)}$。所以，$g$ 是 a_x 到$(b_y)_{f(x)}$的同构映射。对于任意的良序集$\langle a,<\rangle$，如果 $x\in a$ 且 $x_1\in a_x$，则有$(a_x)_{x_1}=a_{x_1}$，这是由于$(a_x)_{x_1}=\{z\in a_x\mid z<x_1\}$，$a_{x_1}=\{z\in a\mid z<x_1\}$，一方面，由于 $a_x\subset a$，所以$(a_x)_{x_1}\subset a_{x_1}$；另一方面，如果 $u\in a_{x_1}$，则 $u\in a\wedge u<x_1$，而 $x_1<x$，所以 $u\in a\wedge u<x\wedge u<x_1$，即 $u\in a_x\wedge u<x_1$，所以可得 $u\in(a_x)_{x_1}$，即 $a_{x_1}\subset(a_x)_{x_1}$。综上可得，$(a_x)_{x_1}=a_{x_1}$。所以$(b_y)_{f(x)}=b_{f(x)}$，即 g 是 a_x 到 $b_{f(x)}$ 的同构映射，而已知$\langle a_x,<_a\rangle\cong\langle b,<_b\rangle$，所以可得$\langle b_{f(x)},<_b\rangle\cong\langle b,<_b\rangle$，而这是与命题 7.4.4 相矛盾的。

■

就如本节一开始所说的，对于两个良序集，将它们按照良序关系从最小元开始逐个排成一条直线后，在直观上，就可以逐个比较这两个良序集的"长度"。下面的命题表达了这个意思，称为良序集基本定理。

【命题 7.4.6】 对于良序集$\langle a,<_a\rangle$和$\langle b,<_b\rangle$，以下三种情况有且仅有其中之一会出现：

$\langle a,<_a\rangle\cong\langle b,<_b\rangle$，或者$\langle a,<_a\rangle\cong\langle b_y,<_b\rangle$，或者$\langle a_x,<_a\rangle\cong\langle b,<_b\rangle$，其中 $x\in a$，$y\in b$。

证明：作 a 到 b 的二元关系 $f\subset a\times b$ 如下：

$$f=\{\langle x,y\rangle\in a\times b\mid\langle a_x,<_a\rangle\cong\langle b_y,<_b\rangle\}$$

对于二元关系 f，有如下结论。首先，f 是单射，也就是说二元关系 f 既是单值的也是单根的。根据定义 4.2.1，考虑到单值性是指满足$\langle x,y\rangle\in f$ 的 y 是唯一的，单根性是指满足$\langle x,y\rangle \in f$的x是唯一的，它们非常类似，所以我们仅对单值性给出证明，单根性的证明简单类比即可。假设$\langle x,y_1\rangle \in f$且$\langle x,y_2\rangle \in f$，也就是说，$\langle a_x,<_a\rangle \cong \langle b_{y_1},<_b\rangle$且$\langle a_x,<_a\rangle \cong \langle b_{y_2},<_b\rangle$。根据命题7.2.3可得$\langle b_{y_1},<_b\rangle \cong \langle b_{y_2},<_b\rangle$，由于$b_{y_1}$和$b_{y_2}$都是良序集$b$的前段，所以一定有$y_1=y_2$，否则它们之间一个会是另一个的前段，而这是与命题7.4.4相矛盾的。这样就证明了f的单值性。其次，我们说f是保序映射。对于x_1，$x_2 \in \mathrm{dom}(f)$，$x_1 <_a x_2$，记$y_1=f(x_1)$，$y_2=f(x_2)$，则有$\langle a_{x_1},<_a\rangle \cong \langle b_{y_1},<_b\rangle$且$\langle a_{x_2},<_a\rangle \cong \langle b_{y_2},<_b\rangle$。前面已证明了$f$是单值的，所以$y_1 \neq y_2$；如果$y_2 <_b y_1$，根据命题7.4.5的证明，有$(a_{x_2})_{x_1}=a_{x_1}$，$(b_{y_1})_{y_2}=b_{y_2}$，因而就有$\langle (a_{x_2})_{x_1},<_a\rangle \cong \langle b_{y_1},<_b\rangle$且$\langle a_{x_2},<_a\rangle \cong \langle (b_{y_1})_{y_2},<_b\rangle$，然而，这是与命题7.4.5相矛盾的，所以$y_1 <_b y_2$，因而$f$是保序的，进而由于$a$是良序集，所以$f^{-1}$也是保序的。综上可见，$f$是$\mathrm{dom}(f)$到$\mathrm{ran}(f)$的同构映射，即

$$\langle \mathrm{dom}(f),<_a\rangle \cong \langle \mathrm{ran}(f),<_b\rangle$$

下面讨论$\mathrm{dom}(f)$、$\mathrm{ran}(f)$与a、b的关系：

如果$\mathrm{dom}(f)=a$，$\mathrm{ran}(f)=b$，则可得$\langle a,<_a\rangle \cong \langle b,<_b\rangle$，这是三种情况中的第一种。

如果$\mathrm{ran}(f)\neq b$，则$b-\mathrm{ran}(f)\neq \varnothing$，则$b-\mathrm{ran}(f)$有最小元，记为$v$。由于$v$是$b-\mathrm{ran}(f)$的最小元，这说明$b$中比$v$小的元素一定不属于$b-\mathrm{ran}(f)$，也就是$b$中比$v$小的元素一定属于$\mathrm{ran}(f)$，而$b$中比$v$小的元素就是$b$的前段$b_v$，所以$b_v \subset \mathrm{ran}(f)$。另一方面，根据命题7.4.5的证明，如果$\langle b_{y_2},<_b\rangle \cong \langle a_{x_2},<_a\rangle$，设$g$是$b_{y_2}$到$a_{x_2}$的同构映射，其中$y_2 \in b$，$x_2 \in a$，那么对于$b$中$y_1 <_b y_2$，必有

$$\langle b_{y_1},<_b\rangle = \langle (b_{y_2})_{y_1},<_b\rangle \cong \langle (a_{x_2})_{g(y_1)},<_a\rangle = \langle a_{g(y_1)},<_a\rangle$$

也就是说，如果$\langle x_2,y_2\rangle \in f$，那么$\langle g(y_1),y_1\rangle \in f$，即当$y_2 \in \mathrm{ran}(f)$时，如果$y_1 <_b y_2$，那么$y_1 \in \mathrm{ran}(f)$，因而，$\mathrm{ran}(f)$中绝不会出现比$v$大的元素，否则$v$就属于$\mathrm{ran}(f)$，而这是与$v \in b-\mathrm{ran}(f)$相矛盾的。$\mathrm{ran}(f)$中元素均比$v$小，表明$\mathrm{ran}(f)\subset b_v$。综上可得，$\mathrm{ran}(f)=b_v$。也就是说，如果$\mathrm{ran}(f)\neq b$，那么$\mathrm{ran}(f)$必然等于$b$的前段$b_v$。此时，一定有$\mathrm{dom}(f)=a$，否则，如果$\mathrm{dom}(f)\neq a$，与上面类似，也可以得到$\mathrm{dom}(f)=a_u$，其中$u$为$a-\mathrm{dom}(f)$的最小元，然而，前面已得到了$\langle \mathrm{dom}(f),<_a\rangle \cong \langle \mathrm{ran}(f),<_b\rangle$，所以$\langle a_u,<_a\rangle \cong \langle b_v,<_b\rangle$，进而可得$\langle u,v\rangle \in f$，而这又与$v \notin \mathrm{ran}(f)$，$u \notin \mathrm{dom}(f)$相矛盾，所以$\mathrm{dom}(f)=a$，$\mathrm{ran}(f)=b_v$，因而$\langle a,<_a\rangle \cong \langle b_v,<_b\rangle$，此是三种情况中的第二种。

如果$\mathrm{dom}(f)\neq a$，则类似可得三种情况中的第三种会出现。

综上分析可得，命题中的三种情况至少出现其中一种。而根据命题7.4.4和命题7.4.5可得，三种情况又至多出现其中一种。所以，命题中的三种情况有且仅有其中之一会出现。

■

如果在ZF体系内加入选择公理，则每一个集合都可以作成一个良序集。进而根据命题7.4.6可得，对于任意两个良序集x，y，或者x与y序同构，或者x与y的子集——前段序同构，或者y与x的子集——前段序同构。由于同构映射为双射，因而可得$x \preccurlyeq y$或者$y \preccurlyeq x$成立。至此可以看出，如果任意集合都可良序化，那么任意集合在容量上都可以比较大小。进一步，将$x \preccurlyeq y$和$y \preccurlyeq x$分为$x \prec y$，$x \approx y$，$y \prec x$三种情况，结合命题6.2.4可知，上述三种情况最多出现一种，进而可得三种情况有且仅有一种出现，可见集合容量大小的比较也满足三分性。

7.5 替换公理及超限递归

在7.3节中，已经将自然数集 ω 上的归纳法证明推广到了任意良序集 $\langle a,<\rangle$ 上了，得到了归纳法证明的超限版本——超限归纳法。自然地，我们也希望可以将 ω 上的归纳法构造，也就是递归定理，推广到任意良序集上，得到其超限版本——超限递归定理。

对于 ω 上的递归定理，我们是在已知集合 a 上的映射 $g: a\to a$ 已确定的条件下，构造了 ω 到 a 上的映射 f，满足 $f(x^+)=g(f(x))$ 的。可以看出，f 在 x^+ 处的值的确定，仅由 f 在 x^+ 之前的 x 这一处的值来决定，这是与数学归纳法是相一致的，在数学归纳法的假设条件中，也是 ω 中任意元素 x 满足：$F(x)$ 的为真，蕴含了 $F(x^+)$ 也为真。而在超限归纳法的假设条件中，是良序集 a 的任意前段 a_x 满足：对于任意元素 $y\in a_x$，$F(y)$ 均为真，蕴含了 $F(x)$ 也为真。可以看出，对应于超限归纳法，在超限递归的构造中，f 在 x 处的值 $f(x)$，应该由 f 在前段 a_x 中所有元素 y 处的值 $f(y)$ 来决定，也就是说，如果对于所有的 $y\in a_x$ 我们都已经得到了 $f(y)$，那么就可以依照已知的映射 g，得到 f 在 x 处的值 $f(x)$。事实上，这种在良序集 a 上确定映射值的递归方法，是与本章中反复强调的良序集 a 所具有的性质完全一致的：在每一步从 a 中取出元素之后，a 的剩余子集中都会有唯一确定的一个元素排在后面。

具体地，假设已知映射 g，则超限递归构造映射 f 应该是通过 $f(x)=g(f\restriction a_x)$ 来完成，其中 $f\restriction a_x=\{\langle u,v\rangle \mid u\in a_x\wedge v=f(u)\}\subset f$。也就是说，如果我们想构造良序集 a 到集合 b 上的映射 f，需要事先已知一个从 $b^{a\to}$ 到 b 上的映射 g，其中，符号 $b^{a\to}$ 表示所有从前段 a_x 到 b 的映射 h 所组成的类；由于 $a_x\subset a$，所以映射 h 满足 $h\subset a\times b$，所以 $b^{a\to}\subset P(a\times b)$，根据 ZF2 可知类 $b^{a\to}$ 为集合。可以看出，这里的映射 g 是关键的，其定义域中的元素是映射 $h: a_x\to b$，其中 $x\in a$，也就是构造映射 f 中所需要的 $f\restriction a_x$。因而，超限递归定理(transfinite recursion theorem)应该是如下的形式：给定良序集 $\langle a,<\rangle$，映射 g 是 $b^{a\to}$ 到集合 b 的映射，那么存在唯一一个从良序集 a 到集合 b 上的映射 f，满足对于任意的 $x\in a$，有

$$f(x)=g(f\restriction a_x) \tag{7.5.1}$$

为了更加清楚地理解超限递归定理，我们以良序集 ω 上的映射构造为例进行说明。对于 ω 的前段，根据 ω 上序的含义，有

$$\omega_x=\{z\in\omega\mid z<x\}=\{z\in\omega\mid z\in x\}=x \tag{7.5.2}$$

因此，根据超限归纳定理可知，存在唯一的从良序集 ω 到集合 b 上的映射 f，满足对于任意的 $x\in\omega$，有

$$f(x)=g(f\restriction x) \tag{7.5.3}$$

可以根据式(7.5.3)，把 f 在前几个自然数处的取值写出来，具体地，$f(0)=g(f\restriction 0)=g(\varnothing)$，$f(1)=g(f\restriction 1)=g(\{\langle 0,f(0)\rangle\})$，$f(2)=g(f\restriction 2)=g(\{\langle 0,f(0)\rangle,\langle 1,f(1)\rangle\})$。可以清楚地看出，如果采用递归定理，那么 $f(2)=g(f(1))$，即 $f(2)$ 仅由 $f(1)$ 递归得到；而采用超限递归定理，$f(2)$ 是由 $f\restriction 2=\{\langle 0,f(0)\rangle,\langle 1,f(1)\rangle\}$ 得到。当然，对于自然数集 ω 而言，没有必要采用超限递归，然而，对于任意的良序集 $\langle a,<\rangle$ 而言，就只能使用超限递归了。

现在我们先不直接去证明上述超限递归定理，而是引入更为一般化的超限递归定理，然后去证明这个一般化的超限递归定理。在前面的超限递归中，需要一个映射 g，以使得在构造映射 f 时，f 在 x 处的值 $f(x)$ 由 f 的子集 $f\upharpoonright a_x$ 通过这个映射 g 来得到。现在，我们不用非得要求 g 为一个映射，它可以是一个真类，只要它对每一个 $f\upharpoonright a_x$ 都对应唯一的一个元素 y，就可以把这个 y 赋予 $f(x)$。此时的 g 就像是一个集合运算，比如，对于每一个集合 x，都可以得到其幂集 $P(x)$，此时的幂集运算 $P(\cdot)$ 就相当于这里的 g；再比如，对于每一个集合 x，都可以得到其并集 $\bigcup x$，此时的并集运算 $\bigcup(\cdot)$ 就相当于这里的 g。注意，集合运算可以看作从集合宇宙 $\mathbf{V}$ 到集合宇宙 $\mathbf{V}$ 的"映射"，这种"映射"可以称为"真类映射"，与通常的"集合映射"相比，共同点是它们也是单值的；不同点是它们太大了，不能包含在某个集合之中，也就是说它们都是真类。然而，这并不影响它们在这里的使用，因为在超限递归里，我们仅仅使用的是它们的单值性，有了单值性，就可以递归地得到 f 在良序集 $\langle a,<\rangle$ 中每一个元素处的值，从而递归地构造出映射 f。

现在，把映射 g 用符号 $\mathbf{G}$ 表示，以表示其是一个"真类映射"。这样，式(7.5.1)就应该写作

$$f(x)=\mathbf{G}(f\upharpoonright a_x) \tag{7.5.4}$$

然而，这么写也不合适，因为在 ZF 体系内，所有的对象都应该是集合，不能出现真类，因而我们考虑用谓词公式来表示这个真类映射。令 $\mathbf{G}=\{\langle u,v\rangle \mid G(u,v)\}$，其中 $G(u,v)$ 表示集合对象 u,v 具有关系 G，也就是说 G 是一个二元谓词。由于 $\mathbf{G}$ 是单值的，所以 $G(u,v)$ 应该满足：对于任意的 $u\in\mathbf{V}$，存在唯一的 $v\in\mathbf{V}$ 满足 $G(u,v)$。在此基础上，一般化的超限递归定理描述如下：给定良序集 $\langle a,<\rangle$，对于任意的二元谓词公式 $G(u,v)$，如果其满足任意的 $u\in\mathbf{V}$，存在唯一的 $v\in\mathbf{V}$ 满足 $G(u,v)$。那么就存在唯一的以良序集 a 为定义域的映射 f，满足对于任意的 $x\in a$，有

$$G(f\upharpoonright a_x,f(x)) \tag{7.5.5}$$

注意，这里的 $G(u,v)$ 可以是任意满足条件的二元谓词公式。对比式(7.5.1)、式(7.5.4)以及式(7.5.5)可以看出，超限递归的方式在"逐步地"一般化。

根据式(7.5.5)，从良序集 a 的最小元 x_0 开始，可以"逐步地"构造出映射 f。具体地，$G(f\upharpoonright a_{x_0},f(x_0))=G(f\upharpoonright\varnothing,f(x_0))=G(\varnothing,f(x_0))$，也就是说 $f(x_0)$ 由 $\varnothing$ 通过 $G(u,v)$ 得到，而根据定理中 $G(u,v)$ 的性质，这个 $f(x_0)$ 是唯一的；如果将二元谓词 G 看作集合运算，那么可以将 $f(x_0)$ 写作 $f(x_0)=G(\varnothing)$；接着，对于 $a-\{x_0\}$，设其最小元为 x_1，那么有 $G(f\upharpoonright a_{x_1},f(x_1))=G(f\upharpoonright\{x_0\},f(x_1))$，类似地，可以写作 $f(x_1)=G(f\upharpoonright\{x_0\})$，而 $G(f\upharpoonright\{x_0\})$ 在上一步已经得到：$G(f\upharpoonright\{x_0\})=G(\{\langle x_0,G(\varnothing)\rangle\})$，所以有 $f(x_1)=G(\{\langle x_0,f(x_0)\rangle\})=G(\{\langle x_0,G(\varnothing)\rangle\})$；接着，对于 $a-\{x_0,x_1\}$，其有最小元 x_2，则可得 $f(x_2)=G(f\upharpoonright\{x_0,x_1\})=G(\{\langle x_0,f(x_0)\rangle,\langle x_1,f(x_1)\rangle\})$，根据前面已经得到的，有 $f(x_2)=G(\{\langle x_0,G(\varnothing)\rangle,\langle x_1,G(\{\langle x_0,G(\varnothing)\rangle\})\rangle\})$；等等，直到求得所有的 $f(x)$，$x\in a$。

在开始证明一般化的超限递归定理之前，我们需要确定：这样构造出的 f 就一定是映射吗？对于式(7.5.1)中的超限递归定理，f 一定是映射，因为那里是已经首先确定了集合 b，所以那里的 g 也是映射，从而 f 也是映射。然而，对于式(7.5.5)，G 仅仅是一个二元谓词，对于集合 a 中的每个 x，依据式(7.5.5)所得到的 $f(x)$ 的全体是否一定是集合这件事是不清楚的。如果它是集合，也就是说对象 f 的值域也是集合，而 f 的定义域是集合 a，所以

f 是映射。直观上看，所得到的 $f(x)$ 的全体应该是集合，因为对于每一个 $x \in a$，按照良序顺序，通过式(7.5.5)都可以“逐步地”得到唯一的 $f \upharpoonright a_x$，进而“逐步地”得到唯一的 $f(x)$，所以说，$f(x)$ 的全体或者等价地 $f \upharpoonright a_x$ 的全体，在集合容量上都不会大于 a 的容量。对于真类，它之所以不是集合是由于它的容量太大。然而，这里的 $f(x)$ 的全体这个集合的容量由于不大于 a 的容量，所以应该是集合。只是目前公理 ZF0～ZF6 都无法支持这个结论，因此，我们需要引入新的公理。

ZF7 替换公理(axiom schema of replacement)：

$$\forall x[\forall u(u \in x \rightarrow \forall v_1 \forall v_2(G(u,v_1) \wedge G(u,v_2) \rightarrow v_1 = v_2)) \rightarrow \exists y \forall v(v \in y \leftrightarrow \exists u(u \in x \wedge G(u,v)))]$$

其中，$G(u,v)$ 表示不含个体变元 y 的谓词公式。

对上述 ZF7 中公式进行解释：对于任意的集合 x，如果对于 x 中任意元素 u，根据 $G(u,v)$ 可以确定唯一的对象 v，那么，集合 x 中所有元素 u 根据 $G(u,v)$ 所确定的所有对象 v 构成的类，是集合 y。

再通俗一点解释：对于集合 x，以及给定的谓词公式 $G(u,v)$，如果对于任意的 $u \in x$，都有唯一的 v 使得 $G(u,v)$ 成立，那么，如下的类是一个集合：

$$y = \{v \mid \exists u(u \in x \wedge G(u,v))\} \tag{7.5.6}$$

可以看出，如果将谓词 G 看作集合运算，ZF7 表明集合 x 中所有元素运算之后，所得到的所有对象构成的类一定是一个集合，因为运算之后的对象是一定不多于集合 x 中的元素的，这在直观上是显然的。

在 ZF7 中，$G(u,v)$ 是一个谓词公式，所以类似于 ZF2，它也是一个公理模式，对于给定的集合 x，每给定一个满足公理条件的 $G(u,v)$，就可以确定出一个集合 y。

现在我们可以给出一般化的超限递归定理的证明。我们用 $\mathbf{V}$ 表示集合宇宙。

【命题 7.5.1】 给定良序集 $\langle a,<\rangle$，对于任意的二元谓词公式 $G(u,v)$，如果其满足：对于任意的 $u \in \mathbf{V}$，存在唯一的 $v \in \mathbf{V}$ 使得 $G(u,v)$ 成立，则存在唯一的以良序集 a 为定义域的映射 f，满足对于任意的 $x \in a$，$G(f \upharpoonright a_x, f(x))$ 成立。

证明：在前述介绍式(7.5.5)时，已经说明是从良序集 a 的最小元 x_0 开始，逐步构造出映射 f，因而在构造 f 时，仍然采用这种逐步构造映射的方式。对于任意的 $t \in a$，如果一个映射 h 满足其定义域为 $\mathrm{dom}(h) = \{x \in a \mid x \leqslant t\}$，且对于任意的 $x \in \mathrm{dom}(h)$ 均有 $G(h \upharpoonright a_x, h(x))$ 成立，则称映射 h 是一个“直到 t 由 $G(u,v)$ 构造了”的映射。可以看出，映射 h 是我们所希望得到的映射 f 的一个子集，因此我们考虑逐步递归地增加 h 直到它等于 f。我们定义谓词 $A(t,h)$ 表示“h 是一个直到 t 由 $G(u,v)$ 构造了的映射”。

下面我们证明：对于任意的 $t \in a$，都有唯一的 h 使得 $A(t,h)$ 为真。对于任意的 t_1，$t_2 \in a$ 且 $t_1 \leqslant t_2$，设 h_1 是一个直到 t_1 由 $G(u,v)$ 构造了的映射，h_2 是一个直到 t_2 由 $G(u,v)$ 构造了的映射。我们说，对于任意的 $x \leqslant t_1$，均有 $h_1(x) = h_2(x)$。如果不是这样的，令集合 $b = \{x \in a \mid h_1(x) \neq h_2(x)\}$，则其必有最小元，记为 x_0；当然，由于映射 h_1 和 h_2 的定义域分别是集合 a 中小于或等于 t_1 和 t_2 的部分，所以 $x_0 \leqslant t_1$。根据 x_0 是 b 的最小元，可得集合 a 中小于 x_0 的元素都满足 $h_1(x) = h_2(x)$，因而有 $h_1 \upharpoonright a_{x_0} = h_2 \upharpoonright a_{x_0}$。由映射 h_1 和 h_2 的定义，$G(h_1 \upharpoonright a_{x_0}, h_1(x_0))$ 成立，$G(h_2 \upharpoonright a_{x_0}, h_2(x_0))$ 成立；而对于任意的 $u \in \mathbf{V}$，存在唯一的 $v \in \mathbf{V}$ 使得 $G(u,v)$ 成立，现在 $h_1 \upharpoonright a_{x_0} = h_2 \upharpoonright a_{x_0}$，所以可得 $h_1(x_0) = h_2(x_0)$，而这与

$x_0 \in b$ 矛盾。既然对于任意的 $x \leqslant t_1$，均有 $h_1(x)=h_2(x)$，那么当 $t_1=t_2=t$ 时，对于任意的 $x \leqslant t$，均有 $h_1(x)=h_2(x)$，这说明了 $h_1=h_2$。可见，对于任意的 $t \in a$，都有唯一的 h 使得 $A(t,h)$ 为真。那么根据 ZF7 替换公理，应用式(7.5.6)可得 $c=\{h \mid \exists t(t \in a \wedge A(t,h))\}$ 为一个集合。可见集合 c 是"直到 t 由 $G(u,v)$ 构造了"的映射之全体构成的集合。由于 c 为集合，就可以对其应用并运算，记 $f=\bigcup c$，下面我们将证明，这个集合 f 就是我们所希望得到的映射。

集合 f 为映射。对于 $\langle x,y_1\rangle,\langle x,y_2\rangle \in f$，根据 f 定义，存在直到 t_1 由 $G(u,v)$ 构造了映射 h_1，有 $h_1(x)=y_1$，存在直到 t_2 由 $G(u,v)$ 构造了映射 h_2，有 $h_2(x)=y_2$。由于不管是 $t_1 \leqslant t_2$ 还是 $t_2 \leqslant t_1$，都有 x 一定是小于或等于 t_1,t_2 的，根据前面已经得到的结果，有 $h_1(x)=h_2(x)$，也就是 $y_1=y_2$，所以 f 为映射。

对于任意的 $x \in \mathrm{dom}(f)$，$G(f \upharpoonright a_x, f(x))$ 成立。如果 $x \in \mathrm{dom}(f)$，则根据 f 定义，存在直到 t 由 $G(u,v)$ 构造了映射 h，有 $x \in \mathrm{dom}(h)$，再根据映射 h 的定义，可知 $G(h \upharpoonright a_x, h(x))$ 是成立的。由于 $x \in \mathrm{dom}(h)$，且根据 $h \in c$ 可得 $h \subset f$，而 h, f 又都是映射，所以 $h(x)=f(x)$。另外，由 $x \in \mathrm{dom}(h)$ 可得 $a_x \subset \mathrm{dom}(h)$，所以 $h \upharpoonright a_x = f \upharpoonright a_x$。因此，根据 $G(h \upharpoonright a_x, h(x))$ 成立，可得 $G(f \upharpoonright a_x, f(x))$ 成立。

$\mathrm{dom}(f)=a$。由于 c 是"直到 t 由 $G(u,v)$ 构造了"的映射之全体构成的集合，而 $f=\bigcup c$，所以 $\mathrm{dom}(f) \subset a$。如果 $\mathrm{dom}(f) \neq a$，则 $a-\mathrm{dom}(f) \neq \varnothing$，设 t 为 $a-\mathrm{dom}(f)$ 的最小元，那么集合 a 中小于 t 的元素一定是属于 $\mathrm{dom}(f)$ 的，即 $a_t \subset \mathrm{dom}(f)$。注意，由于 $f=\bigcup c$，而 c 中元素是那些"直到 t 由 $G(u,v)$ 构造了"的映射，因而，如果 $x \in \mathrm{dom}(f)$，那么对于任意的 $x_1<x$，必有 $x_1 \in \mathrm{dom}(f)$，这说明比 t 大的 a 中元素是不可能属于 $\mathrm{dom}(f)$ 的，即 $\mathrm{dom}(f) \subset a_t$，进而可得 $\mathrm{dom}(f)=a_t$。根据 $G(u,v)$ 的性质，存在唯一的 y 使得 $G(f,y)$ 成立。现在把不属于 $\mathrm{dom}(f)$ 的这个最小的 t 联合 y，"加入到" f 中，即作集合 $v_1=f \cup \{\langle t,y\rangle\}$。由于 v_1 只是在映射 f 中添加了一个有序对 $\langle t,y\rangle$ 而已，所以 v_1 当然是映射，且 $\mathrm{dom}(v_1)=\mathrm{dom}(f) \cup \{t\}=a_t \cup \{t\}=\{x \in a \mid x \leqslant t\}$。由于 $f \subset v_1$，所以对于任意的 $x<t$，有 $v_1 \upharpoonright a_x = f \upharpoonright a_x$，且 $v_1(x)=f(x)$。前面已经得到了 $G(f \upharpoonright a_x, f(x))$ 是成立的，所以 $G(v_1 \upharpoonright a_x, v_1(x))$ 也是成立的。由于 $v_1=f \cup \{\langle t,y\rangle\}$，而且 $\mathrm{dom}(f)=a_t$，所以 $v_1 \upharpoonright a_t = f$，$v_1(t)=y$。注意，前面在引入 y 时，显示 $G(f,y)$ 是成立的，所以 $G(v_1 \upharpoonright a_t, v_1(t))$ 也是成立的。这说明了，对于 $\mathrm{dom}(v_1)=\{x \in a \mid x \leqslant t\}$ 中的任意元素 x，无论 $x<t$ 还是 $x=t$，均有 $G(v_1 \upharpoonright a_x, v_1(x))$ 成立，因而 v_1 是"直到 t 由 $G(u,v)$ 构造了"的映射。由于 c 是"直到 t 由 $G(u,v)$ 构造了"的映射之全体构成的集合，所以 $v_1 \in c$，进而可得 $t \in \mathrm{dom}(f)$，而这是与 $t \in a-\mathrm{dom}(f)$ 相矛盾的。所以假设的 $\mathrm{dom}(f) \neq a$ 不成立，即 $\mathrm{dom}(f)=a$。

f 是唯一的。假设 f_1, f_2 都是满足条件的映射，作集合 $d=\{x \in a \mid f_1(x)=f_2(x)\}$。如果 $d=a$，则说明 $f_1=f_2$，也就是满足条件的映射的唯一性。事实上，对于任意的 $x \in a$，当 $a_x \subset d$ 时，有 $f_1 \upharpoonright a_x = f_2 \upharpoonright a_x$。由于 $\mathrm{dom}(f)=a$，且在前面已经得出：任意的 $x \in \mathrm{dom}(f)$，$G(f \upharpoonright a_x, f(x))$ 是成立的，所以对于任意的 $x \in a$，有 $G(f_1 \upharpoonright a_x, f_1(x))$ 成立，且 $G(f_2 \upharpoonright a_x, f_2(x))$ 也成立。由于现在 $f_1 \upharpoonright a_x = f_2 \upharpoonright a_x$，根据 $G(u,v)$ 的性质可得 $f_1(x)=f_2(x)$，因而 $x \in d$。这说明了，对于任意的 $x \in a$，当 $a_x \subset d$ 时，有 $x \in d$。应用命题 7.3.1 的超限归纳原理，可得 $d=a$。

■

有了这个一般化的超限递归定理，就可以很容易地得到前面那个简单形式的递归定理了。

【命题 7.5.2】 给定良序集$\langle a,<\rangle$，映射 g 是 $b^{a\rightarrow}$ 到集合 b 的映射，那么存在唯一一个从良序集 a 到集合 b 上的映射 f，满足对于任意的 $x\in a$，有 $f(x)=g(f\upharpoonright a_x)$。

证明：定义二元谓词公式 $G(u,v)$ 如下：当 $u\in b^{a\rightarrow}$ 时，$v=g(u)$；当 $u\notin b^{a\rightarrow}$，$v=\varnothing$。在上述定义下可见，对于任意的 $u\in\mathbf{V}$，都有唯一的 $v\in\mathbf{V}$，满足 $G(u,v)$ 成立。那么，根据命题 7.5.1 可得，存在唯一以 a 为定义域的映射 f，满足对于任意的 $x\in a$，$G(f\upharpoonright a_x,f(x))$ 成立。根据 $G(u,v)$ 的定义可得，对于任意的 $x\in a$，如果 $f\upharpoonright a_x\in b^{a\rightarrow}$，则 $f(x)=g(f\upharpoonright a_x)$；如果 $f\upharpoonright a_x\notin b^{a\rightarrow}$，则 $f(x)=\varnothing$。我们说，对于任意的 $x\in a$，一定都有 $f\upharpoonright a_x\in b^{a\rightarrow}$。因为，作集合 $c=\{x\in a\mid f\upharpoonright a_x\in b^{a\rightarrow}\}$。对于任意的 $t\in a$，如果 $a_t\subset c$，也就是说，对于任意的 $t_1\in a_t$，即 $t_1<t$，有 $f\upharpoonright a_{t_1}\in b^{a\rightarrow}$，那么根据 $G(u,v)$ 的定义，$f(t_1)=g(f\upharpoonright a_{t_1})$。注意到 g 是 $b^{a\rightarrow}$ 到集合 b 的映射，因而 $f(t_1)\in b$，也就是说，对于任意的 $t_1<t$，有 $f(t_1)\in b$。因而，$f\upharpoonright a_t\in b^{a\rightarrow}$，即 $t\in c$。根据命题 7.3.1 的超限归纳原理，可得 $c=a$。既然对于任意的 $x\in a$，都有 $f\upharpoonright a_x\in b^{a\rightarrow}$，所以，对于任意的 $x\in a$，$f(x)=g(f\upharpoonright a_x)$。

■

习题

1. 证明：对于任意的 $x,y\in\omega$，有 $x\subset y$，或者 $y\subset x$。

2. 构造整数集 Z 上的一个良序关系。

3. 构造有理数集 Q 上的一个良序关系。

4. 对于良序集$\langle a,<\rangle$，证明：不存在 a 中的序列$\{x_n\}$，满足$\cdots<x_n<x_{n-1}<\cdots<x_2<x_1$。

5. 设$\langle a,<_a\rangle$和$\langle b,<_b\rangle$为两个良序集，对于集合 $a\cup b$，证明：二元关系$(<_a)\cup(<_b)\cup(a\times b)$为 $a\cup b$ 上的良序关系。

6. 设$\langle a,<_a\rangle$和$\langle b,<_b\rangle$为两个良序集，在集合 $a\times b$ 上定义二元关系 r 如下：对于任意的$\langle x_1,y_1\rangle$，$\langle x_2,y_2\rangle\in a\times b$，当 $y_1<_b y_2$ 时，$\langle x_1,y_1\rangle r\langle x_2,y_2\rangle$；当 $y_1=y_2$ 时，如果 $x_1<_a x_2$，则$\langle x_1,y_1\rangle r\langle x_2,y_2\rangle$，证明：二元关系 r 为 $a\times b$ 上的良序关系。

第 8 章 序　数

CHAPTER 8

在第 7 章中，我们已经知道对于任意的良序集，它们都是可以比较长度的，而且，比较良序集的长度相对于比较良序集的容量更加细致。现在我们希望对于所有的良序集，可以建立一个特殊的良序集合，该良序集合是作为一个统一的尺度，进而可以衡量其他所有良序集的长度。这个特殊的良序集就是这一章我们要介绍的序数，序数在整个集合论体系中占有核心的地位。序数的构造非常巧妙，可以看作自然数在超限方向上的延长。序数上的算术在有限情形时，与自然数上的算术具有完全一样的性质。此外，在建立完成序数之后，我们就可以对集合宇宙以序数为指引，进行“层次化”的分析，这样就会对集合宇宙的构成形成更加清晰的直观感觉。

8.1 属于-像

现在我们考虑如何给良序集定义统一的“尺度”。作为一种尺度，首先，对于任意的良序集 $\langle a, <_a\rangle$，它都应该具有一个尺度，并且该尺度还得是唯一的；其次，如果良序集 $\langle a, <_a\rangle$ 与良序集 $\langle b, <_b\rangle$ 同构，直观上看它们就具有了相同的“长度”，因而它们的尺度应该是相等的。当然，在 ZF 体系内，作为尺度的这个对象也应该是一个集合。根据超限归纳原理和超限递归定理可知，良序集的前段是反映良序集的关键特征，利用前段可以归纳得到良序集的整体性质，或者在良序集上定义出唯一的映射。因此，我们考虑利用前段这个特征，将良序集映射为“尺度集合”。

在 4.1 节中，我们定义了针对二元关系 r 的一些概念，比如，$\mathrm{dom}(r)$，$\mathrm{ran}(r)$，r^{-1}，$r\upharpoonright a$，$r[a]$ 等。事实上，对于任意的集合 r，也就是说 r 不一定是二元关系，这些概念依然有效。比如，对于 $r=\{\{\varnothing\},\{\{\varnothing\}\}\}$，$a=\{\varnothing\}$，有 $\mathrm{dom}(r)=\varnothing$，$\mathrm{ran}(r)=\varnothing$，$r^{-1}=\varnothing$，$r\upharpoonright a=\varnothing$，$r[a]=\varnothing$。有了上述理解，并考虑将超限递归定理中 $f\upharpoonright a_x$ 的映射值取出，在命题 7.5.1 的超限递归定理中，取二元谓词 $G(u,v)$ 为 $v=\mathrm{ran}(u)$。由于对于任意的集合 u，都存在唯一的 v 满足 $v=\mathrm{ran}(u)$。所以，对于 $\langle a, <_a\rangle$，根据超限递归定理可知，存在唯一的以 a 为定义域的映射 f，满足对于任意的 $x\in a$，$G(f\upharpoonright a_x, f(x))$ 成立。根据 $G(u,v)$ 的含义，也就是

$$f(x)=\mathrm{ran}(f\upharpoonright a_x) \tag{8.1.1}$$

由于对于任意的映射 f 和集合 c，集合 c 在映射 f 下的像 $f[c]=\mathrm{ran}(f\upharpoonright c)$；此外，良序集 a 前段 $a_x=\{t\in a \mid t<x\}$。所以，上式可以进一步写作

$$f(x)=f[a_x]=\{f(t)\mid t\in a_x\}=\{f(t)\mid t\in a\wedge t<x\} \tag{8.1.2}$$

可以看出,映射 f 在 x 处的值 $f(x)$,是映射 f 在 a 中所有小于 x 的 t 处的值组成的集合,因此,$f(x)$完全由 $f(t)$来决定,其中 $t\in a$ 且 $t<x$。由于 a 为良序集,设其最小元为 x_0,则有

$$f(x_0)=\{f(t)\mid t\in a\wedge t<x_0\}=\varnothing$$

对于 $a-\{x_0\}$,如果其不为空集,有最小元,记为 x_1,则有

$$f(x_1)=\{f(t)\mid t\in a\wedge t<x_1\}=\{f(t)\mid t=x_0\}=\{f(x_0)\}=\{\varnothing\}$$

接着,对于 $a-\{x_0,x_1\}$,如果其不为空集,有最小元,记为 x_2,则有

$$\begin{aligned}f(x_2)&=\{f(t)\mid t\in a\wedge t<x_2\}=\{f(t)\mid t=x_0\vee t=x_1\}\\&=\{f(x_0),f(x_1)\}=\{\varnothing,\{\varnothing\}\}\end{aligned}$$

一直这么下去,可以得到 f 在任意 $x\in a$ 处的值。注意,上面的良序集 a 是任意的,也就是说,随着良序集 a 的变化,根据超限递归定理所确定的映射 f 也会随着 a 的不同而不同,然而,映射 f 在良序集 a 中任意元素处的值却是固定不变的。而且,更为巧合的是,从我们所给出的 f 在 a 中前 3 个最小的元素处的值可以看出,它们恰恰就是自然数 0,1,2; 如果接着写下去,将会出现自然数 4,5,6,等等。直观上我们可以感觉出来,如果良序集 $\langle a,<\rangle\cong\langle\omega,\in\rangle$,那么 f 在所有 $x\in a$ 处的值,也就是映射 f 的像中的元素,将会是所有的自然数,即 $\mathrm{ran}(f)=\omega$。由于自然数集 ω 上的序关系可以用 ZF 体系内唯一的谓词$\in$,即属于关系来描述。因此,引入如下概念。

【定义 8.1.1】 对于良序集$\langle a,<\rangle$,设映射 f 是根据超限递归定理中取二元谓词$G(u,v)$为 $v=\mathrm{ran}(u)$时所确定的集合 a 上的映射,那么称 $\mathrm{ran}(f)$为$\langle a,<\rangle$的属于-像($\in$-image)。

下面对良序集的属于-像所具有的性质进行分析。

【命题 8.1.1】 对于良序集$\langle a,<\rangle$,设映射 f 是根据超限递归定理中取二元谓词 $G(u,v)$为 $v=\mathrm{ran}(u)$时所确定的集合 a 上的映射,则:

(1) 对于任意的 $x\in a$,有 $f(x)\notin f(x)$;

(2) 映射 f 是 a 到 $\mathrm{ran}(f)$的双射;

(3) 对于任意的 $x,y\in a$,$x<y$ 当且仅当 $f(x)\in f(y)$。

证明:(1) 作集合 $b=\{x\in a\mid f(x)\in f(x)\}\subset a$,只需它为空集即可。假设 $b\neq\varnothing$,则存在 $m\in b$ 满足 $f(m)\in f(m)$。而根据式(8.1.2),$f(m)=\{f(t)\mid t\in a\wedge t<m\}$,也就是说 $f(m)$是由 a 中那些 $t<m$ 的 $f(t)$所构成,根据偏序关系的反自反性,$m\nless m$,所以 $f(m)\notin f(m)$,这与 $m\in b$ 矛盾,所以 $b=\varnothing$。

(2) 任取 $x,y\in a$,且 $x\neq y$。由于 a 为良序集,所以不失一般性,设 $x<y$。由于 $f(x)=\{f(t)\mid t\in a\wedge t<x\}$,$f(y)=\{f(t)\mid t\in a\wedge t<y\}$,进而根据 $x<y$ 可得 $f(x)\in f(y)$,再根据(1)的结论,可知 $f(x)\neq f(y)$,所以映射 f 是 a 到 $\mathrm{ran}(f)$的单射。由于 $\mathrm{ran}(f)$就是映射 f 的值域,所以映射 f 为 a 到 $\mathrm{ran}(f)$的满射,进而可知映射 f 是 a 到 $\mathrm{ran}(f)$的双射。

(3) 对于任意的 $x,y\in a$,如果 $x<y$,则(2)的证明中已得到了 $f(x)\in f(y)$。反之,如果 $f(x)\in f(y)$,则根据 $f(y)=\{f(t)\mid t\in a\wedge t<y\}$可得 $x<y$。

■

根据命题 8.1.1 的(2)和(3),再结合命题 7.2.1 可知,如果定义 $\mathrm{ran}(f)$上的二元关系

为 $x<y$ 当且仅当 $f(x)\in f(y)$，则 ran(f)将成为关于 $\in_{\text{ran}}$ 的良序集，其中，良序关系 $\in_{\text{ran}}$ 为

$$\in_{\text{ran}}=\{\langle f(x),f(y)\rangle\in \text{ran}(f)\times\text{ran}(f)\mid f(x)\in f(y)\}\tag{8.1.3}$$

并且 $\langle a,<\rangle\cong\langle\text{ran}(f),\in_{\text{ran}}\rangle$，其中 f 是 a 到 ran(f)的同构映射，这是我们称 ran(f)为 $\langle a,<\rangle$ 的属于-像的原因。需要指出，与采用 $\in$ 而非采用 $\in_\omega$ 表示 ω 上的良序关系一样，我们还是会采用 $\in$ 而非 $\in_{\text{ran}}$ 来表示 ran(f)上的良序关系。因为对于任意的集合 x,y，都可以去考察它们之间是否有 $\in$ 关系，所以可以认为 $\in$ 是集合宇宙 **V** 上的"二元关系"，因而采用 $\in$ 表示 ran(f)上的良序关系时，也就默认将"二元关系 $\in$"限制在 ran(f)上，而且这种表示也与 ran(f)的元素之间采用 $\in$ 表示属于关系是一致的。

可以看出，$\langle a,<\rangle$ 的属于-像 ran(f)与自然数集 ω 一样，都使用了 ZF 体系内唯一的谓词 $\in$ 作为良序关系。不仅如此，ran(f)与自然数集 ω 一样，也是一个传递集。

【命题 8.1.2】 $\langle a,<\rangle$ 的属于-像 ran(f)是传递的。

证明：对于任意的 $u\in f(x)$，根据 $f(x)=\{f(t)\mid t\in a\wedge t<x\}$ 可知，存在 $t<x$ 使得 $f(t)=u$。$f(t)$ 当然是属于映射 f 的值域 ran(f)的，所以 $u\in\text{ran}(f)$，因而可知 ran(f)是传递集。

■

综上可见，映射 f 将良序集 $\langle a,<\rangle$ 映射为：与 $\langle a,<\rangle$ 同构的、关于 $\in$ 成良序的、传递集。

根据超限递归定理可知，每一个良序集都会有属于-像。既然 $\langle\text{ran}(f),\in\rangle$ 也是良序集，那么它也应该有属于-像。有如下命题。

【命题 8.1.3】 设 ran(f)为某个良序集的属于-像，那么 $\langle\text{ran}(f),\in\rangle$ 的属于-像为 ran(f)。

证明：首先，对于任意的 $x\in\text{ran}(f)$，有 ran(f)的前段满足 $(\text{ran}(f))_x=x$。这是因为，ran(f)作为关于 $\in$ 的良序集，其前段为 $(\text{ran}(f))_x=\{u\in\text{ran}(f)\mid u\in x\}$。一方面，对于任意的 $v\in(\text{ran}(f))_x$ 有 $v\in x$，所以 $(\text{ran}(f))_x\subset x$；另一方面，对于任意的 $v\in x$，由于 $x\in\text{ran}(f)$，且根据命题 8.1.2 可知 ran(f)是传递集，所以 $v\in\text{ran}(f)$，又由于 $v\in x$，所以可得 $v\in(\text{ran}(f))_x$，这说明 $x\subset(\text{ran}(f))_x$；进而可得 $(\text{ran}(f))_x=x$。设 ran(g)是 $\langle\text{ran}(f),\in\rangle$ 的属于-像，即映射 g 是由超限递归定理所决定的唯一的 ran(f)上的映射。我们说映射 g 是 ran(f)上的恒等映射，这是因为，作集合 $b=\{t\in\text{ran}(f)\mid g(t)=t\}\subset\text{ran}(f)$，使用超限归纳原理证明 $b=\text{ran}(f)$。对于任意的 $x\in\text{ran}(f)$，如果 $(\text{ran}(f))_x\subset b$，那么有

$$g(x)=\{g(t)\mid t\in\text{ran}(f)\wedge t\in x\}=\{t\mid t\in\text{ran}(f)\wedge t\in x\}=(\text{ran}(f))_x=x$$

可见 $g(x)\in b$，所以根据超限归纳原理可得 $b=\text{ran}(f)$。这说明 g 是 ran(f)上的恒等映射，所以 $\text{ran}(g)=\text{ran}(f)$，而 ran($g$)是 $\langle\text{ran}(f),\in\rangle$ 的属于-像。命题得证。

■

命题 8.1.3 说明了属于-像作为良序集，它的属于-像等于自身。

【命题 8.1.4】 对于良序集 $\langle a,<_a\rangle$ 和良序集 $\langle b,<_b\rangle$，$\langle a,<_a\rangle\cong\langle b,<_b\rangle$ 当且仅当 $\langle a,<_a\rangle$ 的属于-像与良序集 $\langle b,<_b\rangle$ 的属于-像相等。

证明：设 $\langle a,<_a\rangle$ 的属于-像为 ran(f_a)，$\langle b,<_b\rangle$ 的属于-像为 ran(f_b)，根据命题 8.1.1 已经得到了 $\langle a,<_a\rangle\cong\langle\text{ran}(f_a),\in\rangle$，$\langle b,<_b\rangle\cong\langle\text{ran}(f_b),\in\rangle$。那么，如果良序集 $\langle a,<_a\rangle$

的属于-像与良序集$\langle b,<_b\rangle$的属于-像相等，即$\mathrm{ran}(f_a)=\mathrm{ran}(f_b)$，那么根据命题7.2.3，可得$\langle a,<_a\rangle\cong\langle b,<_b\rangle$。

反之，如果$\langle a,<_a\rangle\cong\langle b,<_b\rangle$，设$g$是$a$到$b$的同构映射。此外，设$f_a$是$a$到其属于-像$\mathrm{ran}(f_a)$的同构映射，$f_b$是$b$到其属于-像$\mathrm{ran}(f_b)$的同构映射。我们说，对于任意的$t\in a$，有$f_a(t)=f_b(g(t))$。这是因为，我们作集合$c=\{u\in a\mid f_a(u)=f_b(g(u))\}\subset a$，那么对于任意的$x\in a$，如果$a_x\subset c$，即$\{t\in a\mid t<x\}\subset c$，则有

$$f_a(x)=\{f_a(t)\mid t\in a\wedge t<x\}=\{f_b(g(t))\mid t\in a\wedge t<x\}$$

由于g是a到b的同构映射，所以如果$t\in a$，则有$g(t)\in b$；并且，如果$t<x$，则有$g(t)<g(x)$；这说明了$\{f_b(g(t))\mid t\in a\wedge t<x\}\subset\{f_b(s)\mid s\in b\wedge s<g(x)\}$。另一方面，对于任意的$f_b(s)$，其中$s\in b$且$s<g(x)$，还是由于$g$是$a$到$b$的同构映射，所以存在$u\in a$，有$g(u)=s$，而且根据$s<g(x)$，可得$u<x$；这说明了$\{f_b(s)\mid s\in b\wedge s<g(x)\}\subset\{f_b(g(t))\mid t\in a\wedge t<x\}$。所以，可得

$$f_a(x)=\{f_b(g(t))\mid t\in a\wedge t<x\}=\{f_b(s)\mid s\in b\wedge s<g(x)\}=f_b(g(x))$$

也就是说，如果$a_x\subset c$，则$x\in c$。因此，根据超限归纳原理，$c=a$，即对于任意的$t\in a$，有$f_a(t)=f_b(g(t))$。进而，有

$$\mathrm{ran}(f_a)=\{f_a(x)\mid x\in a\}=\{f_b(g(x))\mid x\in a\}$$

由于a到b的同构映射也是双射，所以，

$$\mathrm{ran}(f_a)=\{f_b(g(x))\mid x\in a\}=\{f_b(y)\mid y\in b\}=\mathrm{ran}(f_b)$$

即$\langle a,<_a\rangle$的属于-像与良序集$\langle b,<_b\rangle$的属于-像相等，命题得证。

■

设$\mathrm{ran}(f_a)$为良序集$\langle a,<_a\rangle$的属于-像，$\mathrm{ran}(f_b)$为良序集$\langle b,<_b\rangle$的属于-像，如果$\langle\mathrm{ran}(f_a),\in\rangle\cong\langle\mathrm{ran}(f_b),\in\rangle$，根据命题8.1.4，作为良序集的$\mathrm{ran}(f_a)$和$\mathrm{ran}(f_b)$，它们的属于-像是相等的，而根据命题8.1.3，$\langle\mathrm{ran}(f_a),\in\rangle$的属于-像为$\mathrm{ran}(f_a)$，$\langle\mathrm{ran}(f_b),\in\rangle$的属于-像为$\mathrm{ran}(f_b)$，所以可得$\mathrm{ran}(f_a)=\mathrm{ran}(f_b)$。反之，如果$\mathrm{ran}(f_a)=\mathrm{ran}(f_b)$，则根据命题8.1.4可得$\langle a,<_a\rangle\cong\langle b,<_b\rangle$，由于$\langle a,<_a\rangle\cong\langle\mathrm{ran}(f_a),\in\rangle$且$\langle b,<_b\rangle\cong\langle\mathrm{ran}(f_b),\in\rangle$，所以就有$\langle\mathrm{ran}(f_a),\in\rangle\cong\langle\mathrm{ran}(f_b),\in\rangle$。可见，两个属于-像的同构，当且仅当这两个属于-像相等。

8.2 定义序数

从上一节对良序集的属于-像的讨论可以看出：对于任意的良序集$\langle a,<_a\rangle$，它都有一个属于-像，而且，如果$\langle a,<_a\rangle$有两个属于-像，那么这两个属于-像一定是同构的，进而这两个属于-像相等，也就是说，每个良序集都具有唯一的属于-像；此外，如果良序集$\langle a,<_a\rangle$与良序集$\langle b,<_b\rangle$同构，则它们的属于-像是相等的。因此，属于-像具有我们所希望的可以作为衡量良序集"长度"的尺度性质，现在我们给它一个专门的名称。

【定义8.2.1】 良序集$\langle a,<_a\rangle$的属于-像称为$\langle a,<_a\rangle$的序数(Ordinal number)。如果一个集合是某个良序集的序数，则称这个集合为序数。

对于含有3个元素的良序集，根据式(8.1.2)，可以得到其属于-像是由0,1,2构成的集合，因而其序数为自然数3；类似地，自然数4,5,6等也都是序数。

我们已经知道，良序集$\langle a,<\rangle$的属于-像是与$\langle a,<\rangle$同构的、关于$\in$成良序的传递集，也就是说，良序集的序数是该良序集同构的、关于$\in$成良序的传递集，或者说，序数是关于$\in$成良序的传递集。事实上，若集合是关于$\in$成良序的传递集，那么该集合一定也是一个序数。

【命题 8.2.1】 若集合a是关于$\in$成良序的传递集，则集合a为一个序数。

证明：首先，对于任意的$x\in a$，有$a_x=x$。这是因为，$a_x=\{t\in a\mid t\in x\}=\{t\in x\mid t\in a\}$，所以$a_x\subset x$；另一方面，如果$u\in x$，则根据$a$是传递集可得$u\in a$，进而$u\in a_x$，这说明$x\subset a_x$；因此，$a_x=x$。由于$a$是良序集，所以其存在属于-像，记为$\mathrm{ran}(f)$，其中$f$是$a$到$\mathrm{ran}(f)$的同构映射。下面证明：映射$f$是$a$上的恒等映射，即对任意的$x\in a$，有$f(x)=x$。作集合$b=\{t\in a\mid f(t)=t\}\subset a$，对于任意的$x\in a$，如果$a_x\subset b$，那么有

$$f(x)=\{f(t)\mid t\in a\wedge t\in x\}=\{t\mid t\in a\wedge t\in x\}=a_x=x$$

可见$f(x)\in b$，所以根据超限归纳原理可得$b=a$。这说明f是a上的恒等映射，所以$\mathrm{ran}(f)=f[a]=a$，也就是说，集合a是自身的属于-像，所以其为一个序数。

■

从命题8.2.1的证明可以看出，若集合a是关于$\in$成良序的传递集，则对于任意的$x\in a$，有$a_x=x$。

根据命题8.2.1可知，一个集合是序数，当且仅当它是关于$\in$成良序的传递集，因而，也可以把序数直接定义为关于$\in$成良序的传递集。

【定义 8.2.2】 称关于$\in$成良序的传递集为序数。

可以看出，定义8.2.1与定义8.2.2是等价的。

我们把良序集的属于-像定义为序数，再根据上一节中属于-像的性质可知，每一个良序集都对应了唯一的一个序数，而且同构的良序集对应了相同的序数。如果将所有良序集组成的类记为**WO**，所有序数组成的类记为**ON**，那么，上面的讨论说明了从**WO**到**ON**有一个“类映射”，该类映射将**WO**中每一个的对象——良序集，映射为了**ON**中的对象——序数，该类映射是**WO**到**ON**的“满射”，而且如果按照等值关系在**WO**之上建立等价类，那么该等价类就是相互同构的良序集组成的类。当然，由于**WO**和**ON**太大了，它们都是真类。直观上理解，上述的类映射实际就是对良序集“衡量序长度”的过程。我们将真类**ON**称为序数宇宙，下面着重对**ON**进行讨论。为了将序数与其他集合区分开来，我们采用小写的希腊字母$\alpha,\beta,\gamma,\cdots$来表示序数变元。

我们知道，自然数集ω关于$\in$成良序的传递集，所以ω是序数；对于任意的自然数$x\in\omega$，我们也知道x是一个传递集，而由于$x\subset\omega$，所以自然数x也是关于$\in$的良序集，进而x也是序数。可见，所有的自然数x以及自然数ω本身都是序数。

有了序数的概念，我们可以更清楚地看出集合的“长度”确实是对集合“容量”的进一步“细分”。以自然数集ω为例，我们可以在它上面定义不同的良序关系，比如，定义0比其他自然数都大，其他自然数之间的顺序还是按照原有的自然数顺序，那么就可以将自然数集在直观上写为$\tilde{\omega}=\{1,2,\cdots;0\}$，下面简单地计算一下$\tilde{\omega}$所对应的序数，$f(1)=\{f(t)\mid t<1\}=0$，$f(2)=\{f(t)\mid t<2\}=\{f(1)\}=\{0\}=1$，$f(3)=\{f(t)\mid t<3\}=\{f(1),f(2)\}=\{0,1\}=2$。一般地，我们可以归纳地得出对于任意的自然数$x\neq 0$，均有$f(x)=x-1$，而对于$x=0$，有$f(0)=\{f(t)\mid t<0\}=\omega$，所以，具有上述良序关系的$\tilde{\omega}$，它的序数，也就是其属于-像为

$\operatorname{ran}(f)=\{f(1),f(2),\cdots;f(0)\}=\{0,1,2,\cdots;\omega\}=\omega^+$。可以看出，即使对于同一个集合——自然数集，当它具有不同的良序关系时，就会形成不同的集合“长度”。

根据前面所得到的关于属于-像的性质，很容易得到如下命题。

【命题 8.2.2】 对于任意的序数 α,β，有如下结论：

(1) 对于任意的 $x\in a$，有 $a_x=x$；

(2) $\alpha\cong\beta$ 当且仅当 $\alpha=\beta$。

证明：(1) 根据命题 8.2.1 的证明，若集合 a 是关于 $\in$ 成良序的传递集，则对于任意的 $x\in a$，有 $a_x=x$。由于序数 α 是关于 $\in$ 成良序的传递集，所以结论成立。

(2) 如果 $\alpha\cong\beta$，那么存在良序集 a,b，序数 α,β 是 a,b 的属于-像，因而有 $a\cong\alpha,b\cong\beta$，进而可得 $a\cong b$，再根据命题 8.1.4 可得 $\alpha=\beta$。如果 $\alpha=\beta$，当然会有 $\alpha\cong\beta$。

■

下面的命题表明了序数宇宙 **ON** 除了不是集合之外，具有与序数完全相同的一些性质，看起来也像是一个关于 $\in$ 成良序的传递集。

【命题 8.2.3】 对于任意的序数 α,β,γ，有如下结论：

(1) 对于任意的 $u\in\alpha$，有 $u\in\mathbf{ON}$；

(2) $\alpha\notin\alpha$；

(3) $\alpha\in\beta$ 且 $\beta\in\gamma$，则 $\alpha\in\gamma$；

(4) 以下三种情况有且仅有其中之一会出现：$\alpha\in\beta,\alpha=\beta,\beta\in\alpha$；

(5) 若非空集合 x 的元素都是序数，则存在 $\varepsilon\in x$，满足对于任意的 $\alpha\in x$，有 $\varepsilon\in\alpha$ 或者 $\varepsilon=\alpha$。

证明：(1) 对于任意的 $y\in u$，由于序数 α 是传递集，所以 $y\in\alpha$，这说明 $u\subset\alpha$，所以作为 $\langle\alpha,\in\rangle$ 子集的 u，其必然也被 $\in$ 所良序，即 $\langle u,\in\rangle$ 是良序集。对于任意的 $x\in y$，由于 $y\in\alpha$，所以再次根据 α 的传递性可得 $x\in\alpha$，可见 x,y 都是 α 中元素。由于 $\langle\alpha,\in\rangle$ 是良序集，所以根据 $x\in y$ 且 $y\in u$，可得 $x\in u$，这说明 u 是个传递集。综上可见，u 是个关于 $\in$ 成良序的传递集，所以 u 为序数。

(2) 设序数 α 是良序集 a 的属于-像，f 是良序集 a 到序数 $\alpha=\operatorname{ran}(f)$ 的同构映射。假设 $\alpha\in\alpha$，那么，就存在 $x\in a$，有 $f(x)=\alpha$，因此可得 $f(x)\in f(x)$，而这是与命题 8.1.1 的 (1) 相矛盾的。

(3) 由于序数 γ 是传递集，所以当 $\alpha\in\beta$ 且 $\beta\in\gamma$ 时，有 $\alpha\in\gamma$。

(4) 由于序数 α,β 为关于 $\in$ 的良序集，因而根据良序集基本定理——命题 7.4.6 可得：$\alpha\cong\beta$ 或者 $\alpha\cong\beta_\eta$ 或者 $\alpha_\lambda\cong\beta$，这三种情况有且仅有其中之一会出现，其中，根据 (1) 可知由于 $\eta\in\beta,\lambda\in\alpha$，所以 η,λ 也都是序数。如果出现 $\alpha\cong\beta$，则根据命题 8.2.2 的 (2) 可得 $\alpha=\beta$；如果出现 $\alpha\cong\beta_\eta$ 或者 $\alpha_\lambda\cong\beta$，根据命题 8.2.2 的 (1) 可得 $\alpha\cong\eta$ 或者 $\lambda\cong\beta$，再根据命题 8.2.2 的 (2) 可得 $\alpha=\eta\in\beta$ 或者 $\beta=\lambda\in\alpha$。

(5) 对于任意的 $\beta\in x$，如果 $\beta\cap x=\varnothing$，则说 β 就是满足条件的 ε。否则，根据 (4) 可知，存在 $\gamma\in x$ 满足 $\gamma\in\beta$，这说明 $\gamma\in\beta\cap x$，而这与 $\beta\cap x=\varnothing$ 矛盾。所以，如果 $\beta\cap x=\varnothing$，则 β 就是满足条件的 ε。当 $\beta\cap x\neq\varnothing$ 时，由于 $\beta\cap x\subset\beta$，则 $\beta\cap x$ 必有关于良序关系 $\in$ 的最小元，记为 η，我们说此时 η 就是满足条件的 ε。这是因为，对于任意的 $\alpha\in x$，如果 $\alpha\in\beta$，那么 $\alpha\in\beta\cap x$，而 η 为 $\beta\cap x$ 的最小元，所以 $\eta\in\alpha$ 或者 $\eta=\alpha$；如果 $\alpha\notin\beta$，根据 (4) 有 $\beta=\alpha$ 或者

$\beta\in\alpha$，对于 $\beta=\alpha$，由于 $\eta\in\beta\cap x$，所以 $\eta\in\beta=\alpha$，对于 $\beta\in\alpha$，根据 α 为传递集可知 $\eta\in\alpha$。可见，当 $\alpha\notin\beta$ 时，总会有 $\eta\in\alpha$。

■

根据命题 8.2.3 的(1)可以看出，序数宇宙 **ON** 具有“传递性”；由命题 8.2.3 的(2)～(5)可以看出，序数宇宙 **ON** 是关于 $\in$ 成“良序的”，所以，除了 **ON** 不是集合之外，它也具有“传递性”和“关于 $\in$ 的良序性”。可以看出，序数确实是“作为关于 $\in$ 成良序的、具有传递性的”自然数集 ω 的推广。

序数的传递性以及关于 $\in$ 的良序性都是与 ZF 体系内唯一的谓词 $\in$ 直接相关的。下面考察与序数相关的包含关系 $\subset$ 以及并运算 $\cup$ 和交运算 $\cap$ 的性质。

【命题 8.2.4】 对于任意的序数 α,β，$\alpha\in\beta$ 当且仅当 $\alpha\subsetneq\beta$。

证明：如果 $\alpha\in\beta$，则对于任意的 $\gamma\in\alpha$，由序数 β 的传递性可知 $\gamma\in\beta$，所以 $\alpha\subset\beta$。由于 $\alpha\neq\beta$，否则就会出现 $\alpha\in\alpha$，与命题 8.2.3 的(2)矛盾，所以有 $\alpha\subsetneq\beta$。反之，如果 $\alpha\subsetneq\beta$，根据命题 8.2.3 的(4)可知，$\alpha\in\beta$ 或者 $\beta\in\alpha$。如果 $\beta\in\alpha$，则根据 $\alpha\subsetneq\beta$ 可得 $\beta\in\beta$，这与命题 8.2.3 的(2)矛盾，所以只能是 $\alpha\in\beta$。

■

根据命题 8.2.4，可以将命题 8.2.3 的(4)写作：对于任意的序数 α,β，有 $\alpha\subset\beta$ 或者 $\beta\subset\alpha$。

对于任意的集合 a，可以按照其元素是否具有 $\subset$ 关系而将 a 理解为关于 $\subset$ 的偏序集。这样，$\cup a$ 和 $\cap a$ 分别就是 a 关于 $\subset$ 的上确界和下确界，即 $\cup a=\sup a$，$\cap a=\inf a$。对于任意的 $x\in a$，有 $x\subset\cup a$，所以 $\cup a$ 是 $\langle a,\subset\rangle$ 的上界；此外，对于任意的 $\langle a,\subset\rangle$ 的上界 b，我们说一定有 $\cup a\subset b$，这是因为对于任意的 $y\in\cup a$，存在 $z\in a$ 使得 $y\in z$，而 $z\subset b$，所以 $y\in b$，因而就有 $\cup a\subset b$；所以 $\cup a$ 是 $\langle a,\subset\rangle$ 的最小上界。类似地，对于任意的 $x\in a$，有 $\cap a\subset x$，所以 $\cap a$ 是 $\langle a,\subset\rangle$ 的下界；设 c 为 $\langle a,\subset\rangle$ 的下界，即对于任意 $x\in a$ 有 $c\subset x$，因而，如果 $u\in c$，则一定有对于任意 $x\in a$ 有 $u\in x$，即 $u\in\cap a$，再由 u 的任意性可得 $c\subset\cap a$；所以 $\cap a$ 是 $\langle a,\subset\rangle$ 的最大下界。有了上述分析，有如下命题。

【命题 8.2.5】 若非空集合 x 的元素都是序数，则有如下结论：

(1) $\cap x\in\mathbf{ON}$，且 $\cap x=\inf x$；

(2) $\cup \mathrm{x}\in\mathbf{ON}$，且 $\cup x=\sup x$。

证明：(1) 根据命题 8.2.3 的(1)，序数的元素还是序数，所以 $\cap x$ 的元素也是序数。而根据命题 8.2.3 可知，任何由序数组成的集合都是关于 $\in$ 的良序集，因此，$\cap x$ 为关于 $\in$ 的良序集。如果 $\beta\in\cap x$，则对于任意的 $\alpha\in x$，有 $\beta\in\alpha$，再根据命题 8.2.4 可得 $\beta\subsetneq\alpha$，所以 $\beta\subset\cap x$，这说明 $\cap x$ 还是传递集，所以 $\cap x$ 为序数。$\cap x$ 是 $\langle x,\subset\rangle$ 的最大下界，而由于 x 的元素都是序数，再根据命题 8.2.4 可得 $\cap x$ 是 $\langle x,\in\rangle$ 的最大下界。

(2) 由于 $\cup x$ 的元素也是序数，因此根据命题 8.2.3 可知，$\cup x$ 为关于 $\in$ 的良序集。如果 $\beta\in\cup x$，则存在 $\alpha\in x$，有 $\beta\in\alpha$，再根据命题 8.2.4 可得 $\beta\subsetneq\alpha$，所以 $\beta\subset\cup x$，这说明 $\cup x$ 还是传递集，所以 $\cup x$ 为序数。$\cup x$ 是 $\langle x,\subset\rangle$ 的最小上界，而由于 x 的元素都是序数，再根据命题 8.2.4 可得 $\cup x$ 是 $\langle x,\in\rangle$ 的最小上界。

■

【命题 8.2.6】 对于任意的序数 α，其后继集 α^+ 也是序数，且是比 α 大的最小序数。

证明：由于 $\alpha^+=\alpha\cup\{\alpha\}$，所以 α^+ 的元素都是序数，根据命题 8.2.3，α^+ 是关于 $\in$ 的良序集。由于后继运算保持传递性，所以根据 α 是传递集可知 α^+ 也是传递集，进而可得 α^+ 为序数。由于 $\alpha\in\alpha^+$，所以 α^+ 大于 α；如果存在序数 β 比 α 大，即 $\alpha\in\beta$，则根据命题 8.2.4 可知 $\alpha\subsetneq\beta$，由于 α^+ 只是比 α 加入了一个属于 β 的元素 α，所以 $\alpha^+\subset\beta$，这说明 $\alpha^+\in\beta$ 或者 $\alpha^+=\beta$。

■

根据命题 8.2.6，可以证明序数宇宙 **ON** 确实是一个真类。如果假设 **ON** 是一个集合，那么命题 8.2.3 显示了 **ON** 是关于 $\in$ 成良序的传递集，因而 **ON** 是一个序数，根据命题 8.2.6，$\mathbf{ON}^+$ 是比 **ON** 大的序数，即 $\mathbf{ON}\in\mathbf{ON}^+$；然而，$\mathbf{ON}^+$ 作为一个序数，它应该属于序数宇宙 **ON**，即 $\mathbf{ON}^+\in\mathbf{ON}$，这说明 **ON** 又是比 $\mathbf{ON}^+$ 大的，由此产生矛盾。可见，**ON** 不是集合，而是真类。既然 **ON** 太大了，不能成为集合，那么对于包含 **ON** 的类，也就是包含所有序数的对象，一定也不是集合，比如集合宇宙 **V** 也是真类。关于假定 **ON** 是集合从而产生的矛盾称为"Burali-Forti 悖论"，它是由 Burali-Forti 于 1897 年发现的，早于罗素悖论的发现时间。由于比罗素悖论需要更多集合理论的知识，所以 Burali-Forti 悖论不如罗素悖论那样广为人知。

对于任意的自然数 x，它是由所有小于 x 的自然数所组成，即 $x=\{0,1,\cdots,x-1\}$。对于任意的序数 α，根据前面的讨论，它也具有这样的性质，可以将序数 α 写作 $\alpha=\{\beta|\beta\in\alpha\}$，考虑到这里的序关系是关于 $\in$ 的序关系，所以序数 α 也是由所有小于 α 的序数所组成。这再次显示了序数是自然数的推广。

我们知道，自然数集 ω，以及 ω 中的元素——自然数 x 都是序数。然而，直观上，自然数 x 和自然数集 ω 毕竟差别还是很大的，我们引入如下定义，以区分它们在作为序数上的差别，并进一步用来区分 **ON** 中所有的序数。

【定义 8.2.3】 对于序数 α，如果其存在序数 β，满足 $\beta^+=\alpha$，则称序数 α 为后继序数(successor ordinal)；如果序数 α 既不是 0，也不是后继序数，则称 α 为极限序数(limit ordinal)。

根据定义 8.2.2，把 **ON** 中的序数分为 3 类：0、后继序数、极限序数。我们知道任意的非 0 自然数 x 由于都可以看作自然数 $x-1$ 的后继，所以，所有非 0 的自然数都是后继序数。当然，0 由于不是任意自然数的后继，所以 0 不是后继序数。对于自然数集 ω，显然它不是任何自然数的后继，它是一个极限序数，而且还是最小的极限序数。自然数集 ω 作为极限序数，当然并不是由于它是无限集的原因，因为根据命题 8.2.6，ω 的后继 ω^+ 是一个后继序数，它也是无限集，即它也是一个超越无限的序数——超限序数。所以，我们不能仅从一个序数是否是无限集来判断它是否是极限序数。关于极限序数，有如下命题。

【命题 8.2.7】 (1) α 是极限序数，当且仅当 $\alpha\neq 0$，且对任意的 $\beta\in\alpha$，有 $\beta^+\in\alpha$；

(2) ω 是极限序数；

(3) 如果 α 是极限序数，则 $\omega\subset\alpha$。

证明：(1) 如果 α 是极限序数，首先，根据定义，$\alpha\neq 0$。其次，对于任意的 $\beta\in\alpha$，由于 α 不是后继序数，所以 $\alpha\neq\beta^+$，因而 $\alpha\in\beta^+$ 或者 $\beta^+\in\alpha$。如果 $\alpha\in\beta^+$，由于 $\beta\in\alpha$，这说明 α 是比 β 大，并且比 β^+ 小的序数，这与命题 8.2.6 矛盾，所以只能是 $\beta^+\in\alpha$。反之，如果 $\alpha\neq 0$，且对任意的 $\beta\in\alpha$，有 $\beta^+\in\alpha$，那么，如果 α 不是极限序数，那么就一定是后继序数，也就是存在序

数 γ，有 $\gamma^+=\alpha$，因而 $\gamma\in\alpha$，进而根据假设有 $\gamma^+\in\alpha$，因此就会有 $\alpha\in\alpha$，产生矛盾。所以 α 一定是极限序数。

(2) 由于 $\omega\neq 0$，且 ω 是归纳集，根据(1)可得 ω 是极限序数。

(3) 由于 ω 是最小的归纳集，所以只需要证明 α 是归纳集即可。对于极限序数 α，由于 $\alpha\neq 0$ 且 $\alpha\notin 0$，所以 $0\in\alpha$，假设自然数 $x\in\alpha$，根据(1)可知 $x^+\in\alpha$，所以 α 是归纳集。进而 $\omega\subset\alpha$。

■

从命题 8.2.7 可以看出，ω 作为极限序数确实与作为后继序数的自然数 x 不同。而且，极限序数一定是归纳集。可见，无限公理 ZF6 并不只是单单为了引入自然数集 ω 的。

从上面关于序数的性质中可以看出，$\in$ 兼有属于关系和偏序关系，两种关系联系在一起会给序数带来很多有趣的性质。比如，对于序数 α 来说，由于任意的 $\beta\in\alpha$ 可以理解为 α 是比 β 大，也就是说，序数 α 是集合 α 的上界。至于序数 α 是否是集合 α 的上确界，依赖于序数 α 是否是极限序数。因为，如果序数 α 是后继序数，那么 $\alpha=\beta^+=\beta\cup\{\beta\}$，由于序数 β 是集合 β 的上界，现在 β^+ 又把集合 β 的上界并入进来，所以 β 成为了 β^+ 的最大元，而最大元就是上确界，所以如果序数 α 是后继序数，则集合 α 的上确界是 β 而非 α。然而，对于极限序数就不同了，根据命题 8.2.7，极限序数 α 作为集合是没有最大元的，所以其上确界应该为自身，有如下命题。

【命题 8.2.8】 如果 α 为极限序数，则 $\alpha=\bigcup\alpha$。

证明：对于任意的 $\gamma\in\alpha$，由于 α 为极限序数，所以 $\gamma^+\in\alpha$，而 $\gamma\in\gamma^+$，所以 $\alpha\subset\bigcup\alpha$。另一方面，对于任意的 $\gamma\in\bigcup\alpha$，一定存在着 $\beta\in\alpha$，有 $\gamma\in\beta$，根据序数 α 为传递集可知 $\gamma\in\alpha$，这说明 $\bigcup\alpha\subset\alpha$。命题得证。

■

现在，我们会对序数有一些直观上的感觉，按照从小到大的顺序排列，先是自然数，从 0 开始，0，1，2，…，一直下去，直到序数 $\omega=\bigcup\omega$，其中 ω 是所有自然数的上确界，然后仅接着是 ω^+，ω^{++}，ω^{+++}，…，直到序数 $\omega\cup\omega^+\cup\omega^{++}\cup\cdots$。后面我们会在 **ON** 定义运算，这样就可以通过运算来表示诸如 $\omega\cup\omega^+\cup\omega^{++}\cup\cdots$ 这样的序数了。如果将上面列出的这几个表示出来的序数用属于关系 $\in$ 列出，则如下式所示：

$$0\in 1\in 2\in 3\in\cdots\in\omega\in\omega^+\in\omega^{++}\in\omega^{+++}\in\cdots \tag{8.2.1}$$

8.3 正则公理及集合宇宙的层次

有了序数这个良序集合长度的统一尺度之后，就可以将任意良序集 a 中的元素按照良序关系排成一串，并对排好的每个元素 $t\in a$ 分配一个序数指标 α，将其记为 t_α。这样，当集合 a 为无限集时，就可以根据序数指标的大小对 a 中元素进行细分，比如在标记到元素 t_ω 之后，下一个就是 t_{ω^+}，而不是笼统地将它们都说为 t_∞。类似地，对于良序集 a，如果 $a\cong\alpha$，其中 $\omega\in\alpha$，这样就可以对 a 中所有元素 $t\in a$ 分配序数指标，进而就可以把 $\bigcup a$ 写作 $\bigcup_{\beta\in\alpha}t_\beta$，其中 $t_\beta\in a$。因而，$\bigcup a$ 就可以理解为按照指标的大小顺序“逐步地”进行并运算。在这样的理解下，以前对于集合列 $\{t_x\}_{x\in\omega}$ 的并运算 $\bigcup_{x\in\omega}t_x=\bigcup_{0\leqslant x}t_x=t_0\cup t_1\cup t_2\cup\cdots$，就可以看作 $\bigcup_{\beta\in\alpha}t_\beta$ 的特例。

现在我们要对集合宇宙 **V** 进行分析，希望可以利用序数宇宙 **ON** 中的序数，对 **V** 按照顺序“逐步地”进行构造，其中的每一步都将构造出一个集合层次(level)，并用一个序数标记这个层次。首先，假设现在有一些原始对象构成的集合，将这个集合记为 V_0，以表示第 0 层次的集合。其中，原始对象仅仅是用来形成集合的。然后，从层次 V_0 开始，通过逐步构造新的层次，形成一个个逐步增大的集合层次：$V_0 \subset V_1 \subset V_2 \subset \cdots$。对于 V_1，它从 V_0 构造，我们想到它除了包含 V_0 中的所有原始对象之外，新增加的元素应该是由 V_0 中若干原始对象构成的集合，即 $V_1 = V_0 \cup P(V_0)$；接着，$V_2 = V_1 \cup P(V_1)$，$V_3 = V_2 \cup P(V_2)$。比如，$V_0 = \{a, b, c\}$，那么，$a \in V_1$，$\{a, b\} \in V_1$，$\{a, \{a, c\}\} \in V_2$。注意，我们采用了集合的幂集运算这种快速形成新集合的方法进行集合层次的构造。上述构造集合层次的过程如果只是有限步骤，那么对于 V_0 为有限集的情形，这样所得到的各个层次 V_n 中的元素都将是有限集，所以构造的步骤必须采用“无限步”，此时，我们采用超限序数——大于 ω 的序数 α 来标记超限层次 V_α，比如，V_ω，V_{ω^+}。当序数 α 为一个极限序数，比如 ω，V_ω 就不能写作上述 $V_\alpha \cup P(V_\alpha)$ 的形式。然而，$V_2 = V_1 \cup P(V_1) = V_0 \cup P(V_0) \cup P(V_1)$，$V_3 = V_0 \cup P(V_0) \cup P(V_1) \cup P(V_2)$，等等，所以可以将 V_ω 写作 $V_\omega = V_0 \cup (\bigcup_{\alpha \in \omega} P(V_\alpha))$。

事实上，并不需要原始对象来形成集合 V_0，在 ZF 体系内讨论的是纯粹的集合(pure sets)，不会使用任何的外部对象，因而也就不会出现诸如“由三把椅子组成的集合”“由全体正在听课的同学组成的集合”。因此，我们采用 ZF 体系内的 $\varnothing$ 作为第 0 层次的集合，即 $V_0 = \varnothing$。因而，$V_\omega = \bigcup_{\alpha \in \omega} P(V_\alpha) = \bigcup \{P(V_\alpha) \mid \alpha \in \omega\}$。一般地，我们有

$$V_\alpha = \bigcup \{P(V_\beta) \mid \beta \in \alpha\} \tag{8.3.1}$$

比如，$V_1 = \bigcup \{P(V_\beta) \mid \beta \in 1\} = P(V_0)$，$V_2 = \bigcup \{P(V_\beta) \mid \beta \in 2\} = P(V_0) \cup P(V_1) = P(V_1)$，其中，用到了 $V_0 \subset V_1$ 蕴含 $P(V_0) \subset P(V_1)$ 的结果。如果 α 是后继序数，那么，根据式(8.3.1)应该有 $V_\alpha = P(V_\beta)$，其中，$\alpha = \beta^+$，然而，对于 α 是极限序数的情形，必须采用式(8.3.1)。这就好比，如果集合列 $\{b_x\}_{x \in \omega}$ 满足 $b_0 \subset b_1 \subset b_2 \subset \cdots$，那么 $\bigcup_{x=0}^{y} b_x = b_y$，而 $\bigcup_{x \in \omega} b_x$ 是不能用任何一个 b_x 来表示的。

式(8.3.1)作为 V_α，$\alpha \in$ **ON** 的一般形式表明：如果 $u \in V_\alpha$，那么 $u \in P(V_\beta)$，$\beta \in \alpha$，也就是说，第 α 层集合 V_α 的元素 u 是小于 α 的某一层集合 V_β 的元素组成的集合。然而，由于 $\alpha \in$ **ON**，所以，式(8.3.1)实际是在“递归地”定义真类 **ON** 上的真类映射。如果我们记该 **ON** 上的真类映射为 **F**，则式(8.3.1)可以表示为

$$\mathbf{F}(\alpha) = \bigcup \{P(\mathbf{F}(\beta)) \mid \beta \in \alpha\} \tag{8.3.2}$$

根据命题 8.2.3 可知，**ON** 是具有“良序性”的，所以，我们当然可以将 7.5 节中对于良序集 $\langle a, < \rangle$ 上的超限递归定理进一步推广到“良序真类”**ON** 上。这里，我们可以避开这种推广，仅使用良序集上的超限递归定理即可，这是因为 **ON** 上的良序是关于 $\in$ 成良序的，为了得到 **F** 在 $\alpha \in$ **ON** 处的值 $\mathbf{F}(\alpha)$，可以先根据超限递归定理构造定义在作为集合的序数 λ 上的映射 f_λ，其中 λ 大于 α，即 $\alpha \in \lambda$，然后令 $\mathbf{F}(\alpha) = f_\lambda(\alpha)$ 即可。当然，这样做需要证明对于任意的序数 λ_1，λ_2，满足 $\alpha \in \lambda_1$，$\alpha \in \lambda_2$ 时，则 $f_{\lambda_1}(\alpha) = f_{\lambda_2}(\alpha)$。下面的两个命题给出了上述步骤的合理性说明。

【命题 8.3.1】 对于任意给定的 $\lambda \in$ **ON**，则存在唯一的以 λ 为定义域的映射 f_λ，满足对于任意的 $\alpha \in \lambda$，有

$$f_\lambda(\alpha) = \bigcup \{P(f_\lambda(\beta)) \mid \beta \in \alpha\} \tag{8.3.3}$$

证明：为了将 $f\upharpoonright a_x$ 的映射值取出，并结合式(8.3.2)，在命题 7.5.1 的超限递归定理中，令二元谓词公式 $G(u,v)$ 如下：$v=\bigcup\{P(t)\mid t\in \operatorname{ran}(u)\}$。首先，需要验证当 $u\in \mathbf{V}$ 时，$v\in \mathbf{V}$。事实上，根据 $t\in \operatorname{ran}(u)$，有 $t\subset \bigcup(\operatorname{ran}(u))$，也就有 $P(t)\subset P(\bigcup(\operatorname{ran}(u)))$，进而有 $P(t)\in P(P(\bigcup(\operatorname{ran}(u))))$，所以 $\{P(t)\mid t\in \operatorname{ran}(u)\}\subset P(P(\bigcup(\operatorname{ran}(u))))$，根据 ZF2 分离公理可知 $v\in \mathbf{V}$。其次，$v=\bigcup\{P(t)\mid t\in \operatorname{ran}(u)\}$ 满足对于任意给定的 $u\in \mathbf{V}$，存在唯一的 $v\in \mathbf{V}$。所以，根据超限递归定理，存在唯一的以 λ 为定义域的映射 f_λ，满足对于任意的 $\alpha\in\lambda$，有

$$f_\lambda(\alpha)=\bigcup\{P(t)\mid t\in \operatorname{ran}(f_\lambda\upharpoonright\lambda_\alpha)\}$$

根据命题 8.2.2，$\lambda_\alpha=\alpha$，因此 $\operatorname{ran}(f_\lambda\upharpoonright\lambda_\alpha)=\operatorname{ran}(f_\lambda\upharpoonright\alpha)=f_\lambda[\alpha]$。而由于 $f_\lambda[\alpha]=\{f_\lambda(\beta)\mid \beta\in\alpha\}$，所以有

$$f_\lambda(\alpha)=\bigcup\{P(t)\mid t\in f_\lambda[\alpha]\}=\bigcup\{P(f_\lambda(\beta))\mid \beta\in\alpha\}$$

■

【命题 8.3.2】 设 f_{λ_1} 和 f_{λ_2} 是满足命题 8.3.1 的两个映射，且 $\lambda_1\in\lambda_2$，则对于任意的 $\alpha\in\lambda_1$，有

$$f_{\lambda_1}(\alpha)=f_{\lambda_2}(\alpha)$$

证明：作集合 $b=\{\alpha\in\lambda_1\mid f_{\lambda_1}(\alpha)=f_{\lambda_2}(\alpha)\}\subset\lambda_1$，只需要证明 $b=\lambda_1$，而这可以通过超限归纳法得到。具体地，假设 $(\lambda_1)_\beta\subset b$，下面证明 $\beta\in b$。根据命题 8.3.1，$f_{\lambda_1}(\beta)=\bigcup\{P(f_{\lambda_1}(\gamma))\mid\gamma\in\beta\}$，$f_{\lambda_2}(\beta)=\bigcup\{P(f_{\lambda_2}(\gamma))\mid\gamma\in\beta\}$。由于 $(\lambda_1)_\beta=\beta$，所以 $\beta\subset b$。进而有 $f_{\lambda_1}(\beta)=\bigcup\{P(f_{\lambda_1}(\gamma))\mid\gamma\in\beta\}=\bigcup\{P(f_{\lambda_2}(\gamma))\mid\gamma\in\beta\}=f_{\lambda_2}(\beta)$。因而根据超限归纳法可得，对于任意的 $\alpha\in\lambda_1$，有 $f_{\lambda_1}(\alpha)=f_{\lambda_2}(\alpha)$。

■

根据命题 8.3.2 可以看出，对于任意确定的序数 α，都可以根据命题 8.3.1 得到一个满足条件的映射 f_λ，只要 λ 大于 α，或者等价地，$\alpha\in\lambda$ 即可；而且，对于 $\lambda_1\in\lambda_2$，也就是 $\lambda_1\subsetneq\lambda_2$，有 $f_{\lambda_1}=f_{\lambda_2}\upharpoonright\lambda_1$。这样我们就可以对任意的序数 α 得到满足式(8.3.2)的 $\mathbf{F}(\alpha)$。

【定义 8.3.1】 对于任意的序数 α，定义 $\mathbf{F}(\alpha)=f_\lambda(\alpha)$，其中 λ 是大于 α 的任意序数。

根据定义 8.3.1，将 $\mathbf{F}(\alpha)$，$\mathbf{F}(\beta)$ 替换式(8.3.3)中的 $f_\lambda(\alpha)$，$f_\lambda(\beta)$，即可得式(8.3.2)。然后，再把 $\mathbf{F}(\alpha)$，$\mathbf{F}(\beta)$ 记为 V_α，V_β 就可得到式(8.3.1)。

解决了第 α 层次集合 V_α 的定义问题，下面我们分析 V_α 所具有的性质。

【命题 8.3.3】 对于任意的序数 α，V_α 是传递集。

证明：可以将任意良序集 $\langle a,<\rangle$ 上的超限归纳原理推广到“良序真类”**ON** 上，然后就可以利用这个真类上的超限归纳原理去证明这个命题。类似前面的讨论，这里还是可以仅使用良序集上的超限归纳原理即可证明该命题。对于序数 α，可以证明：对于任意的序数 α^+，当 $\beta\in\alpha^+$ 时，V_β 是传递集。这样，我们就确定了序数 α^+ 中所有元素 $\beta\in\alpha^+$ 所对应的 V_β 是传递集，自然也就包括了 V_α 是传递集的情形。作集合 $b=\{\gamma\in\alpha^+\mid x\in V_\gamma\rightarrow x\subset V_\gamma\}\subset\alpha^+$。假设 $(\alpha^+)_\beta\subset b$，也就是 $\beta\subset b$，则对于任意的 $x\in V_\beta=\bigcup\{P(V_\lambda)\mid\lambda\in\beta\}$，有 $x\in P(V_\lambda)$，其中 $\lambda\in\beta\in\alpha^+$。由于 $\beta\subset b$，所以 $\lambda\in b$，因而根据假设有 $x\in V_\gamma\rightarrow x\subset V_\gamma$，也就是说 V_γ 是个传递集。对于一个集合 a 而言，如果它为传递集，即 $x\in a\rightarrow x\subset a$，也就是说 a 的元素也是 a 的子集，那么 a 的幂集 $P(a)$ 的元素 y 由于是 a 的子集，因而 y 也是由 a 的子集作为元素

构成的集合,所以 y 也为 $P(a)$的子集,即 $P(a)$也是传递集。从而可知,如果 V_γ 是传递集,那么 $P(V_\gamma)$也是传递集。所以,根据 $x\in P(V_\lambda)$,可得 $x\subset P(V_\lambda)$,进而有 $x\subset\bigcup\{P(V_\lambda)\mid\lambda\in\beta\}=V_\beta$,可见 $\beta\in b$。所以,根据超限归纳原理可知,$b=\alpha^+$。也就是对于任意的 $\beta\in\alpha^+$,V_β 是传递集,其中包括 $\beta=\alpha$ 时的情形。

■

或许有些读者会说,命题 8.3.3 的证明中仅考虑了后继序数 α^+ 时,所有属于 α^+ 的 β 所对应的 V_β 都是传递集,没有考虑极限序数的情况。事实上,对于极限序数的情形,比如 ω,确实证明中的情况没有考虑,也就是说,所有属于 ω 的 β 所对应的 V_β 是否都是传递集不能直接得到,然而,证明中已将 ω^+ 的情形考虑在内了,由于 $\omega\subset\omega^+$,所以就可以得出所有属于 ω 的 β 所对应的 V_β 也都是传递集。

对于定义 8.3.1 中的 $V_\alpha=\bigcup\{P(V_\beta)\mid\beta\in\alpha\}$,确实有本节一开始所希望的逐步增大性质:$V_0\subset V_1\subset V_2\subset\cdots$。因为根据定义,由 $\beta\in\alpha$ 可得 $P(V_\beta)\subset V_\alpha$,而 $V_\beta\in P(V_\beta)$,所以 $V_\beta\in V_\alpha$,再根据命题 8.3.3 可得 $V_\beta\subset V_\alpha$,所以各个序数所对应的集合层次会有如下关系:

$$V_0\in V_1\in V_2\in V_3\in\cdots$$
$$V_0\subset V_1\subset V_2\subset V_3\subset\cdots$$

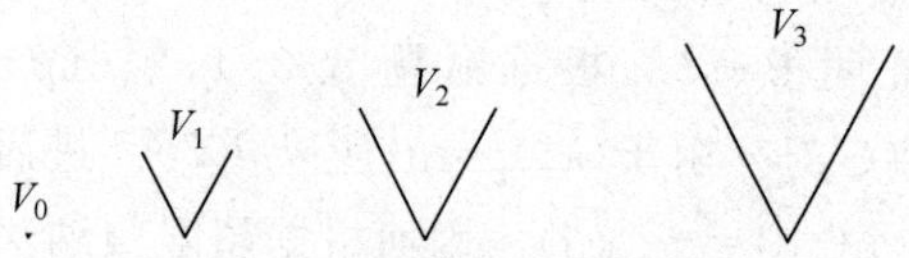

图 8.3.1　渐增结构层次示意图

可见,V_α 从 $V_0=\varnothing$开始逐渐增大地形成一个个新的层次,这就好比良序集的前段不断增加的过程:从良序集 a 的最小元 t_0 构成的前段 $a_{t_0}=\varnothing$开始,接着是前段 $a_{t_1}=\{t_0\}$,然后是前段 $a_{t_2}=\{t_0,t_1\}$,等等。这样所有的 V_α 构成了一种渐增结构层次(cumulative hierarchy),也称为冯·诺依曼层次(von Neumann levels),可以用图 8.3.1 形象地表示出来。

前面我们曾考虑了当序数 α 为后继序数或者极限序数时,V_α 可以作一些简化,下面的命题说明了这种情况。

【命题 8.3.4】 $V_0=\varnothing$;$V_{\alpha^+}=P(V_\alpha)$;当 α 为极限序数时,$V_\alpha=\bigcup_{\beta\in\alpha}V_\beta$。

证明:$V_0=\varnothing$是显然的。对于 $V_{\alpha^+}=\bigcup\{P(V_\beta)\mid\beta\in\alpha^+\}$,由于 α^+ 中元素有最大元 α,考虑到 $\beta\in\alpha$ 蕴含了 $V_\beta\subset V_\alpha$,进而有 $P(V_\beta)\subset P(V_\alpha)$,所以 $P(V_\alpha)$是所有参与并运算的最大集合,因而 $V_{\alpha^+}=P(V_\alpha)$。当 α 为极限序数时,α 中元素没有最大元,如果 $\beta\in\alpha$,则有 $\beta^+\in\alpha$。所以,如果 $x\in V_\alpha=\bigcup\{P(V_\beta)\mid\beta\in\alpha\}$,则存在 $\beta\in\alpha$,有 $x\in P(V_\beta)$,而 $V_{\beta^+}=P(V_\beta)$,所以 $x\in V_{\beta^+}$,而由于 $\beta^+\in\alpha$,所以 $x\in\bigcup_{\gamma\in\alpha}V_\gamma$,由此说明 $V_\alpha\subset\bigcup_{\beta\in\alpha}V_\beta$;另一方面,如果 $x\in\bigcup_{\beta\in\alpha}V_\beta$,则存在 $\beta\in\alpha$ 使得 $x\in V_\beta$,而 $V_\beta\subset V_{\beta^+}$,所以 $x\in V_{\beta^+}=P(V_\beta)$,进而可得 $x\in\bigcup\{P(V_\beta)\mid\beta\in\alpha\}=V_\alpha$,由此说明 $\bigcup_{\beta\in\alpha}V_\beta\subset V_\alpha$。综上可得,$V_\alpha\subset\bigcup_{\beta\in\alpha}V_\beta$。

■

由于集合层次 V_α 是渐增的,所以如果一个集合 $u\subset V_\alpha$,那么对于任意的 $\alpha\in\beta$ 就会有 $u\subset V_\beta$。我们定义集合 u 的秩(rank)为最小的满足 $u\subset V_\alpha$ 的序数 α,将其记为 $\mathrm{rank}(u)$。因此,若集合 $u\subset V_\alpha$,则 $u\subset V_{\mathrm{rank}(u)}$,进而有 $u\in P(V_{\mathrm{rank}(u)})=V_{(\mathrm{rank}(u))^+}$;同时,根据秩的最小性,对于任意的 $\gamma\in\mathrm{rank}(u)$,有 $u\not\subset V_\gamma$,进而有 $u\notin P(V_\gamma)=V_{\gamma^+}$;由于 γ^+ 至多等于 $\mathrm{rank}(u)$,因而,集合 u 的秩也可以等价地理解为 u 不作为元素的最大层级 V_α 的序数指标 α,也就是

满足 $u \notin V_\alpha$ 的最大序数指标 α。此外，如果 $\mathrm{rank}(u)$ 是极限序数，根据命题 8.3.4，一定存在 $\gamma \in \mathrm{rank}(u)$，使得 $u \subset V_\gamma$，这与 $\mathrm{rank}(u)$ 的最小性相矛盾，所以 $\mathrm{rank}(u)$ 一定是一个后继序数。

直观上看，如果集合 u 属于某个集合层次 V_α，考虑到 V_α 可由 V_β 生成，其中 $\beta \in \alpha$，那么集合 u 的元素应该属于这些 V_β；反之，如果集合 u 的元素都属于某些集合层次 V_β，那么集合 u 应该属于满足 $\beta \in \alpha$ 的某个集合层次 V_α。当然，这里所说的 u 属于某个集合层次是针对 u 的秩。下面的命题给出了这些结果。

【命题 8.3.5】 对于集合 u，如果存在序数 α 满足 $u \subset V_\alpha$，那么对于任意的 $v \in u$，存在序数 β 满足 $v \subset V_\beta$，且 $\mathrm{rank}(v) \in \mathrm{rank}(u)$；反之，对于任意的 $v \in u$，存在序数 β 满足 $v \subset V_\beta$，那么存在序数 α 满足 $u \subset V_\alpha$，且 $\mathrm{rank}(u) = \bigcup\{(\mathrm{rank}(v))^+ \mid v \in u\}$。

证明：如果 $u \subset V_\alpha$，存在 $\mathrm{rank}(u)$，有 $u \subset V_{\mathrm{rank}(u)}$，那么，对于任意的 $v \in u$ 有 $v \in V_{\mathrm{rank}(u)}$。由于对于任意的序数 α 均有 $V_\alpha = \bigcup\{P(V_\beta) \mid \beta \in \alpha\}$，所以存在 $\beta \in \mathrm{rank}(u)$，满足 $v \in P(V_\beta)$，因而 $v \subset V_\beta$，这说明 $\mathrm{rank}(v) \in \beta$ 或者 $\mathrm{rank}(v) = \beta$，因而，就有 $\mathrm{rank}(v) \in \mathrm{rank}(u)$。反之，对于任意的 $v \in u$，存在序数 β 满足 $v \subset V_\beta$，那么对于任意的 $v \in u$，都会存在秩 $\mathrm{rank}(v)$。定义序数的集合 $\lambda = \bigcup\{(\mathrm{rank}(v))^+ \mid v \in u\}$，根据命题 8.2.5，$\lambda \in \mathbf{ON}$，且 $\lambda = \sup\{(\mathrm{rank}(v))^+ \mid v \in u\}$。下面证明 $\mathrm{rank}(u) = \lambda$。一方面，对于任意的 $v \in u$，有 $v \subset V_{\mathrm{rank}(v)}$，因而 $v \in V_{(\mathrm{rank}(v))^+}$，由于 $(\mathrm{rank}(v))^+ \in \lambda$ 或者 $(\mathrm{rank}(v))^+ = \lambda$，所以 $v \in V_\lambda$，可见 $u \subset V_\lambda$，这说明 $\mathrm{rank}(u) \subset \lambda$；另一方面，根据前面已经得到的结论，$v \in u$ 蕴含了 $\mathrm{rank}(v) \in \mathrm{rank}(u)$，因而 $(\mathrm{rank}(v))^+$ 一定不大于 $\mathrm{rank}(u)$，因而 $\mathrm{rank}(u)$ 是所有 $(\mathrm{rank}(v))^+$ 所构成集合的上界，自然也就不小于它们的上确界 $\lambda = \sup\{(\mathrm{rank}(v))^+ \mid v \in u\}$，即 $\lambda \in \mathrm{rank}(u)$ 或者 $\lambda = \mathrm{rank}(u)$，这等价于用包含关系表示的序关系 $\lambda \subset \mathrm{rank}(u)$；综上可得 $\lambda = \mathrm{rank}(u)$。

■

事实上，我们建立集合的渐增层次 V_α，$\alpha \in \mathbf{ON}$，也是为了产生整个集合宇宙 $\mathbf{V}$，这样，对于任意一个集合 x，它应该属于某个集合层次。前面的 ZF0～ZF7 都还不能证明这一点，我们需要引入新的公理。

ZF8 正则公理(axiom of regularity)：$\forall y(y \neq \varnothing \rightarrow \exists z(z \in y \wedge z \cap y = \varnothing))$

正则公理的意思是：任意非空集合都有关于偏序关系 $\in$ 的极小元。根据定义 7.3.3，集合 y 的极小元 $x \in y$ 是指关于偏序关系 $\in$ 的前置集 $\tilde{a}_x$ 与 y 的交集为空集；这里是在 y 自身里考虑前置集，因而此处 $\tilde{a}_x$ 变为 $\tilde{y}_x = \{t \in y \mid trx\} = \{t \in y \mid t \in x\}$，那么 $\tilde{y}_x \cap y = \varnothing$ 说明对于任意的 $t \in y$，有 $t \notin \tilde{y}_x$，进而可得 $t \notin x$，所以极小元 $x \in y$ 满足 $x \cap y = \varnothing$，这也就是 ZF8 中的 $\exists z(z \in y \wedge z \cap y = \varnothing)$。

当然，正则公理的提出并不仅仅是为了说明渐增的集合层次可以生成整个集合宇宙。下面我们看一下 ZF8 在排除一些“异常集”上的作用。在直观上，对于一个集合 x，其元素 $y \in x$ 也是集合，因而，有 $z \in y$，等等，这样下去，直到碰到 $\varnothing$ 为止，可见，这个过程是不会一直进行下去的。通过 ZF8，可以证明这件看起来很直观的事情，也就是说，证明不可能存在“无限下降的集合链”：$\cdots \in x_3 \in x_2 \in x_1 \in x_0$。事实上，如果存在这种情况，可以作集合 $y = \{x_0, x_1, x_2, x_3, \cdots\}$，那么非空集合 y 就没有关于 $\in$ 的极小元，这是与 ZF8 相矛盾的，所以不可能出现 $\cdots \in x_3 \in x_2 \in x_1 \in x_0$ 的情况。此外，对于任意的集合 x，一定有 $x \notin x$，这是因为如果存在集合 x 满足 $x \in x$，那么通过作集合 $y = \{x\}$，由于 $x \in y$，所以可得 $x \in x \cap y$，由

于非空集合 y 为单元集,仅含有一个元素 x,所以 $x\in x\cap y$,说明了非空集合 y 中任意元素都与 y 的交集不空,而这是与 ZF8 相矛盾的。同理,也不会存在 $x\in y$ 和 $y\in x$ 同时成立的情况,因为如果那样,可以通过作集合 $a=\{x,y\}$,那么就会有 $x\cap a=y$ 且 $y\cap a=x$,这说明非空集合 a 中任意元素都与 a 的交集不空,而这是与 ZF8 相矛盾的;$x\in y$ 和 $y\in x$ 同时成立的情况也就是出现了关于偏序关系$\in$的"循环"情形 $x\in y\in x$,进一步,也不会存在更"长"一些的循环:$x_0\in\cdots\in x_2\in x_1\in x_0$。

下面我们要证明 $\mathbf{V}=\bigcup_{\alpha\in\mathbf{ON}}V_\alpha$,也就是说,集合宇宙 $\mathbf{V}$ 可以通过渐增的集合层次生成。在证明这个结论之前,先对关于传递集的一个结果进行简单的说明。对于任意的一个集合 x,必然存在一个集合 y,满足 $x\subset y$ 且 y 是传递集。事实上,这个集合 y 可以通过如下过程构造出来:令 $x_0=x$,$x_1=\bigcup x_0=\bigcup x$,$x_2=\bigcup x_1=\bigcup(\bigcup x)=\bigcup\bigcup x$,一般地,对于第 n 步,有 $x_{n+1}=\bigcup x_n$,然后,令 $y=\bigcup_{n\in\omega}x_n$ 即为所求。可以看出,每一步都是把上一步中集合元素的元素取出放入上一步集合之中,前面已经提到过,这个过程总会在有限步内遇到空集之后停止。由于传递集就是满足集合元素的元素还是集合的元素这样的性质,所以,通过把集合元素的元素加入到集合中,总会达到这样的要求。事实上,对于任意的 $t\in y=\bigcup_{n\in\omega}x_n$,则存在 $n\in\omega$,满足 $t\in x_n$,由于 $x_{n+1}=\bigcup x_n$,因而 $t\subset x_{n+1}$,因此可得 $t\subset y=\bigcup_{n\in\omega}x_n$,所以说 $y=\bigcup_{n\in\omega}x_n$ 为一个传递集。当然,上述通过归纳的方法定义 x_n 进而定义出传递集 y 在数学上并不是严格的,应该根据 ω 上超限递归定理去定义集合 y,具体地,我们可以构造二元谓词 $G(u,v)$ 为 $v=x\cup(\bigcup\bigcup\mathrm{ran}(u))$,那么根据超限递归定理,存在唯一的以良序集 ω 为定义域的映射 f,满足对于任意的 $t\in\omega$ 有 $f(t)=x\cup(\bigcup\bigcup\mathrm{ran}(f\upharpoonright\omega_t))$,由于 $\omega_t=t$,所以 $f(t)=x\cup(\bigcup\bigcup f[t])$。我们看一下前几个自然数的情况:

$$
\begin{aligned}
f(0)&=x\cup(\bigcup\bigcup f[0])=x\cup(\bigcup\bigcup\varnothing)=x\\
f(1)&=x\cup(\bigcup\bigcup f[1])=x\cup(\bigcup\bigcup\{f(0)\})\\
&=x\cup(\bigcup(f(0)))=x\cup(\bigcup x)\\
f(2)&=x\cup(\bigcup\bigcup f[2])=x\cup(\bigcup\bigcup\{f(0),f(1)\})\\
&=x\cup(\bigcup(f(0)\cup f(1)))=x\cup(\bigcup(x\cup(x\cup(\bigcup x))))\\
&=x\cup(\bigcup(x\cup(\bigcup x)))=x\cup((\bigcup x)\cup(\bigcup\bigcup x))
\end{aligned}
$$

其中,上一步利用了$\bigcup(a\cup b)=(\bigcup a)\cup(\bigcup b)$。可见 $f(0)\subset f(1)\subset f(2)$,我们可以取 $y=\bigcup(\mathrm{ran}(f))$,此即为前面的 $y=\bigcup_{n\in\omega}x_n$。有了这些结论,可以证明 $\mathbf{V}=\bigcup_{\alpha\in\mathbf{ON}}V_\alpha$。

【命题 8.3.6】 $\mathbf{V}=\bigcup_{\alpha\in\mathbf{ON}}V_\alpha$。

证明:首先,$\bigcup_{\alpha\in\mathbf{ON}}V_\alpha\subset\mathbf{V}$ 是显然的,因为各个层次的集合 V_α 都是从空集开始利用 ZF 中的公理得到的,当然也都是集合了。其次,对于任意的集合 u,假设它不属于任意一个 V_α,也就是对于任意的 $\alpha\in\mathbf{ON}$,都有 $u\notin V_\alpha$,下面我们证明这是不可能出现的。如果出现了这样的集合 u,可以构造集合$\{u\}$,进而按照前面所述的方法构造出满足$\{u\}\subset y$ 的传递集 y。令集合 $a=\{t\in y\mid\forall\alpha(\alpha\in\mathbf{ON}\to t\notin V_\alpha\}$,也就是说集合 a 是由 y 中不属于任意集合层次 V_α 的元素所构成。由于 $u\in y$,所以 $a\neq\varnothing$。根据 ZF8,集合 a 中存在关于偏序关系$\in$极小元 m,即 $m\cap a=\varnothing$。对于任意的 $t\in m$,由于 $m\in a\subset y$,而 y 为传递集,所以可得 $t\in y$,考虑到 $m\cap a=\varnothing$,因而 $t\notin a$,即对于任意的 $t\in m$,存在 $\alpha\in\mathbf{ON}$ 满足 $t\in V_\alpha$,也就是说 m 的元素都是属于某个 V_α 的,因此根据命题 8.3.5 可得,存在序数 α 满足 $m\subset V_\alpha$,即 $m\in V_{\alpha^+}$,然而,这是与 $m\in a$ 相矛盾的。因此,对于任意的集合 u,它都属于某个 V_α,因此 $\mathbf{V}\subset$

$\bigcup_{\alpha\in\mathbf{ON}}V_\alpha$。综上可得，$\mathbf{V}=\bigcup_{\alpha\in\mathbf{ON}}V_\alpha$。■

从命题 8.3.6 可以看出，整个集合宇宙都可以通过递增的集合层次生成。根据 ZF8，由于每个集合都有极小元，因而 V_α 的所有元素也都有极小元，所以 ZF 体系内唯一的谓词∈所形成的偏序关系就是定义 7.3.4 中的良基关系，所以 V_α 中的元素也称为良基集(well founded set)。由于集合宇宙 $\mathbf{V}=\bigcup_{\alpha\in\mathbf{ON}}V_\alpha$，所以集合宇宙就可以表示为递增的结构层次，如图 8.3.2 所示。

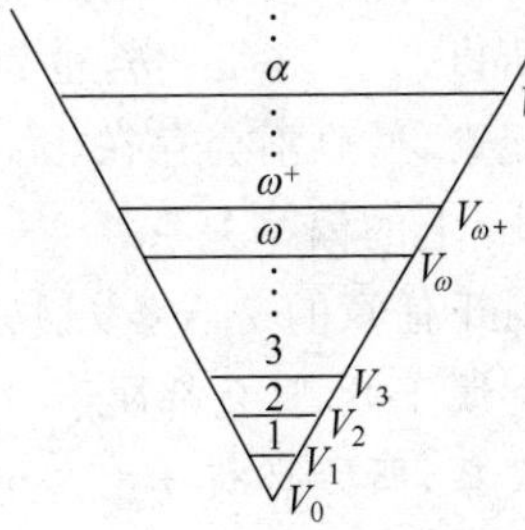

图 8.3.2 集合宇宙 V 的层次

8.4 序数算术

作为自然数向无限方向推广的序数，也可以在其上面定义算术运算。由于序数是良序集的属于-像，因而序数运算的定义可以从良序集入手。对于序数 α 和 β，设良序集 $\langle a,<_a\rangle\cong\langle\alpha,\in\rangle$，$\langle b,<_b\rangle\cong\langle\beta,\in\rangle$，则直观上，序数 $\alpha+\beta$ 应该是良序集 a 的长度"加上"良序集 b 的长度。为了可以对 a 和 b 的长度进行相加，应该将良序集 a 和 b"拼接"在一起，这个拼接成的集合应该是良序集，其用序数度量的长度就是 $\alpha+\beta$。不失一般性，我们将良序集 b 拼接在良序集 a 的后面，也就是"先 a 后 b"，这相当于给拼接后的集合定义了一个偏序关系，当然，a 和 b 中不能有相同的元素，因为相同的元素会在拼接后的集合中被认为是同一个元素，从而对拼接后长度的计算造成影响。具体地，我们从满足 $\langle a,<_a\rangle\cong\alpha$ 和 $\langle b,<_b\rangle\cong\beta$ 的良序集中，选择出 $a\cap b=\varnothing$ 的集合 a 和 b，这一点是容易做到的，因为对于任意的 $\langle a,<_a\rangle\cong\alpha$，$\langle b,<_b\rangle\cong\beta$，我们可以作集合 $\tilde{a}=\{0\}\times a$，$\tilde{b}=\{1\}\times b$，由于 $\tilde{a}$ 和 $\tilde{b}$ 的元素都为有序对，且 $\tilde{a}$ 和 $\tilde{b}$ 中有序对的第一元素不相同，因而 $\tilde{a}$ 和 $\tilde{b}$ 是不相交的。作映射 $f_1: a\to\tilde{a}$，$x\mapsto\langle 0,x\rangle$ 和映射 $f_2: b\to\tilde{b}$，$y\mapsto\langle 1,y\rangle$，显然，映射 f_1 和 f_2 是双射，因此，根据 a 和 b 上的良序关系可以诱导出 $\tilde{a}$ 和 $\tilde{b}$ 上的良序关系，从而将 $\tilde{a}$ 和 $\tilde{b}$ 作成了良序集，并且 $a\cong\tilde{a}$，$b\cong\tilde{b}$，进而 $\alpha\cong\tilde{a}$，$\beta\cong\tilde{b}$。对于选择出的满足 $a\cap b=\varnothing$ 的集合 a 和 b，它们的并 $c=a\cup b$ 即为拼接的集合，在其上定义二元关系为

$$r=(<_a)\cup(<_b)\cup(a\times b)\tag{8.4.1}$$

这个二元关系实际上是说，对于 $a\cup b$ 的元素 x,y，如果它们都属于集合 a，则还是按照集合 a 中元素之间的偏序关系；如果它们都属于集合 b，则还是按照集合 b 中元素之间的偏序关系；如果它们一个属于 a，另一个属于 b，则属于 a 的元素排在属于 b 的元素之前，即集合 a 的每一个元素都在集合 b 的任意一个元素之前。下面我们证明这样定义的二元关系 r 确实是集合 $c=a\cup b$ 上的良序关系。

【命题 8.4.1】 如上定义的二元关系 r 为 $c=a\cup b$ 上的良序关系。

证明：对于任意的 $x\in a\cup b$，由于 $<_a$ 和 $<_b$ 为良序关系，所以 $\langle x,x\rangle\notin<_a$ 且 $\langle x,x\rangle\notin<_b$。由于 $a\cap b=\varnothing$，所以 $\langle x,x\rangle\notin a\times b$，因此，$r$ 满足反自反性。对于任意的 $\langle x,y\rangle\in r$ 且 $\langle y,z\rangle\in r$，若它们都属于 $<_a$ 或者 $<_b$，由于 $<_a$ 和 $<_b$ 都为偏序关系，所以 $\langle x,z\rangle$ 依然会属于 $<_a$ 或者 $<_b$，即 $\langle x,z\rangle\in r$；如果 $\langle x,y\rangle$ 和 $\langle y,z\rangle$ 中有一个属于 $a\times b$，不失一般性，假设

$\langle x,y\rangle\in a\times b$,则有 $x\in a,y\in b$,因而$\langle y,z\rangle$由于 $y\in b$ 的缘故,只能是$\langle y,z\rangle\in<_b$ 了,即 $z\in b$,所以$\langle x,z\rangle\in a\times b$,也就是$\langle x,z\rangle\in r$;由于 y 是$\langle x,y\rangle$的第二元素,同时也是$\langle y,z\rangle$的第一元素,所以不会存在$\langle x,y\rangle$和$\langle y,z\rangle$都属于 $a\times b$ 的情况。可见,r 满足传递性,所以 r 是 $a\cup b$ 上的偏序关系。

对于任意的 $x,y\in a\cup b$,如果 $x\neq y$,x,y 在 $a\cup b$ 中的情况只能是如下三种情况之一:要么都属于 a,要么都属于 b,要么一个属于 a,另一个属于 b。对于第一种情况,由于$<_a$ 为全序关系,所以必有 $x<_a y$ 或者 $y<_a x$,因而有 xry 或者 yrx;对于第二种情况,类似可得 $x<_b y$ 或者 $y<_b x$,因而也有 xry 或者 yrx;对于第三种情况,不失一般性,设 $x\in a,y\in b$,则由于$\langle x,y\rangle\in a\times b$,所以 xry。可见,无论上述哪种情况,均有:或者 $x=y$,或者 xry,或者 yrx,因而 r 是 $a\cup b$ 上的全序关系。

对于任意的 $u\subset a\cup b$,且 $u\neq\varnothing$,考虑到 $a\cap b=\varnothing$,那么,或者 $u\cap a\neq\varnothing$,或者 $u\subset b$。如果 $u\cap a\neq\varnothing$,由于 a 为良序集,则 u 的最小元 m 即为 u 在 a 中的最小元,因为 u 在 b 中任意元素 v 都满足 urv;如果 $u\subset b$,由于 b 为良序集,则 u 的最小元 m 即为 u 在 b 中的最小元。可见,无论哪种情况,$a\cup b$ 的任意子集均有关于 r 的最小元,所以 r 为 $a\cup b$ 上的良序关系。

■

根据命题 8.4.1,我们把 $a\cup b$ 上二元关系 r 记为$<_+$。可见,$\langle a\cup b,<_+\rangle$为良序集,所以其具有唯一的属于-像,即序数。由于同构的良序集对应同一个序数,那么,上述关于 $\alpha+\beta$ 的定义,还需要说明它是良定义的。即如果$\langle u,<_u\rangle\cong\langle a,<_a\rangle$,$\langle v,<_v\rangle\cong\langle b,<_b\rangle$,且 $u\cap v=\varnothing$,则按照上述对 $a\cup b$ 定义二元关系$<_+$的过程,对 $u\cup v$ 也定义其上的二元关系 $\lhd_+$,然后,应该有$\langle u\cup v,\lhd_+\rangle\cong\langle a\cup b,<_+\rangle$。这样,定义的 $\alpha+\beta$ 是不依赖于与序数 α 和 β 同构的良序集的。事实上,确实是$\langle u\cup v,\lhd_+\rangle\cong\langle a\cup b,<_+\rangle$,因为,根据 $u\cong a$ 和 $v\cong b$,我们记 u 到 a 的同构映射和 v 到 b 的同构映射分别为 f_1 和 f_2,则构造 $u\cup v$ 到 $a\cup b$ 的映射 f 如下:当 $x\in u$ 时,$f(x)=f_1(x)$;当 $x\in v$ 时,$f(x)=f_2(x)$;我们说 f 是 $u\cup v$ 到 $a\cup b$ 的同构映射,是因为根据 f_1 和 f_2 为双射可以得到 f 为双射;关于保序性,对于任意的 x,$y\in u\cup v$,如果它们都属于 u,则 $f(x)$,$f(y)$就都属于 a,因而,$x\lhd_+ y$ 也就是 $x<_u y$ 当且仅当 $f(x)<_a f(y)$,即 $f(x)<_+ f(y)$,类似地,可得当 $x,y\in v$ 时,$x\lhd_+ y$ 当且仅当 $f(x)<_+ f(y)$,如果 x,y 一个属于 u,另一个属于 v,设 $x\in u,y\in v$,则 $x\lhd_+ y$,而且由于 $f(x)\in a$,$f(y)\in v$,所以 $f(x)<_+ f(y)$,反之亦然,可见 f 也是满足保序性的,所以 f 是 $u\cup v$ 到 $a\cup b$ 的同构映射。由于 $\alpha+\beta$ 是良定义的,而序数 α,β 本身作为良序集$\langle\alpha,\in\rangle$,$\langle\beta,\in\rangle$,其序数就是 α,β,所以可以直接将良序集$(\{0\}\times\alpha)\cup(\{1\}\times\beta)$的序数作为 $\alpha+\beta$。

根据 $\alpha+\beta$ 的定义,可以得到如下一些基本的性质:$\alpha+0=0+\alpha=\alpha$,这是因为 $0=\varnothing$,那么在良序集 α 之前或者之后加入一个空集不会改变 α 的长度。$(\alpha+\beta)+\gamma=\alpha+(\beta+\gamma)$,即序数的加法满足结合律,这也是显然的,因为$(\alpha+\beta)+\gamma$ 表示,先将良序集 β 拼接在良序集 α 之后,形成良序集 $\alpha+\beta$,然后再把良序集 γ 拼接在 $\alpha+\beta$ 之后;$\alpha+(\beta+\gamma)$表示,先将良序集 γ 拼接在良序集 β 之后,形成良序集 $\beta+\gamma$,然后再把良序集 $\beta+\gamma$ 拼接在 α 之后;可以看出,$(\alpha+\beta)+\gamma$ 和 $\alpha+(\beta+\gamma)$都表示拼接的结果为"先 α 再 β 然后 γ"的顺序,所以它们是相等的。然而,序数的加法并不满足交换率。比如,$1+\omega=\omega$,这是因为 $1+\omega$ 是将 ω 拼接到$\{0\}$的后面,如果将 ω 的元素写为 $\omega=\{\tilde{0},\tilde{1},\tilde{2},\cdots\}$,则根据 $\alpha+\beta$ 上良序关系的定义,可以将

$1+\omega$ 的元素按照顺序写作 $1+\omega=\{0,\tilde{0},\tilde{1},\tilde{2},\cdots\}$，而这是同构于 $\omega=\{\tilde{0},\tilde{1},\tilde{2},\cdots\}$ 的。而 $\omega+1=\omega^+$，这是因为 $\omega+1$ 的元素按照顺序可以写作 $\omega+1=\{\tilde{0},\tilde{1},\tilde{2},\cdots;0\}$，其中 0 比 $\omega=\{\tilde{0},\tilde{1},\tilde{2},\cdots\}$中的任意元素都大，这相当于 $\omega^+=\omega\cup\{\omega\}$中，$\omega$ 按照 $\in$ 关系比属于 ω 的任何元素都大。从这里也可以看出，对于任意的序数 α，都会有 $\alpha+1=\alpha^+$，因为把 1 拼接到 α 之后就说明了 1 比 α 中任意一个元素都大。

下面我们定义序数的乘法 $\alpha\cdot\beta$。对于序数 α 和 β，设良序集 $\langle a,<_a\rangle\cong\langle\alpha,\in\rangle$，$\langle b,<_b\rangle\cong\langle\beta,\in\rangle$。直观上，序数 $\alpha\cdot\beta$ 应该是良序集 a 的长度"乘以"良序集 b 的长度。我们知道集合的笛卡儿乘积可以看作两个集合的乘积，所以在积集 $a\times b$ 上定义偏序关系，使得该偏序关系为一个良序关系，进而将良序集 $a\times b$ 的序数定义为序数的相乘 $\alpha\cdot\beta$。对于 $a\times b$，其元素为有序对，定义 $a\times b$ 上的二元关系 r 如下：对于任意的 $\langle x_1,y_1\rangle$，$\langle x_2,y_2\rangle\in a\times b$，当 $y_1<_b y_2$ 时，$\langle x_1,y_1\rangle r\langle x_2,y_2\rangle$；当 $y_1=y_2$ 时，如果 $x_1<_a x_2$，则 $\langle x_1,y_1\rangle r\langle x_2,y_2\rangle$。可以看出，我们定义二元关系 r 是以有序对的第二坐标为优先的，先比较 $a\times b$ 中有序对的第二坐标，然后在第二坐标相等的情况下，再去比较第一坐标。

【命题 8.4.2】 如上定义的二元关系 r 为 $a\times b$ 上的良序关系。

证明：由于 $<_a$ 和 $<_b$ 都为偏序关系，所以 $\langle x,y\rangle \not r\langle x,y\rangle$，因而 r 满足反自反性。如果对于任意的 $\langle x_1,y_1\rangle$，$\langle x_2,y_2\rangle$，$\langle x_3,y_3\rangle\in a\times b$，若 $\langle x_1,y_1\rangle r\langle x_2,y_2\rangle$，$\langle x_2,y_2\rangle r\langle x_3,y_3\rangle$，则如果 $y_1<_b y_2<_b y_3$，根据 $y_1<_b y_3$，可得 $\langle x_1,y_1\rangle r\langle x_3,y_3\rangle$；如果 $y_1=y_2\wedge y_2<_b y_3$，根据 $y_1<_b y_3$，可得 $\langle x_1,y_1\rangle r\langle x_3,y_3\rangle$；如果 $y_1<_b y_2\wedge y_2=y_3$，则根据 $y_1<_b y_3$，可得 $\langle x_1,y_1\rangle r\langle x_3,y_3\rangle$；如果 $y_1=y_2\wedge y_2=y_3$，则有 $x_1<_a x_2\wedge x_2<_a x_3$，根据 $y_1=y_3$ 且 $x_1<_a x_3$，可得 $\langle x_1,y_1\rangle r\langle x_3,y_3\rangle$。可见，无论哪种情况，都有 $\langle x_1,y_1\rangle r\langle x_3,y_3\rangle$，所以 r 满足传递性，因而 r 是 $a\times b$ 上的偏序关系。

对于任意的 $\langle x_1,y_1\rangle$，$\langle x_2,y_2\rangle\in a\times b$，如果 $\langle x_1,y_1\rangle\neq\langle x_2,y_2\rangle$，则有 $x_1\neq x_2$ 和 $y_1\neq y_2$ 至少有一个成立，如果 $y_1\neq y_2$，那么根据 b 为全序集，则有 $y_1<_b y_2$ 或者 $y_2<_b y_1$，因而就有 $\langle x_1,y_1\rangle r\langle x_2,y_2\rangle$ 或者 $\langle x_2,y_2\rangle r\langle x_1,y_1\rangle$；如果 $y_1=y_2$，那么必然有 $x_1\neq x_2$，因而根据 a 为全序集，则有 $x_1<_a x_2$ 或者 $x_2<_a x_1$，所以还是会有 $\langle x_1,y_1\rangle r\langle x_2,y_2\rangle$ 或者 $\langle x_2,y_2\rangle r\langle x_1,y_1\rangle$。可见，$r$ 满足三分性，所以它是 $a\times b$ 上的全序关系。

对于任意的 $u\subset a\times b$ 且 $u\neq\varnothing$，由于 $\mathrm{ran}(u)\subset b$，所以 $\mathrm{ran}(u)$ 存在最小元 m_y；然后作集合 $\{x\in a\mid\langle x,m_y\rangle\in u\}\subset a$，设该集合的最小元为 m_x，可见上述过程先是对第二坐标找最小元，然后在第二坐标相等的元素所构成的集合中，去寻找关于第一坐标的最小元，从而 $\langle m_x,m_y\rangle$ 即为 u 的最小元。可见，r 是 $a\times b$ 上的良序关系。

■

根据命题 8.4.2，把 $a\times b$ 上二元关系 r 记为 $<_\times$。可见，$\langle a\times b,<_\times\rangle$ 为良序集，所以其存在唯一对应的序数。类似于定义序数的加法，在定义序数乘法 $\alpha\cdot\beta$ 时，也需要说明该定义是良定义的。即如果 $\langle u,<_u\rangle\cong\langle a,<_a\rangle$，$\langle v,<_v\rangle\cong\langle b,<_b\rangle$，则按照上述对 $a\times b$ 定义二元关系 $<_\times$ 的过程，对 $u\times v$ 也定义其上的二元关系 $\lhd_\times$，然后，应该有 $\langle u\times v,\lhd_\times\rangle\cong\langle a\times b,<_\times\rangle$。这样，所定义的 $\alpha\cdot\beta$ 是不依赖于与序数 α 和 β 同构的良序集的。这是显然的事情，因为如果记 u 到 a 的同构映射和 v 到 b 的同构映射分别为 f_1 和 f_2，那么定义 $u\times v$ 到 $a\times b$ 的映射 f 如下：$f(\langle x,y\rangle)=\langle f_1(x),f_2(y)\rangle$。首先，根据 f_1 和 f_2 为双射可以得到

f 为双射；其次，对于$\langle x_1,y_1\rangle,\langle x_2,y_2\rangle\in u\times v$，由于 f_1 和 f_2 为同构映射，所以 $x_1<_u x_2$ 当且仅当 $f_1(x_1)<_a f_1(x_2)$，$y_1<_v y_2$ 当且仅当 $f_2(y_1)<_b f_2(y_2)$，进而，如果$\langle x_1,y_1\rangle\lhd_\times\langle x_2,y_2\rangle$，则或者 $y_1<_v y_2$，或者 $y_1=y_2$ 且 $x_1<_u x_2$，而这些又等价于：或者 $f_2(y_1)<_b f_2(y_2)$，或者 $f_2(y_1)=f_2(y_2)$ 且 $f_1(x_1)<_a f_1(x_2)$，因而就有$\langle f_1(x_1),f_2(y_1)\rangle<_\times\langle f_1(x_2),f_2(y_2)\rangle$。可见 f 也是满足保序性的，所以 f 是 $u\times v$ 到 $a\times b$ 的同构映射。由于 $\alpha\cdot\beta$ 是良定义的，所以可以直接将良序集 $\alpha\times\beta$ 的序数作为 $\alpha\cdot\beta$。

根据 $\alpha\cdot\beta$ 的定义，我们有如下基本性质：$\alpha\cdot 0=0\cdot\alpha=0$，这是因为 $0=\varnothing$，那么 $\alpha\times\varnothing=\varnothing\times\alpha=\varnothing$。$\alpha\cdot 1=1\cdot\alpha=\alpha$，这是因为 $1=\{0\}$，那么 $\alpha\times 1$ 的元素为$\langle x,0\rangle$，其中 $x\in\alpha$，由于第二元素都为 0，所以 $\alpha\times 1$ 中元素的顺序完全等价于 α 中的元素顺序，也就是说 $\alpha\times 1\cong\alpha$，因而可得 $\alpha\cdot 1=\alpha$；类似地，有 $1\cdot\alpha=\alpha$。序数的乘法满足结合律：$(\alpha\cdot\beta)\cdot\gamma=\alpha\cdot(\beta\cdot\gamma)$，这是因为，对于任意的$\langle x_1,y_1,z_1\rangle,\langle x_2,y_2,z_2\rangle\in(\alpha\times\beta)\times\gamma$，根据$\langle x_1,y_1,z_1\rangle<_\times\langle x_2,y_2,z_2\rangle$可得：或者 $z_1<z_2$，或者 $z_1=z_2$ 且 $y_1<y_2$，或者 $z_1=z_2$ 且 $y_1=y_2$ 且 $x_1<x_2$。而对于$\langle x_1,y_1,z_1\rangle,\langle x_2,y_2,z_2\rangle\in\alpha\times(\beta\times\gamma)$，$\langle x_1,\langle y_1,z_1\rangle\rangle<_\times\langle x_2,\langle y_2,z_2\rangle\rangle$ 就是：或者$\langle y_1,z_1\rangle<\langle y_2,z_2\rangle$，或者$\langle y_1,z_1\rangle=\langle y_2,z_2\rangle$且 $x_1<x_2$，而这些又进一步等价于：或者 $z_1<z_2$，或者 $z_1=z_2$ 且 $y_1<y_2$，或者 $z_1=z_2$ 且 $y_1=y_2$ 且 $x_1<x_2$。从上可见，$\langle x_1,y_1,z_1\rangle<_\times\langle x_2,y_2,z_2\rangle$与$\langle x_1,\langle y_1,z_1\rangle\rangle<_\times\langle x_2,\langle y_2,z_2\rangle\rangle$是完全等价的，所以有$(\alpha\cdot\beta)\cdot\gamma=\alpha\cdot(\beta\cdot\gamma)$。类似于序数的加法，序数的乘法也不满足交换律。比如，对于 $\omega\cdot 2$，良序集 $\omega\times 2$ 的元素形式按照偏序关系排列即为$\langle 0,0\rangle,\langle 1,0\rangle,\langle 2,0\rangle,\cdots;\langle 0,1\rangle,\langle 1,1\rangle,\langle 2,1\rangle,\cdots$；而对于 $2\cdot\omega$，良序集 $2\times\omega$ 的元素形式按照偏序关系排列即为$\langle 0,0\rangle,\langle 1,0\rangle;\langle 0,1\rangle,\langle 1,1\rangle;\langle 0,2\rangle,\langle 1,2\rangle;\cdots$，可以看出良序集 $2\times\omega$ 与良序集 $\omega\times 2$ 所表达的良序关系是不同的，而且 $2\times\omega$ 是序同构于 ω 的，因而 $2\cdot\omega=\omega$。

序数乘法对序数的加法具有分配律：$\alpha\cdot(\beta+\gamma)=(\alpha\cdot\beta)+(\alpha\cdot\gamma)$。设 $\alpha\cong a$，$\beta\cong b$，$\gamma\cong c$，且满足 $a\cap b=\varnothing$，$a\cap c=\varnothing$，$b\cap c=\varnothing$。首先，$a\times(b\cup c)=(a\times b)\cup(a\times c)$，这是因为对于任意的$\langle x,y\rangle\in a\times(b\cup c)$，则有 $x\in a$ 且 $y\in(b\cup c)$，这相当于 $x\in a$ 且 $y\in b$ 或者 $x\in a$ 且 $y\in c$，也就是$\langle x,y\rangle\in a\times b$ 或者$\langle x,y\rangle\in a\times c$，进而有$\langle x,y\rangle\in(a\times b)\cup(a\times c)$；反之亦然。其次，对于任意的$\langle x_1,y_1\rangle,\langle x_2,y_2\rangle\in a\times(b\cup c)$，当$\langle x_1,y_1\rangle<\langle x_2,y_2\rangle$时，则根据前述定义 $a\times b$ 和 $a\cup b$ 上的良序关系，有：或者 $y_1,y_2\in b$ 且 $y_1<_b y_2$，或者 $y_1,y_2\in c$ 且 $y_1<_c y_2$，或者 $y_1\in b$，$y_2\in c$ 即 $y_1<_{b\cup c}y_2$，或者 $y_1=y_2$ 且 $x_1<_a x_2$，其中，$<_a$，$<_b$，$<_c$ 分别表示良序集 a,b,c 上的良序关系，$<_{b\cup c}$ 表示前面根据 $<_b$，$<_c$ 定义的 $a\cup b$ 上的良序关系。对于任意的$\langle x_1,y_1\rangle,\langle x_2,y_2\rangle\in(a\times b)\cup(a\times c)$，当$\langle x_1,y_1\rangle<\langle x_2,y_2\rangle$时，所可能的情形与上述的情况完全一样。因而，可以构造出良序集 $a\times(b\cup c)$ 到良序集 $(a\times b)\cup(a\times c)$ 的同构映射，这说明它们的序数是相同的。

关于序数加法和序数乘法，有如下重要命题。

【命题 8.4.3】 对于任意的序数 α,β，有：

(1) $\alpha+\beta^+=(\alpha+\beta)^+$；

(2) $\alpha\cdot\beta^+=\alpha\cdot\beta+\alpha$。

证明：对于(1)，根据序数加法的结合律，以及 $\alpha^+=\alpha+1$，有

$$\alpha+\beta^+=\alpha+(\beta+1)=(\alpha+\beta)+1=(\alpha+\beta)^+$$

对于(2)，根据序数乘法对序数加法的分配律，以及 $\alpha\cdot 1=\alpha$，有

$$\alpha \cdot \beta^{+}=\alpha \cdot (\beta+1)=(\alpha \cdot \beta)+(\alpha \cdot 1)=(\alpha \cdot \beta)+\alpha$$

■

前面在介绍序数加法的时候曾提到过，对于一个良序集 a，可以将一个与之不交的良序集 b"拼接"在其后，即当 $b \cap a=\varnothing$ 时，按照前述拼接的方法，在 $a \cup b$ 上定义二元关系 $<_{+}=(<_{a}) \cup (<_{b}) \cup (a \times b)$，则 $<_{+}$ 为 $a \cup b$ 上的良序关系。现在，我们来看良序集 $\langle a,<_{a}\rangle$ 和 $\langle a \cup b,<_{+}\rangle$ 的关系，它们满足 $a \subset a \cup b$，$(<_{a}) \subset (<_{+})$，而且对于任意的 $x \in a$，$y \in b$，有 $x<_{+} y$。我们称满足上述条件的良序集 $a \cup b$ 为良序集 a 的"后向延长"(end extension)。一般地，对于任意的两个良序集 $\langle a,<_{a}\rangle$ 和 $\langle b,<_{b}\rangle$，如果 $a \subset b$，且 $(<_{a}) \subset (<_{b})$，而且对于任意的 $x \in a$，$y \in b-a$，有 $x<_{b} y$，则称良序集 $\langle b,<_{b}\rangle$ 为良序集 $\langle a,<_{a}\rangle$ 的后向延长。现在我们考虑一个元素均为良序集的集合，记为 c，而且集合 c 中任意两个良序集 $\langle a,<_{a}\rangle$ 和 $\langle b,<_{b}\rangle$ 之间，满足一个是另一个的后向延长。这样在直观上，我们可以把 c 中所有的良序集按照从短到长的顺序连成一条"链"，而这个操作可以通过集合的并运算完成，即令 $u=\bigcup\{a \mid \langle a,<_{a}\rangle \in c\}$，$<_{u}=\bigcup\{<_{a} \mid \langle a,<_{a}\rangle \in c\}$。注意，由于 $\bigcup x$ 是 x 关于包含关系 $\subset$ 的上确界，所以 u 和 $<_{u}$ 也是 $\{a \mid \langle a,<_{a}\rangle \in c\}$ 和 $\{<_{a} \mid \langle a,<_{a}\rangle \in c\}$ 关于包含关系 $\subset$ 的上确界。我们说 $\langle u,<_{u}\rangle$ 是良序集，且其序数是 c 中所有良序集对应的序数组成之集合的上确界。事实上，对于任意的 $\langle a,<_{a}\rangle \in c$，记其属于-像为 $\operatorname{ran}(f_{a})$，其中，$f_{a}$ 是 a 到 $\operatorname{ran}(f_{a})$ 的同构映射。如果 c 中另一个良序集 $\langle b,<_{b}\rangle$ 为良序集 $\langle a,<_{a}\rangle$ 的后向延长，由于 $a \subset b$，且 $(<_{a}) \subset (<_{b})$，因而，如果记 $\langle b,<_{b}\rangle$ 的属于-像为 $\operatorname{ran}(f_{b})$，其中，$f_{b}$ 是 b 到 $\operatorname{ran}(f_{b})$ 的同构映射，则 $f_{a}=f_{b} \upharpoonright a$。比如，良序集 $a=\{s,t\}$，其中 $s<_{a} t$，良序集 $b=\{s,t,w\}$ 为 a 的后向延长，其中，$s<_{a} t<_{a} w$，则 $f_{a}(s)=\varnothing$，$f_{a}(t)=\{\varnothing\}$，$f_{b}(s)=\varnothing$，$f_{b}(t)=\{\varnothing\}$，$f_{b}(w)=\{\varnothing,\{\varnothing\}\}$。可以看出，$c$ 中所有良序集到其属于-像的同构映射之集合 $\{f_{a} \mid \langle a,<_{a}\rangle \in c\}$ 也是链的形状，对其也作并运算，令 $f=\bigcup\{f_{a} \mid \langle a,<_{a}\rangle \in c\}$，则有 $\operatorname{dom}(f)=\bigcup\{a \mid \langle a,<_{a}\rangle \in c\}=u$，$\operatorname{ran}(f)=\bigcup\{\operatorname{ran}(f_{a}) \mid \langle a,<_{a}\rangle \in c\}$。由于 $\operatorname{ran}(f_{a})$ 是良序集 $\langle a,<_{a}\rangle$ 的序数，所以 $\operatorname{ran}(f)$ 也是一个序数，而且是 c 中所有良序集所对应序数的上确界，我们将其记为 λ。由于 f_{a} 均为双射，所以 $f=\bigcup\{f_{a} \mid \langle a,<_{a}\rangle \in c\}$ 也是双射。此外，如果 $\langle x,y\rangle \in (<_{u})$，即 $x<_{u} y$，则 $\langle x,y\rangle \in (<_{a})$，其中，$\langle a,<_{a}\rangle \in c$，即 $x<_{a} y$。利用 f_{a} 是 a 到 $\operatorname{ran}(f_{a})$ 的同构映射，因而有 $f_{a}(x) \in f_{a}(y)$，所以 $f(x) \in f(y)$，可见双射 f 还是 u 到 λ 的保序映射，所以 $\langle u,<_{u}\rangle$ 为良序集，且其序数为 λ。

【命题 8.4.4】 对于任意的序数 α，以及任意的极限序数 γ，有：

(1) $\alpha+\gamma=\sup\{\alpha+\beta \mid \beta \in \gamma\}$；

(2) $\alpha \cdot \gamma=\sup\{\alpha \cdot \beta \mid \beta \in \gamma\}$。

证明：对于(1)，由于 γ 为极限序数，所以 $\bigcup \gamma=\gamma$。利用序数 $\alpha+\gamma$ 为良序集 $(\{0\} \times \alpha) \cup (\{1\} \times \gamma)$ 的序数，有

$$(\{0\} \times \alpha) \cup (\{1\} \times \gamma)=(\{0\} \times \alpha) \cup (\{1\} \times \bigcup \gamma)$$

而 $\bigcup \gamma=\bigcup\{\beta \mid \beta \in \gamma\}$，所以，

$$\{1\} \times \bigcup \gamma=\{1\} \times \bigcup\{\beta \mid \beta \in \gamma\}=\bigcup\{\{1\} \times \beta \mid \beta \in \gamma\}$$

因而就有

$$\begin{aligned}(\{0\} \times \alpha) \cup (\{1\} \times \gamma) &=(\{0\} \times \alpha) \cup (\bigcup\{\{1\} \times \beta \mid \beta \in \gamma\}) \\ &=\bigcup\{(\{0\} \times \alpha) \cup (\{1\} \times \beta) \mid \beta \in \gamma\}\end{aligned}$$

令$(\{0\}\times\alpha)\cup(\{1\}\times\beta)=a_{\alpha+\beta}$，则 $a_{\alpha+\beta}$ 的序数就是$\alpha+\beta$。注意，对于所有的 $a_{\alpha+\beta}$，$\beta\in\gamma$，由于序数满足 $\beta_1\in\beta_2$ 当且仅当 $\beta_1\subset\beta_2$，所以，如果 $\beta_1\in\beta_2$，则有 $a_{\alpha+\beta_2}$ 是 $a_{\alpha+\beta_1}$ 的后向延长。那么，根据前述结论，$\cup\{a_{\alpha+\beta}|\beta\in\gamma\}$的序数就是所有 $a_{\alpha+\beta}$，$\beta\in\gamma$ 所对应序数的上确界，也就是$(\{0\}\times\alpha)\cup(\{1\}\times\gamma)$的序数为 $\sup\{\alpha+\beta|\beta\in\gamma\}$，即 $\alpha+\gamma=\sup\{\alpha+\beta|\beta\in\gamma\}$。

对于(2)，根据 $\alpha\cdot\gamma$ 就是良序集$\alpha\times\gamma$ 的序数，有

$$\alpha\times\gamma=\alpha\times(\cup\gamma)=\alpha\times(\cup\{\beta\mid\beta\in\gamma\})=\cup\{\alpha\times\beta\mid\beta\in\gamma\}$$

由于$\alpha\times\beta$ 的序数为$\alpha\cdot\beta$，且如果 $\beta_1\in\beta_2$，则有 $\alpha\times\beta_2$ 是 $\alpha\times\beta_1$ 的后向延长。所以有$\cup\{\alpha\times\beta|\beta\in\gamma\}$的序数为 $\sup\{\alpha\cdot\beta|\beta\in\gamma\}$，即 $\alpha\cdot\gamma=\sup\{\alpha\cdot\beta|\beta\in\gamma\}$。

■

从命题 8.4.3 和命题 8.4.4 可以看出，完全也可以利用超限递归定理，去定义序数的加法和乘法，然而这种方法不如从良序集出发去定义序数的加法和乘法来得更加直观，所以我们并没有采用此方法。

我们也可以定义序数的指数运算，过程与定义序数的加法运算和乘法运算很相似，这里直接给出结果：$\alpha^0=1$，$\alpha^{\beta^+}=\alpha^\beta\cdot\alpha$，当$\gamma$为极限序数时，$\alpha^\gamma=\sup\{\alpha^\beta|\beta\in\gamma\}$。至此，式(8.2.1)可以进一步写作

$$0\in1\in\cdots\in\omega\in\omega+1\in\cdots\in\omega\cdot2\in\omega\cdot2+1\in\cdots\in\omega^2\in\cdots\in\omega^\omega\in\cdots\in\omega^{\omega^\omega}\in\cdots \tag{8.4.2}$$

习题

1. 对于序数α，β，证明：$\alpha\in\beta$ 当且仅当$\alpha^+\in\beta^+$。
2. 证明：对于序数α，β，或者$\alpha\subset\beta$，或者$\beta\subset\alpha$。
3. 证明：对于序数α，β，如果$\alpha\subset\beta$，且$\alpha\neq\beta$，则有$\alpha\in\beta$。
4. 证明：任意的序数α 都可以表示为$\alpha=\{\gamma\in\mathbf{ON}|\gamma\in\alpha\}$。
5. 证明：对于任意的序数α，都有 $\mathrm{rank}(\alpha)=\alpha$。
6. 证明：对于序数α，β，有$\alpha=\beta$ 当且仅当$\alpha^+=\beta^+$。
7. 证明：$\omega+\omega$ 和$\omega\cdot\omega$ 都是极限序数。
8. 证明：如果序数α 是极限序数，则一定有$\omega\in\alpha$。
9. 证明：对于序数α，β，如果$\alpha\in\beta$，则有$V_\alpha\in V_\beta$。
10. 对于序数α，β，已知$\alpha\in\beta$，那么，对于任意的序数γ，判断是否一定有$(\alpha+\gamma)\in(\beta+\gamma)$。

第9章 基数

CHAPTER 9

前面我们曾反复提到过，序数是衡量良序集长度的统一尺度，而长度是以良序结构为基础的，一个良序集与其序数同构，不仅说明了它们之间的同构映射为双射，还说明了该同构映射具有保序性。相对于集合的"长度"，集合的"容量"是不涉及良序结构的，两个集合的容量相同，即它们是等势的，仅仅是说它们之间存在着双射。这样看来，很多长度不同的集合可能会具有相同的容量，因而，作为度量集合容量的尺度，相对于度量集合长度的尺度会大大地压缩。比如，按照"正常顺序"写出的自然数集 $\omega=\{0,1,2,\cdots\}$，以及按照"除 0 之外其他自然数之间顺序不变，而 0 比其他自然数都大"这种顺序写出的集合 $\tilde{\omega}=\{1,2,\cdots;0\}$，我们已经知道它们所对应的序数是不同的，$\tilde{\omega}$ 所对应的序数为 $\omega+1$，可见，$\tilde{\omega}$ 在集合长度上是大于 ω 的，然而，它们的集合容量却是相同的。我们引入基数的概念来完成对集合容量的度量。

9.1 哈托格斯数

由于任意的集合 u 总是会属于集合宇宙 $\mathbf{V}$ 中的某一个层次 V_α，而 V_α 是由序数 α 作为指标不断递增的，因而在直观上，感觉总是会有一个序数 β，在集合的容量上是会不小于集合 u 的，即 $u\preccurlyeq\beta$。有如下命题。

【命题 9.1.1】 对于任意的集合 x，存在 $\delta\in\mathbf{ON}$，满足 $\delta\not\preccurlyeq x$。

证明：对于任意给定的集合 x，令 $\alpha=\{\beta\in\mathbf{ON}\mid\beta\preccurlyeq x\}$，以及 $s=\{\langle y,<_y\rangle\mid y\subset x\wedge\langle y,<_y\rangle\in\mathbf{WO}\}$。也就是说，类 α 是由集合 x 所有优势于的序数全体构成的对象，类 s 是所有带有良序关系 $<_y$ 的集合 x 的良序子集 $\langle y,<_y\rangle$ 所构成的对象。首先我们说，类 s 是一个集合，这是因为对于任意的 $\langle y,<_y\rangle\in s$，有 $y\in P(x)$ 且 $(<_y)\in P(x\times x)$，所以有序对 $\langle y,<_y\rangle\in(P(x)\times P(x\times x))$，可见，$s\subset(P(x)\times P(x\times x))$，因而根据 ZF2 分离公理，可知类 s 是一个集合。其次，我们说类 α 也是一个集合，这是因为如果令二元谓词 $G(u,v)$ 表示：当 $u\in\mathbf{WO}$ 时，v 是 u 的属于-像，这等价于是说，当 $u\in\mathbf{WO}$ 时，$u\cong\langle v,\in\rangle$；当 $u\notin\mathbf{WO}$ 时，$v=\varnothing$。由于每一个良序集都对应于唯一的属于-像，也就是该良序集的序数，所以，对于任意的 $\langle y,<_y\rangle\in s$，根据 $G(\langle y,<_y\rangle,\beta)$ 都可以确定出唯一的序数 β，进而，根据 ZF7 替换公理，可知类

$$\lambda=\{\beta\mid\exists\langle y,<_y\rangle(\langle y,<_y\rangle\in s\wedge G(\langle y,<_y\rangle,\beta))\}$$

是一个集合。由于 $s=\{\langle y,<_y\rangle\mid y\subset x\wedge\langle y,<_y\rangle\in\mathbf{WO}\}$，所以可将集合 λ 进一步表示为

$$\lambda=\{\beta \mid \exists\langle y,<_y\rangle(y\subset x \land \langle y,<_y\rangle \in \mathbf{WO} \land \langle y,<_y\rangle \cong \langle \beta,\in\rangle)\}$$

注意到：一方面，对于任意的$\beta\in\lambda$，由于$\langle y,<_y\rangle\cong\langle\beta,\in\rangle$且$y\subset x$，这说明序数$\beta$与$x$的子集$y$之间存在着双射，所以$\beta\preccurlyeq x$，因而$\beta\in\alpha$，可见$\lambda\subset\alpha$；另一方面，对于任意的$\beta\in\alpha$，即$\beta\preccurlyeq x$，可知序数$\beta$与$x$的某个子集$y$之间存在着双射，因而根据命题7.2.1，我们可以根据良序集$\langle\beta,\in\rangle$和该双射，诱导出y上的良序关系$<_y$，且满足$\langle\beta,\in\rangle\cong\langle y,<_y\rangle$，所以$\beta\in\lambda$，因而$\alpha\subset\lambda$。综上可见，$\alpha=\lambda$。

由于α是一个集合而非序数宇宙**ON**，而α又是由$\beta\preccurlyeq x$的序数β组成，自然地，不属于α的序数δ也就不满足$\delta\preccurlyeq x$了。

■

需要指出，在命题9.1.1的证明中，集合s的元素是有序对$\langle y,<_y\rangle$，也就是说，我们把偏序集$\langle y,<_y\rangle$——包括集合y和偏序关系$<_y$——看作一个集合整体。事实上，由于$<_y$也是集合，所以将y和$<_y$写成有序对也是自然的，因而符号$u\in\mathbf{WO}$表示u为良序集，其中的u被认为是包含偏序关系的有序对。当然，通常我们在提及偏序集时，经常是省略掉偏序关系$<_y$的。

对于命题9.1.1中的集合$\alpha=\{\beta\in\mathbf{ON}\mid\beta\preccurlyeq x\}$，由于其元素都是序数，所以根据命题8.2.3可知$\alpha$是关于$\in$的良序集。如果$\gamma\in\beta\land\beta\in\alpha$，由于序数$\beta$为传递集，且根据集合$\alpha$的定义，可得$\gamma\subset\beta\land\beta\preccurlyeq x$，进而可得序数$\gamma\preccurlyeq x$，可见，$\gamma\in\alpha$。这说明集合$\alpha$还是传递集，所以集合$\alpha$为一个序数。

由于$\alpha\notin\alpha$，所以$\alpha\not\preccurlyeq x$，可见α就是满足命题9.1.1的序数；更为重要的是，α还是满足命题9.1.1的最小序数。这是因为，如果$\beta\in\alpha$，则$\beta\preccurlyeq x$，可见比α小的序数都是集合x所优势于的序数。由于序数的最小性蕴含了唯一性，因而可以看出，对于任意的集合x，都存在唯一序数α满足$\alpha\not\preccurlyeq x$，且对于任意的$\beta\in\alpha$，有$\beta\preccurlyeq x$，该α就是$\alpha=\{\beta\in\mathbf{ON}\mid\beta\preccurlyeq x\}$。考虑到这个根据集合$x$所确定的序数$\alpha$的重要性，我们称它为集合$x$的哈托格斯数(Hartogs number)，记为$\hbar(x)$。

如果用谓词公式表示对于任意的集合x都存在其哈托格斯数，则为

$$\forall x\exists\alpha(\alpha\not\preccurlyeq x \land \forall\beta(\beta\in\alpha\rightarrow\beta\preccurlyeq x)\land\forall\gamma(\gamma\not\preccurlyeq x\land\forall\beta(\beta\in\gamma\rightarrow\beta\preccurlyeq x)\rightarrow\gamma=\alpha))$$

9.2 定义基数

我们已经知道，对于多个不同长度的良序集合，可能它们会具有相同的集合容量。也就是说这些良序集合的序数代表了相同的集合容量，由于序数之集合是关于$\in$的良序集，因而，我们考虑将这些序数中的最小元作为它们所代表的集合容量。

【定义9.2.1】 对于任意的集合a，与其等势的最小序数称为集合a的基数(cardinal number)，记为card(a)。

根据定义9.2.1，集合的基数是用来衡量集合容量的，因而，如果两个集合的容量相同，就说明这两个集合的基数应该是相同的。下面的命题说明了这一点。

【命题9.2.1】 对于任意的集合a和b，$a\approx b$当且仅当card$(a)=$card(b)。

证明：如果$a\approx b$，设card(a)为序数α，当然$a\approx\alpha$，所以$b\approx\alpha$。我们说序数α是与b等势的最小序数，否则，则存在$\beta\in\alpha$，且$\beta\approx b$，进而可得$\beta\approx a$，这是同α为与a等势的最小序

数相矛盾的，所以 $\mathrm{card}(b)=\alpha=\mathrm{card}(a)$。反之，如果 $\mathrm{card}(a)=\mathrm{card}(b)$，根据集合基数的定义，有 $a\approx\mathrm{card}(a)$，$b\approx\mathrm{card}(b)$，因而，可得 $a\approx b$。

■

在定义 9.2.1 中，我们将基数定义为特殊的序数，当然，定义中是从集合 a 出发去引入基数的。事实上，也可以直接通过序数去定义基数，这种定义方法同定义 9.2.1 是等价的。下面的命题说明了这一点。

【命题 9.2.2】 序数 α 是基数，当且仅当不存在比 α 小的序数与其等势。

证明：如果序数 α 是基数，则根据定义 9.2.1，存在集合 a，满足 α 是与 a 等势的最小序数。那么对于任意的 $\beta\in\alpha$，如果 $\beta\approx\alpha$，则会有 $\beta\approx a$，而这与 α 是集合 a 的基数相矛盾，所以，对于任意的 $\beta\in\alpha$，都有 $\beta\not\approx\alpha$。反之，如果对于任意的 $\beta\in\alpha$，都有 $\beta\not\approx\alpha$，那么，序数 α 与作为集合的 α 是等势的，而且还是与 α 等势的最小序数，所以序数 α 是集合 α 的基数。

■

根据命题 9.2.2，显然，对于任意的序数 α，如果它为基数，则一定有 $\mathrm{card}(\alpha)=\alpha$。

在命题 9.2.1 的基础上，我们可以进一步得到如下命题。

【命题 9.2.3】 对于任意的集合 a 和 b，$a\preccurlyeq b$ 当且仅当 $\mathrm{card}(a)\in\mathrm{card}(b)$ 或者 $\mathrm{card}(a)=\mathrm{card}(b)$。

证明：当 $a\preccurlyeq b$ 时，如果 $\mathrm{card}(b)\in\mathrm{card}(a)$，则 $\mathrm{card}(b)\subsetneq\mathrm{card}(a)$，因而 $\mathrm{card}(b)\preccurlyeq\mathrm{card}(a)$。由于 $\mathrm{card}(a)\approx a$，$\mathrm{card}(b)\approx b$，再结合 $a\preccurlyeq b$，利用单射的复合还是单射，可得 $\mathrm{card}(a)\preccurlyeq\mathrm{card}(b)$。进而根据命题 6.2.4 可得 $\mathrm{card}(b)\approx\mathrm{card}(a)$。注意，$\mathrm{card}(a)$ 是集合 a 的基数，因而与假设的 $\mathrm{card}(b)\in\mathrm{card}(a)$ 产生矛盾。反之，如果 $\mathrm{card}(a)\in\mathrm{card}(b)$ 或者 $\mathrm{card}(a)=\mathrm{card}(b)$，这说明 $\mathrm{card}(a)\subset\mathrm{card}(b)$，所以 $\mathrm{card}(a)\preccurlyeq\mathrm{card}(b)$，由于 $\mathrm{card}(a)\approx a$，$\mathrm{card}(b)\approx b$，所以，利用单射的复合还是单射的性质，可得 $a\preccurlyeq b$。

■

根据命题 9.2.3，很容易得出：$a\prec b$ 当且仅当 $\mathrm{card}(a)\in\mathrm{card}(b)$。这是因为，$a\prec b$ 就是 $a\preccurlyeq b$ 且 $a\not\approx b$。这就导致了必然不会发生 $\mathrm{card}(a)=\mathrm{card}(b)$ 的情况，因为如果发生了，根据 $\mathrm{card}(a)\approx a$，$\mathrm{card}(b)\approx b$，可得 $a\approx b$，进而产生矛盾。由上述可见，第 6 章中定义的集合的等势和优势，是和基数的大小相一致的。这里我们给集合的基数这个明确的含义，使得集合之间的等势变得更加清晰。

下面我们考察序数宇宙 **ON** 中，哪些序数可以作为基数。

【命题 9.2.4】 对于任意的自然数 $x\in\omega$，它是一个基数。

证明：首先，我们说如果自然数 $y\approx x$，则一定有 $y=x$。这是因为，根据自然数集 ω 上偏序关系的三分性，有：或者 $y\in x$，或者 $y=x$，或者 $x\in y$。如果 $y\in x$，则根据命题 8.2.5 可知 $y\subsetneq x$，即 y 是 x 的真子集，而根据命题 6.3.2 可知，自然数 x 是不会与其真子集 y 等势的，产生矛盾，所以 $y\notin x$。同理可得 $x\notin y$，因此 $y=x$。所以，对于任意的 $y\in x$，都有 $y\not\approx x$，因而自然数 x 是基数。

■

【命题 9.2.5】 自然数集 ω 是一个基数。

证明：对于任意的自然数 $x\in\omega$，一定有 $x\not\approx\omega$。这是因为，在命题 6.2.4 之后的说明中，我们已经指出：如果 $a\subset b\subset c$，且 $c\approx a$，则有 $c\approx b$ 和 $a\approx b$。现在，由于 $x\subset x+1\subset\omega$，如

果 $x\approx\omega$，则就会有 $x\approx x+1$，这就与上一个命题中的结论相矛盾，所以 $x\not\approx\omega$。可见，任意比 ω 小的序数，也就是自然数 x，都是不会与 ω 等势的，所以 ω 为基数。

■

从命题 9.2.4 和命题 9.2.5 可以看出，所有的自然数 $x\in\omega$，以及自然数集 ω 本身都是基数。自然地，我们就会关注：除了它们之外，是否序数宇宙 **ON** 中还有其他的序数 α——即满足 $\omega\in\alpha$ 的 α——可以作为基数。这是一个非常重要的问题，对于该问题，首先，我们有如下命题。

【命题 9.2.6】 对于任意大于 ω 的序数 α，如果它为基数，那么它一定是一个极限序数。

证明：设 $\omega\in\alpha$，首先 $\alpha\neq 0$；其次，如果 α 为一个后继序数，即 $\alpha=\beta^+$，则会有或者 $\omega=\beta$，或者 $\omega\in\beta$。这是因为，如果 $\beta\in\omega$，则会有 $\beta+1\in\omega$，即 $\alpha\in\omega$，而这是与 $\omega\in\alpha$ 矛盾的。无论 $\omega=\beta$ 还是 $\omega\in\beta$，序数 β 均为无限集，那么，根据命题 6.4.6 可知，$\beta\cup\{\beta\}\approx\beta$，即 $\beta^+\approx\beta$，也就是 $\alpha\approx\beta$，而这是与 α 为基数相矛盾的。可见，α 也不能是后继序数，所以 α 一定是极限序数。

■

命题 9.2.6 的意思是，对于超限序数而言，如果它为基数，则它一定是一个极限序数，这将 $\omega\in\alpha$ 中可以作为基数的 α 的范围缩小为极限序数了。比如，根据该命题可知，序数 ω^+，ω^2+1 等，这些都不会是基数。然而，命题 9.2.6 对于大于 ω 的基数的描述还是不够清晰，下面的命题更加清晰地描述出了大于 ω 的基数的情形。

【命题 9.2.7】 任意集合 a 的哈托格斯数是基数，特别地，比基数 α 大的最小基数就是基数 α 的哈托格斯数。

证明：集合 a 的哈托格斯数为 $\hbar(a)=\alpha=\{\beta\in\mathbf{ON}\mid\beta\preccurlyeq a\}$，对于任意的 $\beta\in\alpha$，有 $\beta\preccurlyeq a$。如果对于任意的 $\beta\in\alpha$，有 $\beta\approx\alpha$，则会得到 $\alpha\preccurlyeq a$。而根据命题 9.1.1 可知，$\alpha\not\preccurlyeq a$，所以产生矛盾。可见，对于任意的 $\beta\in\alpha$，都有 $\beta\not\approx\alpha$，所以 α 是基数。

对于基数 α，上面已经说明了 $\hbar(\alpha)=\{\beta\in\mathbf{ON}\mid\beta\preccurlyeq\alpha\}$ 也是基数。由于序数 $\alpha\preccurlyeq\alpha$，所以 $\alpha\in\hbar(\alpha)$。如果存在比基数 α 大且比基数 $\hbar(\alpha)$ 小的基数 γ，即基数 γ 满足 $\alpha\in\gamma\wedge\gamma\in\hbar(\alpha)$，则有 $\alpha\preccurlyeq\gamma$ 且 $\gamma\preccurlyeq\alpha$，进而根据命题 6.2.4 可得 $\alpha\approx\gamma$，而这就与 γ 为基数产生了矛盾，所以比基数 α 大的最小基数就是 $\hbar(\alpha)$。

■

根据命题 9.2.7 可知，基数 ω 之后紧挨着的基数就是 $\hbar(\omega)$，紧接着就是 $\hbar(\hbar(\omega))$，等等。为了方便标记，记 $\hbar(\alpha)=\alpha^{\oplus}$。那么，$\omega$ 之后的基数就可以写为

$$\omega\in\omega^{\oplus}\in\omega^{\oplus\oplus}\in\omega^{\oplus\oplus\oplus}\in\cdots\tag{9.2.1}$$

可以看出，上面基数构成的链是有一定顺序的链，我们考虑可以用序数来表示它。我们使用一个当年康托所采用的符号——$\aleph$(aleph)，它是希伯来字母表中的第一个字母。令 $\aleph_0=\omega$，$\aleph_1=\omega^{\oplus}=\hbar(\aleph_0)$，$\aleph_2=\omega^{\oplus\oplus}=\hbar(\aleph_1)$，则上个链条可以进一步写为

$$\aleph_0\in\aleph_1\in\aleph_2\in\aleph_3\in\cdots\tag{9.2.2}$$

【命题 9.2.8】 如果集合 a 的元素都是基数，那么集合 $\bigcup a$ 也是基数。

证明：根据命题 8.2.5 可知 $\bigcup a$ 是序数，且是 a 的上确界，即 $\bigcup a=\sup a$。如果 $\bigcup a$ 不是基数，即存在序数 $\alpha\in\bigcup a$，满足 $\alpha\approx\bigcup a$，则存在 $\beta\in a$，使得 $\alpha\in\beta$，因而可得 $\beta\subset\bigcup a$，以及 $\alpha\subsetneq\beta$，即 $\alpha\subsetneq\beta\subset\bigcup a$。由于 $\alpha\approx\bigcup a$，因而利用命题 6.2.4 之后说明中的结论，可得 $\alpha\approx\beta$。注意，$\alpha\in\beta$，且 β 是基数，因而产生了矛盾。所以 $\bigcup a$ 是基数。

■

根据命题 9.2.8，$\aleph_\alpha$，$\alpha\in\omega$ 之后的基数应该是 $\aleph_\omega=\bigcup\{\aleph_\alpha|\alpha\in\omega\}$，然后紧接着的基数是 $\aleph_{\omega^+}=\hbar(\aleph_\omega)$，等等。一般地，我们可以按照命题 8.3.4 中递归定义集合层次 V_α 的类似方法，去定义由序数作为指标进行标记的各个作为基数的超限序数 $\aleph_\alpha$：$\aleph_0=\omega$；$\aleph_{\alpha^+}=\hbar(\aleph_\alpha)$；当 α 为极限序数时，$\aleph_\alpha=\bigcup_{\beta\in\alpha}\aleph_\beta$。根据命题 9.2.7，直观上感觉这种定义基数的方法涵盖了所有的基数，下面的命题肯定了这一点。

【命题 9.2.9】 对于任意的序数 β，如果 $\omega\subset\beta$，且 β 为基数，那么一定存在某个序数 α，使得 $\beta=\aleph_\alpha$。

证明：设 α 是最小的满足 $\beta=\aleph_\alpha\vee\beta\in\aleph_\alpha$ 的序数。满足该条件的 α 是存在的，因为如果不存在这样的 α，也就是说，对于任意的序数 $\alpha\in$ **ON**，都会有 $\aleph_\alpha\in\beta$。由于上述定义 $\aleph_\alpha$ 的方法，是将序数宇宙 **ON** 的任意元素 α 映射为 $\aleph_\alpha$，该映射是一个真类映射，记为 f，那么 $\mathrm{ran}(f)$ 是不会包含在集合 β 中的，所以满足条件的 α 是存在的。我们说 $\aleph_\alpha=\beta\vee\aleph_\alpha\in\beta$。这是因为，对于 $\alpha=0$ 的情形，$\aleph_0=\omega$，根据题设条件 $\aleph_0\subset\beta$，即 $\aleph_0=\beta\vee\aleph_0\in\beta$；对于后继序数 $\alpha=\gamma^+$ 的情形，根据 α 的最小性可知 $\aleph_\gamma\in\beta$，而根据命题 9.2.7，$\aleph_\alpha$ 是比 $\aleph_\gamma$ 大的最小基数，所以 $\aleph_\alpha=\beta\vee\aleph_\alpha\in\beta$；对于极限序数 $\alpha=\bigcup_{\gamma\in\alpha}\gamma$，根据 α 的最小性可知，对于任意的 $\gamma\in\alpha$ 都有 $\aleph_\gamma\in\beta$，因而 $\aleph_\gamma\subsetneq\beta$，所以 $\aleph_\alpha=\bigcup_{\gamma\in\alpha}\aleph_\gamma\subset\beta$，因而也有 $\aleph_\alpha=\beta\vee\aleph_\alpha\in\beta$。而 α 是满足 $\beta=\aleph_\alpha\vee\beta\in\aleph_\alpha$ 的，所以，$\beta=\aleph_\alpha$。

■

根据命题 9.2.9 可以看出，所有的 $\aleph_\alpha$，$\alpha\in$ **ON** 就是所有的超限基数。

如果记由全体基数构成的类为 **CN**，我们称其为基数宇宙，那么，基数宇宙 **CN** 是一个真类，而不是一个集合。因为，如果 **CN** 是集合，那么根据命题 9.2.8 可知 $\bigcup$**CN** 是比 **CN** 中所有基数都大的基数，然而，这是不可能的，因为 $\hbar$(**CN**) 是大于 **CN** 的，这就产生了矛盾。

对于集合 a，如果其为可列集，即 $a\approx\omega$，那么 $\mathrm{card}(a)=\aleph_0$；如果其为不可列集，即 $\omega\prec a$，则可得 $\aleph_0\in\mathrm{card}(a)$，然而 $\mathrm{card}(a)$ 到底是 $\aleph_\alpha$ 中的哪一个，这还不清楚。

9.3 基数算术

既然作为度量集合长度的序数可以定义算术运算，那么作为度量集合容量的基数应该也可以定义算术运算。我们定义基数的算术运算的方法和 8.4 节中定义序数的算术运算的思路一模一样，无非现在不再考虑集合上所带有的良序关系而已。这样，在带来仅仅考虑集合而不用考虑其上良序关系的这种便利的同时，也失去了良序关系在定义算术运算时所带来的细节上的作用。

具体地，对于基数 μ,ν，设它们分别是集合 a,b 的基数，即 $\mathrm{card}(a)=\mu$，$\mathrm{card}(b)=\nu$，那么 $\mu\oplus\nu$ 应该是集合 a 和 b 合并在一起后的集合 $a\cup b$ 的基数，即

$$\mu\oplus\nu=\mathrm{card}(a\cup b)$$

当然，类似于定义序数加法那里，这里也要求 $a\cap b=\varnothing$。由于基数也是序数，所以为了与序数的加法进行区分，用符号 $\oplus$ 表示基数的加法。对于定义中的 $a\cap b=\varnothing$ 的要求，与定义序数加法一样，可以作集合 $\tilde{a}=\{0\}\times a$，$\tilde{b}=\{1\}\times b$，由于 $\tilde{a}\approx a$，$\tilde{b}\approx b$，所以 $\mathrm{card}(\tilde{a})=\mathrm{card}(a)=\mu$，$\mathrm{card}(\tilde{b})=\mathrm{card}(b)=\nu$，可见，对于基数 μ,ν，总是可以找到不相交的集合 a,b，且它们还满

足 $\mathrm{card}(a)=\mu$，$\mathrm{card}(b)=\nu$。不同于定义序数那里需要考虑集合 a,b 上的良序关系，这里就不需要考虑这个了。但是，上述基数加法定义是否是良定义的，这个还是需要验证的，即如果 $c\approx a$，$d\approx b$，且 $c\cap d=\varnothing$，则应该有 $a\cup b\approx c\cup d$，进而就会有 $\mathrm{card}(a\cup b)=\mathrm{card}(c\cup d)$。下面的命题说明了这一点。

【命题 9.3.1】 如果 $c\approx a$，$d\approx b$，且 $c\cap d=\varnothing$，$a\cap b=\varnothing$，那么有 $a\cup b\approx c\cup d$。

证明：由于 $c\approx a$，$d\approx b$，则存在 a 到 c 的双射 f_1，存在 b 到 d 的双射 f_2，则构造二元关系 $f\subset(a\cup b)\times(c\cup d)$ 如下：对于任意的 $x\in a\cup b$，如果 $x\in a$，则 $\langle x,f_1(x)\rangle\in f$；如果 $x\in b$，则 $\langle x,f_2(x)\rangle\in f$。下面证明二元关系 f 是 $a\cup b$ 到 $c\cup d$ 的双射。对于任意的 $x\in a\cup b$，由于 $a\cap b=\varnothing$，所以只可能是 $x\in a$ 且 $x\notin b$，或者 $x\in b$ 且 $x\notin a$ 这两种情况，而对于这两种情况，都会有 $x\in\mathrm{dom}(f)$，所以，$\mathrm{dom}(f)=a\cup b$。对于任意的 $y\in c\cup d$，由于 $c\cap d=\varnothing$，所以只可能是 $y\in c$ 且 $y\notin d$，或者 $y\notin c$ 且 $y\in d$ 这两种情况，如果 $y\in c$ 且 $y\notin d$，由于 f_1 是 a 到 c 的双射，因而 $f_1^{-1}(y)\in a$，且 $y=f_1(f_1^{-1}(y))$，所以 $\langle f_1^{-1}(y),y\rangle\in f$；如果 $y\notin c$ 且 $y\in d$，由于 f_2 是 b 到 d 的双射，因而 $f_2^{-1}(y)\in b$，且 $y=f_2(f_2^{-1}(y))$，所以 $\langle f_2^{-1}(y),y\rangle\in f$，可见 $\mathrm{ran}(f)=c\cup d$。对于任意的 $\langle x,y_1\rangle$，$\langle x,y_2\rangle\in f$，如果是 $x\in a$ 且 $x\notin b$ 的情况，则有 $y_1=f_1(x)$ 和 $y_2=f_1(x)$，因而 $y_1=y_2$；如果是 $x\in b$ 且 $x\notin a$ 的情况，则有 $y_1=f_2(x)$ 和 $y_2=f_2(x)$，同样也会有 $y_1=y_2$；所以，二元关系 f 是映射。对于任意的 $\langle x_1,y\rangle$，$\langle x_2,y\rangle\in f$，如果是 $x_1,x_2\in a$ 的情况，则有 $y=f_1(x_1)$ 和 $y=f_1(x_2)$，因而 $f_1(x_1)=f_1(x_2)$，由于 f_1 是 a 到 c 的双射，所以 $x_1=x_2$；类似地，如果是 $x_1,x_2\in b$ 的情况，则有 $y=f_2(x_1)$ 和 $y=f_2(x_2)$，因而 $f_2(x_1)=f_2(x_2)$，同样，由于 f_2 是双射，所以 $x_1=x_2$；我们说不可能存在 $x_1\in a$ 且 $x_2\in b$ 的情况，因为如果是这样，那么 $y=f_1(x_1)\in c$，$y=f_2(x_2)\in d$，这说明 $y\in c\cap d$，这是与 $c\cap d=\varnothing$ 矛盾的。所以无论哪种情况，都会有 $x_1=x_2$，所以映射 f 是单射。结合前面已经得到的 $\mathrm{dom}(f)=a\cup b$，$\mathrm{ran}(f)=c\cup d$，可得 f 是 $a\cup b$ 到 $c\cup d$ 的双射。

■

命题 9.3.1 保证了我们所定义的基数的加法是良定义的。根据基数加法的定义，会得到如下一些结果。$2\oplus3=5$，这是因为 $2\approx\{0,1\}$，$3\approx\{2,3,4\}$，$2\cup3\approx\{0,1,2,3,4\}\approx5$。根据命题 6.4.2、命题 6.4.3、命题 6.4.6，对于任意的 $x\in\omega$，有 $x\oplus\aleph_0=\aleph_0$，$\aleph_0\oplus\aleph_0=\aleph_0$，$\aleph_0\oplus\aleph_\alpha=\aleph_\alpha$。特别地，因为对于任意的集合 a，均有 $\varnothing\cup a\approx a$，所以，对于任意的基数 μ，可得 $0\oplus\mu=\mu$。此外，对于两两不相交的集合 a,b,c，容易验证 $b\cup a\approx a\cup b$，$a\cup b\cup c\approx a\cup(b\cup c)$，所以可得基数的加法满足交换律和结合律，即对于任意的基数 μ,ν,ρ，有 $\mu\oplus\nu=\nu\oplus\mu$，$\mu\oplus\nu\oplus\rho=\mu\oplus(\nu\oplus\rho)$。注意，序数的加法是不满足交换律的，因为序数含有良序关系，对于顺序而言，前后关系不可交换，这是不同于单纯的集合容量的。

下面我们定义基数的乘法。对于基数 μ,ν，设它们分别是集合 a,b 的基数，即 $\mathrm{card}(a)=\mu$，$\mathrm{card}(b)=\nu$，那么 $\mu\otimes\nu$ 应该是集合 $a\times b$ 的基数，即

$$\mu\otimes\nu=\mathrm{card}(a\times b)$$

需要验证上述基数乘法的定义是良定义的，即如果 $c\approx a$，$d\approx b$，则应该有 $a\times b\approx c\times d$。下面的命题说明了这一点。

【命题 9.3.2】 如果 $c\approx a$，$d\approx b$，那么有 $a\times b\approx c\times d$。

证明：根据 $c\approx a$，$d\approx b$，则存在 a 到 c 的双射 f_1，存在 b 到 d 的双射 f_2，则构造二元关

系 $f\subset(a\times b)\times(c\times d)$ 如下：对于任意的 $\langle x,y\rangle\in a\times b$，则 $\langle\langle x,y\rangle,\langle f_1(x),f_2(y)\rangle\rangle\in f$。下面我们证明二元关系 f 是 $a\times b$ 到 $c\times d$ 的双射。首先，对于任意的 $\langle x,y\rangle\in a\times b$，均有 $\langle x,y\rangle\in \mathrm{dom}(f)$，所以 $\mathrm{dom}(f)=a\times b$；对于任意的 $\langle u,v\rangle\in c\times d$，根据 f_1 是 a 到 c 的双射，以及 f_2 是 b 到 d 的双射，可得 $\langle f_1^{-1}(u),f_2^{-1}(v)\rangle\in a\times b$，且 $u=f_1(f_1^{-1}(u))$，$v=f_2(f_2^{-1}(v))$，即 $\langle\langle f_1^{-1}(u),f_2^{-1}(v)\rangle,\langle u,v\rangle\rangle\in f$，所以 $\mathrm{ran}(f)=c\times d$。其次，对于任意的 $\langle\langle x,y\rangle,\langle f_1(x),f_2(y)\rangle\rangle\in f$ 和 $\langle\langle \tilde{x},\tilde{y}\rangle,\langle f_1(\tilde{x}),f_2(\tilde{y})\rangle\rangle\in f$，如果 $\langle x,y\rangle=\langle \tilde{x},\tilde{y}\rangle$，则有 $x=\tilde{x}$ 且 $y=\tilde{y}$，因而 $f_1(x)=f_1(\tilde{x})$ 且 $f_2(y)=f_2(\tilde{y})$，进而 $\langle f_1(x),f_2(y)\rangle=\langle f_1(\tilde{x}),f_2(\tilde{y})\rangle$，可见二元关系 f 是映射；反之，对于任意的 $\langle\langle x,y\rangle,\langle f_1(x),f_2(y)\rangle\rangle\in f$ 和 $\langle\langle \tilde{x},\tilde{y}\rangle,\langle f_1(\tilde{x}),f_2(\tilde{y})\rangle\rangle\in f$，如果 $\langle f_1(x),f_2(y)\rangle=\langle f_1(\tilde{x}),f_2(\tilde{y})\rangle$，则有 $f_1(x)=f_1(\tilde{x})$ 且 $f_2(y)=f_2(\tilde{y})$，由于 f_1 和 f_2 均为双射，所以 $x=\tilde{x}$ 且 $y=\tilde{y}$，可见映射 f 为单射。结合前面已经得到的 $\mathrm{dom}(f)=a\times b$ 和 $\mathrm{ran}(f)=c\times d$，可得 f 是 $a\times b$ 到 $c\times d$ 的双射。

■

命题 9.3.2 保证了我们所定义的基数的乘法是良定义的。根据基数乘法的定义，会得到如下一些结果。$2\times 3=6$，这是因为 $2\approx\{0,1\}$，$3\approx\{2,3,4\}$，$2\otimes 3=\{\langle 0,0\rangle,\langle 0,1\rangle,\langle 0,2\rangle,\langle 1,0\rangle,\langle 1,1\rangle,\langle 1,2\rangle\}\approx 6$。根据命题 6.4.5 和命题 6.4.8，$\aleph_0\otimes\aleph_0=\aleph_0$，$\aleph_0\otimes\aleph_0\otimes\aleph_0=\aleph_0$，$\aleph_1\otimes\aleph_1=\aleph_1$，$\aleph_1\otimes\aleph_1\otimes\aleph_1=\aleph_1$。特别地，因为对于任意的集合 a，均有 $\varnothing\times a\approx\varnothing$，$1\times a=\{0\}\times a\approx a$，所以，对于任意的基数 μ，可得 $0\otimes\mu=0$，$1\otimes\mu=\mu$。此外，对于任意的集合 a,b,c，容易验证 $b\times a\approx a\times b$，$a\times b\times c\approx a\times(b\times c)$，所以可得基数的乘法满足交换律和结合律，即对于任意的基数 μ,ν,ρ，有 $\mu\otimes\nu=\nu\otimes\mu$，$\mu\otimes\nu\otimes\rho=\mu\otimes(\nu\otimes\rho)$。对于任意的集合 a，令 $\tilde{a}=\{0\}\times a$，$\hat{a}=\{1\}\times a$，则有 $\tilde{a}\cup\hat{a}=\{0,1\}\times a$，而 $\tilde{a}\approx a$，$\hat{a}\approx a$，所以可得，对于任意的基数 μ，有 $\mu\oplus\mu=2\otimes\mu$。

我们还可以定义基数的指数运算：对于基数 μ,ν，设它们分别是集合 a,b 的基数，即 $\mathrm{card}(a)=\mu$，$\mathrm{card}(b)=\nu$，那么 ν^μ 为集合 b^a 的基数，即

$$\nu^\mu=\mathrm{card}(b^a)$$

我们还是需要验证上述基数指数运算的定义是良定义的。下面的命题说明了这一点。

【命题 9.3.3】 如果 $c\approx a$，$d\approx b$，那么有 $b^a\approx d^c$。

证明：根据 $c\approx a$，$d\approx b$，则存在 a 到 c 的双射 f_1，存在 b 到 d 的双射 f_2，因而，f_1^{-1} 也是 c 到 a 的双射，f_2^{-1} 也是 d 到 b 的双射，则构造二元关系 $f\subset b^a\times d^c$ 如下：对于任意的 $g\in b^a$，则 $\langle g,f_1^{-1}\circ g\circ f_2\rangle\in f$。下面我们证明二元关系 f 是 b^a 到 d^c 的双射。首先，对于任意的 $g\in b^a$，均有 $g\in\mathrm{dom}(f)$，所以 $\mathrm{dom}(f)=b^a$；对于任意的 $\tilde{g}\in d^c$，映射 $f_1\circ\tilde{g}\circ f_2^{-1}$ 为 a 到 b 的映射，且 $\langle f_1\circ\tilde{g}\circ f_2^{-1},\tilde{g}\rangle\in f$，所以 $\mathrm{ran}(f)=d^c$。对于任意的 $\langle g_1,f_1^{-1}\circ g_1\circ f_2\rangle\in f$ 和 $\langle g_2,f_1^{-1}\circ g_2\circ f_2\rangle\in f$，如果 $g_1=g_2$，则可得 $f_1^{-1}\circ g_1\circ f_2=f_1^{-1}\circ g_2\circ f_2$，因而 f 是 b^a 到 d^c 的映射；反之，如果 $f_1^{-1}\circ g_1\circ f_2=f_1^{-1}\circ g_2\circ f_2$，则由于 f_1 和 f_2 均为双射，所以可得 $g_1=g_2$，因而 f 是 b^a 到 d^c 的单射，结合前面已经得到的 $\mathrm{ran}(f)=d^c$，可得 f 是 b^a 到 d^c 的双射。

■

命题 9.3.3 保证了我们所定义的基数的指数运算是良定义的。根据命题 6.1.2 可得 $\mathrm{card}(P(a))=\mathrm{card}(2^a)=(\mathrm{card}2)^{\mathrm{card}\,a}=2^{\mathrm{card}\,a}$。特别地，由于 $R\approx 2^\omega$，所以有 $\mathrm{card}(R)=\mathrm{card}(2^\omega)=(\mathrm{card}2)^{\mathrm{card}\,\omega}=2^{\aleph_0}$。根据命题 6.2.2，对于任意的集合 a，有 $\mathrm{card}(a)\in\mathrm{card}(P(a))=$

$2^{\mathrm{card}a}$,比如,$\aleph_0\in 2^{\aleph_0}$,$\aleph_1\in 2^{\aleph_1}$。然而,$2^{\aleph_0}$ 与$\aleph_1$ 是什么关系现在无法确定。如果$\aleph_1=2^{\aleph_0}$,则根据命题 9.2.7,$\aleph_1$ 是大于$\aleph_0$ 的最小基数,因而在$\aleph_0$ 和 $2^{\aleph_0}$ 之间,就不会存在基数 μ 满足$\aleph_0\in\mu\in 2^{\aleph_0}$。也就是说,在集合容量上介于自然数集和实数集的集合是不存在的。关于在$\aleph_0$ 和 $2^{\aleph_0}$ 之间是否存在其他基数的命题,最早是由康托提出的,这个命题称为连续统假设(continuum hypothesis)。康托坚信不存在这样的基数,虽然他没有证明出来。1939 年 Gödel 证明了,根据现有的集合论公理,是无法证明该命题不成立的;1963 年美国数学家 Cohen 证明了,根据现有的集合论公理,是无法证明该命题成立的。换句话说,根据第 2 章和第 3 章的谓词逻辑形式系统和数学形式系统的概念,ZF 体系作为一个数学形式系统,它不是完备的。当然,Gödel 和 Cohen 关于连续统假设所采用的论证方法是第 2 章中所提到的"元数学"的方法。虽然可以把连续统假设作为一个公理加入到谓词形式系统这个统一的平台上,然而,由于该命题在直观上并非十分明显的,所以我们并没有把它作为一个公理加入到 ZF 体系中。

习题

1. 证明:对于任意的自然数 $x,y\in\omega$,$\mathrm{card}(x)=\mathrm{card}(y)$ 当且仅当 $x=y$。
2. 对于序数 α,β,已知 $\alpha\in\beta$,证明:$\hbar(\alpha)\in\hbar(\beta)$。
3. 证明:对于任意的自然数 $x\in\omega$,$\mathrm{card}(x)\neq\mathrm{card}(\omega)$。
4. 对于任意的基数 μ,证明:$\mu\oplus\mu=2\otimes\mu$。
5. 对于任意的基数 μ,证明:$\mu\otimes\mu=\mu^2$。
6. 已知集合 a 为[0,1]上所有实函数构成的集合,证明 $\mathrm{card}(a)=2^{\mathrm{card}(R)}$。
7. 对于基数 μ,ν,证明:$\mu\approx\nu$ 当且仅当 $\mu=\nu$。
8. 证明:对于基数 μ,ν,如果 $\omega\subset\mu$ 且 $\nu\subset\mu$,则有 $\mu\oplus\nu=\mu$。

第 10 章 选择公理

CHAPTER 10

在第 7 章中我们曾经提到过选择公理，这是因为根据选择公理，可以使得每一个集合都作成良序集，而良序集具有优良的性质。比如，每一个良序集都可以比较长度，进而可以比较容量，良序集可以应用超限归纳和超限递归。选择公理除了上述关于良序集的论述外，它还是与前面的公理 ZF0～ZF8 相互独立，也就是说，在集合理论中，承认选择公理和不承认选择公理都是可以的，承认选择公理会使得集合理论更加丰富多彩。选择公理是如此的重要，然而往往是我们不自知地在使用它。加入了选择公理的 ZF 公理系统称为 ZFC 公理系统，选择公理在 ZFC 公理系统中用 AC(Axiom of Choice)单独标记。本章我们对选择公理进行简单的介绍。

10.1 选择函数

选择公理是关于“选择”的数学原理，而“选择”操作在数学上是由“选择函数”(choice function)进行描述的。在给出选择函数的定义之前，我们先看一些关于选择操作的例子。

对于任意一个非空集合 a，由于存在有元素属于 a，所以我们当然可以从 a 中选择出一个元素出来，比如 $x\in a$。这个从非空集合中选择出一个元素出来的操作，不需要借助于公理的保证。然后，如果 $a-\{x\}$ 非空，又可以选择出一个元素出来，记为 $y\in(a-\{x\})$，也就是说，我们从集合 a 中选择出来两个元素 x,y。上述的操作在有限次的时候，由于都是可以具体实施选择出来的，所以也都是可以完成的，不需要借助于公理的保证。当集合 a 为无限集时，通过上述的方法，我们“一个接着一个有次序地选择”，也是可以选择出无限多个元素的。然而，我们如果想从 a 的无限多个元素中，对每个元素——也就是每个集合中——选择出一个元素出来时，有时就必须借助于公理的保证了。这是因为，对于这种同时无限选择的情形，我们是无法具体实施的，如果可以“描述”“表示”出这种无限次的选择，当然也是可以的；如果无法描述、表示出来，那么就必须借助于公理的保证。比如，对于自然数集 ω 的所有非空子集组成的集合，即 $a=P(\omega)-\{\varnothing\}$，如果希望从自然数集 ω 的所有非空子集中都选择一个元素出来，或者等价地，从集合 a 的每一个元素中都选择一个元素出来，那么，此时就会涉及同时无限多次的选择，因为 a 的容量比 ω 的容量大得多。虽然此时涉及无限而无法具体实施，然而，对于任意的 $x\in a$，由于 x 必有最小元，所以可以选择 x 的最小元出来。所以，我们可以把如何完成这件事进行描述、表示：对于任意的 $x\in a$，选择 x 的最小元。通过这种表示，我们完成了上述涉及无限次的选择这件事。如果把上述例子中的 ω

换成实数集R，由于R并非良序集，所以就不能进行上述的描述、表示了，进而就不能完成涉及无限的选择了，除非借助于公理的保证。有读者或者会说，$a=P(R)-\{\varnothing\}$的元素都是非空集合，所以对每一个非空集合随机地选择一个出来不就可以了。由于"随机地"无法在数学中进行严格的描述，所以不能这样去完成选择。如果仔细分析上述需要借助于公理保证的情形，就会发现，在那些情形中，选择操作都是同时对无限多个集合进行的选择，也就是同时无限次的选择，而且这些无限次的选择还具有随机性、不确定性。罗素曾经对此作了一个形象的比喻：我们有无限多双鞋子，如果要从这无限多双鞋子中的每一双当中选择出一只鞋子出来，那么就不需要借助公理的保证，因为我们可以从每一双鞋子中选择出左脚出来；然而，如果现在把鞋子换成袜子，则由于袜子不分左、右脚，所以此时的无限次选择的完成就必须借助公理的保证了。

根据上述分析，命题 6.4.4 的证明中，由于每个可列集的元素写成序列的形式并不唯一，所以，我们从可列个集合中同时选择出一个元素序列的形式，这种情况需要借助公理的保证。我们在定义任意多个集合的笛卡儿乘积$\prod_{x\in a}b_x$时，当指标集a为无限集合时，也需要涉及从无限多个b_x中同时选择出一个元素出来，以便形成$\prod_{x\in a}b_x$的一个元素，因而此时也需要借助公理的保证。可见，我们总是在不自知地使用着选择公理。下面介绍选择函数以及选择公理。

【定义 10.1.1】 对于集合a，记$b=P(a)-\{\varnothing\}$，如果映射$f: b\to a$满足，对于任意的$x\in b$，均有$f(x)\in x$，则称映射f为集合a上的选择函数。

AC 选择公理(axiom of choice)：$\forall x(\varnothing\notin x\to\exists f((f: x\to\bigcup x)\wedge(\forall y(y\in x\to f(y)\in y))))$

选择公理的意思是：任何集合上都有选择函数。从选择公理可以看出，集合a上选择函数的存在表明了，可以从集合a的任意子集中同时选择出一个元素出来，无论集合a的非空子集有多少个，也无论这种选择性是否具有随机性。可以看出，选择公理第一眼看起来似乎是显然的，然而，仔细分析起来反倒觉得结论性很强。

下面的命题是选择公理的另一种形式，它们很相似。

【命题 10.1.1】 设集合a的元素都不是空集，即$\varnothing\notin a$，则存在从a到$\bigcup a$的映射f，满足对于任意的$x\in a$，有$f(x)\in x$。

证明：令$\bigcup a=b$，则有$a\subset(P(\bigcup a)-\{\varnothing\})$，这是因为对于任意的$x\in a$，有$x\subset(\bigcup a)$，因而$x\in P(\bigcup a)$，而$\varnothing\notin a$，所以$x\in(P(\bigcup a)-\{\varnothing\})$。根据选择公理，集合$b$上有选择函数$g$，即$g$满足对于任意的$x\in(P(\bigcup a)-\{\varnothing\})$，有$f(x)\in x$。由于$a\subset(P(\bigcup a)-\{\varnothing\})$，所以$g\upharpoonright a$满足：对于任意的$y\in a$，有$(g\upharpoonright a)(y)\in y$。可见$g\upharpoonright a$就是满足题设条件的映射$f$。

■

如果命题 10.1.1 成立，那么对于任意的集合a，集合$b=P(a)-\{\varnothing\}$的元素都不是空集，因而根据命题 10.1.1，存在从b到$\bigcup b$的映射g，满足对于任意的$x\in b$，有$g(x)\in x$。可以看出，映射g就是定义 10.1.1 中集合a上的选择函数，由集合a的任意性可知选择公理成立。由于命题 10.1.1 与选择公理等价，所以有时也将命题 10.1.1 中的映射f称为集合a上的选择函数。

如果再仔细分析一下选择公理就会发现，由于选择函数作为一种映射，其也是集合，所以，对于任意集合承认其上的选择函数的存在性，其实就是承认一个集合的存在性，而该集合的元素是什么，根本就不知道，这是很不同于 ZF 中其他的公理的。类似于对于连续统假设的分析，对于选择公理，Gödel 和 Cohen 也分别证明了选择公理不能通过 ZF 中的公理得到，将它作为公理加入到于 ZF 体系也不会带来与 ZF 体系的矛盾。相对于连续统假设，选择公理更加符合人们的直观感觉，也会使得现代数学更加丰富多彩，所以现在越来越多的数学家是承认选择公理的。

10.2　良序原理

下面我们介绍选择公理的等价命题。选择公理有一些等价命题具有如下特点：首先，这些命题看起来跟选择公理“相差较远”，也就是看起来很不像是选择公理的等价命题；其次，这些命题在一些数学理论中比选择公理使用起来更加“好用一些”，尽管它们是等价的。这些等价命题中，尤其以如下两个命题特别著名：良序原理(The well-ordering principle)和佐恩引理(Zorn's lemma)。这一节我们介绍良序原理。

【命题 10.2.1】 对于任意的集合 a，都存在 a 上的一个良序关系。

证明：根据命题 7.2.1，如果现在已知一个良序集 b，且还找到了一个从 b 到 a 的双射 g，则我们可以根据 b 上的良序关系诱导出 a 上的良序关系。对于良序集 b 的选择，序数作为特殊的良序集是用在这里的，即选择序数作为良序集 b。注意，现在的集合 a 是集合宇宙中任意的集合，其集合容量可能比实数集 R 大得多，所以与 a 等势的序数 b 也应该足够大。根据命题 9.1.1 可知，集合 a 的哈托格斯数 $\hbar(\mathrm{a})$ 就足够大，因为 $\hbar(a)\not\preccurlyeq a$，而且 $\hbar(\mathrm{a})$ 还是一个序数。剩下的就是如何根据 $\hbar(a)$ 去找到从 b 到 a 的双射 g 了，注意到 $\hbar(\mathrm{a})$ 为良序集，我们可以使用超限递归原理来得到 g。具体地，为方便记，将集合 a 的哈托格斯数 $\hbar(a)$ 记为 α。设集合 a 上的选择函数为 f，c 是不属于 a 的任意某个元素，即 $c\notin a$。定义二元谓词 $G(u,v)$ 如下：当 $a-\mathrm{ran}(u)\neq\varnothing$ 时，$v=f(a-\mathrm{ran}(u))$；当 $a-\mathrm{ran}(u)=\varnothing$ 时，$v=c$，则对任意的集合 u，都存在唯一的集合 v，满足 $G(u,v)$ 成立。根据命题 7.5.1 的超限递归原理，存在唯一的一个以良序集 α 为定义域的映射 g，满足对于任意的 $\beta\in\alpha$，$G(g\upharpoonright\alpha_\beta,g(\beta))$ 成立。因而，根据 $G(u,v)$ 的定义可得

$$g(\beta)=\begin{cases}f(a-\mathrm{ran}(g\upharpoonright\alpha_\beta)), & a-\mathrm{ran}(g\upharpoonright\alpha_\beta)\neq\varnothing\\ c, & a-\mathrm{ran}(g\upharpoonright\alpha_\beta)=\varnothing\end{cases}$$

对于序数 α 的前段 α_β，有 $\alpha_\beta=\beta$，因而有 $\mathrm{ran}(g\upharpoonright\alpha_\beta)=g[\beta]$，所以上式可以进一步写作

$$g(\beta)=\begin{cases}f(a-g[\beta]), & a-g[\beta]\neq\varnothing\\ c, & a-g[\beta]=\varnothing\end{cases}$$

从上式可以清楚地看出，对于任意的 $\beta\in\alpha$，如果 $a-g[\beta]\neq\varnothing$，则 $g(\beta)$ 就是从 a 的非空子集 $a-g[\beta]$ 中利用选择函数 f 所选择出来的元素。注意，由于 f 为集合 a 上的选择函数，所以 $f(a-g[\beta])\in a-g[\beta]\subset a$，因此，当 $a-g[\beta]\neq\varnothing$ 时，$g(\beta)=f(a-g[\beta])\in a$；当 $a-g[\beta]\neq\varnothing$ 时，$g(\beta)=c$，因而可得 $\mathrm{ran}(g)\subset a\cup\{c\}$。需要指出，序数 β 既是序数 α 的元素，又是序数 α 的子集，所以 $g(\beta)$ 和 $g[\beta]$ 的含义是不同的。

下面我们要从映射 g 中分离出一个 α 的子集到集合 a 上的双射，这样，集合 a 就可以作成良序集了。首先，我们说映射 g 在集合 $g^{-1}[\mathrm{ran}(g)-\{c\}]$ 上是单射，也就是说，对于任意的 $\beta,\gamma\in\alpha\wedge\beta\neq\gamma$，如果 $g(\beta)\neq c\wedge g(\gamma)\neq c$，则一定有 $g(\beta)\neq g(\gamma)$。这是因为，不失一

般性，我们假设$\gamma\in\beta$，那么γ作为集合β的元素，有$g(\gamma)\in g[\beta]$；而$g(\beta)=f(a-g[\beta])\in a-g[\beta]$，即$g(\beta)\notin g[\beta]$，所以$g(\beta)\neq g(\gamma)$。可见，$g$是集合$g^{-1}[\mathrm{ran}(g)-\{c\}]$上的单射。我们可以这么看上述公式的直观含义：从序数α的最小元0开始，映射g将0对应于集合a中的某个元素，接着再将1对应于集合$a-g[1]=a-\{g(0)\}$中的某个元素，如此一直进行下去。选择函数f保证了对于集合a的任意子集$a-g[\beta]$，只要它不是空集，就可以取元素出来，使其对应序数α中的元素β。当a中元素取完之后，序数α中剩余元素将对应c。由于集合a的哈托格斯数α满足$\alpha\not\preccurlyeq a$，所以一定会有$a-g[\beta]=\varnothing$的时候，也就是集合a的元素取完而集合α还有元素，否则，就说明映射g是α到a的单射，因而$\alpha\preccurlyeq a$，从而产生矛盾。所以，$c\in\mathrm{ran}(g)$，因而集合$\{\lambda\in\alpha\mid g(\lambda)=c\}\subset\alpha$不为空集，因而必有最小元$\delta$。注意到，对于任意的$\varepsilon\in\delta$，根据$\delta$的最小性可知$g(\varepsilon)\neq c$，结合映射$g$的定义可知$a-g[\varepsilon]\neq\varnothing$，也就是说，对于任意的$\varepsilon\in\delta$，均有$g[\varepsilon]\subset a$。而$g(\delta)=c$，这说明$a-g[\delta]=\varnothing$，再结合刚刚得到的，对于任意的$\varepsilon\in\delta$，均有$g[\varepsilon]\subset a$；而$g[\varepsilon]\subset g[\delta]$，所以$g[\delta]=\bigcup(g[\varepsilon])=a$。可见，映射$g\upharpoonright\delta$是序数$\delta$到集合$a$的双射，因而根据序数$\delta$的良序关系$\in$，可以诱导出集合$a$的良序关系。

■

命题 10.2.1 即为良序原理，该命题最早是由 Zermelo 证明出来的。命题 10.2.1 表明，任意集合都可以作成良序集，而良序集都有属于-像，即良序集的序数，所以每一个集合都有序数，也就是都可以考虑其集合长度。进一步结合良序集基本定理可得，任意集合都可以比较长度，进而，任意集合都可以比较容量，即基数都是可以比较的。可以看出，如果没有良序原理的保证，作为自然数向无限方向延伸的序数、基数，竟然都存在不能比较大小的情况，那将是非常不合适的，所以，很难想象没有良序原理成立的集合理论会是什么样子。

从良序原理得到选择公理是很容易的，因为对于任意的集合a，当把它作为良序集之后，其上的选择函数f可以通过取集合a的任意子集的最小元来完成，因而，对于任意的集合，其上都存在有选择函数。

10.3 佐恩引理

相对于选择公理声称任意集合上都存在选择函数，以及良序原理声称任意集合上都存在良序关系，佐恩引理则是声称满足一定条件的集合会存在极大元。在很多的数学分支中，极大元的存在性是一个很重要的问题，因此，佐恩引理相对于与其等价的选择公理和良序原理要应用广泛得多。比如，对于任意的集合a，其上面都存在关于$\subset$的偏序关系，考虑到极大元的要求比最大元要弱一些，因而，考虑在a中是否存在着极大元就显得很自然了。在佐恩引理中需要用到“链”的概念，我们先给出此概念的定义。

【定义 10.3.1】 对于偏序集$\langle a,<\rangle$，如果b为a的子集，且$(<)\cap(b\times b)$为b上的全序关系，则称b为a的关于偏序关系$<$的链(chain)。

通俗地说，偏序集的链就是偏序集的全序子集。

【命题 10.3.1】 若偏序集$\langle a,<\rangle$中的每个链都在a中有上界，则偏序集a必有极大元。

命题 10.3.1 即为佐恩引理。根据命题 4.4.1，可以找到一个以包含关系$\subset$为偏序关系的集合$\langle b,\subset\rangle$与$\langle a,<\rangle$同构。因此，命题 10.3.1 有如下与其等价的命题。

【命题 10.3.2】 若偏序集$\langle a,\subset\rangle$中的每个链都在 a 中有上界，则偏序集 a 必有极大元。

命题 10.3.2 有时也称为极大原理，它比佐恩引理更加好用，因为对于任意的集合 a，它总是对于$\subset$成偏序集的，不需要特意地在其上面增加偏序关系。此时，设 b 为 a 的链，则如果链 b 的上界在 a 中，就会得到其上确界$\bigcup b$ 当然也在 a 中，即$\bigcup b\in a$。因此命题 10.3.2 是说，如果 a 的每个链 b 都满足$\bigcup b\in a$，则 a 中必存在一个元素，它不是 a 中任何元素的真子集。

现在我们要证明命题 10.3.2 是与选择公理等价的。上一节我们得到了良序原理与选择公理的等价性，所以只要证明良序原理与命题 10.3.2 等价即可。在上一节中，我们还得到了任意两个集合都能比较容量的结论，事实上它也是和选择公理等价的。如果可以证明：从任意两个集合能比较容量可以得到良序原理，从良序原理可以得到佐恩引理，从佐恩引理可以得到任意两个集合都能比较容量，那么它们之间就是相互等价的了，即从命题 1⇒命题 2⇒命题 3⇒命题 1，可以得到命题 1⇔命题 2⇔命题 3。

【命题 10.3.3】 任意两个集合能比较容量，蕴含着良序原理。

证明：假设任意的集合都能比较容量。对于任意的集合 a，根据命题 9.1.1 可得 a 的哈托格斯数$\hbar(a)=\alpha$ 满足$\alpha\not\preccurlyeq a$。对于集合 a 和集合 α，由于它们可以比较容量，即$\alpha\preccurlyeq a$ 或 $a\preccurlyeq\alpha$。现在有$\alpha\not\preccurlyeq a$，所以 $a\preccurlyeq\alpha$，因而存在着 a 到 α 的单射 f，那么 $a\approx \mathrm{ran}(f)\subset\alpha$，所以，可以根据良序集$\langle \mathrm{ran}(f),\in\rangle$诱导出集合 a 上的良序。

■

【命题 10.3.4】 良序原理蕴含着佐恩引理。

证明：假设良序原理成立。对于任意的集合 a，设其满足佐恩引理的条件，即对于 a 中任意的关于包含关系$\subset$的链 b，其上确界$\bigcup b\in a$。现在我们要证明 a 中必有极大元，这里的极大元当然是指关于包含关系$\subset$的极大元。既然良序原理成立，那么 a 中元素就可以按照良序关系$<$排成一串，注意，良序关系$<$是不同于作为偏序关系的$\subset$的。我们现在是希望构造出一个关于包含关系$\subset$极大元，那就从链入手，先构造出一个很长的链 l，然后将链 l 中元素都并在一起，得到$\bigcup l$。我们知道，$\bigcup l$ 是链 l 的上确界，自然比 l 中的任意元素关于包含关系$\subset$都大，而且根据佐恩引理的条件，有$\bigcup l\in a$，然后再说明链 l 不能再延长，因而$\bigcup l$ 是这个链的“顶端”，也就是 a 的极大元了。这些从第 4 章中偏序集的哈斯图可以直观想象出来。在构造链 l 时，我们将依据 a 的良序性，从 a 中最小的元素开始，“一步一步地”逐步增加链 l 的长度。由于这个链中的元素可能很多，所以链 l 的严格构造方法应该采用超限递归进行构造，而根据良序原理，集合 a 又是关于$<$的良序集，所以就可以应用超限递归定理。在应用超限递归定理时，不必每次都非得先定义 $G(u,v)$，再验证对于任意的集合 u，存在唯一的集合 v，满足 $G(u,v)$。因为 $G(u,v)$的上述性质就是为了在对良序集 a 应用超限递归定理时，使得所定义的映射 g 在 x 处的值 $g(x)$，仅仅由映射 g 在前段 a_x 处的限制 $g\upharpoonright a_x$ 决定，当然 $g(x)$不是说非得将 $g\upharpoonright a_x$ 的所有元素都要用上，可以是部分元素。所以，在良序集 a 上定义映射 g 时，只要 $g(x)$仅仅由$\{\langle y,g(y)\rangle \mid y<x\}$中元素的某种形式决定即可。比如这里，定义良序集 a 上的映射 g 如下：

$$g(x)=\begin{cases}1, & \forall y(y\in a_x\wedge g(y)=1\to y\subset x)\\ 0, & \neg\forall y(y\in a_x\wedge g(y)=1\to y\subset x)\end{cases}$$

可以看出，上述定义的映射 g 在 x 处的值 $g(x)$，确实仅仅由$\{\langle y,g(y)\rangle \mid y<x\}$中元素的某

种形式决定，所以映射 g 是可以通过超限归纳定理定义出来的。我们将 a 中所有 $g(x)=1$ 的元素拿出作成一个集合，即 $l=\{x\in a\mid g(x)=1\}$，这个集合就是我们所需要的链 l。首先我们说集合 l 是 a 中的一个链，这是因为，对于任意的 $x,y\in l$，由于 l 是良序集 a 的子集，所以 $x\leqslant y$，或者 $y\leqslant x$。由于 $g(x)=g(y)=1$，再根据映射 g 的定义，如果 $x\leqslant y$，则有 $x\subset y$；如果 $y\leqslant x$，则有 $y\subset x$。可见集合 l 是 a 中关于包含关系$\subset$的链。根据题设，有$\bigcup l\in a$。下面我们证明$\bigcup l$ 是 a 的极大元。假设存在 a 中的元素 c 满足$\bigcup l\subset c$，那么对于任意的 $x\in l$，就有 $x\subset c$。由于 c 包含 l 中所有元素 x，且对于任意的 $x\in l$，有 $g(x)=1$，所以有 $c\in l$，因而 $c\subset\bigcup l$，可见$\bigcup l=c$。这说明了 a 中不存在元素 c，使得$\bigcup l$ 为 c 的真子集，因而$\bigcup l$ 为 a 的极大元。

■

【命题 10.3.5】 佐恩引理蕴含着任意两个集合能比较容量。

证明：对于任意的两个集合 a,b，如果它们可以比较集合的容量，那么应该有 $a\leqslant b$ 或者 $b\leqslant a$，因而需要构造一个 a,b 之间的单射。对于集合 a,b，它们的子集之间总是可以构造出双射的，比如 $x\in a,y\in b$，那么从 $c=\{x\}$ 到 $d=\{y\}$ 就会有一个双射；接着，从 a,b 中各自再取一个元素出来，添加到集合 c,d 中，从而还是可以在 c,d 间构造出一个双射；如此一直下去，直观上总会有 a,b 之中的一个集合的元素先取完，比如 a 先取完，那么双射无法再得出，而只会得出 a 到 b 的单射，从而有 $a\leqslant b$。注意，在这个过程中，直观上，子集 c,d 逐渐增大的同时，它们之间的双射也在不停地增大。现在我们是从佐恩引理成立的前提证明该过程可以实施，因而，应该构造出关于 a,b 子集之间的双射所构成集合的极大元。所以，我们定义 c,d 间双射之集合。如果谓词 $F(x)$表示“x 是一个双射”，那么定义类

$$h=\{g\mid F(g)\wedge\operatorname{dom}(g)\subset a\wedge\operatorname{ran}(g)\subset b\}$$

由于 $g\subset a\times b$，所以 $g\in P(a\times b)$，因而 $h\subset P(a\times b)$，可见类 h 为集合。为了应用佐恩引理，我们考虑集合 h 中的任意链 $l\subset h$，下面验证任意链 l 的上确界$\bigcup l$ 属于 h。对于任意的链 l，如果 $k\in l$，因而根据 $k\in h$ 可知 $k\subset a\times b$，所以$\bigcup l\subset a\times b$。对于任意的$\langle x,y\rangle\in\bigcup l$ 和$\langle x,z\rangle\in\bigcup l$，则会存在 $m,n\in l$，有$\langle x,y\rangle\in m$ 和$\langle x,z\rangle\in n$。注意，集合 l 是一个链，因而或者 $m\subset n$，或者 $n\subset m$，不管哪种情况，都会有$\langle x,y\rangle$和$\langle x,z\rangle$属于同一个 m 或 n，而 m 或 n 是 h 中的映射，所以可得 $y=z$，即$\bigcup l$ 是一个映射。类似地，对于任意的$\langle x,z\rangle\in\bigcup l$ 和$\langle y,z\rangle\in\bigcup l$，也会有$\langle x,y\rangle$和$\langle x,z\rangle$都属于 h 中的同一个映射，而 h 中的映射为双射，所以可得 $x=y$，即$\bigcup l$ 是一个双射，所以 $F(\bigcup l)$为真。结合已经得到的$\bigcup l\subset a\times b$，可见$\bigcup l\in h$，即集合 h 中的任意链的上界都还在 h 中。因此，根据佐恩引理，h 中存在极大元 $\tilde{g}$。下面我们说明，对于极大元 $\tilde{g}\in h$，它不是满足 $\operatorname{dom}(\tilde{g})=a$，就是满足 $\operatorname{ran}(\tilde{g})=b$，不可能出现都不满足的情况。否则，$a-\operatorname{dom}(\tilde{g})\neq\varnothing$且 $b-\operatorname{ran}(\tilde{g})\neq\varnothing$。设 $x\in a-\operatorname{dom}(\tilde{g})$，$y\in b-\operatorname{ran}(\tilde{g})$，那么在双射 $\tilde{g}\in h$，当把$\langle x,y\rangle$加入到 $\tilde{g}$ 之后，则 $\hat{g}=\tilde{g}\cup\{\langle x,y\rangle\}$显然还是一个双射，且 $\hat{g}\subset a\times b$，所以 $\hat{g}\in h$。然而 $\tilde{g}\subsetneq\hat{g}$，这与 $\tilde{g}$ 为 h 中极大元相矛盾。因而，对于极大元 $\tilde{g}\in h$，它或者满足 $\operatorname{dom}(\tilde{g})=a$，或者满足 $\operatorname{ran}(\tilde{g})=b$。如果 $\operatorname{dom}(\tilde{g})=a$，则说明 $\tilde{g}$ 是集合 a 到集合 b 的子集的双射，因而 $a\leqslant b$；如果 $\operatorname{ran}(\tilde{g})=b$，则说明 $\tilde{g}^{-1}$ 是集合 b 到集合 a 的子集的双射，因而 $b\leqslant a$。

■

下面我们举一个佐恩引理在其他数学领域中应用的例子。对于学过线性代数或者高等代数课程的读者来说，知道有这样一个命题：线性空间 V 中必然存在基，也就是说，任意的

线性空间 V 中必然存在由极大线性无关元素构成的集合。对于基是有限的线性空间情况，这个命题是很显然的，比如欧几里得三维空间 R^3。然而，对于基包含无限个元素的情形，这个命题的成立就需要佐恩引理的保证了。设集合 a 是线性空间 V 中所有线性无关元素之集合作为元素构成的集合，也就是说集合 a 中元素都是 V 中的线性无关集，则集合 a 按照包含关系 $\subset$ 为一个偏序集。设 $l\subset a$ 为 a 中的一个链，作该链的上确界 $\bigcup l$。我们说 $\bigcup l$ 也是 V 中的线性无关集合，因而 $\bigcup l\in a$。这是因为，对于任意的 $\bigcup l$ 的有限子集 b，根据 $b\subset\bigcup l$，可知 b 的元素都是链 l 的元素的元素。注意，l 是一个链，所以必存在链 l 中的某个元素 $c\in l$，使得 b 的元素也都是 c 的元素，即 $b\subset c$。由于 $c\in l$ 是线性无关集，所以集合 b 也是线性无关集。再根据 b 的任意性可知，$\bigcup l$ 为线性无关集合。可见，$\bigcup l\in a$。因而，根据佐恩引理，集合 a 中必存在关于包含关系 $\subset$ 的极大元 m。所以，极大的线性无关集 m 当然也就是线性空间 V 的基了。

习题

1. 设集合 a 中任意元素都是两两不相交的非空集，证明：存在一个集合 b，满足 b 与 a 的各个元素的交集均为单元集。

2. 证明：任何集合都存在唯一的基数。

参考文献

[1] Hamilton A G. Logic for Mathematicians[M]. Cambridge University Press, 1978.

[2] Enderton H B. Elements of Set Theory[M]. Academic Press, 1977.

[3] Jech T. Set Theory[M]. Springer-Verlag, 2002.

[4] Schwichtenberg H. Mathmatical Logic[M]. Springer, 1990.

[5] Zehna P W, Johnson R L. Elements of Set Theory[M]. Allyn and Bacon Inc. , 1962.

[6] Rosen K H. Discrete Mathematics and Its Applications[M]. McGraw-Hill Companies, 2012.

[7] Bell J L, Machover M. A Course in Mathematical Logic[M]. North-Holland Publishing Company, 1977.

[8] Tao T. Analysis (I) [M]. Hindustan Book Agency, 2014.

[9] 耿素云,屈婉玲.离散数学[M].北京:高等教育出版社,1998.

[10] 耿素云,屈婉玲.集合论导引[M].北京:北京大学出版社,1990.

[11] 汪芳庭.数学基础[M].北京:科学出版社,2001.

[12] 程极泰.集合论[M].北京:国防工业出版社,1985.

[13] 郝兆宽,杨跃.集合论——对无穷概念的探索[M].上海:复旦大学出版社,2014.

[14] 熊金城.点集拓扑讲义[M].3版.北京:高等教育出版社,2003.

[15] 夏道行,吴卓人,严绍宗,等.实变函数论与泛函分析[M].北京:高等教育出版社,2006.

[16] 张锦文.集合论与连续统假设浅说[M].上海:上海教育出版社,1980.